高等学校省级规划教材

卓越工程师教育培养计划土木类系列教材

建筑设备工程

（第 2 版）

主　编　祝　健

副主编　万　力　章　瑾　刘向华

编　委　（按姓氏笔画为序）

张　虎　杨　丰　李雪飞

王　坤

合肥工业大学出版社

图书在版编目(CIP)数据

建筑设备工程/祝健主编.—2版.—合肥:合肥工业大学出版社,2016.7
ISBN 978-7-5650-2689-8

Ⅰ.①建… Ⅱ.①祝… Ⅲ.①房屋建筑设备—高等学校—教材 Ⅳ.①TU8

中国版本图书馆CIP数据核字(2016)第044892号

建筑设备工程

(第2版)

主编 祝 健　　　　责任编辑 陆向军 刘 露

出 版	合肥工业大学出版社	版 次	2007年12月第1版
地 址	合肥市屯溪路193号		2016年7月第2版
邮 编	230009	印 次	2016年7月第7次印刷
电 话	综合编辑部:0551-62903028	开 本	787毫米×1092毫米 1/16
	市场营销部:0551-62903198	印 张	21　字 数 506千字
网 址	www.hfutpress.com.cn	印 刷	安徽联众印刷有限公司
E-mail	hfutpress@163.com	发 行	全国新华书店

ISBN 978-7-5650-2689-8　　　定价:38.00元

第2版 前 言

随着我国经济建设的快速发展，工程建设科技水平得到快速提升，给建筑设备专业的发展提供了良好的发展机遇。

本教材于2007年12月第1版发行，2014年被列为安徽省省级规划教材。近年来，国家建筑行业加大了在建筑产业化、建筑节能、安全和基础设施建设等重点领域的建设，建筑设备工程专业相关的国家标准、规范、规程要求产生了很大的变动，建筑设备工程的新材料、新产品、新技术不断涌现，为此，在第1版的基础上，本书进行了修订。主要修订内容有：①修订整合原有章节，重新对基础知识加以梳理，删减部分理论性较强内容；②采用国家最近、最新制定的制图标准和相关行业规范；③增加建筑节能、绿色建筑及建筑智能化新技术的应用。

本书内容尽可能满足相关专业培养要求，分清主次，突出重点，加强理论与实际的结合。对建筑设备工程中涉及的专业知识、设计规范等内容有所体现，紧跟科技发展，更新和扩充教学内容，结合行业最新动态，充分反映各种新材料、新技术、新成果、新工艺在各专业中的配合与应用，丰富学生的知识面，使学生掌握必要的基础理论知识和专业知识。

修订后的教材内容共分为三篇，第一篇主要介绍建筑给水排水工程；第二篇介绍供热、供燃气、通风及空气调节；第三篇介绍建筑电气。每章均附有适当的思考题，便于学生练习。

本书由祝健老师担任主编，章瑾老师、刘向华老师和万力教授级高级工程师担任副主编。本书的编写分工为：本书第1章、第2章、第3章由章瑾编写，第4章由王坤编写，第5章、第9章由祝健编写，第6章由刘向华编写，第7章由李雪飞编写，第8章由张虎编写，第10章由祝健和杨丰编写，第11章、第12章、第13章、第14章由万力编写。

本书可以作为土木建筑类专业的教材或教学参考书，也可供从事与土木建筑类工作有关的设计、规划、装修、施工及管理人员参考借鉴。

本书在修订过程中，经过广泛调研，参阅了国内外同行多部著作，省内外部分高校和建筑设计单位也提出了很多宝贵的修改意见，在此表示衷心感谢。限于编者学识及专业水平，书中难免存在疏漏之处，欢迎读者批评指正。

编 者

2016年6月

第1版　前　言

建筑设备工程是土木、建筑类专业的一门工程技术基础课。本课程主要介绍建筑给水、排水、热水供应与燃气输配、供暖、通风、空气调节、建筑电气等工程的基本知识和技术。本书对建筑设备工程的基础知识、基本工作原理、设备选型、简单的设计计算以及如何配合土建设计、施工进行综合考虑等方面作了简要的叙述。由于目前我国高层建筑的蓬勃兴起，带动了各类建筑设备的不断发展，使得建筑设备系统发生了很大变化，因此本书在各篇章中对高层建筑设备作了适当介绍。

近年来随着社会经济的发展和科学技术的进步，以及人们物质文化生活水平的不断提高，建筑设备工程专业相关的国家标准、规范、规程要求发生了很大的变革；建筑设备工程的新材料、新产品、新技术不断涌现，为此，合肥工业大学土木工程学院和安徽省建筑工业学院环境工程学院教师联合编写了本教材。考虑到本教材主要用于土木建筑类专业本科生学习，课时较少，我们采用了将内容相对集中的方法，着重讲解水、暖、电方面的基本知识。在编写中遵循“内容充实，取材新颖，注重实用，提高时效”的原则，努力做到不仅包括学科的基本内容，而且反映学科最新的技术成果。书中各章都附有思考题，可供读者复习巩固所学的主要知识。各使用单位可根据自己的教学计划，有所侧重，以满足教学要求。

本书可以作为土木建筑类专业的教材或教学参考书，也可作为从事与土木建筑类工作有关的设计、规划、装修、施工及管理人员的参考用书。

本书由合肥工业大学土木与水利工程学院祝健担任主编，安徽省建筑工业工程学院环境学院宣玲娟担任副主编。本书的编写分工为：本书第 1 章、第 4 章、第 8 章、第 12 章由祝健编写，第 3 章、第 9 章由宣玲娟编写，第 2 章、第 6 章由张爱凤编写，第 5 章由章瑾编写，第 7 章由李雪飞编写，第 10 章由张虎编写，第 11 章由刘向华编写，第 13 章、第 14 章、第 15 章、第 16 章由万力、祝健编写。

本书在编写过程中，参考了书后所列的参考文献，从中吸取许多有关的内容；参考了有关专家、学者的著述，吸收了国内外建筑设备各方面的新技术和新成果，并且运用了当前最新颁布的国家规范。在此向各文献的编著者表示感谢。

由于编者水平有限，书中不当之处在所难免，恳请各位师生、工程技术人员，将发现的错误及改进意见告知编者，以便修订完善。

编　者

2007 年 11 月

目　录

绪　论 …… 1

第一篇　建筑给水排水工程

第1章　室外给水排水工程概述 …… 5
1.1　室外给水工程概述 …… 5
1.2　室外排水工程概述 …… 10
1.3　室外给水排水工程规划概要 …… 14
思考题 …… 16
第2章　建筑给水系统 …… 17
2.1　建筑给水系统和给水方式 …… 17
2.2　给水系统所需水压、水量 …… 22
2.3　增压、贮水设备 …… 27
2.4　管材、附件及仪表 …… 38
2.5　建筑给水管道的布置和敷设 …… 43
2.6　建筑给水系统的水力计算 …… 47
2.7　高层建筑给水系统 …… 55
思考题 …… 57
第3章　建筑消防给水系统 …… 58
3.1　建筑消火栓给水系统 …… 58
3.2　自动喷水灭火系统 …… 69
3.3　其他灭火系统 …… 79
思考题 …… 81
第4章　建筑排水系统 …… 82
4.1　排水系统的分类和组成 …… 82
4.2　污废水排水系统的划分与选择 …… 84
4.3　排水系统的布置敷设 …… 88
4.4　污废水提升和局部生活排水处理 …… 93
4.5　排水管道水力计算 …… 97
4.6　建筑雨水排水系统 …… 102
思考题 …… 108

第5章 建筑热水供应系统 …… 109
5.1 建筑热水供应系统和供水方式 …… 109
5.2 热水系统所需水量、水温及水质 …… 113
5.3 热水加热和贮热设备 …… 117
5.4 热水管网管材、附件和管道敷设 …… 121
5.5 热水管网计算简述 …… 126
5.6 高层建筑热水供应系统 …… 126
思考题 …… 127

第二篇 供热、供燃气、通风及空气调节

第6章 供暖 …… 128
6.1 供暖系统的传热原理 …… 128
6.2 供暖系统的热负荷和围护结构的热工要求 …… 133
6.3 供暖系统的方式、分类 …… 138
6.4 对流供暖系统 …… 140
6.5 辐射供暖系统 …… 155
6.6 热源 …… 160
思考题 …… 165
第7章 燃气供应 …… 166
7.1 燃气种类及特性 …… 166
7.2 燃气供应方式 …… 167
7.3 室内燃气供应系统 …… 168
思考题 …… 171
第8章 建筑通风 …… 172
8.1 建筑通风概述 …… 172
8.2 自然通风 …… 175
8.3 机械通风 …… 183
8.4 复合通风 …… 191
8.5 通风系统的主要设备和构件 …… 192
思考题 …… 197
第9章 空气调节 …… 198
9.1 概述 …… 198
9.2 空调负荷与空调房间 …… 200
9.3 空调系统的组成和分类 …… 204

9.4 空调处理设备 …… 207
9.5 空调房间的气流组织 …… 214
9.6 空调冷源与制冷机房 …… 218
9.7 空调系统的消声减振 …… 227
思考题 …… 229
第10章 建筑防排烟设计 …… 230
10.1 概述 …… 230
10.2 建筑防火分区、防烟分区 …… 231
10.3 建筑自然排烟 …… 233
10.4 建筑机械排烟 …… 235
10.5 建筑机械防烟 …… 237
10.6 通风、空调系统防火设计要求 …… 241
10.7 防排烟系统的设备部件 …… 242
思考题 …… 244

第三篇 建筑电气

第11章 供配电系统 …… 245
11.1 电力系统的概念 …… 245
11.2 电力系统的主要环节 …… 245
11.3 供电电压及电能质量 …… 246
11.4 用电负荷等级 …… 248
11.5 负荷计算 …… 253
11.6 供配电系统 …… 255
11.7 电气设备选择 …… 258
思考题 …… 260
第12章 建筑电气安全 …… 261
12.1 雷电的形成及其危害 …… 261
12.2 安全电压 …… 262
12.3 建筑防雷 …… 263
12.4 建筑接地 …… 265
思考题 …… 269
第13章 电气照明 …… 270
13.1 照明的基本知识 …… 270
13.2 电光源及灯具 …… 273

13.3 照度计算 …… 281
13.4 照明设计 …… 286
思考题 …… 288
第14章 建筑电气节能 …… 289
14.1 电气节能应遵循的原则 …… 289
14.2 变压器的选择 …… 289
14.3 优化供配电系统及线路 …… 290
14.4 提高系统的功率因数 …… 291
14.5 建筑照明节能 …… 292
14.6 节电型低压电器的应用 …… 293
14.7 能耗监测平台 …… 293
思考题 …… 294
第15章 建筑电气消防 …… 295
15.1 消防电源及其配电 …… 295
15.2 火灾自动报警系统 …… 295
15.3 火灾事故照明 …… 300
15.4 漏电火灾报警系统 …… 301
思考题 …… 302
第16章 建筑智能化 …… 303
16.1 智能建筑简介 …… 303
16.2 有线电视系统 …… 305
16.3 电话通信系统 …… 307
16.4 安全技术防范系统 …… 310
16.5 公共广播系统 …… 313
16.6 综合布线系统 …… 315
16.7 建筑设备监控系统 …… 318
16.8 智能建筑系统集成 …… 320
思考题 …… 322
参考文献 …… 324

绪　论

1. 建筑设备的概念

建筑设备，是为建筑物的使用者提供生活、生产和工作服务的各种设施和设备系统的总称，它包括的设施和设备系统如下图所示。

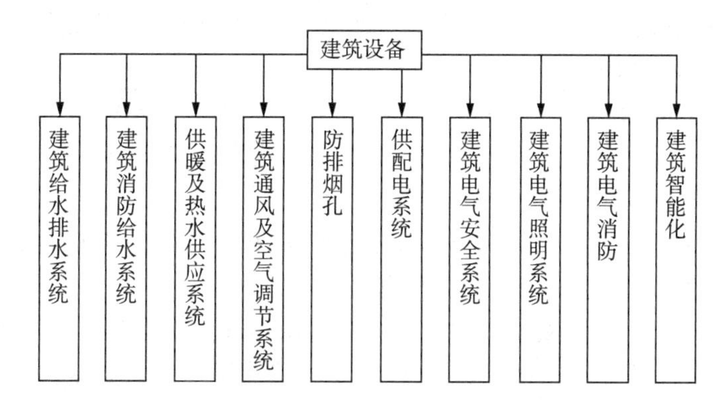

现代建筑在可持续发展和人本主义的影响下，智能建筑、生态建筑、绿色建筑不断出现，人们对居住与工作环境的安全性、舒适性和功能性的要求已越来越高，建筑物不再仅仅是向使用者提供工作或休闲、居住的场所，更是朝着文化教育、休闲娱乐、社交、工作以及享受全方位服务的方向发展。人们对于当今的房屋建筑已不仅仅只关心其结构的安全性，而更多的是关心建筑物的建筑设备的完善程度和先进性。

2. 建筑设备在建筑的作用

任何建筑，如果只有遮风避雨的建筑物外壳，缺少相应的建筑设备，其使用价值将是很低的。对使用者来说，建筑物的规格、档次的高低，除了建筑设计和结构设计的因素外，建筑设备功能的完善程度将是决定性的因素之一。建筑物级别越高，功能越完善，建筑设备的种类就越多，系统就越复杂。从经济上看，一座现代化建筑物的初投资中，土建、设备与装修，大约各占三分之一，现代化程度愈高，建筑设备所占的投资比例愈大；从建筑物的使用成本看，建筑设备的设计及其性能的优劣、耗能的多少，是直接影响经济效益的重要因素。

各种建筑设备系统在建筑物中起着不同的作用，完成不同的功能。

给水系统通过管网把清洁、卫生的自来水输送到各个用户，提供了与人们生活息息相关的水，人们使用后又通过排水管网顺畅地把污水排入市政排水网，经处理后排入相应的水体，保护了环境；热水供应系统集中制备和供应热水或饮用水，使居住者的生活质量得以显著提高。

暖通空调系统在严寒的冬季，营造室内温暖如春的环境，免除人们受严寒的困扰；在炎热的夏季，为人们创造一个清凉冷静、舒适宜人的室内空气环境，而不必去面对那令人难以承受的酷热。通风、空调系统还能为许多工业生产、科学研究部门提供必需的环境条件，成为生产过程不可缺少的组成部分。燃气供应系统为建筑物输送方便、清洁的气体燃料，免除烟熏火燎的烦恼，净化了室内环境，被称之为“厨房里的革命”。

照明系统除了给人们带来光明外，还能创造出五彩缤纷、千姿百态的视觉效果，给人以美的享受。电梯替人在高层建筑内行走;消防系统能保障人们的生命、财产安全;通信系统则通过信息网络,把人们更为紧密地联系在一起,使得时空进一步缩小,工作更有效率,建筑设备自动化系统将整个建筑物内建筑设备系统有机地联系在一起,智能地完成各种指令,自动调节各种设备,使其始终运行于最佳状态,提供一个安全、舒适、高效而节能的工作生活环境。

随着科学技术的进步和生产方式的改变,过去许多必须在室外才能进行的工作,现在将会逐步进入室内,许多人工劳动将被自动装置所替代。可以预见,随着科学技术的发展和人民生活水平的提高,建筑设备的功能将会不断地更新、充实和拓展,以便更好地为人类服务。

3. 建筑设备技术的发展

近几年来,我国建筑设备的发展比较迅速,国外先进的建筑设备也在不断地进入国内市场。随着新材料的大量应用,新设备的不断涌现,我国的建筑设备将向着体积小、重量轻、能耗少、效率高、噪声低、造型新和功能多的方向发展。

材料科学的发展促进了建筑设备技术的快速发展和新产品的不断涌现。例如,各种聚合材料由于具有表面光洁、重量轻、耐腐蚀、电气性能好等优点,在建筑设备工程中的各种管材、配件、给水器材、卫生器具、配电器材和设备外表结构等方面有广泛代替各种金属材料的趋势;又如钢和铝的新规格轧材的应用,使许多设备的使用寿命大大延长;彩色钢板的应用大大改善了设备的外观形象;玻璃钢的出现解决了设备在特殊环境易腐蚀的问题。在这方面,不仅保证了设备的使用质量,而且大大节约了金属材料和施工费用。

节能技术和环保技术的不断开发和应用,促使新型设备的不断出现,建筑设备正朝着高效、节能、环保和小型化方向发展。变速电动机和变频控制技术的发展产生了变频水泵和变频风机;强化传热技术研究使空调产品的能效比(COP)更高,设备体积进一步减小,重量进一步降低。利用真空排除污水的特制便器,节约了大量冲洗用水;在高层建筑中广泛采用的水锤消除器,有效地减少了管道的噪声;小型的加热器、加湿器、空气净化设备使人们更容易自行调节室内环境。

新能源利用技术和建筑智能化技术的应用,使建筑设备工程技术不断更新。采用被动式太阳能、水源热泵、土壤源热泵等低焓值热能利用技术,为暖通空调提供了新的节约型冷源和热源。热回收设备和节能装置的应用,提高了建筑设备系统的能源利用率,增加了建筑设备系统的经济性。各种系统由于集中控制、自动化程度高而提高了效率,节约了能源,降低了费用,创造了更好的建筑环境;使用智能化控制装置调节建筑物通风、空调系统,使建筑物通风量和负荷随室外气象参数变化自动调节,保证了室内良好的卫生和舒适性要求;使用自动温度调节器,可以保证室内采暖及空调的温度并节约了能源;利用电子控制设备或敏感器件,可以控制卫生设备的冲洗,达到节约用水的效果;又如节能性电气照明光源的发展和广泛应用,使灯的亮度、光色及使用寿命不断改善和提高。

建筑设备施工技术的发展,大量工厂化预制设备系统的应用,大大加快了施工速度,保证了施工质量,获得了良好的经济效益。预制风管的应用,大大加快了通风、空调风管的制作和安装,保证了施工质量,减少了金属材料的使用;预制的盒子卫生间和盆子厨房,将浴室、厕所以及厨房等建筑构件、设备附件和管道在工厂中预制好,运到施工现场一次装配完工,减轻了工人的劳动强度,缩短了施工周期。

《绿色建筑评价标准》(GB50378T—2014)中提出,现代建筑要满足在建筑的全寿命周期内，最大限度节约资源，节能、节地、节水、节材、保护环境和减少污染，向建筑使用者提供健康适用、高效实用、与自然和谐共生的建筑。这种新型的建筑设计理念对建筑设备各系统提出了更高的要求，同时也提供了广阔的发展空间。在绿色建筑的建筑设备系统中，应以人、建筑和自然环境的协调发展为目标，在利用天然条件和人工手段创造良好、健康的居住环境的同时，尽可能地控制和减少对自然环境的使用和破坏，充分体现向大自然的索取和回报之间的平衡。

建筑设备专业在绿色建筑的发展中主要节能新技术有：(1)采用节能的建筑围护结构以减少采暖和空调系统的能耗；根据自然通风的原理设置风冷系统，使建筑能够有效地利用夏季的主导风向；根据当地气候和自然资源条件，合理利用太阳能、水地源等可再生能源作为空调系统的冷热源；利用智能化技术节能是对空调机组、新风机组、冷冻机组以及照明设施等实行最优化的控制，以最大化地减少空调系统的电能消耗；(2)采取分区、定时、感应等节能控制措施，综合考虑节能光源、灯具和附件，采用高效的新型节能灯具，公共区域的照明采用高效光源、高效灯具和延时或声控开关，同时注意自然采光部位的节能措施；合理选用节能型电气设备；(3)采用太阳能光热系统向用户提供免费生活热水；对建筑小区采用雨水回收利用用于小区绿化和道路喷洒等，有效节约水资源，等等。

随着当代科学技术的发展，还会源源不断地诞生更多更先进的建筑设备新技术。在建筑中因地制宜地采用这些新技术，尽可能提高可再生能源利用率、非传统水源利用率、可再循环建筑材料用量，对减少建筑能耗和二氧化碳排放量，实现真正的“绿色建筑”。

总之，建筑设备工程是一个复合型学科，随着现代科学技术的发展，其形式和内容必将不断改变。现代建筑的发展，孕育着现代建筑设备工程技术的不断更新，同时建筑设备技术的发展，又推动着现代建筑向前发展，为现代建筑的发展注入了新的生机和活力。作为土木建筑类科技人员，应不断了解与本专业相关的科技最新成果，更新知识结构，提高综合技术水平，以适应建筑技术复合发展的要求。

4. 建筑设备工程与土木建筑工程的关系

设置在建筑物内的建筑设备系统，只有与建筑、结构、装修及生产工艺设备等相互协调才能有效发挥其功能。为了提高建筑的整体使用价值，充分突出建筑特点，必须高度重视建筑设备工程，要综合考虑、协调处理建筑设备与建筑结构、建筑布置、建筑装饰诸系统之间的关系，力争使建筑的综合功能达到较高水平。如何合理地综合进行建筑设备的系统设计，保证建筑物的使用功能、质量，不仅与建筑设计、结构设计、施工方法等有着密切的关系，而且对生产、经济、人民生活都具有重要的意义。在进行建筑设计、施工时，需要建筑设备专业与土木建筑工程专业之间密切配合才能使建筑物达到适用、经济、卫生及舒适的要求，发挥建筑物应有的功能，提高建筑物的使用质量，避免环境污染，高效地发挥建筑物为生产和生活服务的作用。

建筑设备工程的一些主要设备：如空调制冷机房、消防泵房等在建筑物内的设置，土建专业不仅需要考虑运行荷载，还需要在楼板、墙体等结构处预留设备的吊装孔洞、套管的预留预埋。建筑设备通常布置在专用的机房内，室内管道，通常采用管道井和用吊顶敷设，因此，在确定机房面积、管井尺寸和吊顶高度时，要求土建设计者应对设备的外形尺寸、安装高度、坡度尺寸、风管、水管的连接方式和断面尺寸等有较为准确的把握，使机房、管井平面位置合理、符合系统工艺流程；所留的空间，能满足设备、管道的安装要求。在房间的同一吊顶上,往往同时布置空调风口、照明灯具、消防喷淋头、烟感器、音响等多种设备,需要各专业人员相互协调才能避免冲突,以满足各专业的工艺要求。因此,对于土木建筑类专业的学生来说,学习和掌握建筑设备的基本知识是至关重要的。

5. 本课程的学习目的

"建筑设备工程"是一门专业技术课。学习本课程的目的在于掌握建筑设备工程技术的基本知识,具有综合考虑和合理处理各种建筑设备与建筑主体之间的关系的能力,从而做出适用、经济的建筑和结构设计,并掌握一般建筑的水、暖、电设计的原则和方法。

此外,在领会建筑设备工程基本原理的基础上加强设计和施工的实践,才能完整地掌握建筑设备工程技术。

第一篇　建筑给水排水工程

第1章　室外给水排水工程概述

室外给水排水系统与建筑给水排水系统密切相连。室外给水系统担负着从水源取水，将其净化到所要求的水质标准后，由城市管网将清水输送、分配到各建筑物的任务；而室外排水系统则接纳由建筑物排水系统排出的废水和污水，并及时地将其输送至适当地点，最后经妥善处理后排放至天然水体或再利用。室外排水系统还担负着收集和排放雨水的任务。在整个给水排水工程中，水的流程与系统功能关系示意图如图1-1所示。

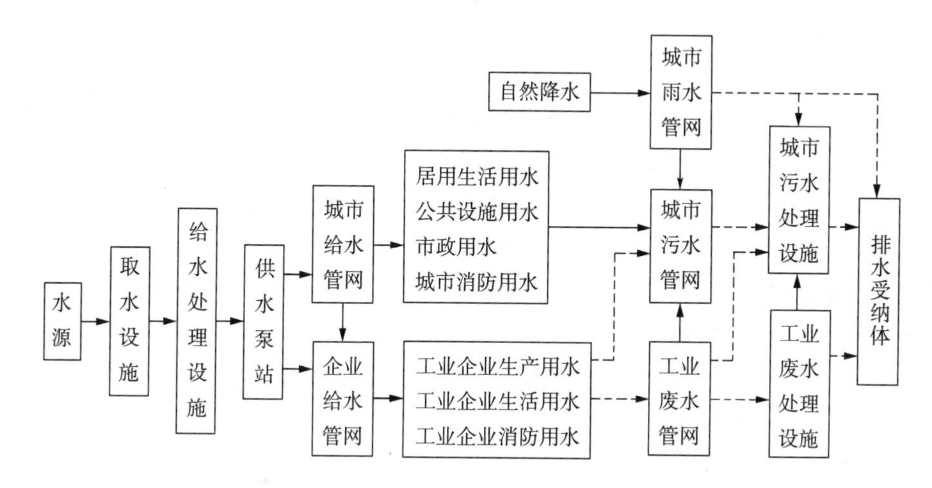

图1-1　给水排水的流程与系统功能关系示意图

1.1　室外给水工程概述

室外给水系统的任务是自水源取水，进行处理净化达到用水水质标准后，经过管网输送，供城镇各类建筑所需的生活、生产、市政（如绿化、街道洒水）和消防用水。

通常，室外给水系统一般包括：取水工程、净水工程、输配水工程及泵站。

1.1.1　水源及取水工程

1. 水源

城市给水水源有广义和狭义之分。狭义的水源一般指清洁淡水，即传统意义的地表水和地下水，是城市给水水源的主要选择；广义的水源除了上述的清洁淡水外，还包括海水和低质水（微咸水、再生污水和暴雨洪水）等。还有工程概念水资源，即上述狭义水资源范围内可以恢复更新的淡水量中，在一定技术经济条件下，可以为人们所用的那一部分水以及少量被用于冷却的海水。

地下水指埋藏在地下空隙、裂隙、溶洞等含水层介质中储存运移的水体。地下水按埋藏条件可以分为包气带水、潜水、承压水。地下水具有水质清洁、水温稳定、分布面广等特点。但地下水径流量较小,矿化度和硬度较高。地下水是城市主要水源,若水质符合要求,可优先考虑。但地下水中矿物质盐类含量高,硬度大,埋藏过深或储量小,或抽取地下水会引起地面下沉的地区和城市,不宜以地下水作为水源。

地表水主要指江河、湖泊、水库等。地表水具有浑浊度较高、水温变幅大、易受工农业污染、季节性变化明显等特点,但地表径量大、矿化度和硬度低、含铁锰量低。地表水源水量充沛,常能满足大量用水的需要,是城市给水水源的主要选择。但多年的环境污染,使不少地表水丰富的地区,不能利用城市周围的地表水源,造成"水质型"缺水。

海水含盐量很高,淡化较困难,且耗资巨大。海水作为水源一般用在工业用水和生活杂用水,如工业冷却、除尘、冲灰、洗涤、消防、冲厕等。

传统意义的给水水源外的可以利用的低质水源称为边缘水,主要指微咸水、生活污水、暴雨洪水。这些水经过处理后可以用于工农业生产和生活用水,或直接用于工业冷却水、农业用水以及市政用水等。

2. 取水工程

取水工程包括选择水源和取水地点,建造适宜的取水构筑物,其主要任务是保证给水系统取得足够的水量并符合我国城市供水水质标准和生活饮用水水源水质标准。

地下水的取水构筑物的形式与地下水埋深、含水层厚度等水文地质条件有关。主要有管井、大口井、辐射井、渗渠和引泉构筑物等,其中以管井和大口井最为常见。

管井由其井壁和含水层中进水部分均为管状结构而得名。用于取水量大、含水层厚大于4m而底板埋藏深度大于8m的情况;大口井与管井一样,也是一种垂直建造的取水井,由于井径较大而得名,用于含水层厚度在5m左右,而底板埋藏深度小于15m的情况,如图1-2所示。

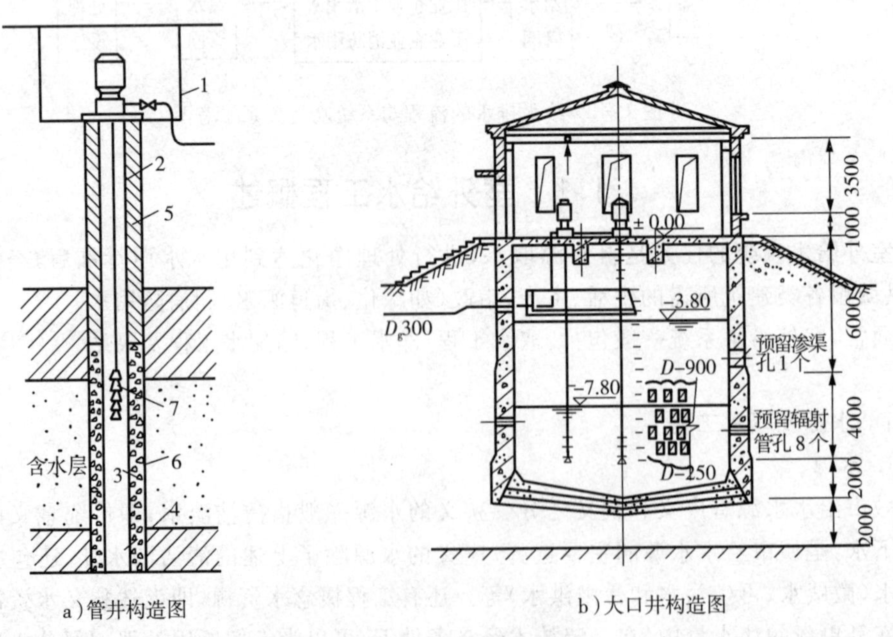

a)管井构造图　　b)大口井构造图

图1-2　地下水取水构筑物

1—井室;2—井壁管;3—过滤管;4—沉淀管;5—黏土封闭;6—人工填砾;7—深井泵

地面水的取水构筑物建于水源岸边,其位置应根据取水水质、水量并结合当地的地质、地形、水深及其变化情况等确定。主要有固定型和移动型两种:固定型包括岸边式、河床式和斗槽式;移动型包括浮船式、缆车式等。应根据水源的具体情况选择取水构筑物的形式,图1-3所示为常见的两种地面水取水构筑物。

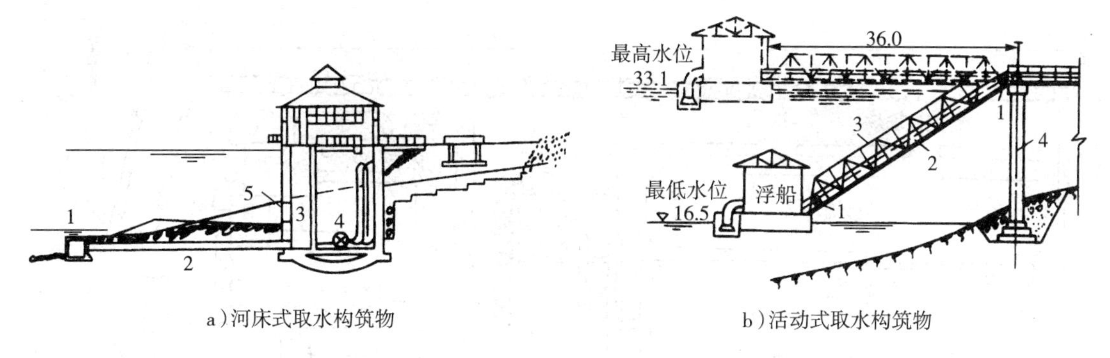

a)河床式取水构筑物　b)活动式取水构筑物

图1-3　地面水取水构筑物

1.1.2　净水工程

净水工程的任务就是对天然水质进行净化处理,除去水中的悬浮物质、胶体、病菌和其他有害物质,使水质达到用户的水质标准。城市自来水厂净化后的水必须满足我国现行的《生活饮用水卫生标准》中的水质指标;工业用水的水质标准和生活饮用水不同,如锅炉用水要求水质具有较低的硬度;纺织漂染工业用水对水中的含铁量限制较严;大型发电机组对冷却水水质纯度有很高要求,而制药工业、电子工业则需含盐量极低的脱盐软化水等。因此,工业用水应按照生产工艺对水质的具体要求来确定相应的水质标准及净化工艺。

地面水的净化工艺流程,应根据水源水质和用户对水质的要求确定。一般以供给饮用水为目的的工艺流程,主要包括沉淀、过滤及消毒三个部分。地面水的处理流程如图1-4所示。

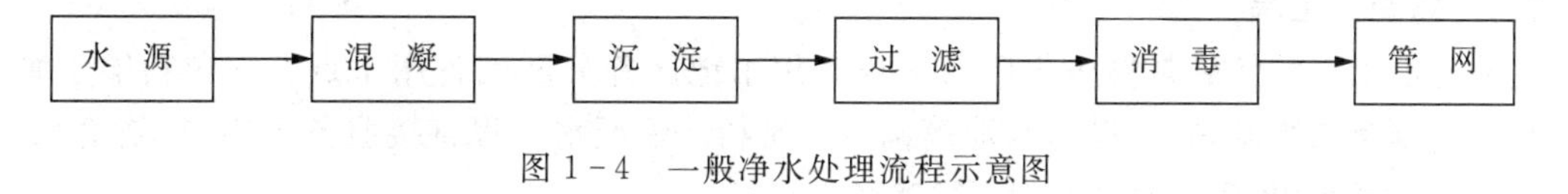

图1-4　一般净水处理流程示意图

地下水一般不需像地面水那样进行净化处理。有的地方直接饮用地下水;有的仅进行加氯消毒;有的经滤池的过滤和消毒处理之后,作为饮用水。

江河、湖泊或水库原水经取水构筑物,由一级泵房的水泵抽送到反应沉淀池或澄清池,如果一级泵房设在自来水厂中,在一级泵房的水泵吸水管中投加混凝剂;当一级泵房距离水厂较远时,混凝剂投加在水厂中的反应沉淀池或澄清池的进水管中,一般通过安装在管道上的管道静态混合器进行混合。目前我国最为广泛采用的沉淀池是平流沉淀池和斜管沉淀池。

沉淀或澄清后的水,经滤池(一般以石英砂作为滤料)过滤,去除沉淀或澄清构筑物中未被去除的杂质颗粒。过滤不仅可进一步降低水的浊度,而且使水中有机物、细菌乃至病毒等随水的浊度降低而被部分去除,为过滤后的消毒创造良好条件。

消毒的目的是消灭水中的细菌和病原菌,同时保证净化后的水在输送到用户之前不致被再次污染。消毒的方法有物理法和化学法,物理法有紫外线、超声波、加热法等;化学法有液氯、次氯酸钠、氯胺、二氧化氯、漂白粉及臭氧等。图1-5为某自来水厂的平面布置图。

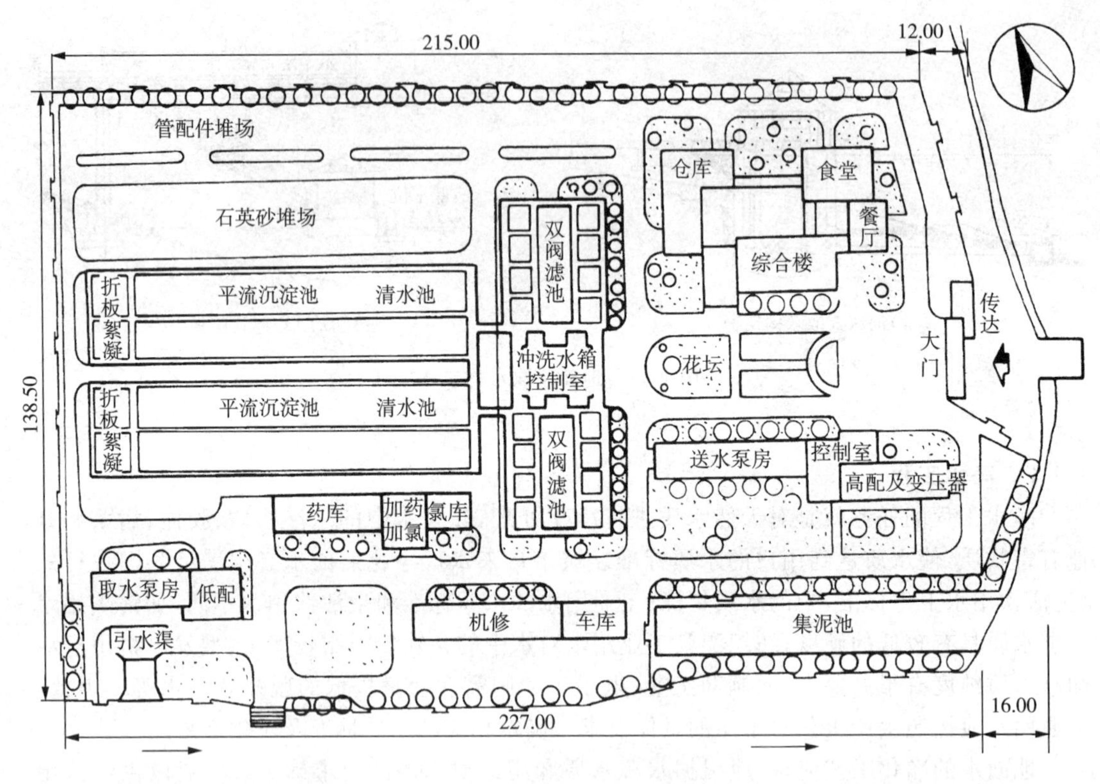

图1-5 水厂平面布置图

1.1.3 输配水工程

输配水工程的任务是将净化后的水送到用水地区并分配到各用水点。它包括输水管、配水管网以及二级泵站、水塔与水池等调节构筑物。输配水工程直接服务于用户,是给水系统中工程量最大、投资最高的部分(占70%~80%)。

1. 输水管和管网

输水管是从水源输水到城市水厂或从城市水厂输送到相距较远管网的管线和管渠。它不负担配水任务,但要求简短、安全。通常沿现有道路或规划道路敷设,并应尽量避免穿越河谷、山脊、沼泽、重要铁道及洪水泛滥淹没的地区。

配水管网的任务是将输水管输送的水分配到用户。由于配水管分布在城市给水区内,纵横交错,形成网状,所以称为管网。

给水管网是给水系统的重要组成部分,并且和其他构筑物(如泵站、水池或水塔等)有着密切的联系。因此,给水管网的布置应满足以下几个方面:

(1)应符合城市总体规划的要求,考虑供水的分期发展,并留有充分的余地;

(2)管网应布置在整个给水区域内,并能在适当的水压下,向所有的用户供给足够的水量；

(3)无论在正常工作或在局部管网发生故障时，应保证不中断供水；

(4)管网的造价及经营管理费用应尽可能低，因此，除了考虑管线施工时有无困难及障碍外，必须沿最短的路线输送到各用户，使管线敷设长度最短。

给水管网的布置形式，有枝状网和环状网两种。一般，在小城镇的给水管网或城市给水管网的边远地区采用树枝状管网，或城镇管网初期先采用树枝状管网，逐步发展后，形成环状管网。环状管网供水安全可靠。一般，在大、中城市的给水系统或对给水要求较高、不能断水的给水管网，均应采用环状管网。环状管网还能减轻管内水锤的威胁，有利于管网安全。

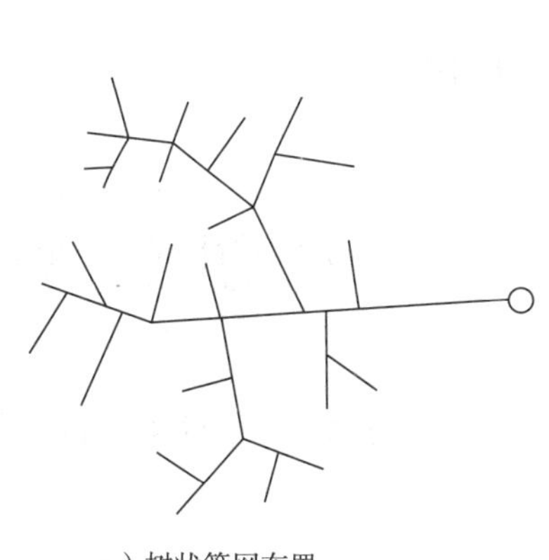

a）树状管网布置

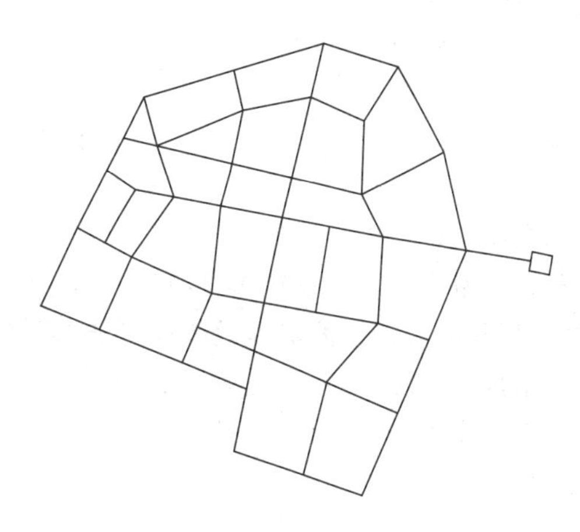

b）环状管网布置

图1-6　管网

2. 调节构筑物

水塔与高位水池是给水系统的调节装置，其作用是调节供水量与用水量之间的不平衡状况。水塔与高位水池能够把水低峰时管网中多余的水储存起来，在高峰时再送入管网。其作用不仅可以保证管网水压的基本稳定，同时也使水泵能在高效率范围内运行。

清水池与二级泵站可以直接对给水系统起调节作用，也可以同时对一、二级泵站的供水和送水起调节作用。

图1-7　清水池

图1-8　水塔

1.1.4 泵站

1. 一级泵站

在给水系统中,通常把水源地取水泵站称为一级泵站,泵站可以与取水构筑物合建也可分建,其作用是把水源的水抽升上来,送至净化构筑物。

2. 二级泵站

二级泵站的任务是将净化的水,由清水池抽吸升压送往用水户。它和一级泵站一起构成整个给水系统的动力枢纽,是保证水系统正常运行的关键。

泵站的主要设备有水泵、引水装置、配套电机等。泵房建筑设计应遵照国家《室外给水设计规范》中的规定执行。

1.2 室外排水工程概述

水在使用过程中受到了污染,成为污水,需要进行处理和排泄。此外,城市内降水(包括雨水和冰雪融化水),水量较大,也有污染,亦应及时排放。将城市污水、降水有组织地收集、输送、处理和处置污水的工程设施称为排水系统。

污水按其来源,可分为生活污水、生产污(废)水及雨、雪水三类。

城市排水工程通常包括:排水管网、雨水管网、污水(废水)泵站、污水处理厂以及污水(雨水)出水口等。

1.2.1 排水体制

在城市中,对生活污水、工业废水和降水,采取的排除方式称为排水体制,也称排水制度。按排除方式可分为合流制和分流制排水系统两种。排水制度的选择,应根据城镇的总体规划,结合当地的地形特点、水文条件、水体状况、气候特征、原有排水设施、污水处理程度和处理后出水利用等综合考虑后确定。同一城镇的不同地区可采用不同的排水制度。新建地区的排水系统宜采用分流制。合流制排水系统应设置污水截流设施。对水体保护要求高的地区,可对初期雨水进行截流、调蓄和处理。在缺水地区,宜对雨水进行收集、处理和综合利用。

1. 合流制排水系统

将生活污水、工业废水和降水用同一管道系统汇集输送排除的称为合流制排水系统。合流制排水系统应设置污水截流设施。

截留式合流制如图1-9所示,污水、废水、降水同样也合用一套管道系统。晴天时全部输送到污水处理厂,雨天时当雨水量增大,污水、废水、雨水的混合量超过一定数量时,其超出部分通过溢流井排入水体。这种方式多在改扩建工程中采用。

2. 分流制排水系统

当生活污水、工业废水、降水用两个或两个以上各自独立的管道系统来汇集和输送时,称为分流制排水系统,如图1-10所示。其中,汇集生活污水和工业废水的系统称为污水排除系统;汇集和排除雨水的系统称为雨水排除系统;只排除工业废水的称为工业废水排除系统。

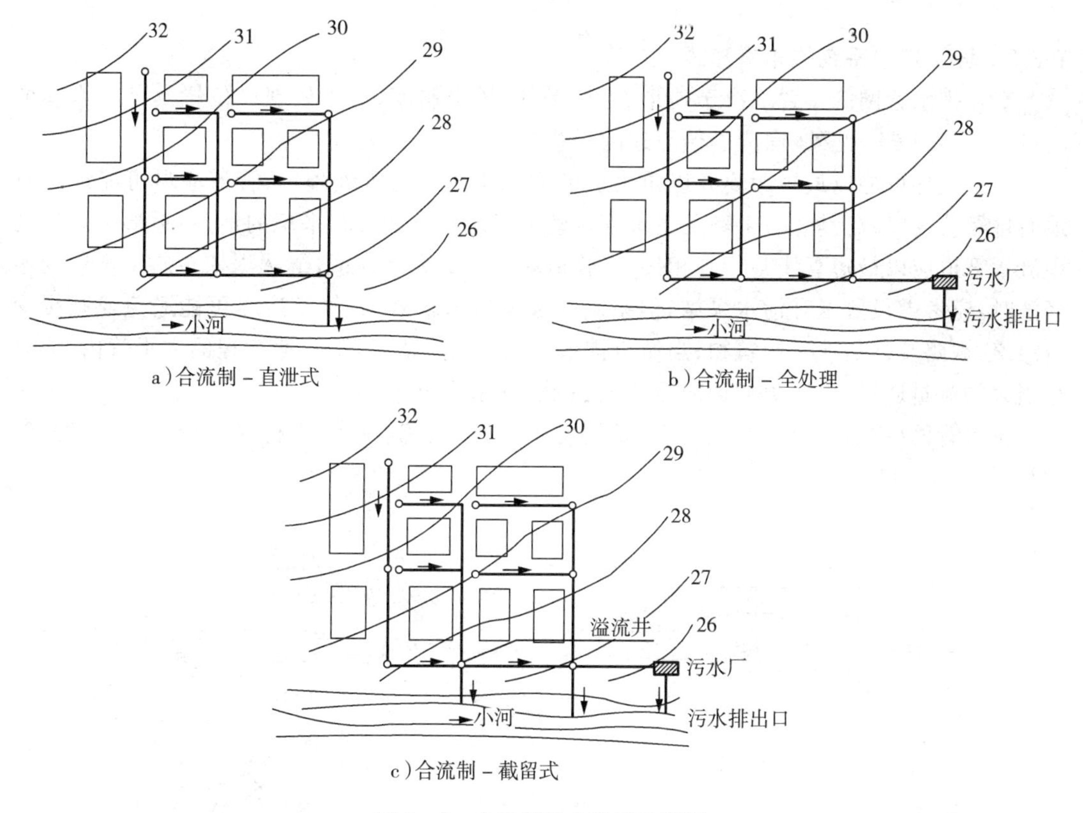

a)合流制 - 直泄式

b)合流制 - 全处理

c)合流制 - 截留式

图1-9 合流制排水系统示意图

分流制排水系统将各类污水分别排放,有利于污水的处理和利用,分流制管道的水力条件比较好。新建地区的排水系统宜采用分流制。

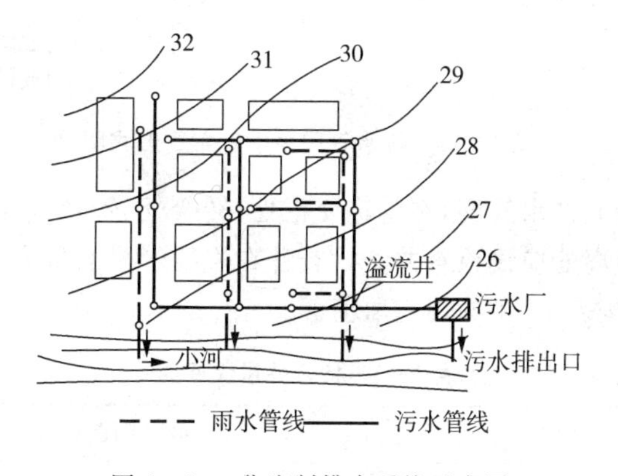

图1-10 分流制排水系统示意图

排水制度的选择,应根据城镇的总体规划,结合当地的地形特点、水文条件、水体状况、气候特征、原有排水设施、污水处理程度和处理后出水利用等综合考虑后确定。同一城镇的不同地区可采用不同的排水制度。新建地区的排水系统宜采用分流制。合流制排水系统应设置污水截流设施。对水体保护要求高的地区,可对初期雨水进行截流、调蓄和处理。在缺水地区,宜对雨水进行收集、处理和综合利用。

1.2.2　城市排水系统的布置形式

室外排水管网的布置取决于地形、土壤条件、排水制度、污水处理厂位置及排入水体的出口位置等因素。此外,尚应遵循下述的一些原则:

污水应尽可能以最短距离并以重力流的方式排送至污水处理厂;管道应尽可能地平行地面自然坡度以减少埋深;干管及主干管常敷设于地势较低且较平坦的地方;地形平坦处的小流量管道应以最短管线与干管相接;当管道埋深达最大允许值,继续深挖对施工不便及不经济时,应考虑设置提升污水泵站,但泵站的数量应力求减少;管道应尽可能避免或减少穿越河道、铁路及其他地下构筑物;当城市排水系统分期建造时,第一期工程的主干管内,应有相当大的流量通过,以避免初期因流速太小而影响正常排水。

排水管网(主要是干管和主干管)常用的布置形式有截流式、平行式、分区式、放射式等数种,如图1-11所示。

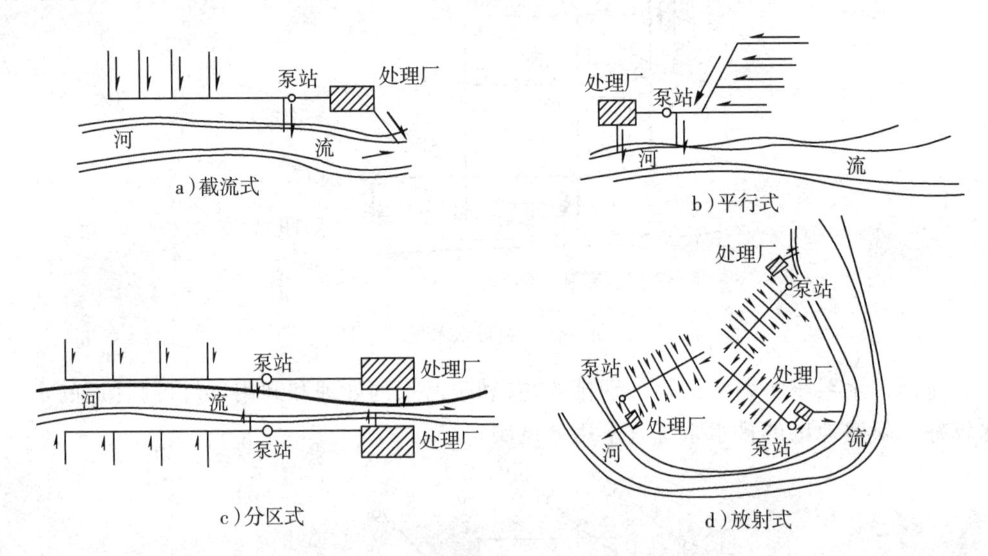

图1-11　排水管网主干管布置形式图

为了便于检查及清通排水管网,在管道交汇处、转弯处、管径或坡度改变处、跌水处以及直线管段上每隔一定距离处应设检查井。检查井在直线管段的最大间距应根据疏通方法等具体情况确定,一般宜按表1-1的规定取值。

表1-1　检查井最大间距

管径或暗渠净高(mm)	最大间距(m)	
	污水管道	雨水(合流)管道
200～400	40	50
500～700	60	70
800～1000	80	90
1100～1500	100	120
1600～2000	120	120

1.2.3　污水处理

污水及污泥当中常含有多种有用物质，应当予以回收利用，即污水、污泥资源化。回收利用不仅可以为国家创造财富，也是一种经济有效的污水处理措施。

现代污水处理技术，按作用原理可分为物理、生物和化学三类。通常，城市污水的处理采用前两类方法，工业废水处理采用化学法。

物理法，主要利用物理作用分离去除污水中呈悬浮状态的固体污染物质，整个处理过程中不发生任何化学变化。其方法有重力分离法、离心分离法、过滤法等。城市污水处理常用的是筛滤(格栅、筛网)与沉淀(沉砂池、沉淀池)、气浮、过滤等，习惯上也称机械处理。

生物法，利用微生物的生命活动，将污水中的有机物分解氧化为稳定的无机物，使污水得到净化。主要用来去除污水中的胶体和溶解性的有机物质，对氨氮、磷等物质具有良好的去除效果。生物法可分为好氧生物处理和厌氧生物处理。污水处理通常采用好氧法，污泥和高浓度有机废水处理通常采用厌氧法。生物塘是与活性污泥法相近的简易生物处理法，污水灌溉是与生物膜法相近的生物处理法。

化学法，主要利用化学反应分离、回收污水中的污染物质，其主要处理方法有中和混凝、电解、氧化还原及离子交换等，化学法通常还用于工业废水处理。

城市污水处理根据处理程度，可划分为一级、二级和三级处理。一级处理主要去除污水中的悬浮固体污染物，常用物理处理法；二级处理主要是大幅度地去除污水中的胶体和溶解性的有机污染物，常用生物处理法；三级处理主要是进一步去除二级处理中所未能去除的某些污染物质，诸如使水体富营养化的氮、磷等物质，具体处理方法随去除对象而异，双层滤料滤池可进一步去除悬浮固体，以降低BOD等。通常，城市污水经过一、二级处理后，基本上能达到国家统一规定的污水排放水体的标准，三级处理一般用于污水处理后再用的情况。城市污水处理的典型流程如图1-12所示。

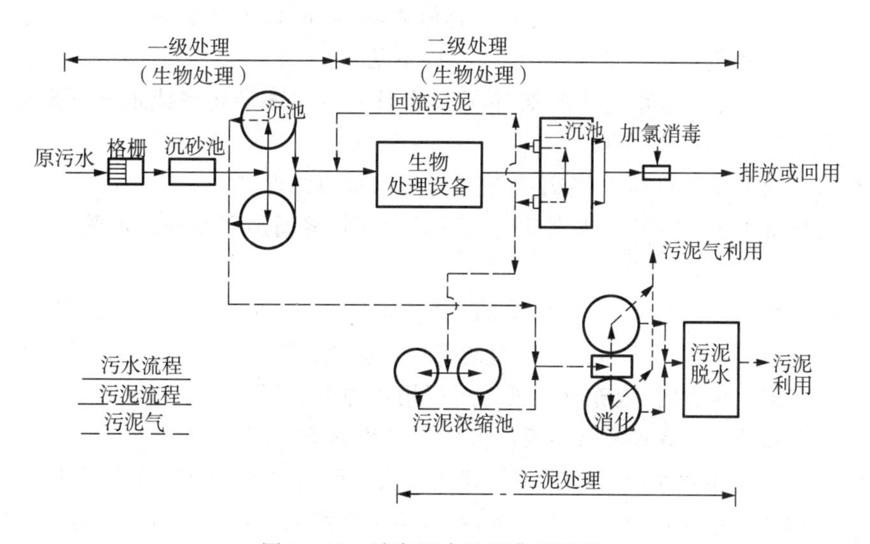

图1-12　城市污水处理典型流程

1.3 室外给水排水工程规划概要

1.3.1 城市给水工程规划与城市建设的关系

城市给水系统的规划是城市规划的一个组成部分,它与城市总体规划和其他单项工程规划之间有着密切联系。因此,在进行城市给水系统规划时,应考虑与总体规划及其他各单项工程规划之间的密切配合和协调一致。

1. 给水系统与城市总体规划间的关系

城市总体规划是给水系统规划布局的基础和技术经济的依据,主要表现在:

(1)给水系统规划的年限与城市总规划所确定的年限相一致,近期规划为5~10年,远期规划为10~20年,给水系统规划通常采用长期规划分期实施的做法。

(2)城市给水系统的规模,直接取决于城市的性质和规模。根据城市人口发展的数目、工业发展规模、居住区建筑层数和建筑标准、城市现有资料和气候等自然条件,可确定城市供水规模。

(3)从工业布局可知生产用水量及其要求。

(4)根据城市用地布局和发展方向等确定给水系统的布置,并满足城市功能分区规划的要求。

(5)根据城市用水要求、功能分区和当地水源情况选择水源,确定水源数目以及取水构筑物的位置和形式。

(6)根据用户对水量、水质、水压要求和城市功能分区、建筑分区以及城市自然条件等选择水厂、加压站、调节构筑物的位置和管线的走向。

(7)根据所选定的水源水质和城市用水对水质的要求确定水的处理方案。

城市给水系统规划对城市总体规划也有所影响,城市总体规划中应考虑给水系统规划的要求,为城市供水创造良好的条件,应注意以下几点:

① 进行区域规划和城市总体规划时,应十分注意给水水源选择或水量不足给区域和城市的建设、发展带来的不良后果。

② 在城市或工业区布局中,应注意生活饮用水水源的保护。

③ 一般城市用水不宜离给水水源过高过远;否则,将增加泵站和输水管道造价,且经营费用高。

④ 在进行城市规划时,对大量用水的工厂,如化工、造纸、黑色冶金、人造纤维等,宜靠近水源布置。同时,用水量大且污染严重的工厂不应放在取水口上游,以免污染水源。

⑤ 在确定工厂位置时,应充分考虑各工厂用水的重复利用和综合利用。

2. 给水系统规划与城市其他单项工程规划间的关系

城市规划中,与给水系统规划有关的其他单项工程规划有:水利、农业灌溉、航运、道路、环境保护、管线工程综合以及人防工程等,给水系统规划应与这些规划相互配合、相互协调,使整个城市各组成部分的规划做到有机联系:

(1)城市的水源是非常宝贵的财富,在选择城市给水水源时,应注意考虑到农业部门、航运部门、水利部门等对水源规划的要求,相互配合,做到统筹安排,合理地综合利用各种水源，必要时还应与有关部门签订协议。

(2)城市输水管渠和配水管网，一般沿城市道路敷设，与道路系统规划的关系十分密切。在规划中应相互创造有利条件，密切配合。

(3)给水系统规划还与管线工程综合规划紧密联系，因为现代化城市的街道下，埋有各种地下设施。

① 各种管道：给水管、排水管、煤气管、供热管等；

② 各种电缆：电话电缆、电灯电缆、电力电缆等；

③ 各种隧道：人行地通、地下铁道、防空隧道、工业隧道等。这些设施在街道横断面上的位置(平面位置和垂直位置)，均应由管线工程综合规划部门统一安排，建设部门必须按批准的位置进行建设。

表1-2　地下管线之间或与构筑物之间的最小净距

	给水管		污水管		雨水管	
	水平(m)	垂直(m)	水平(m)	垂直(m)	水平(m)	垂直(m)
给水管	0.5～1.0	0.1～0.15	0.8～1.5	0.1～0.15	0.8～1.5	0.1～0.15
污水管	0.8～1.0	0.1～0.15	0.8～1.5	0.1～0.15	0.8～1.5	0.1～0.15
雨水管	0.8～1.5	0.1～0.15	0.8～1.5	0.1～0.15	0.8～1.5	0.1～0.15
低压煤气管	0.5～1.0	0.1～0.15	1.0	0.1～0.15	1.0	0.1～0.15
直埋式热水管	1.0	0.1～0.15	1.0	0.1～0.15	1.0	0.1～0.15
热力管沟	0.5～1.0		1.0		1.0	
乔木中心	1.0		1.5		1.5	
电力电缆	1.0	直埋0.5 穿管0.25	1.0	直埋0.5 穿管0.25	1.0	直埋0.5 穿管0.25
通信电缆	1.0	直埋0.5 穿管0.15	1.0	直埋0.5 穿管0.15	1.0	直埋0.5 穿管0.15
通信及照明电杆	0.5		1.0		1.0	

注：净距指管外壁距离，管道交叉设套管指套管外壁距离，直埋式热力管指保温管壳外壁距离。

1.3.2　城市排水工程规划与城市建设的关系

城市排水工程规划的实现和提高，城市排水设施普及率、污水处理达标排放率等都不是一个短期能解决的问题，需要几个规划期才能完成。因此，城市排水工程规划具有较长期的时效，以满足城市不同发展阶段的需要。城市排水工程的规划期限应与城市总体规划期限相一致，城市一般为20年，建制镇一般为15～20年。

排水工程近期建设规划应以规划目标为指导，并有一定的超前性。对近期建设目标、发展布局以及城市近期需要建设项目的实施做出统筹安排，而且还要考虑城市远景发展的需要。城市排水出口与污水收纳体的确定都不应影响下游城市或远景规划城市的建设和发展，排水系统的布局也应具有弹性，为城市远景发展留有余地。

在城市总体规划时应根据城市的资源、经济和自然条件以及科技水平优化产业结构和工业结构,并在用地规划时给以合理布局,尽可能减少污染源。在排水工程规划中应对城市所有雨、污水进行全面规划,对排水设施进行合理布局,对污水、污泥的处置应执行“综合利用,化害为利,造福人民”的原则。

城市排水工程规划与城市给水工程规划之间关系紧密,排水工程规划的污水量、污水处理程度、受纳水体及污水出口应与给水工程规划的用水量、回用再生水的水质、水量和水源地及其卫生防护区相协调;与城市水系规划、城市防洪规划相关,应与规划水系的功能和防洪设计水位相协调;城市排水工程灌溉多沿城市道路敷设,应与城市规划道路的布局和宽度相协调;城市排水工程规划中排水管渠的布置和泵站、污水处理厂位置的确定应与城市竖向规划相协调。污水厂位置的选择,应符合城镇总体规划和排水工程专业规划的要求,并应根据下列因素综合确定:

(1)在城镇水体的下游。

(2)便于处理后出水回用和安全排放。

(3)便于污泥集中处理和处置。

(4)在城镇夏季主导风向的下风侧。

(5)有良好的工程地质条件。

(6)少拆迁,少占地,根据环境评价要求,有一定的卫生防护距离。

(7)有扩建的可能。

(8)厂区地形不应受洪涝灾害影响,防洪标准不应低于城镇防洪标准,有良好的排水条件。

(9)有方便的交通、运输和水电条件。

思考题

1. 简述室外给排水的主要任务及工程设施。
2. 简述给水管网的基本布置形式及其优缺点。
3. 室外排水体制有哪几种? 如何选择?
4. 简述给水处理和城市污水处理的基本流程。
5. 简述城市给水规划、排水规和城市总体规划间的关系。

第 2 章　建筑给水系统

2.1　建筑给水系统和给水方式

建筑给水系统的任务是选定经济、适用的最佳供水系统，将城市管网的水从室外管道输送到各种卫生器具、用水龙头、生产设备和消防装置等处，并满足各用水点对水质、水量、水压的要求。

2.1.1　建筑给水系统的分类

建筑给水系统按用途一般分为生活给水系统、生产给水系统和消防给水系统三类。

1. 生活给水系统

为住宅、公共建筑和工业企业人员提供饮用、盥洗、淋浴、洗涤、烹调等生活用水的给水系统称为生活给水系统。其中，与人体直接接触的或饮用的烹饪、饮用、盥洗、洗浴用水为生活饮用水系统，除满足所需的水量、水压要求外，其水质必须严格符合国家《生活饮用水卫生标准》；冲洗便器、浇洒地面、冲洗汽车等用水为杂用水系统，可满足非饮用水标准。

目前国内通常为节省管道，便于管理，将饮用水与杂用水系统合二为一。

2. 生产给水系统

为工业企业生产方面提供用水的给水系统称为生产给水系统。

生产给水系统由于各种生产工艺不同，系统的种类繁多，如直流给水系统、循环给水系统、纯水系统等。生产给水系统对水量、水质、水压及供水的要求因工艺不同而不同，需要详尽了解生产工艺对给水系统的要求。

3. 消防给水系统

为扑救建筑物火灾而设置的给水系统称为消防给水系统。消防给水系统又分为消火栓给水系统和自动喷水灭火系统。消防给水系统用水量大，压力要求高，但对水质无特殊要求。

上述三个系统可以独立设置，也可以根据各种系统对水质、水温、水压等具体要求，考虑技术可行、经济合理、安全可靠等因素，将其中两种或三种系统合并，形成生活、消防给水系统，生产、消防给水系统，生活、生产给水系统，生活、生产、消防给水系统等。

2.1.2　建筑给水系统的组成

一般情况下，建筑给水系统由引入管、给水附件、管道系统、水表节点、升压和贮水设备和室内消防设备等部分组成，如图 2－1 所示。

1. 引入管

引入管是连接室外给水管网与室内管网之间的管段，即把水自室外管道引入建筑内部。对于建筑群体、学校区、厂区的引入管系是指总进水管。

2. 水表节点

水表节点是指引入管上装设的水表及其前后设置的闸门、泄水装置的总称。

3. 管道系统

管道系统包括水平干管、立管和横支管等。

4. 给水附件

给水附件包括配水附件(如各式龙头、消火栓、喷头)和调节附件(如各类闸阀、截止阀、蝶阀、止回阀、减压阀等)。

5. 增压和贮水设备

室外给水管网的水压或流量经常或间断不足,不能满足室内或建筑小区内给水要求时,应设加压和流量调节装置,如贮水池、高位水箱、水泵和气压给水装置等。

6. 建筑消防设备

根据建筑物的性质、规模、高度、体积等条件,按建筑物防火要求及规定设置的消防栓、自动喷水灭火或水幕灭火设备等。

7. 给水局部处理设施

当有些建筑对给水水质要求很高,超出我国现行生活饮用水卫生标准或其他原因造成水质不能满足要求时,就需要设置一些设备、构筑物进行给水深度处理,如二次净化处理。

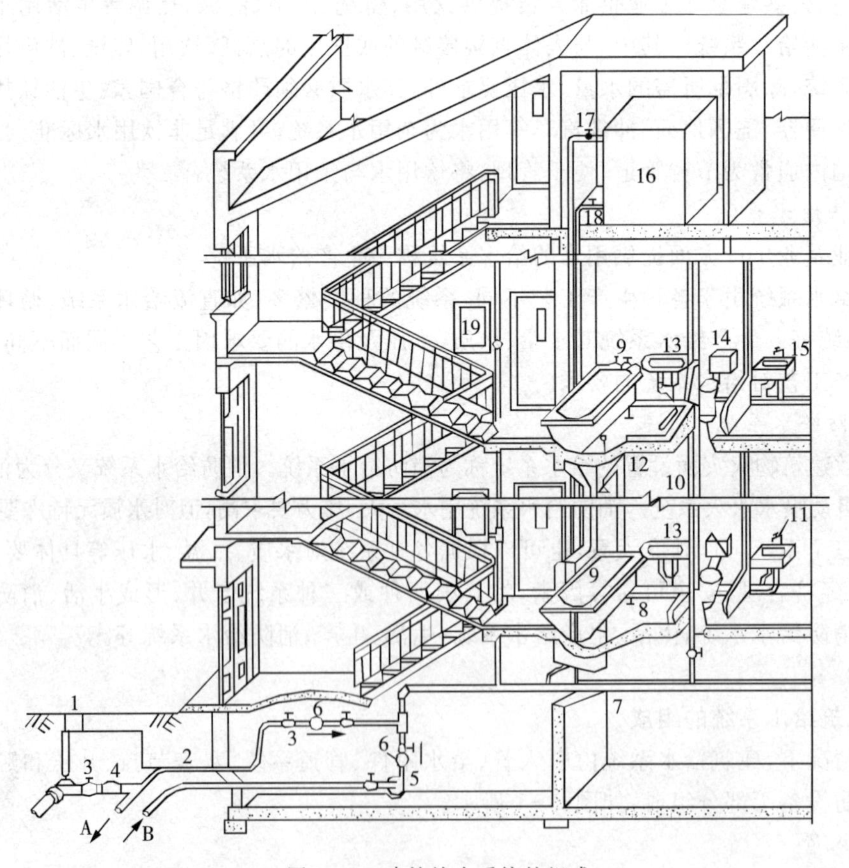

图 2-1 建筑给水系统的组成

1—阀门井;2—引入管;3—阀门;4—水表;5—水泵;6—逆止阀;7—干管;8—支管;9—浴盆;10—立管;11—水龙头;12—淋浴器;13—洗脸盆;14—大便器;15—洗涤盆;16—水箱;17—进水管;18—出水管;19—消火栓;A—入贮水池;B—出贮水池

2.1.3　给水方式

给水方式即为给水方案，它与建筑物的高度、性质、用水安全性、是否设消防给水、室外给水管网所能提供的水量及水压等因素有关，最终取决于建筑给水系统所需总水压 H 和室外管网所具有的资用水头(服务水头)H_0之间的关系。

建筑给水系统所需总水压 H，即能将需要的流量输送到建筑物内最不利配水点(给水系统中如果某一配水点的水压被满足，则系统中其他用水点的压力均能满足，则称该点为给水系统中的最不利配水点)的配水龙头或用水设备处，并保证有足够的水压。

室外管网所具有的资用水头 H_0，即市政管网所能提供的服务水头。

1. 直接给水方式

适用范围：室外管网水压、水量在一天的时间内均能满足室内用水需要，$H_0>H$。

供水方式：室外管网与室内管网直接相连，利用室外管网水压直接工作。

特点：系统简单，投资少，安装维护可靠，充分利用室外管网压力，节约能源。但系统内部无贮水设备，室外一旦停水，室内系统立即断水。

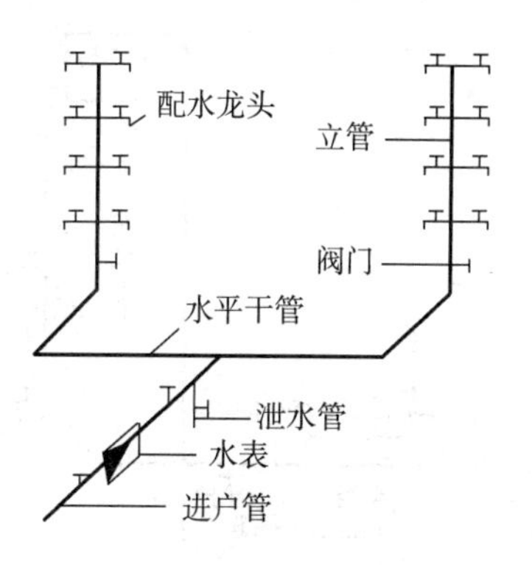

图 2-2　直接给水方式

2. 水泵、水箱给水方式

(1)单设水箱给水

适用范围：室外管网水压周期性不足，一天内大部分时间能满足需要，仅在用水高峰时，由于水量的增加，而使市政管网压力降低，不能保证建筑上层的用水。

供水方式：室内外管道直接相连，屋顶加设水箱，室外管网压力充足时(夜间)向水箱充水；当室外管网压力不足时(白天)，由水箱供水。

特点：系统简单，能充分利用室外管网的压力供水，节省电耗；具有一定的储备水量，减轻市政管网高峰负荷；但系统设置了高位水箱，增加了建筑物的结构负荷，屋顶造型不美观，且水箱水质易受污染。

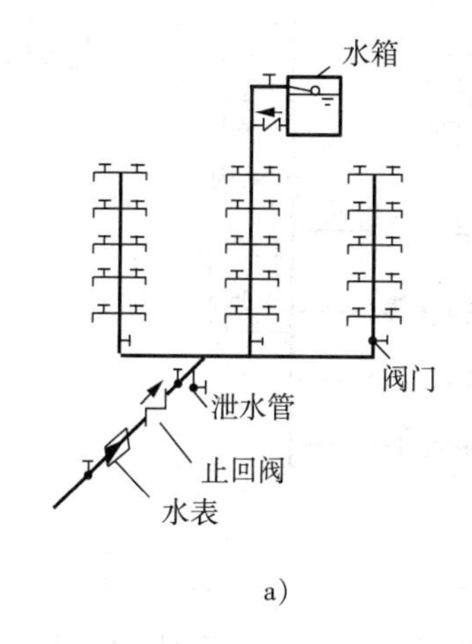

a)

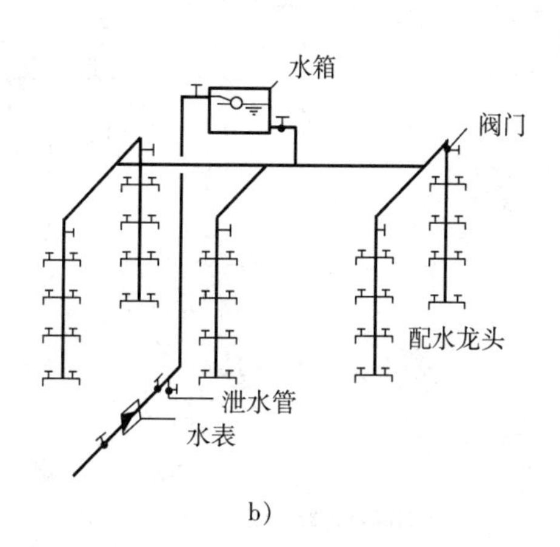

b)

图 2-3　单设水箱的给水方式

(2)水泵-水箱联合给水

适用范围:室外管网压力经常不足且室内用水又不很均匀,水箱充满后,由水箱供水,以保证用水。

特点:水泵及时向水箱充水,使水箱容积减小,又由于水箱的调节作用,使水泵工作状态稳定,可以使其在高效率下工作;同时水箱的调节,可以延时供水,使供水压力稳定,可以在水箱上设置液位继电器,使水泵启闭自动化。

3. 水池-变频泵联合给水方式

适用范围:当建筑物内用水量大且用水不均匀时,可采用变频调速给水方式。

特点:水泵变负荷运行,减少能量浪费,不需设调节水箱。

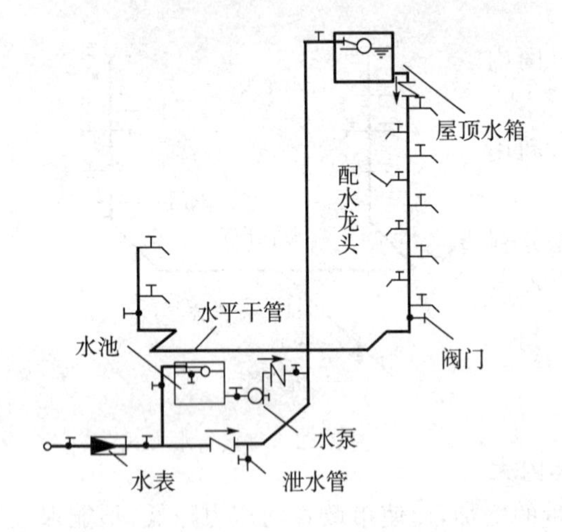

图2-4 水泵-水箱联合给水方式

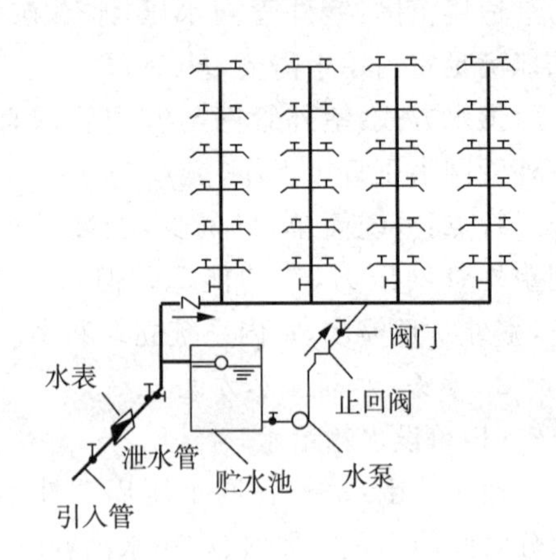

图2-5 水池-水泵给水方式

4. 叠压(无负压)给水方式

特点:减少二次污染及充分利用外网压力,减少水泵扬程,节能。

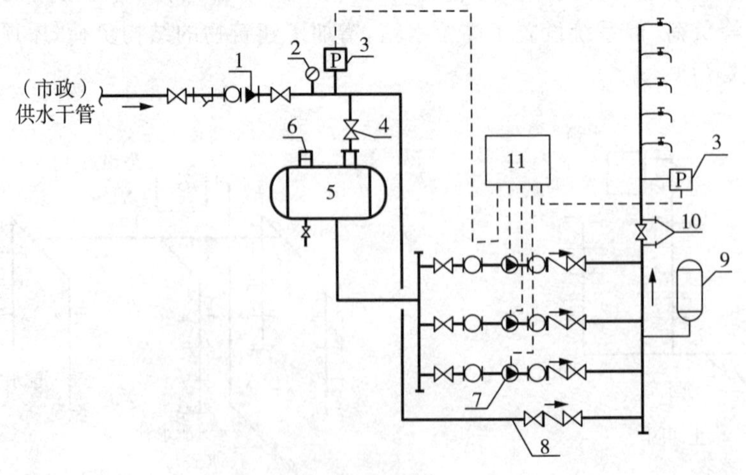

图2-6 罐式叠压给水方式

1—倒流防止器(可选);2—压力表;3—压力传感器;4—阀门;5—稳流罐(立式、卧式);6—防负压装置;7—变频调速泵;8—旁通管(可选);9—气压水罐(可选);10—消毒预留口;11—控制柜

5. 气压给水方式

适用范围:室外给水管网压力低于或经常不能满足建筑内给水管网所需水压,室内用水不均匀,且可在不宜设置高位水箱时采用。

特点:即在给水系统中设置气压给水设备,利用该设备的气压水罐内气体的可压缩性,升压供水。气压水罐的作用相当于高位水箱,但其位置可根据需要设置在高处或低处。

6. 分区给水方式

适用范围:多(高)层建筑中,室外给水管网能提供一定的水压,满足建筑较低几层用水要求,这种给水方式对建筑物低层设有洗衣房、澡堂、大型餐厅和厨房等用水量大的建筑物尤其具有经济意义。

供水方式:低区由市政管网压力直接供水;高区由水泵加压供水,两区间设连通管,并设阀门,必要时,室内整个管网用水均可由水泵、水箱联合供或由室外管网供水。

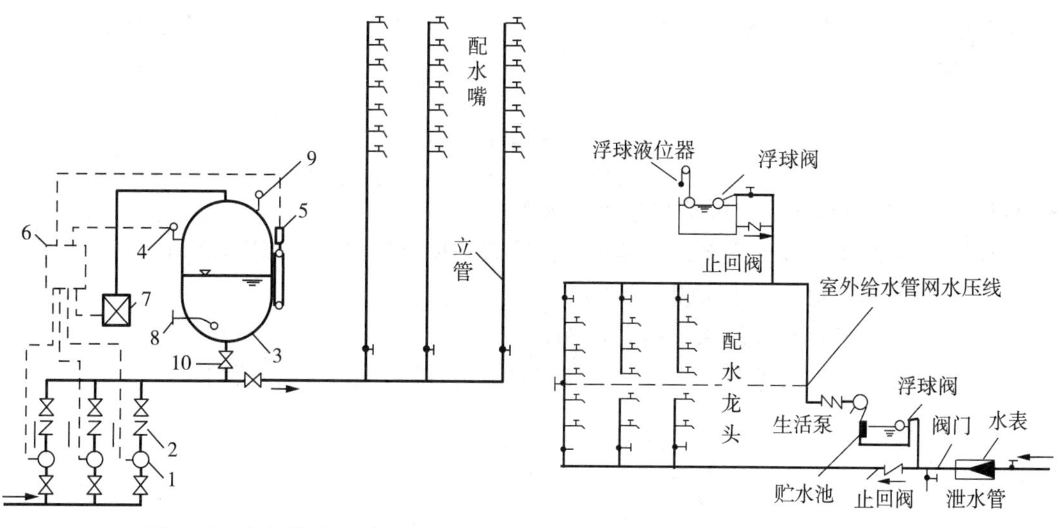

图 2-7　气压给水方式

1—水泵;2—止回阀;3—气压水罐;4—压力信号器;
5—液位信号阀;6—控制器;7—补气装置;
8—排气阀;9—安全阀;10—阀门

图 2-8　分区给水方式

2.1.4　建筑给水系统的管路图式

上述各种给水方式按其水平干管在建筑内敷设的位置分为:下行上给式、上行下给式和中分式;按用水安全程度不同分为:枝状管网和环状管网。枝状管网多用于一般建筑中的给水管路,环状管网多用于不允许断水的大型公共建筑、高层或某些生产车间。环状管网有水平环状和垂直环状等。

1. 下行上给式

水平干管敷设在地下室天花板下,专门的地沟内或在底层直接埋地敷设,自下向上供水。民用建筑直接从室外管网供水时,多采用此方式。其布置方式简单,明装时便于安装维修,缺点是最高层配水点流出水头较低、埋地管道检修不便。

2. 上行下给式

水平干管设于顶层天花板下、吊顶中,自上向下供水。该方式适用于屋顶设水箱的建筑,或机械设备、地下管线较多的工业厂房下行布置有困难时采用。缺点是易结露、结冻,干管漏水时损坏墙面和室内装修、维修不便。

3. 中分式

水平干管设在中间技术层内或某层吊顶内,由中间向上、下两个方向供水。适用于屋顶用作露天茶座、舞厅或设有中间技术层的高层建筑。

2.2 给水系统所需水压、水量

2.2.1 给水系统所需水压

给水系统需水压,即能将所需的流量输送至建筑物内最不利点的配水龙头或用水设备处,并保证有足够的流出水头。流出水头即各给水配件(用水设备)获得额定流量而必需的最小静水压力。

$$H = H_1 + H_2 + H_3 + H_4 \tag{2-1}$$

式中:H——建筑内给水系统所需的总水压,kPa;

H_1——室外引入管起点至最不利配水点位置高度所要求的静水压,kPa;

H_2——计算管道的总水头损失,kPa;

H_3——水流通过水表的水头损失,kPa;

H_4——计算管路最不利配水点的最低工作压力,kPa,见表 2-1 所列。

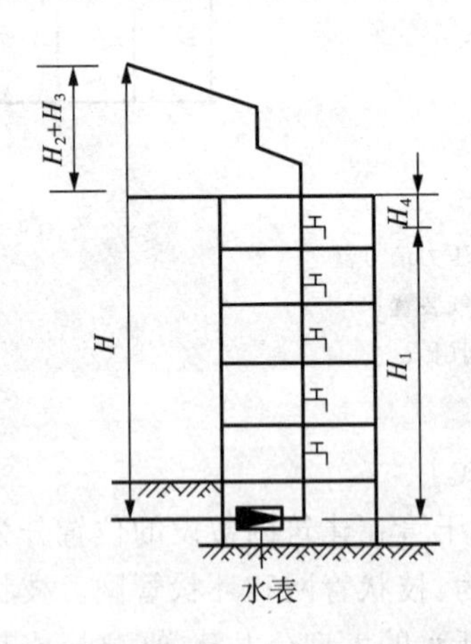

图 2-9 建筑内部给水系统所需压力

在设计之初,为选择给水方式,判断是否需要设置给水增压及贮水设备,常常要对建筑内给水系统所需压力按建筑层数进行估算:1 层($n=1$)为 100kPa(约 10 米水柱),2 层($n=2$)为 120kPa,3 层($n=3$)以上每增加 1 层,水压增加 40kPa,即 $H=120+40\times(n-2)$,其中$n\geqslant 2$。

此方法适用于引入管、室内管路不太长、流出水头不太大和层高不超过 3.5m 的民用建筑,该压力为自地平算起的最小保证压力。

表 2-1　卫生器具的给水额定流量、当量、连接管公称直径和最低工作压力

序号	给水配件名称	额定流量 (L/s)	当　量	公称直径 (mm)	最低工作压力 (kPa)
1	洗涤盆、拖布盆、盥洗槽				
	单阀水嘴	0.15～0.20	0.75～1.00	15	0.050
	单阀水嘴	0.30～0.40	1.50～2.00	20	
	混合水嘴	0.15～0.20(0.14)	0.75～1.00(0.70)	15	
2	洗脸盆				
	单阀水嘴	0.15	0.75	15	0.050
	混合水嘴	0.15(0.10)	0.75(0.50)	15	
3	洗手盆				
	感应水嘴	0.10	0.50	15	0.050
	混合水嘴	0.15(0.10)	0.75(0.50)	15	
4	浴盆				
	单阀水嘴	0.20	1.00	15	0.050
	混合水嘴(含带淋浴转换器)	0.24(0.20)	1.20(1.00)	15	0.050～0.070
5	淋浴器				
	混合阀	0.15(0.10)	0.75(0.50)	15	0.050～0.100
6	大便器				
	冲洗水箱浮球阀	0.10	0.50	15	0.020
	延时自闭式冲洗阀	1.20	6.00	25	0.100～0.150
7	小便器				
	手动或自动自闭式冲洗阀	0.10	0.50	15	0.050
	自动冲洗水箱进水阀	0.10	0.50	15	0.020
8	小便槽穿孔冲洗管(每米长)	0.05	0.25	15～20	0.015
9	净身盆冲洗水嘴	0.10(0.07)	0.50(0.35)	15	0.050
10	医院倒便器	0.20	1.00	15	0.050
11	实验室化验水嘴(鹅颈)				
	单联	0.07	0.35	15	0.020
	双联	0.15	0.75	15	0.020
	三联	0.20	1.00	15	0.020
12	饮水器喷嘴	0.05	0.25	15	0.050
13	洒水栓	0.40	2.00	20	0.050～0.100
		0.70	3.50	25	0.050～0.100
14	室内地面冲洗水嘴	0.20	1.00	15	0.050
15	家用洗衣机水嘴	0.20	1.00	15	0.050

注：(1)表中括弧内的数值系在有热水供应时，单独计算冷水或热水时使用。

(2)当浴盆上附设淋浴器时，或混合水嘴有淋浴器转换开关时，其额定流量和当量只计水嘴，不计淋浴器。但水压应按淋浴器计。

(3)家用燃气热水器，所需水压由产品要求和热水供应系统最不利配水点所需工作压力确定。

(4)绿地的自动喷灌应按产品要求设计。

2.2.2 给水系统所需水量

建筑给水包括生活、生产和消防用水三部分。

1. 生产用水

生产用水量一般较均匀,根据生产工艺过程、设备情况、产品性质、地区条件等,按消耗在单位产品上的用水量或单位时间内消耗在生产设备上的用水量计算确定。

2. 消防用水

消防用水量,与建筑物的使用性质、规模、耐火等级和火灾危险程度等密切相关,为保证灭火效果,建筑内消防用水量应根据同时开启消防灭火设备用水量之和计算确定。

3. 生活用水

生活用水量受建筑物使用性质、卫生设备完善程度、当地气候、生活习惯以及水价等因素的影响,可根据国家制定的用水定额、小时变化系数和用水单位数计算确定。

生活用水量不均匀。卫生器具越多,设备越完善,用水不均匀性越小。

4. 最高日用水量、最大小时用水量计算

用水量定额是指在某一度量单位内(如单位时间、单位产品等)被居民或其他用水者所消耗的水量。

生活用水量可根据用水量定额、小时变化系数和用水单位数等,按下式计算:

$$Q_{\rm d}=mq_{\rm d} \tag{2-2}$$

$$Q_{\rm h}=\frac{Q_{\rm d}}{T}K_{\rm h} \tag{2-3}$$

$$K_{\rm h}=\frac{Q_{\rm h}}{Q_{\rm p}} \tag{2-4}$$

式中:$Q_{\rm d}$——最高日用水量,L/d;

m——用水单位数,人或床位数,工业企业建筑为每班人数;

$q_{\rm d}$——最高日生活用水定额,L/人·d、L/床·d或L/人·班;

$Q_{\rm h}$——最大小时用水量,L/h;

T——建筑内用水时间,h;

$K_{\rm h}$——时变化系数;

$Q_{\rm p}$——平均小时用水量,L/h。

若工业企业为分班工作制,最高日用水 $Q_{\rm d}=mq_{\rm d}n$,n 为生产班数,若每班生产人数不等,则 $Q_{\rm d}=\sum m_iq_{\rm d}$。

工业企业建筑,管理人员的生活用水定额可取30L/人·班~50L/人·班;车间工人的生活用水定额应根据车间性质确定,宜采用30L/人·次~50L/人·班;用水时间宜取8h,小时变化系数宜取2.5~1.5。

工业企业建筑淋浴用水定额,应根据现行国家标准《工业企业设计卫生标准》GBZ1中车间的卫生特征分级确定,可采用40L/人·次~60L/人·次,延续供水时间宜取1h。

各类建筑的生活用水定额及小时变化系数见表 2-2,2-3,2-4 所列。

表 2-2　住宅最高日生活用水定额及小时变化系数

住宅类别		卫生器具设置标准	用水定额(L/人·d)	小时变化系数	使用时间(h)
普通住宅	Ⅰ	有大便器、洗涤盆	85～150	3.0～2.5	24
普通住宅	Ⅱ	有大便器、洗脸盆、洗涤盆、洗衣机、热水器和沐浴设备	130～300	2.8～2.3	24
普通住宅	Ⅲ	有大便器、洗脸盆、洗涤盆、洗衣机、集中热水供应(或家用热水机组)和沐浴设备	180～320	2.5～2.0	24
别墅		有大便器、洗脸盆、洗涤盆、洗衣机、洒水栓，家用热水机组和沐浴设备	200～350	2.3～1.8	24

注:(1)当地主管部门对住宅生活用水标准有具体规定的,应按当地规定执行。

(2)别墅用水定额中含庭院绿化用水和汽车洗车用水。

表 2-3　宿舍、旅馆和公共建筑生活用水定额及小时变化系数

序号	建筑物名称	单位	最高日生活用水定额(L)	小时变化系数 K_h	使用时数(h)
1	宿舍				
	Ⅰ、Ⅱ类	每人每日	150～200	3.0～2.5	24
	Ⅲ、Ⅳ类	每人每日	100～150	3.5～3.0	24
2	招待所、培训中心、普通旅馆			3.0～2.5	24
	设公共盥洗室	每人每日	50～100		
	设公共盥洗室、淋浴室	每人每日	80～130		
	设公共盥洗室、淋浴室、洗衣房等	每人每日	100～150		
	设单独卫生间、公共洗衣室	每人每日	120～200		
3	酒店式公寓	每人每日	200～300	2.5～2.0	24
4	宾馆客房			2.5～2.0	24
	旅馆	每一床位每日	250～400		
	员工宿舍	每人每日	80～100		
5	医院住院部				
	设公共盥洗室	每床位每日	100～200	2.5～2.0	24
	设公共盥洗室、淋浴室	每床位每日	150～250	2.5～2.0	24
	设单独卫生间	每床位每日	250～400	2.5～2.0	24
	医务人员	每人每班	150～250	2.0～1.5	8
	门诊部、诊疗所	每病人每次	10～15	1.5～1.2	8～12
	疗养院、休养所住房部	每床位每日	200～300	2.0～1.5	24
6	养老院托老所				
	全托	每人每日	100～150	2.5～2.0	24
	日托	每人每日	50～80	2.0	10

(续表)

序号	建筑物名称	单位	最高日生活用水定额(L)	小时变化系数 K_h	使用时数(h)
7	幼儿园、托儿所				
	有住宿	每儿童每日	50～100	3.0～2.5	24
	无住宿	每儿童每日	30～50	2.0	10
8	公共浴室				
	淋浴	每一顾客每次	100	2.0～1.5	12
	淋浴、浴盆	每一顾客每次	120～150		12
	桑拿浴(淋浴、按摩池)	每一顾客每次	150～200		12
9	理发室、美容院	每一顾客每次	40～100	2.0～1.5	12
10	洗衣房	每千克干衣	40～80	1.5～1.2	8
11	餐饮业				
	中餐酒楼	每顾客每次	40～60	1.5～1.2	10～12
	快餐店、职工及学生食堂	每顾客每次	20～25		12～16
	酒吧、咖啡厅、茶座、卡拉OK房	每顾客每次	5～15		8～18
12	商场				
	员工与顾客	每平方米营业厅面积每日	5～8	1.5～1.2	12
13	图书馆	每人每日	5～10	1.5～1.2	8～10
14	书店	每平方米营业厅面积每日	3～6	1.5～1.2	8～12
15	办公楼	每人每班	30～50	1.5～1.2	8～10
16	教学、实验楼				
	中小学校	每学生每日	20～40	1.5～1.2	8～9
	高等学校	每学生每日	40～50	1.5～1.2	8～9
17	电影院、剧院	每观众每场	3～5	1.5～1.2	3
18	会展中心(博物馆、展览馆)	每平方米展厅面积每日	3～6	1.5～1.2	8～16
19	健身中心	每人每次	30～50	1.5～1.2	8～12
20	体育场(馆)				
	运动员淋浴	每人每次	30～40	3.0～2.0	4
	观众	每人每场	3	1.2	4
21	会议厅	每座位每次	6～8	1.5～1.2	4
22	航站楼、客运站旅客	每人次	3～6	1.5～1.2	8～16
23	菜市场地面冲洗及保鲜用水	每平方米每日	10～20	2.5～2.0	8～10
24	停车库地面冲洗用水	每平方米每次	2～3	1.0	6～8

注:(1)除养老院、托儿所、幼儿园的用水定额中含食堂用水,其他均不含食堂用水、

(2)除注明外均不含员工用水,员工用水定额为每人每班40～60L。

(3)医疗建筑用水含医疗用水。

(4)空调用水应另计。

表 2-4　汽车冲洗用水定额(L/辆·次)

冲洗方式	高压水枪冲洗	循环用水冲洗方式	抹车、微水冲洗	蒸汽冲洗
轿车	40～60	20～30	10～15	3～5
公共汽车 载重汽车	80～120	40～60	15～30	—

2.3　增压、贮水设备

2.3.1　水泵

水泵是给水系统中的主要增压设备。室内给水系统中较多采用离心水泵,它具有结构简单、体积小、效率高等优点。

1. 离心泵的工作原理

离心泵的工作原理是把它从动力装置(电动机)获得的能量转换成流体的能量。水泵启动前,要使泵壳及吸水管中充满水,以排除泵壳及吸水管内部的空气。当叶轮高速转动时,在离心力的作用下,水从叶轮中心被甩向泵壳,使水获得动能与压能。由于泵壳的断面是逐渐扩大的,所以水进入泵壳后流速逐渐减小,水的部分动能转化为压能。

2. 水泵进水方式

水泵按进水方式有水泵直接从室外管网抽水和水泵从贮水池抽水两种。

(1)水泵直接从市政管网抽水

水泵直接从市政管网抽水,可充分利用市政管网水压,减少水泵经常运转费用,保护水质不受污染。该系统简单,基建投资较小。但易引起市政管网压力降低,影响相邻建筑用水。目前,由于城市工业的发展,住宅、公共建筑的增加,室外管网供水压力不足,为保证市政管网的正常工作,管理部门对此种抽水方式加以限制。一般说来,生活给水泵不得直接从市政管网直接抽水。为保证消防时的水压要求和避免水泵吸水而使室外给水管网造成负压,吸水时,室外给水管网压力不得低于 100kPa,且直吸时水泵应装有低压保护装置(当外管网压力低于 100kPa 时,水泵自动停转)。水泵直吸时,计算水泵扬程应考虑室外管网压力,因室外管网压力是变化的,当室外管网为最大压力时,应校核水泵出口压力是否过高。

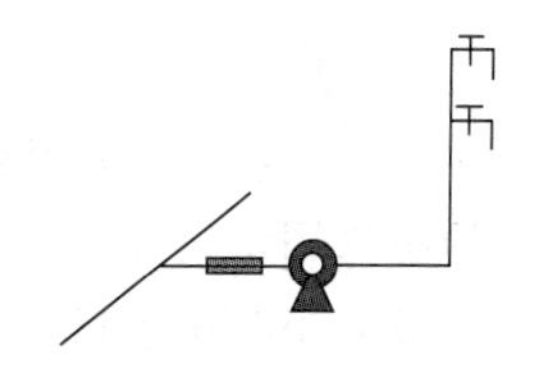

图 2-10　水泵直接从市政管网抽水

叠压(无负压)供水设备可以从市政管网直接取水,且不会对周围管网水压造成影响。这种装置的主要工作原理是,把小区供水系统的开式进水水池变成容积较小的稳流罐,并在稳流罐上安装一个防负压装置,消除高峰负荷时罐内的负压,从而造成对市政自来水管网的直接抽吸作用,以满足自来水管网安全运行的要求,如图 2-10 所示。由于市政自来水管网 0.20MPa～0.30MPa 左右的水压 H_0 在进入小区进水管时没有节流损失掉,因此小区供水系统的变频水泵在小区供水时就可以减少 0.20MPa～0.30MPa 左右的扬程,从而达到节能供水的目的。若自来水供水不足或管网停水而导致调节罐内的水位不断下降,液位控制器给出水泵停机信号以保护水泵机组。夜间及小流量供水时可通过小型膨胀罐供水,防止水泵频繁启动。无负压变频供水设备关键技术部分为智能控制系统(变频型)和调节罐的真空消除。

(2)水泵从贮水池抽水

当室内水泵抽水量较大,不允许直接从室外管网抽水时,需要建造贮水池,水泵从贮水池中抽水。缺点是不能利用城市管网的水压,水泵消耗电能,而且水池水质易被污染。高层民用建筑、大型公共建筑及由城市管网供水的工业企业,一般采用这种抽水方式,此时水池既是调节池亦兼做贮水池用。

上述两种抽水加压方式,水泵均宜采用自动开关装置特别是自灌式,以使运行管理方便。水泵的启闭若无水箱时,由压力继电器根据室内外管网的压力变化来控制;有水箱时,可通过设置在水箱中的浮球式水位继电器控制。供生活用水水泵,按建筑物的重要性考虑设置备用机组一台,对小型民用建筑允许短时间断水时,可不设置备用机组。生产及消防所需水泵的备用数,应参照工艺要求及有关防火规定确定。对于高层建筑、大型民用建筑、建筑小区和其他较大型的给水系统应设有一台备用泵,备用泵的容量应与最大一台水泵相同。因断水引起事故(如产品报废、设备爆炸、人员伤亡、重大财产损失等)时,除设备用泵外,还应有不间断的电源供应,当电网不能满足要求时,应设有其他备用动力供应设备。消防水泵的动力供应,应符合"消防规范"的要求。

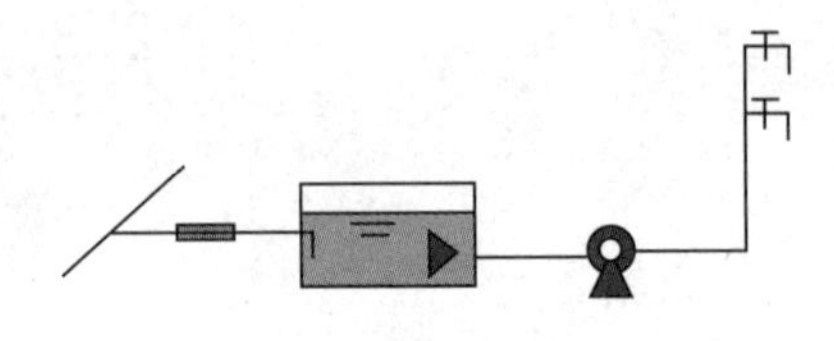

图 2-11 水泵从贮水池抽水

3. 水泵运行

水泵运行方式有恒速运行和变速运行两种。恒速运行水泵在额定转速下运行,设计的最大流量 Q_{max} 在一天用水中出现的概率较小,多数情况下用水量小于 Q_{max},水泵工作点将沿着 $Q—H$ 曲线上下移动,管网中压力较大,造成能量浪费,多采用阀门调节。变速运行水泵主要采用变频调速器,通过调节水泵的转速改变水泵的流量、扬程和功率,使水泵变量供水,保持高效运行。

4. 水泵选择

水泵的选择原则,应是既满足给水系统所需的总水压与水量的要求,又能在最佳工况点(水泵特性曲线效率最高段)工作,同时还能满足输送介质的特性、温度等要求。水泵的流量、扬程应根据给水系统所需的流量和压力确定。由流量、扬程查水泵性能表(或曲线)即可确定水泵型号。

(1)流量

在生活(生产)给水系统中,无水箱调节时,水泵出水量要满足系统高峰用水要求,应以系统的高峰用水量即设计秒流量确定。采用高位水箱调节时,水泵的最大出水量不应小于系统的最大小时用水量。若水箱容积较大,并且用水量均匀,则水泵流量可按平均时流量确定。

(2)扬程

水泵扬程应满足室内给水系统最不利点所需水压,经水力计算确定。

当水泵与室外给水管网直接连接时:

$$H_b \geqslant H_1 + H_2 + H_3 + H_4 - H_0 \tag{2-5}$$

当水泵与室外给水管网间接连接，从贮水池(或水箱)抽水时：

$$H_b \geqslant H_1 + H_2 + H_4 \tag{2-6}$$

式中：H_b——水泵扬程，kPa；

H_1——引入管或贮水池最低水位至最不利配水点位置高度所要求的静水压，kPa；

H_2——水泵吸水管和出水管至最不利配水点计算管路的总水头损失，kPa；

H_3——水流通过水表时的水头损失，kPa；

H_4——最不利配水点的流出水头，kPa；

H_0——室外给水管网所能提供的最小压力，kPa。

5. 水泵控制

针对相应的给水方式，水泵有以下的控制方式。

(1)高位水箱控制方式：利用高位水箱的水位来控制水泵的运转。

(2)水泵直接送水控制方式：通过水泵出口的压力感应来控制水泵运行。

(3)压力容器控制方式：利用压力容器(压力水箱)内的压力来控制水泵的运行。

6. 水泵设置

水泵宜自灌吸水，每台水泵宜设置单独从水池吸水的吸水管。吸水管内的流速宜采用1.0～1.2m/s；吸水管口应设置向下的喇叭口，喇叭口直径一般为吸水管直径的1.3～1.5倍，喇叭口宜低于水池最低水位不宜小于0.3m，(当吸水管管径大于200mm时，管径每大100mm，要求的喇叭口最小淹没水深应加深0.1m)，否则应采取防止空气被吸入的措施。

吸水管喇叭口至池底的净距不应小于0.8倍吸水管管径，且不得小于0.1m；吸水管喇叭口边缘与池壁的净距不宜小于1.5倍吸水管管径；吸水管之间净距不宜小于3.5倍吸水管管径(管径以相邻两者的平均值计)。

当水池水位不能满足水泵自灌启动水位时，应有防止水泵空载启动的保护措施。

当每台水泵单独从水池吸水有困难时，可采用单独从吸水总管上自灌吸水，吸水总管伸入水池的引水管不宜少于两条，当一条引水管发生故障时，其余引水管应能通过全部设计流量。每条引水管上应设阀门。吸水总管内的流速应小于1.2m/s。吸水管应有不小于0.005的坡度坡向吸水池。其连接管道变径时，应采用偏心异径管，而且要求管顶平接，以避免管道中存气。

生活水泵出水管流速宜采用1.5～2.0m/s。每台水泵的出水管上，应装设压力表、可曲挠橡胶接头、止回阀和阀门，必要时应设置水锤消除装置。自灌式吸水的水泵吸水管上应装置真空表和止回阀，并宜装设管道过滤器。

7. 水泵减振防噪

建筑物内的给水泵房，应采取减振防噪措施，如选用低噪声水泵机组；吸水管和出水管上应设减振装置；水泵机组的基础应设置减振装置；管道支架、吊架和管道穿墙、楼板处，应采取防止固体传声措施；必要时泵房的墙壁和天花应采取隔音吸音处理。

2.3.2 贮水池

建筑物内的生活用水低位贮水池(箱)是建筑给水系统用来调节和贮存水量的构筑物。贮水池(箱)设计时选用的材质、衬里或内涂层材料应符合《生活饮用水输配水设备及防护材料的安全性评价标准》(GB/T 17219)的规定。

1. 贮水池的设置要求

贮水池应设进水管、出水管、溢流管、泄水管和水位信号管等。为保证水质不被污染,并考虑检修方便等,贮水池的设置应满足以下条件:

(1)贮水池宜布置在地下室或室外泵房附近,不宜毗邻电气用房和居住用房,生活贮水池应远离化粪池、厕所、厨房等卫生环境不良的地方。

(2)贮水池外壁与建筑主体结构墙或其他池壁之间的净距,无管道的侧面不宜小于0.7m;安装有管道的侧面不宜小于1.0m,且管道外壁与建筑本体墙面之间的通道宽度不宜小于0.6m;设有人孔的池顶,顶板面与上面建筑本体板底的净空不应小于0.8m。

(3)贮水池的溢流口标高应高出室外地坪100mm,保持足够的空气隔断,保证在任何情况下污水都不会通过人孔、溢流管等进入池内。

(4)贮水池的进、出水管应布置在相对位置,使池内贮水经常流动,防止滞流产生死角。

(5)低位贮水池(箱)底部应架空,距地面应不小于0.5m。贮水池(箱)上方的房间不应有厕所、浴室、盥洗室、厨房、污水处理间等。贮水池(箱)间距放射性污染源的距离应符合国家有关规定。

(6)容积超过用户设计48h用水量的,应设置二氧化氯或臭氧发生器等消毒装置。生活水池容量超过$1000m^3$时,应分成两格或分设两个;高位水箱容积大于$50m^3$的水箱宜分为两格或分设两个,并能独立工作。

(7)当消防用水和生产或生活用水合用一个贮水池,且池内无溢流墙时,在生产和生活水泵的吸水管上、消防水位处开25mm的小孔,以确保消防贮水量不被动用。

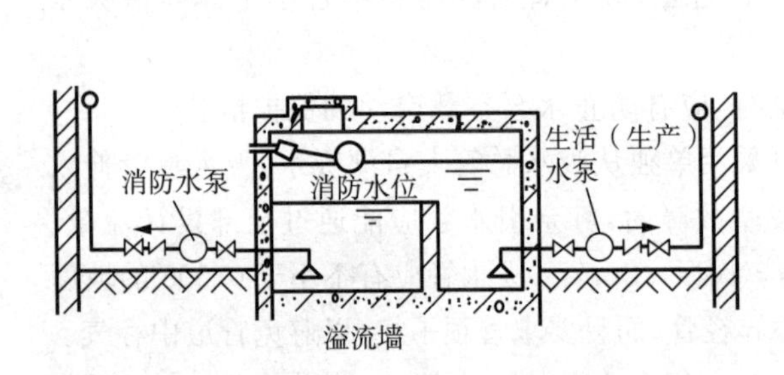

图2-12 在贮水池中设溢流墙

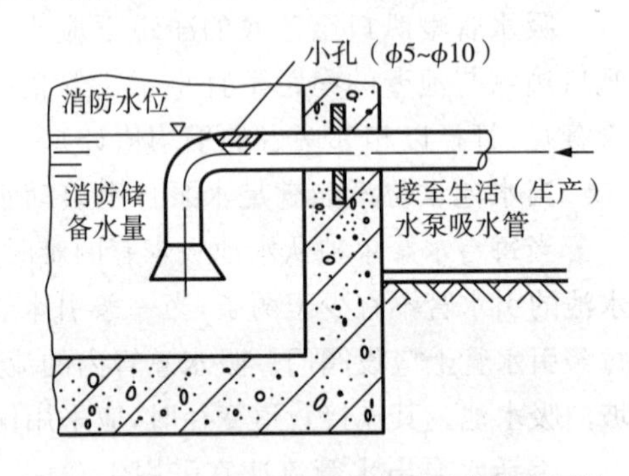

图2-13 在生活或生产水泵吸水管上开孔

(8)贮水池应设通气管,通气管口应用网罩盖住,其设置高度距覆盖层上不小于0.5m,通气管直径为200mm。

(9)贮水池应设水位计,将水位信号反映到水泵房和控制室。

2. 贮水池容积的确定

贮水池的有效容积应根据生活调节水量、消防储备水量和生产事故备用水量确定,可按下式计算:

$$V \geqslant (Q_b - Q_g) \cdot T_b + V_x + V_s \tag{2-7}$$

$$(Q_b - Q_g) \cdot T_b \leqslant Q_g \cdot T_t \tag{2-8}$$

式中:V——贮水池有效容积,m^3;

Q_b——水泵出水量，m^3/h；

Q_g——水池进水量，m^3/h；

T_b——水泵运行时间，h；

V_x——消防储备水量，m^3；

V_s——生产事故备用水量，m^3；

T_t——水泵运行间隔时间，h。

当资料不足时，贮水池的生活调节水量宜按建筑物最高日用水量的 20%～25%确定。

2.3.3 吸水井

吸水井是用来满足水泵吸水要求的构筑物，当室外不需设置贮水池而又不允许水泵直接从室外管网抽水时设置。

吸水井有效容积不应小于最大一台水泵 3min 的设计流量。吸水井尺寸要满足吸水管的布置、安装、检修和水泵正常工作的要求，其布置的最小尺寸如图 2－14 所示。

吸水井可设置在底层或地下室，也可设置在室外地下或地上。对于生活饮用水，吸水井应有防止污染的措施。

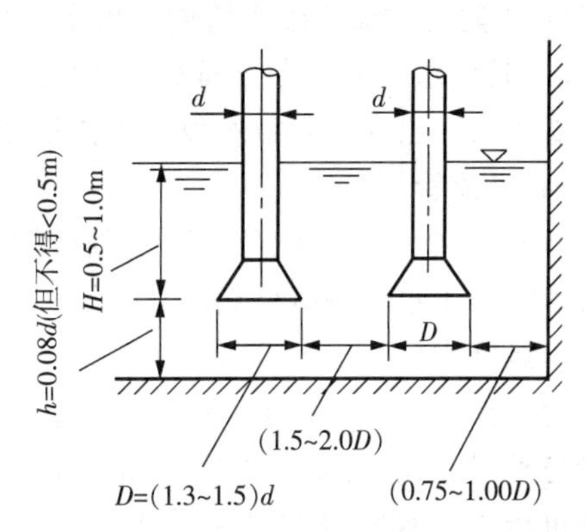

图 2－14　吸水管在吸水井中布置时的最小尺寸

2.3.4 生活用水高位水箱

在建筑给水系统中，当需要储存和调节水量，以及需要稳压和减压时，均可设置水箱。水箱一般采用玻璃钢、不锈钢、钢筋混凝土等材质。常用水箱的形状有矩形、方形和圆形。

1. 水箱配管及附件

水箱应设进水管、出水管、溢流管、通气管、泄水管、液位计、信号管、人孔、内外爬梯等附件，如图 2－15 所示。

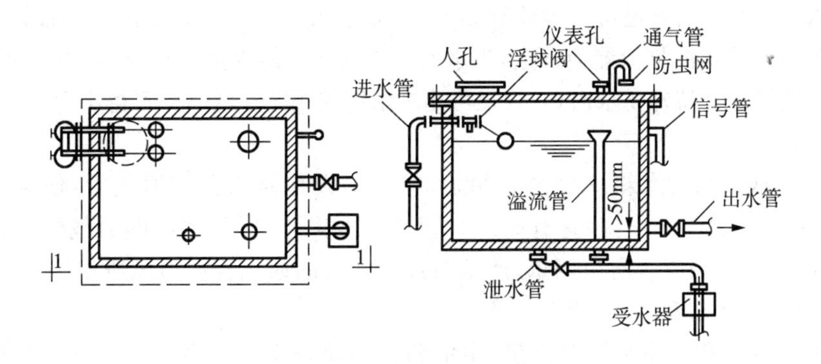

图 2－15　水箱配管、附件示意图

(1)进水管

进水管口的最低点高出溢流边缘的空气间隙应等于进水管管径，但最小不应小于 25mm，最大可不大于 150mm，当进水管从最高水位以上进入水箱，管口为淹没出流时，管顶应装设真空破坏器等防虹吸回流措施。水箱的进水管上应装设与进水管管径相同的自动水位控制阀(包括杠杆式浮球阀和液压式水位控制阀门),并不得少于两个。两个进水管口标高应一致。当采用水泵加压进水时,进水管不得设置自动水位控制阀,应设置由水箱水位控制水泵开、停的装置。进水管管径按水泵流量或室内设计秒流量计算确定,其管道流速按不同工况的要求确定,在资料不全时一般可按 0.6～0.9m/s 选用。

(2)出水管

进、出水管宜分别设置,并应采取防止短路的措施。出水管管内底标高应高于箱底 0.1～0.15m,以防污物流入配水管网。出水管和进水管可以分别和水箱连接,也可以合用一条管道,合用时出水管上设有止回阀。其标高应低于水箱最低水位 1.0m 以上,以保证止回阀开启所需压力。出水管管径按设计秒流量计算确定。

(3)溢流管

用以控制水箱的最高水位,管径应按排泄水箱最大入流量确定,一般比进水管大一级。溢流管宜采用水平喇叭口集水,喇叭口下的垂直管段不宜小于 4 倍溢流管管径,溢流口应至少高于最高水位 0.1m。

为了保护水箱中水质不被污染,溢流管不得与污水管道直接相连,必要时需经过断流水箱,并设水封装置才可接入。水箱设在平屋顶上时,溢流水可直接流在屋面上。溢流管上不得装阀门。

(4)水位信号管

安装在水箱壁的溢流口以下 10mm 处,管径 15～20mm,信号管的另一端通到值班室的洗涤盆处,以便随时发现水箱浮球阀失灵而能及时修理。若水箱液位和水泵进行连锁控制,则可在水箱侧壁或顶板处安装液位继电器或信号器,采用自动水位报告。

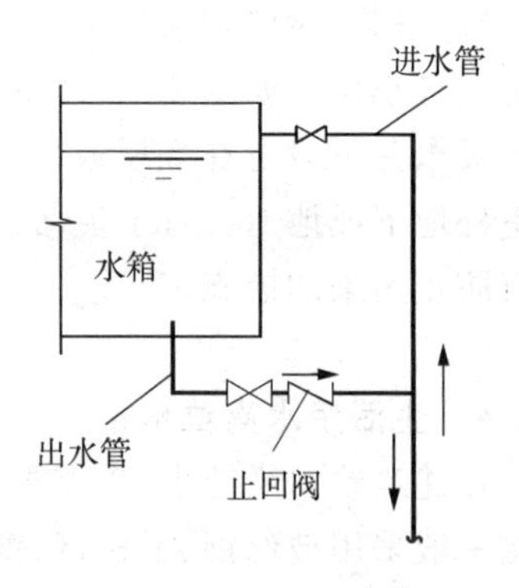

图 2-16 出水管与进水管合用立管

(5)泄水管

泄水管宜从水箱底接出,用以检修或清洗时泄水。泄水管上装设阀门,平时关闭,泄水时开启。泄水管的阀门后管道可与溢流管相连,并应采用间接排水方式。泄水管管径应按水箱泄空时间和泄水受体的排泄能力确定,当水池箱中的水不能以重力自流泄空时,应设置移动或固定的提升装置。无特殊要求时,其管径可比进水管缩小 1～2 级,但不得小于 50mm。

(6)通气管

供应生活饮用水的水箱应设密封箱盖,箱盖上设检修人孔和通气管,使水箱内空气流通,通气管一般不少于 2 根,并宜有高差。管道上不得装阀门,水箱的通气管管径一般宜为 100～150mm,管口端应装防虫网罩,严禁与排水系统的通气管和通风道相连。

2. 水箱的有效容积

水箱的有效容积应根据调节水量、生活和消防储备水量及生产事故储水量确定。调节水量根据用水和供水的变化曲线确定,当无上述资料或资料可靠性较差时,可按经验确定。

(1)水泵、水箱联合供水,水泵为自动启动时

$$V_{sb}=\frac{Cq_b}{4K_b} \tag{2-9}$$

式中：V_{sb}——水箱的调节容积，m^3；

q_b——水泵出水量 m^3/h；

K_b——水泵1小时启动次数，一般6～8次/h；

C——安全系数（$C=1.5\sim2.0$）。

（2）水泵、水箱联合供水，水泵为手动启动时

$$V_{sb}=\frac{Q_{max}}{n_b}-Q't_b \tag{2-10}$$

式中：Q_{max}——最高日用水量，m^3/h；

n_b——一天内水泵启动次数，次/d；

Q'——水泵运行时间内，建筑物平均小时用水量，m^3/h；

t_b——水泵启动一次的最短运行时间，h。

（3）单设水泵时

$$V_{sb}=(Q_1-Q_w)T_1 \tag{2-11}$$

式中：Q_1——由水箱供水的最大连续平均小时用水量，m^3/h；

Q_w——在水箱供水的最大连续时段内，室外向室内管网和水箱供水的流量，m^3/h；

T_1——由水箱供水的最大连续出水小时数，h。

（4）没有上述资料时，根据生活日用水量 Q_d 的百分数来确定。

由城镇给水管网夜间直接进水的高位水箱的生活用水调节容积，宜按供水的用水人数和最高日用水定额确定；水泵-水箱联合供水时，当水泵自动启停的宜按水箱服务区域内的最大小时用水量的50%计（若水泵由人工开关时可按服务区域的最高日用水量的12%计）；当采用串联供水方案时，如水箱除供本区用水外，还供上区提升泵抽水用时，水箱的调节容积除满足上述要求外，还应贮存3～5min的提升泵的设计流量。若为中途转输专用时，水箱的调节容积宜取5～10min转输水泵的流量。

3. 水箱的设置高度

水箱的安装高度，应满足建筑物内最不利配水点所需要的流出水头，经管道水力计算确定。减压水箱的安装高度一般需高出其供水分区3层以上。

$$Z_x\geqslant Z_b+H_c+H_s \tag{2-12}$$

式中：Z_x——高位水箱最低水位标高，m；

Z_b——最不利配水点（或消火栓或自动喷水喷头）的标高，m；

H_c——最不利配水点（或消火栓或自动喷水喷头）需要的流出水头，m；

H_s——水箱出口至最不利配水点（或消火栓或自动喷水喷头）的管道总压力损失，m。

4. 水箱布置

水箱应设置在便于维护、光线和通风良好且不结冻的地方，一般布置在屋顶或闷顶内的水箱间，在我国南方地区，大部分是直接设置在平屋顶上。水箱底与水箱间地面的净距，当有管道敷设时不宜小于0.8m。水箱间应有良好的通风、采光和防蚊蝇措施，室内最低气温

不得低于5℃,水箱间的承重结构为非燃烧材料,水箱间的净高不得低于2.2m。

表2-5 水箱布置间距(m)

给水水箱形式	箱外壁至墙面的净距		水箱之间的距离	箱顶至建筑结构最低点的距离	人孔盖顶至房间顶板的距离	最低水位至水管止回阀的距离
	有阀门一侧	无阀门一侧				
圆形	0.8	0.5	0.7	0.6	1.5(0.8)	0.8
矩形	1.0	0.7	0.7	0.6	1.5(0.8)	0.8

注:表中距离均为净距离,括号内为最小间距。

2.3.5 气压给水设备

气压给水设备是给水系统中的一种调节和局部升压设备,它利用密闭压力罐内的压缩空气,将罐中的水送到管网中各配水点,作用相当于水塔或高位水箱,可以调节和贮存水量并保持所需的压力。

1. 适用范围

(1)当城市水压不足时,在建筑物(如住宅宿舍楼、公共建筑)的自备给水系统中或小区(如施工现场、农村、学校)的给水设备上采用气压给水较为适宜。

(2)对压力要求较高的建筑,或建筑艺术要求不可能设置水箱或水塔的情况下气压给水设备更为合适。

(3)在地震区、高层建筑、人防工程、国防工程中也可采用。

2. 优点

(1)灵活性大。气压给水设备中供水压力是利用罐内压缩空气产生的,罐体的安装高度可不受限制。它还易于拆迁隐蔽,改扩建非常方便。

(2)投资少、建设速度快。目前有许多成套产品,接上水源、电源即可使用,施工安装简单,在建设费用上也比其他的水箱节省。

(3)水质不易污染。由于水在密闭系统中流动,受污染的可能性极小。

(4)运行可靠、维修管理方便。因气压水罐和水泵组合在一起,又可采用可靠的仪表实现自动化,可不设专人管理。

3. 存在问题

(1)调节水量小。气压水罐的调节水量一般为总容积的20%。

(2)运行费用高。水泵频繁启动,耗电量和维修费用相应增大。

(3)钢材耗量大。气压水罐为压力容器,其用材、加工、检验均有严格规定。

(4)变压力供水。压力变化幅度较大,不适合用水量较大和要求水压稳定的用水对象,因而受到一定限制。

4. 气压给水设备的分类

按给水压力,气压给水装置可分为低压(0.6MPa以下)、中压(0.6MPa~1.0MPa)和高压(1.0MPa~1.6MPa)。根据有关规范,以选用低压为宜。

按压力稳定性可分为变压式和定压式两种。当用户对水压没有特定要求时,常使用变压式气压给水设备。罐内空气压力随给水情况变化，给水系统处于变压状态下工作。在变压式气压给水设备的供水管上装设调压阀，即成为定压式气压给水装置，阀后的水压在要求范围内，可满足用户对水压恒定的要求。

按水罐形式可分为卧式、立式和球式。卧式气压水罐中的水和空气接触面积较大，使空气的损失较多，对变压水罐的补气不利。立式水罐常采用阑柱形，使空气和水接触的面积减小，对补气有利。球形水罐技术先进、经济合理、外形美观，但加工相对复杂、困难。

按气水接触方式可分为气水接触式和隔膜式两种。其中气水接触式是一般常用的形式。隔膜式气压给水设备使用隔膜将气水分开，从而减少空气的漏损。隔膜可用塑料或橡胶制成。图 2－17 为隔膜式气压给水装置，可以一次充气，长期使用，不必设置空气压缩机，使系统得到简化，节省投资，扩大气压给设备的使用范围。

5．气压给水设备组成

(1)密闭水罐。内部充满空气和水。

(2)水泵。将水送到罐内及管网。

(3)加压装置。如空气压缩机，用以加压水及补充空气漏损。

(4)控制器材。用以启动水泵及空气压缩机。

6．气压给水设备工作原理

图 2－18 为单罐变压式气压给水设备。其工作过程为：罐内空气的起始压力高于给水管网所需的设计压力，水在压缩空气的作用下被送至管网。但随着水量的减少，水位下降，罐内空气压力逐渐减小，当压力降到设计最小工作压力时，水泵便在继电器作用下启动，将水压入罐内，同时进入管网。当罐内压力上升到设计最大工作压力时，水泵又在压力继电器作用下停止工作，如此往复。如果管网需要获得稳定的压力时，可采用单罐定压式给水设备，即在配水总管上装置调压阀。在水罐的进气管和出水管上，应分别设置止水阀和止气阀，以防止水进入空气管道和压缩空气进入配水管网。

大型给水系统中，气压给水设备采用双罐(一个充水、一个充气)。如果需要双罐定压式设备，只要在两罐之间的空气管上装一个调压阀即可。

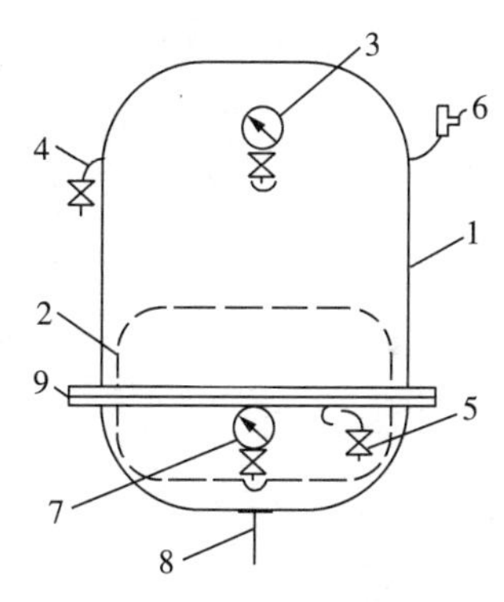

图 2－17　隔膜式气压给水设备

1—罐体；2—橡胶隔膜；3—电接点压力表；4—充气管；5—放气管；6—安全阀；7—压力表；8—进、出水管；9—法兰

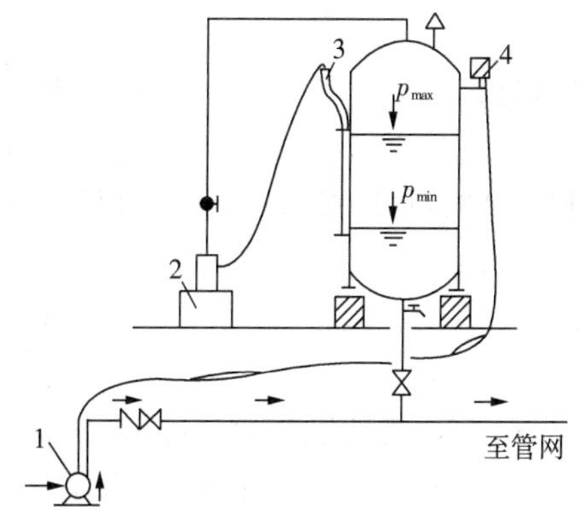

图 2－18　单罐变压式气压给水设备

1—水泵；2—空气压缩机；3—水位继电器；4—压力继电器

7. 气压给水设备补气方式

气压给水系统中的空气与水直接接触,在经过一段时间后,罐内空气由于漏损和溶解于水而逐渐减少,因而使调节容积逐渐减小,水泵启动逐渐频繁,因此需要定期补充气体。最常用的是用空气压缩机补气,在小型系统中也可采用水射器补气和定期泄空补气等方式。

8. 气压给水设备选型

(1)气压给水设备的容积确定

根据波马定律:$(P_0+0.098)V_z=(P_1+0.098)V_1=(P_2+0.098)V_2$

式中:P_0、V_z——气压水罐无水时的气压(表压,MPa)和总体积(m^3);

P_1、V_1——气压水罐设计最低工作压力(表压,MPa)和其相应空气体积(m^3);

P_2、V_2——气压水罐设计最高工作压力(表压,MPa)和其相应空气体积(m^3);

气压水罐内水的调节容积:

$$V_{ql}=V_1-V_2$$

式中:V_{ql}——气压水罐内水的调节容积(m^3);

整理以上两式,令 $\alpha_b=\dfrac{P_1+0.098}{P_2+0.098}$,即为气压水罐内最小工作压力与最大工作压力之比(压力以绝对压力计),一般设计时取:$\alpha_b=0.65\sim0.85$;

令 $\beta=\dfrac{P_1+0.098}{P_0+0.098}$,即为气压水罐容积附加系数,其反映罐内不起水量调节作用的附加水容积的大小。一般补气式卧式水罐宜为1.25;补气式立式水罐宜为1.10;隔膜式气压水罐宜为1.05。

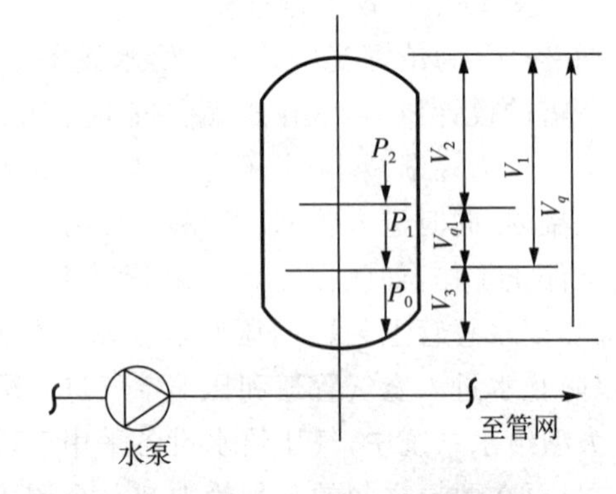

图2-19 气压水罐计算用图

可以得出:

$$V_q=\frac{\beta V_{ql}}{1-\alpha_b} \tag{2-13}$$

工程设计时,可以按水箱调节容积的计算公式计算:

$$V_{ql}=\frac{\alpha_a q_b}{4n_q} \tag{2-14}$$

式中:V_{ql}——气压罐所贮备的水容积,m^3;

α_a——安全系数,宜采用1.0~1.3;

q_b——水泵出水量,m^3/h,罐内为平均压力时不应小于管网最大小时流量的1.2倍;

n_q——水泵一小时内启动次数,宜采用6~8次/h。

(2)气压水罐中的工作压力

根据《建筑给水排水设计规范》中的规定,气压水罐中的最低工作压力应该满足供水管网系统的最不利配水点处所需要的压力，故气压水罐中的最低工作压力 P_1：

$$P_1 = 0.01H_{q_1} + 0.001H_{q_2} + H_3 \tag{2-15}$$

式中：H_{q_1}——最不利配水点与水泵吸水池最低水位的高程差，m；

H_{q_2}——最不利配水点至水泵吸水池最低水位之间管路的沿程、局部水头损失之和，kPa；

H_3——最不利配水点满足工作要求的最低工作压力，MPa。

气压水罐中的最高工作压力可根据 $P_2 = \frac{P_1 + 0.098}{\alpha_b} - 0.098$ 计算，但不得使管网最大水压处配水点的水压大于0.55MPa。

气压水罐为压力容器，应设置安全阀，安全阀的开启压力为罐内的最大工作压力，即罐内压力大于 P_2 时，安全阀自动开启，释放多余的压力，保护压力水罐安全工作。

(3)气压给水设备的水泵和空压机选型

水泵选型应考虑气压给水设备的不同工况、给水系统的最大小时用水量以及设备的运行方式等因素。

① 变压式气压给水设备

水泵扬程为 P_1 时，水泵的供水流量取管网最大设计秒流量；

水泵扬程为 P_2 时，水泵的供水流量取管网最大小时流量；

水泵扬程为气压水罐内平均压力 $(P_1 + P_2)/2$ 时，水泵的供水流量应等于或略大于给水系统所需的最大小时流量的1.2倍。此时水泵应在高效区运行。

② 定压式气压给水设备

水泵扬程可以按最小工作压力 P_1 计，水泵供水流量按不小于管网最大设计秒流量计。

空气压缩机的工作压力一般不小于 P_2，排气量根据气压水罐的总容积确定。

9. 有关气压水罐选用的几个问题

(1)选用高位水箱或气压水罐的原则

高位水箱和气压水罐这两种升压设备各有特点：高位水箱属定压给水，压力较稳定；而气压水罐则为变压式，压力在一定范围内波动。二者在水泵自动化上也是相同的，高位水箱多用液位继电器控制，而气压水罐则用压力继电器控制。

在贮水功能上，高位水箱可贮存一定的水量备用，而气压水罐则不能。

选用这两种升压设备，要根据具体的用水要求，进行经济技术比较后确定。

(2)选用气-水接触式和隔膜式的原则

从功能上讲，这两种气压水罐是一样的；从经济角度看，气水接触式稍低于隔膜式。但前者有水质可能被污染的缺点，从这个意义上可认为隔膜式稍优于气水接触式。目前，国际上两种形式并存，均有一定的应用。

(3)气压给水装置的节能问题

从工作压力上来看，水泵的扬程要额外增加 $\Delta P = P_2 - P_1$ 这部分无用功，同时，因水泵正常工作时出水压力在 $P_2 \sim P_1$ 之间变化，不可能经常维持在最高效率点附近运行，平均运行效率较低，水箱供水系统则没有这种情况。

2.4 管材、附件及仪表

2.4.1 给水管道材料

对给水管道的要求:水力条件好、安装简便、快速可靠、维护工作量少。同时管道的化学稳定性高,耐腐、质轻、韧性好、寿命长、折旧费用低。

给水管材常可以分为金属管材料、非金属管材料和复合材料三大类。

1. 金属管

目前常用的金属管主要有:钢管、铸铁管、铜管。

铜管价格较高,主要用于热水管道。

钢管分为焊接钢管和无缝钢管两大类,焊接钢管有直缝钢管和螺旋卷焊钢管,又可分为普通钢管和加厚钢管,还可分为镀锌钢管(白铁管)和不镀锌钢管(黑铁管)。钢管的优点是强度高、耐振动、重量轻、长度大、接头少和加工接口方便等。

铸铁管一般包括普通灰口铸铁管、铸钛球墨铸铁管和球墨铸铁管。给水铸铁管有低压、普压、高压三种,室内给水管道一般采用普压给水铸铁管。

2. 塑料管材

用于给水管道的塑料管材有硬聚氯乙烯管(UPVC管),聚乙烯管(PE管)、聚丁烯管(PB管)、交联聚乙烯管(PEX管)、聚丙烯共聚物管(PP-C管、PP-R管)。重量轻、便于运输及安装、管道内壁光滑阻力系数小、防腐性能良好、对水质不构成二次污染。

3. 复合管

(1)玻璃钢管(FRP管)

玻璃钢管属热固性塑料管。玻璃钢管重量轻(约为钢管的1/2)、承压能力高、内壁光滑、耐腐蚀、施工安装方便,但价格高于钢管(约1.5倍)。

(2)耐冲击UPVC管(H1-3P)

耐冲击UPVC管是将已有的UPVC管通过物理和化学处理,形成具有高密度硬质中心层和耐冲击内外硬质属的三层结构,用以改善普通UPVC管抗低温冲击强度低的缺陷,实验证实这种三层结构的管道比铸铁给水管有更高的耐冲击强度和拉伸强度。

(3)钢骨架塑复合管以钢丝为增强体,塑料(高密度聚乙烯HDPE)为基体,采用钢丝点焊成网和挤出塑料真空填注同步进行,在生产线上连续拉膜成型。钢骨架塑料复合管克服了钢管耐压不耐腐、塑料管耐腐不耐压、钢塑管易脱层等缺陷。

(4)衬塑铝合金管

衬塑铝合金管由铝合金外层及聚丙烯内层经机械加工复合而成。其性能与铝塑复合管类似。

2.4.2 管道连接

(1)钢管的连接方法有螺纹连接、焊接和法兰连接,如图2-20所示。

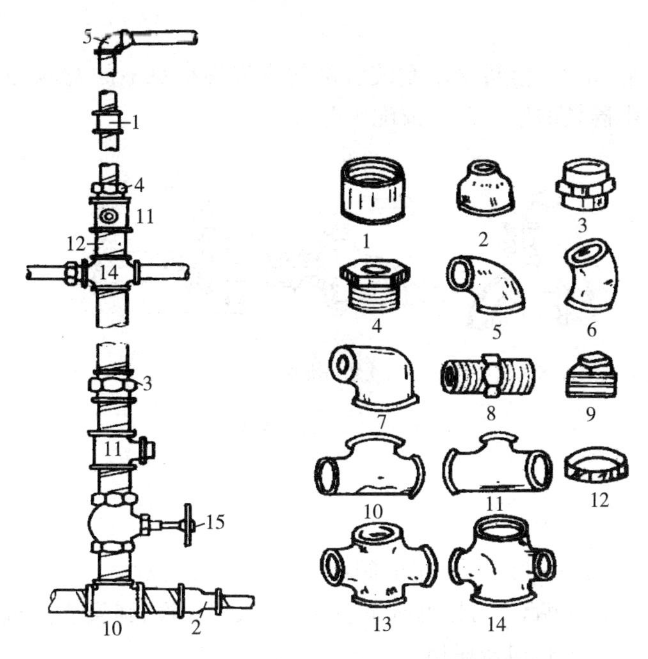

图 2－20　钢管螺纹连接配件及连接方法

1—管箍；2—异径管箍；3—活接头；4—补心；5—90°弯头；6—45°弯头；7—异径弯头；8—内管箍；9—管塞；10—等径三通；11—异径三通；12—根母；13—等径四通；14—异径四通；15—阀门

(2)铸铁管的连接，常用承插和法兰连接，如图 2－21 所示。

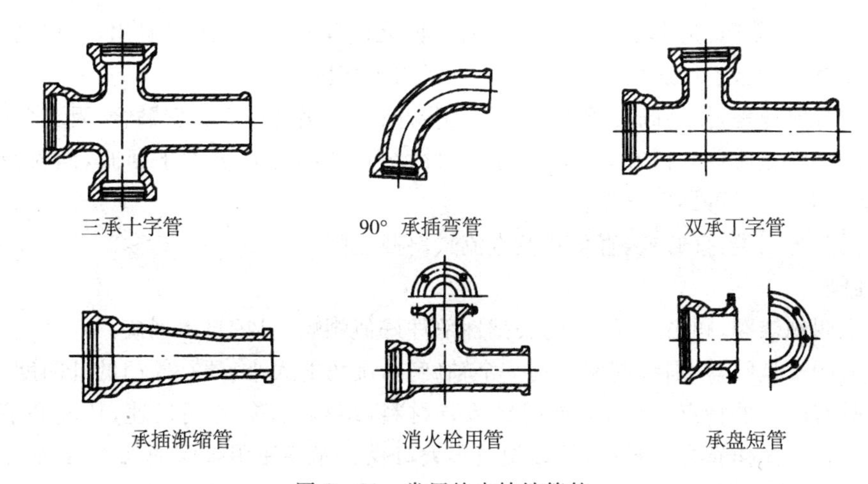

图 2－21　常用给水铸铁管件

(3)塑料管的连接，有螺纹连接、焊接(热空气焊)、法兰连接和粘接等。

管材的选用：生活用水选用有利于水质保护的塑料管、复合管、钢管；自动喷水灭火系统的消防给水管可采用热浸镀锌钢管；埋地给水管道一般可采用塑料管或有衬里的球墨铸铁管。

2.4.3　附件

分为配水附件、控制附件和其他附件三类。

1. 配水附件

配水附件是生活、生产、消防给水系统管网的终端用水点上的设施，如生活给水系统的配水附件主要指卫生器具的给水配件或配水龙头。

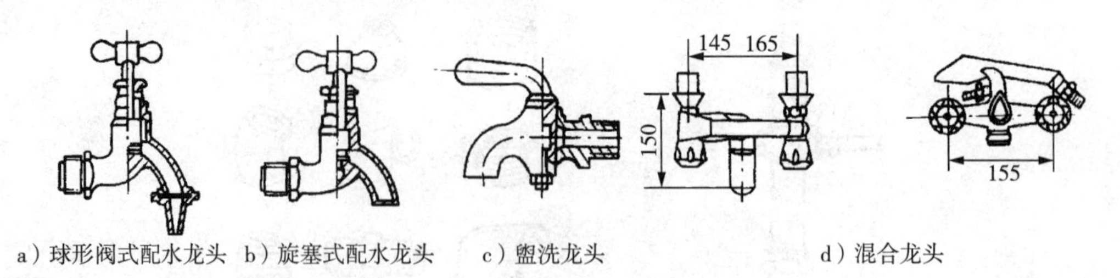

a)球形阀式配水龙头 b)旋塞式配水龙头 c)盥洗龙头 d)混合龙头

图2-22 配水附件

2. 控制附件

(1)闸阀

闸阀也叫闸板阀，是一种广泛使用的阀门。它的闭合原理是闸板密封面与阀座密封面高度光洁、平整一致，相互贴合，可阻止介质流过，并依靠顶模、弹簧或闸板的模形，来增强密封效果。它在管路中主要起切断作用。

它的优点是:流体阻力小，启闭省劲，可以在介质双向流动的情况下使用，没有方向性，全开时密封面不易冲蚀，结构长度短，不仅适合做小阀门，而且适合做大阀门。

闸阀按阀杆螺纹分有明杆式和暗杆式。按闸板构造分有平行和模式。

(2)截止阀

截止阀，也叫截门，是由于开闭过程中密封面之间摩擦力小，比较耐用，开启高度不大，制造容易，维修方便，不仅适用于中低压，而且适用于高压。

它的闭合原理是，依靠阀杠压力，使阀瓣密封面与阀座密封面紧密贴合，阻止介质流通。

截止阀只许介质单向流动，安装时有方向性。它的结构长度大于闸阀，同时流体阻力大，长期运行时，密封可靠性不强。

截止阀分为三类:直通式、直角式及直流式斜截止阀。

(3)蝶阀

蝶阀也叫蝴蝶阀，顾名思义，它的关键性部件好似蝴蝶迎风，自由回旋。

蝶阀的阀瓣是圆盘，围绕阀座内的一个轴旋转，旋角的大小，便是阀门的开闭度。

蝶阀具有轻巧的特点，比其他阀门要节省材料，结构简单，开闭迅速，切断和节流都能用，流体阻力小，操作省力。蝶阀，可以做成很大口径。能够使用蝶阀的地方，最好不要使用闸阀，因为蝶阀比闸阀经济，而且调节性好。目前，蝶阀在热水管路得到广泛的使用。

(4)球阀

球阀的工作原理是靠旋转阀门来使阀门畅通或闭塞。球阀开关轻便，体积小，可以做成很大口径，密封可靠，结构简单，维修方便，密封面与球面常在闭合状态，不易被介质冲蚀，在各行业得到广泛的应用。

球阀有浮动球式和固定球式。

(5)止回阀

止回阀是依靠流体本身的力量自动启闭的阀门，它的作用是阻止介质倒流。它的名称很多，如逆止阀、单向阀、单流门等。按结构可分两类。

a. 升降式：阀瓣沿着阀体垂直中心线移动。这类止回阀有两种：一种是卧式，装于水平管道，阀体外形与截止阀相似；另一种是立式，装于垂直管道。

b. 旋启式：阀瓣围绕座外的销轴旋转，有单瓣、双瓣和多瓣之分，但原理是相同的。

水泵吸水管的吸水底阀是止回阀的变形，它的结构与上述两类止回阀相同，只是它的下端是开敞的，以便使水进入。

(6)减压阀

减压阀是将介质压力降低到一定数值的自动阀门。减压阀种类很多，主要有活塞式和弹簧薄膜式两种。

活塞式减压阀是通过活塞的作用进行减压的阀门。弹簧薄膜式减压阀，是依靠弹簧和薄膜来进行压力平衡的。

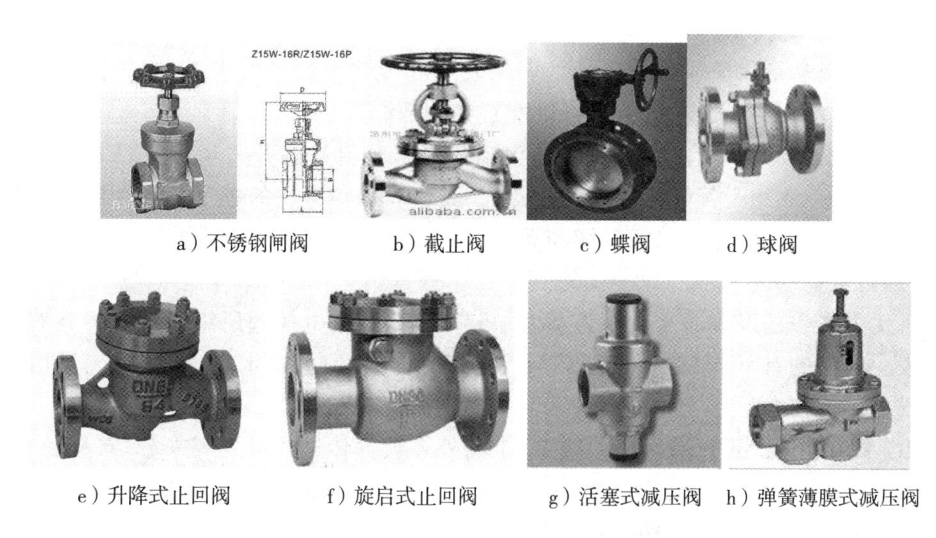

a）不锈钢闸阀　b）截止阀　c）蝶阀　d）球阀

e）升降式止回阀　f）旋启式止回阀　g）活塞式减压阀　h）弹簧薄膜式减压阀

图2-23　各类阀门

2.4.4　水表

水表是用来记录流经自来水管道中水量的一种计量器具。

1. 水表分类

(1)按测量原理

按测量原理可分为速度式水表和容积式水表。速度式水表安装在封闭管道中，由一个运动元件组成，并由水流运动速度直接使其获得动力速度的水表。速度式水表有旋翼式和螺翼式两种。旋翼式水表中又有单流束水表和多流束水表。

容积式水表安装在管道中，由一些被逐次充满和排放流体的已知容积的容室和凭借流体驱动的机构组成的水表，或简称定量排放式水表，一般采用活塞式结构。

(2)按计量等级

计量等级反映了水表的工作流量范围，尤其是小流量下的计量性能。按照从低到高的次序，一般分为A级表、B级表、C级表、D级表，其计量性能分别达到国家标准中规定的计量等级A、B、C、D等级的相应要求。

(3)按公称口径

按公称口径通常分为小口径水表和大口径水表。公称口径40mm及以下的水表通常称为小口径水表,公称口径50mm及以上的水表称为大口径水表。这两种水表有时又称为民用水表和工业用水表,公称口径40mm及以下的水表用螺纹连接,50mm及以上的水表用法兰连接。

(4)按介质的温度

按介质温度可分为冷水水表和热水水表,水温30℃是其分界线。

(5)按计数器的指示形式

按计数器的指示形式可分为指针式、字轮式(或称数码式或E型表)和指针字轮组合式。在国家标准GB/T 778—1996中又将指示形式分为模拟式装置、数字式装置、模拟式和数字式的组合装置。

(6)远传水表分类

远传水表通常是以普通水表作为基表加装了远传输出装置的水表,远传输出装置可以安置在水表本体内或指示装置内,也可以配置在外部。

目前远传水表的信号有两类,一类是包括代表实时流量的开关量信号、脉冲信号、数字信号等,传感器一般用干簧管或霍尔元件;另一类代表累积流量的数字信号和经编码的其他电信号等。远传输出的方式包括有线和无线。

(7)预付费类水表

预付费类水表是以普通水表作为基表加装了控制器和电控阀所组成的一种具有预置功能的水表。典型的有IC卡冷水水表、TM卡水表和代码预付费水表,定量水表采用的也是一种预置控制的技术。

以IC卡为媒体的预付费水表。按IC卡与外界数据传送的形式等来分,有接触型IC卡和非接触型(又称射频感应型)IC卡两种。接触型IC卡的触点可与外界接触;非接触型IC卡带有射频收发电路及其相关电路,不向外引出触点。

TM卡水表是一种非接触式的智能预付费水表,TM卡是一种具有IC卡功能的碰触式存储卡。

代码数据交换式水表,用一组变形的数据码来传输交换预付的水购置量数据,采用这种数据控制技术的智能预付费水表。

定量水表,采用电气控制或数控方式,在一定范围内设置和控制用水量的水表。

2. 水表技术参数

常用流量:水表在正常工作条件即稳定或间歇流动下,最佳使用的流量。

过载流量:水表在短时间内,且无损坏情况下,最大使用的流量,其值两倍于常用流量。

最小流量:在最大允许误差范围内要求水表给出示值的最低流量。

分界流量:流量范围被分割成两个区处的流量。"高区"和"低区"各自由一个该区的最大允许误差来表示。低区最大允许误差为±5%;高区为±3%。

压力损失(ΔP):在给定的流量下,水表所造成的压力损失。

3. 水表选型

水表的选择包括确定水表类型及口径。水表类型应根据各类水表的特性和安装水表管段通过水流的水质、水量、水压、水温等情况选定。在用水较均匀时,如公共浴室、洗衣房、公

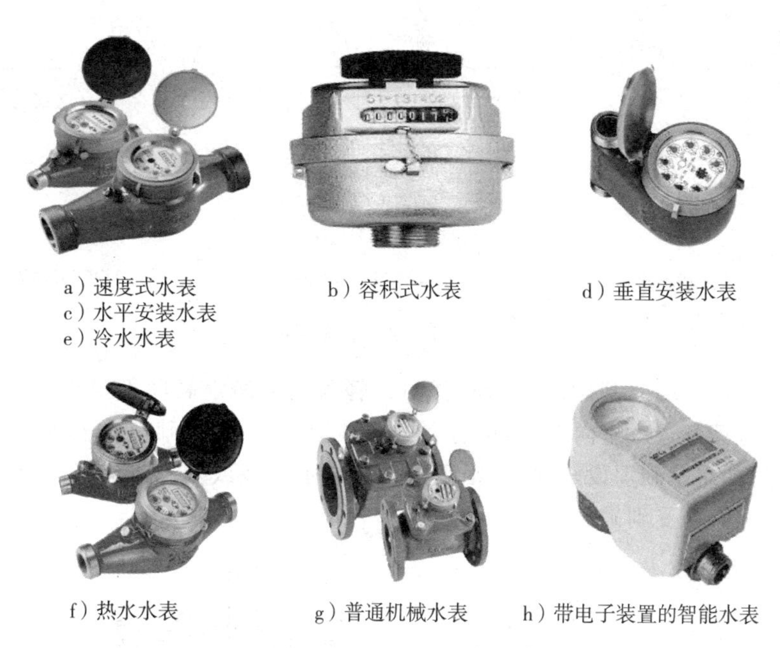

a）速度式水表 b）容积式水表 d）垂直安装水表
c）水平安装水表
e）冷水水表
f）热水水表 g）普通机械水表 h）带电子装置的智能水表

图 2-24 各类水表

共食堂等用水密集型建筑，水表口径应以安装水表管段的设计秒流量不超过但接近水表的常用流量来确定，因为常用流量是水表允许在相当长的时间内通过的流量。当用水不均匀时，如住宅及旅馆等公建可按设计秒流量不超过但接近水表的过载流量确定水表口径，因为过载流量是水表允许在短时间内通过的流量。在生活、消防共用系统中，因消防流量仅在发生火灾时才通过水表，故选表时管段设计流量不包括消防流量，但在选定水表口径后，应加消防流量进行复核，满足生活、消防设计秒流量之和，不超过水表的过载流量值。

2.5 建筑给水管道的布置和敷设

2.5.1 给水管道的布置

1. 引入管

引入管自室外管网将水引入室内，力求简短，铺设时常与外墙垂直。从配水平衡和供水可靠考虑，当用水点分布不均匀时，引入管宜从建筑物用水量最大处和不允许断水处引入；用水点均匀时，宜从建筑中间引入，以缩短管线长度，减小管网水头损失。

一般的建筑物设一根引入管，单向供水。当不允许断水或消火栓个数大于10个时，应设2条或2条以上引入管，且从建筑不同侧引入。如不满足条件同侧引入时，其间距应大于15m，并在两条引入管之间的室外给水管上装阀。

引入管的埋设深度主要根据城市给水管网及当地的气候、水文地质条件和地面的荷载而定。在寒冷地区，引入管应埋在冰冻线以下0.2m，黏土0.7m以上；引入管应有不小于0.003的坡度坡向室外给水管网，或坡向阀门井、水表井，以便检修时排放存水。

每条引入管应装设阀门，必要时还应装设泄水装置，以便于管网检修时泄水，防冰防压。

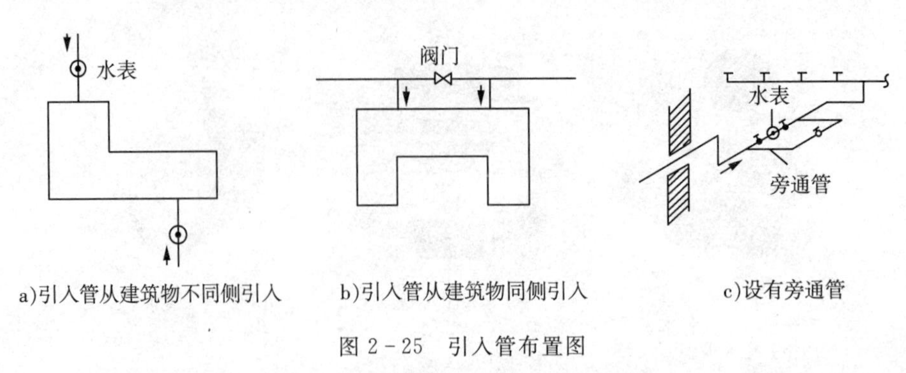

图 2-25 引入管布置图

引入管穿越承重墙或基础时,应预留洞口,管顶上部净空高度不得小于建筑物的沉降量。引入管穿过墙壁进入室内部分,可有下列两种情况,如果基础埋设较浅,则管道从外墙基础下面通过;如果基础埋设较深时,则引入管穿越承重墙或基础本体,且必须保证引入管不致因建筑物沉降而受到破坏。

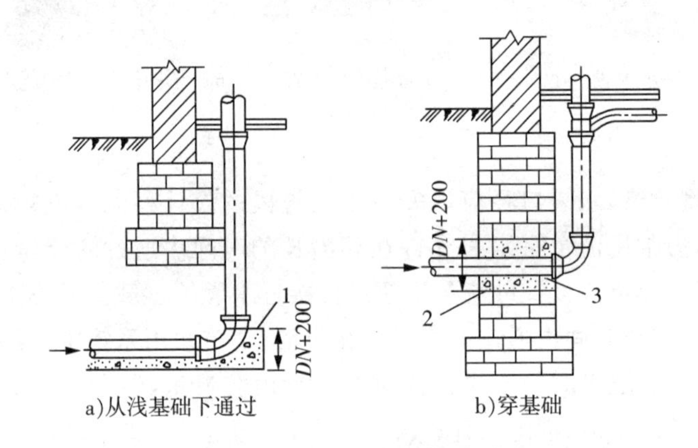

图 2-26 引入管进入建筑物

2. 水表节点

必须单独计量水量的建筑物,应从引入管上装设水表。为检修方便,水表前应设阀门,水表后应设阀门、止回阀和放水阀。对因断水而影响正常生产的工业企业建筑物,只有一条引入管时,应绕水表设旁通管。水表节点在南方地区可设在室外水表井中,井距建筑物外墙 2m 以上;在寒冷地区常设于室内的供暖房间内。

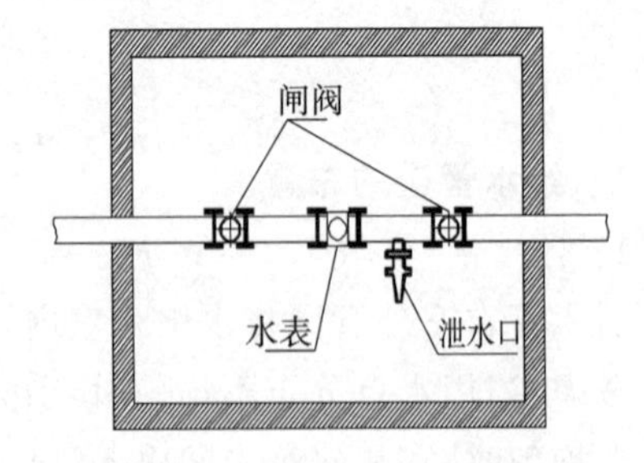

图 2-27 水表节点

3. 建筑给水管网

建筑给水管网布置时与建筑性质、外形、结构状况、卫生器具布置及采用的给水方式有关,应考虑的原则有:

(1)充分利用外网压力;在保证供水安全的前提下,以最短的距离输水;引入管和给水干管宜靠近用水量最大或不允许间断供水的用水点;力求水力条件最佳。

(2)不影响建筑的使用和美观,管道宜沿墙、梁、柱布置,一般可设置在管井、吊顶内或墙角边。

(3)管道宜布置在用水设备、器具较集中处,方便维护管理及检修。

(4)室内给水管网宜采用枝状布置,单向供水。不允许间断供水的建筑和设备,应采用环状管网或贯通枝状双向供水。

(5)不得穿越变、配电间、电梯机房、通信机房、大中型计算机房、计算机网络中心、有屏蔽要求的 X 光、CT 室,档案室、书库、音像库等遇水会损坏设备和引发事故的房间;一般不宜穿越卧室、书房及贮藏间。应避免在生产设备、配电柜上方通过。

(6)不得布置在遇水能引起爆炸、燃烧或损坏的原料、产品、设备上面,并避免在生产设备的上方通过。

(7)不得敷设在烟道、风道、电梯井、排水沟内;不得穿过大、小便槽(给水立管距大、小便槽端部不得小于 0.5m)。

(8)不宜穿越橱窗、壁柜、木装修。如不可避免时,应采取隔离和防护措施。

(9)不宜穿越伸缩缝、沉降缝、变形缝。当必须穿越时,应采取相应的技术措施。如软性接头法、丝扣弯头法和活动支架法等。

① 螺纹弯头法。又称丝扣弯头法,建筑物的沉降可由螺纹弯头的旋转补偿,适用于小口径的管道。

② 软性接头法。用橡胶软管或金属波纹管连接沉降缝、伸缩缝两侧的管道。

③ 活动支架法。在沉降缝两侧设支架,使管道垂直移动而不能水平横向移动,以适应沉降、伸缩的应力。

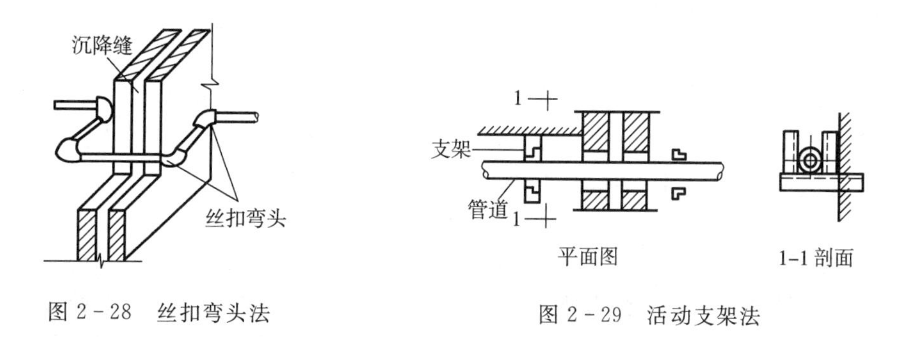

图 2-28　丝扣弯头法

图 2-29　活动支架法

2.5.2　给水管道的敷设

建筑内部给水管道可明敷、暗敷,一般应根据建筑中室内工艺设备的要求及管道材质的不同来确定。

1. 明敷

管道在室内沿墙、梁、柱、天花板下、地板旁暴露敷设。其特点是造价低,便于安装维修;但不美观,易凝结水,积灰,妨碍环境卫生。该方式适用于一般民用建筑和生产车间。

2. 暗敷

管道敷设在地下室或吊顶中,或在管井、管槽、管沟中隐蔽敷设。其特点是卫生条件好、美观,但造价高,施工维护均不便。该方式适用于建筑标准高的建筑,如高层、宾馆,要求室内洁净无光的车间,如精密仪器、电子元件等。

室内给水管道可以与其他管道一同架设,应当考虑安全、施工、维护等要求。在管道平行或交叉设置时,对管道的相互位置、距离、固定等应按管道综合有关要求统一处理。

2.5.3 管道防腐、防冻、防露、防漏的技术措施

使建筑内部给水系统能在较长年限内正常工作,除应加强维护管理外,在施工中还需采取如下一系列措施。

1. 防腐

不论明暗装的管道和设备,除镀锌钢管、给水塑料管外均需做防腐处理。钢管外防腐一般采用刷油法。明装管道表面除锈,刷防锈漆两道,然后刷面漆(银粉)1～2道,如果管道需要作标志时,可再刷调和漆或铅油;暗装管道除锈后,刷防锈漆两道;埋地钢管除锈后刷冷底子油两道,再刷沥青胶(马蹄脂)两遍。质量较高的防腐做法是做防腐层,层数3～9层不等。材料为冷底子油、沥青胶(玛缔脂)、防水卷材、牛皮纸等。铸铁管埋地时外表一律刷沥青防腐。当输送具有腐蚀性液体时,除用耐腐蚀管道外,也可将钢管或铸铁管内壁涂衬防腐材料,如衬胶。

2. 防冻

在寒冷地区,对于敷设在冬季不采暖房间的管道以及安装在受室外冷空气影响的门厅、过道处的管道应考虑保温、防冻措施。常用做法是,在管道安装完毕,经水压试验和管道外表面除锈并刷防腐漆后,管道外包棉毡(如岩棉、超细玻璃棉、玻璃纤维和矿渣棉毡等)做保温层,或用保温瓦(由泡沫混凝土、硅藻土、水泥蛭石、泡沫塑料或水泥膨胀珍珠岩等制成)做保温层,外包玻璃丝布保护层,表面刷调和漆。

3. 结露

采暖卫生间,工作温度高、湿度较大的房间(如洗衣房),管道水温低于室温时,管道及设备外壁可能产生凝结水,久而久之会损坏墙面,引起管道腐蚀,影响环境卫生。防结露措施是做防潮绝缘层,其做法一般与保温的做法相同。

2.5.4 水质防护

从城市给水管网引入建筑的自来水其水质一般应符合《生活饮用水卫生标准》,但建筑内部的给水系统设计、施工或维护不当,都可能出现水质污染现象,致使疾病传播,直接危害人民的健康和生命。因此,必须加强水质防护,确保供水安全。水质防护措施有以下几点。

(1)各给水系统(生活饮用水、直饮水、生活杂用水、循环水、回用雨水、中水等)应各自独立、自成系统,不得串接。生活饮用水管道严禁与中水、回用雨水等非生活饮用水管道连接。当生活饮用水作为中水、回用雨水等的补充水时,应补入贮水池等,其进水管口最低点高出溢流边缘的空气间隙应符合规范要求。

(2)生活饮用水不得因管道产生虹吸、背压回流而受污染。

(3)建筑内二次供水设施的生活饮用水箱应独立设置,其贮量不得超过48h的用水量,并且不允许其他用水如高位水箱的溢流水及消防管道试压水、泄压水进入。

(4)埋地式生活贮水池与化粪池、污水处理构筑物的净距不应小于10m。

(5)建筑物内的生活贮水池应采用独立结构形式,不得利用建筑物本体结构作为水池的壁板、底板及顶盖。

(6)生活水池(箱)与其他用水水池(箱)并列设置时,应有各自独立的池壁,不得合用同

份隔墙；两池壁之间的缝隙渗水，应自流排出。

(7)建筑内的生活水池(箱)应设在专用的房间内，其上方的房间不应设有厕所、卫生间、厨房、污水处理间等。

(8)生活水池(箱)的构造和配管应符合下列要求：

① 水池(箱)的材质、衬砌材料、内壁涂料应采用不污染水质的材料。

② 水池(箱)必须有盖并密封，人孔应有密封盖并加锁，水池透气管不得进入其他房间。

③ 进出水管布置应在水池的不同侧，以避免水流短路，必要时应设导流装置。

④ 通气管、溢流管应装防虫网罩，严禁通气管与排水系统通气管和风道相连。

⑤ 溢水管、泄水管不得与排水系统直接相连。

2.6　建筑给水系统的水力计算

2.6.1　设计秒流量

给水管道的设计流量不仅是确定各管段管径，也是计算管道水头损失，进而确定给水系统所需压力的主要依据。因此，设计流量的确定应符合建筑内部的用水规律。建筑内的生活用水量在一昼夜、1h 里都是不均匀的，为保证用水，生活给水管道的设计流量应为建筑内卫生器具按最不利情况组合出流时的最大瞬时流量，又称设计秒流量。

1. 住宅建筑的生活给水管道的设计秒流量

住宅建筑的生活给水管道的设计秒流量，应按下列步骤和方法计算：

(1)根据住宅配置的卫生器具给水当量、使用人数、用水定额、使用时数及小时变化系数，按式(2-16)计算出最大用水时卫生器具给水当量平均出流概率：

$$U_0=\frac{q_0 m K_h}{0.2\cdot N_g\cdot T\cdot 3600} \tag{2-16}$$

式中：U_0——生活给水管道的最大用水时卫生器具给水当量平均出流概率(%)；

q_0——最高用水日的用水定额，按表 2-2 取用；

m——每户用水人数，人；

K_h——小时变化系数，按表 2-2 取用；

N_g——每户设置的卫生器具给水当量总数；

T——用水时数，h；

0.2——一个卫生器具给水当量的额定流量，L/s。

(2)根据计算管段上的卫生器具给水当量总数，按式(2-17)计算得出该管段的卫生器具给水当量的同时出流概率：

$$U=\frac{1+\alpha_c(N_g-1)^{0.49}}{\sqrt{N_g}} \tag{2-17}$$

式中：U——计算管段的卫生器具给水当量同时出流概率，%；

α_c——对应于不同 U_0 的系数，查表 2-6；

N_g——计算管段的卫生器具给水当量总数。

表 2-6　$U_0 \sim \alpha_c$ 值对应表

U_0	1.0	1.5	2.0	2.5	3.0	3.5
α_c	0.00323	0.00697	0.01097	0.01512	0.01939	0.02374
U_0	4.0	4.5	5.0	6.0	7.0	8.0
α_c	0.02816	0.03263	0.03715	0.04629	0.05555	0.06489

(3)根据计算管段上的卫生器具给水当量同时出流概率，按式 2-18 计算得计算管段的设计秒流量：

$$q_g = 0.2 \cdot U \cdot N_g \tag{2-18}$$

式中：q_g——计算管段的设计秒流量，(L/s)。

① 为了计算快速、方便，在计算出 U_0 后，即可根据计算管段的 N_g 值从给水管道设计秒流量计算表(参见建筑给水排水设计规范 GB50015—2009)中直接查得给水设计秒流量。该表可用内插法。

② 当计算管段的卫生器具给水当量总数超过给水设计秒流量计算表中的最大值时，其流量应取最大用水时平均秒流量，即 $q_g = 0.2U_0N_g$。

③ 有两条或两条以上具有不同最大用水时卫生器具给水当量平均出流概率的给水干管，该管段的最大卫生器具给水当量平均出流概率按式(2-19)计算：

$$\bar{U}_0 = \frac{\sum U_{0i} N_{gi}}{\sum N_{gi}} \tag{2-19}$$

式中：$\bar{U}_0$——给水干管的卫生器具给水当量平均出流概率(%)；

U_{0i}——所接支管的最大用水时卫生器具给水当量平均出流概率(%)；

N_{gi}——相应支管的卫生器具给水当量总数。

2. 旅馆等建筑的生活给水管道的设计秒流量

宿舍(Ⅰ、Ⅱ类)、旅馆、宾馆、酒店式公寓、医院、疗养院、幼儿园、养老院、办公楼、商场、图书馆、书店、客运站、航站楼、会展中心、中小学教学楼、公共厕所等建筑的生活给水设计秒流量，应按下式计算：

$$q_g = 0.2\alpha\sqrt{N_g} \tag{2-20}$$

式中：q_g——计算管段的给水设计秒流量，L/s；

N_g——计算管段的卫生器具给水当量总数；

α——根据建筑物用途而定的系数，应按表 2-7 采用。

给水当量是以安装在污水盆上，支管直径为 15mm 的配水龙头的额定流量作为一个给水当量，其他卫生器具的给水当量为该卫生器具给水额定流量与 0.2L/s 的比值。

① 如计算值小于该管段上的一个最大卫生器具给水额定流量时，应采用一个最大的卫生器具给水定额流量作为设计秒流量。

② 如计算值大于该管段上按卫生器具给水额定流量累加所得流量值时，应采用卫生器

具给水额定流量累加所得流量值作为设计秒流量。

③ 有大便器延时自闭冲洗阀的给水管段，大便器延时自闭冲洗阀的给水当量均以0.5计，计算得到 q_g 附加1.20L/s的流量后，为该管段的给水设计秒流量。

④ 综合楼建筑的 α 值应按加权平均法计算。

表2-7 根据建筑物用途而定的系数值(α 值)

建筑物名称	α 值	建筑物名称	α 值
幼儿园、托儿所、养老院	1.2	学校	1.8
门诊部、诊疗所	1.4	医院、疗养院、休养所	2.0
办公楼、商场	1.5	酒店式公寓	2.2
图书馆	1.6	宿舍(Ⅰ、Ⅱ类)、旅馆、招待所、宾馆	2.5
书店	1.7	客运站、航站楼、会展中心、公共厕所	3.0

3. 工业企业生活间等建筑的生活给水管道设计秒流量

宿舍((Ⅲ、Ⅳ类)、工业企业的生活间、公共浴室、职工食堂或营业餐馆的厨房、体育场馆、剧院、洗衣房、普通理化实验室等建筑的生活给水管道的设计秒流量，应按下式计算：

$$q_g = \sum q_0 N_0 b \tag{2-21}$$

式中：q_g—— 计算管段的给水设计秒流量，L/s；

q_0—— 同类型的一个卫生器具给水额定流量，L/s；

N_0—— 同类型卫生器具总数；

b ——卫生器具的同时给水百分数，应按表2-8、表2-9、表2-10选用。

① 如计算值小于该管段上的一个最大卫生器具给水额定流量时，应采用一个最大的卫生器具给水额定流量作为设计秒流量。

② 大便器自闭式冲洗阀应单列计算，当单列计算值小于1.2L/s时，以1.2L/s计；大于1.2L/s时，以计算值计。

表2-8 宿舍(Ⅲ、Ⅳ类)、工业企业生活间、公共浴室、洗衣房、剧院、体育场馆室等卫生器具同时给水百分数(%)

卫生器具名称	宿舍(Ⅲ、Ⅳ类)	工业企业生活间	公共浴室	影剧院	体育场馆
洗涤盆(池)	—	33	15	15	15
洗手盆	—	50	50	50	70(50)
洗脸盆、盥洗槽水嘴	5～100	60～100	60～100	50	80
浴盆	—	—	50	—	—
无间隔淋浴器	20～100	100	100	—	100
有间隔淋浴器	5～80	80	60～80	(60～80)	(60～100)
大便器冲洗水箱	5～70	30	20	50(20)	70(20)

(续表)

卫生器具名称	宿舍(Ⅲ、Ⅳ类)	工业企业生活间	公共浴室	影剧院	体育场馆
大便槽自动冲洗水箱	100	100	—	100	100
大便器自闭式冲洗阀	1～2	2	2	10(2)	5(2)
小便器自闭式冲洗阀	2～10	10	10	50(10)	70(10)
小便器(槽)自动冲洗水箱	—	100	100	100	100
净身盆	—	33	—	—	—
饮水器	—	30～60	30	30	30
小卖部洗涤盆	—	—	50	50	50

注:(1)表中括号内的数值系电影院、剧院的化妆间、体育场馆的运动员休息室适用;

(2)健身中心的卫生间,可采用本表体育场馆运动员休息室的同时给水百分率。

表2-9 职工食堂、营业餐馆厨房设备同时给水百分数(%)

厨房设备名称	同时给水百分数	厨房设备名称	同时给水百分数
洗涤盆(池)	70	开水器	50
煮锅	60	蒸汽发生器	100
生产性洗涤机	40	灶台水嘴	30
器皿洗涤机	90		

注:职工或学生饭堂的洗碗台水嘴,按100%同时给水,但不与厨房用水叠加。

表2-10 实验室化验水嘴同时给水百分数(%)

化验水嘴名称	同时给水百分数	
	科研教学实验室	生产实验室
单联化验水嘴	20	30
双联或三联化验水嘴	30	50

2.6.2 给水管网水力计算

建筑给水管道水力计算,是在绘出管网轴测图后进行的。其目的是在求出各管段设计流量后,确定各管段的管径、水头损失,决定建筑给水系统所需的水压,进而将给水方式确定下来。计算要尽可能利用室外给水管网所提供的水压。

1. 确定管径

按建筑物性质和卫生器具当量数求得各管段的设计秒流量后,根据流量公式及流速控制范围选择管径。

$$q_g=\frac{\pi d_j^2}{4}v \tag{2-22}$$

$$d_j=\sqrt{\frac{4q_g}{\pi v}} \tag{2-23}$$

式中：q_g——计算管段的设计秒流量，m^3/s；

d_j——计算管段的管内径，m；

v——管道中的水流速，m/s。

管中流速是按照节省投资、噪声小等原则，经过技术经济比较后确定的。建筑物内的给水管道流速一般可按表选取，但最大不超过2m/s。

表2-11　生活给水管道的水流速度

公称直径(mm)	15～20	25～40	50～70	≥80
水流速度(m/s)	≤1.0	≤1.2	≤1.5	≤1.8

工程设计中也可采用下列数值：DN15～DN20，v=0.6～1.0m/s；DN25～DN40，v=0.8～1.2m/s；DN50～DN70，v≤1.5m/s；DN80及以上的管径，v≤1.8m/s。

2. 确定各管段的水头损失

给水管网水头损失的计算包括沿程水头损失和局部水头损失两部分内容。

(1)给水管道的沿程水头损失：

$$h_i = i \cdot L \tag{2-24}$$

式中：h_i——沿程水头损失，kPa；

L——管道计算长度，m；

i——管道单位长度的水头损失，kPa/m。

$$i = 105 C_h^{-1.85} d_j^{-4.87} q_g^{1.85} \tag{2-25}$$

式中：i——管道单位长度水头损失，kPa/m；

d_j——管道计算内径，m；

q_g——给水设计流量，m^3/s；

C_h——海澄·威廉系数，塑料管、内衬(涂)塑管C_h=140；铜管、不锈钢管C_h=130；衬水泥、树脂的铸铁管C_h=130；普通钢管、铸铁管C_h=100。

设计计算时，也可直接使用由上列公式编制的水力计算表，由管段的设计秒流量q_g，控制流速v在正常范围内，查出管径和单位长度的水头损失i。

(2)生活给水管道的局部水头损失

管段的局部水头损失计算公式

$$h_j = 10 \sum \xi \frac{v^2}{2g} \tag{2-26}$$

式中：h_j——管段局部水头损失之和，kPa；

ζ——管段局部阻力系数；

v——沿水流方向局部管件下游的流速，m/s；

g——重力加速度，m/s^2。

由于给水管网中局部管件如弯头、三通等甚多，随着构造不同，其ζ值也不尽相同，详细计算较为烦琐，在实际工程中给水管网的局部水头损失计算，有管(配)件当量长度计算法和按管网沿程水头损失百分数的估算法。

① 管(配)件当量长度计算法

管(配)件当量长度的含义是:管(配)件产生的局部水头损失大小与同管径某一长度管道产生的沿程水头损失相等,则该长度即为该管(配)件的当量长度。螺纹接口的阀门及管件的摩阻损失当量长度,见表2-12所列。

表2-12 阀门及螺纹管件的摩阻损失的当量长度(m)

管件内径(mm)	各种管件的折算管道长度						
	90°标准弯头	45°标准弯头	标准三通90°转角流	三通直向流	闸板阀	球阀	角阀
9.5	0.3	0.2	0.5	0.1	0.1	2.4	1.2
12.7	0.6	0.4	0.9	0.2	0.1	4.6	2.4
19.1	0.8	0.5	1.2	0.2	0.2	6.1	3.6
25.4	0.9	0.5	1.5	0.3	0.2	7.6	4.6
31.8	1.2	0.7	1.8	0.4	0.2	10.6	5.5
38.1	1.5	0.9	2.1	0.5	0.3	13.7	6.7
50.8	2.1	1.2	3	0.6	0.4	16.7	8.5
63.5	2.4	1.5	3.6	0.8	0.5	19.8	10.3
76.2	3	1.8	4.6	0.9	0.6	24.3	12.2
101.6	4.3	2.4	6.4	1.2	0.8	38	16.7
127	5.2	3	7.6	1.5	1	42.6	21.3
152.4	6.1	3.6	9.1	1.8	1.2	50.2	24.3

注:本表的螺纹接口是指管件无凹口的螺纹,即管件与管道在连接点内径有突变,管件内径大于管道内径。当管件为凹口螺纹,或管件与管道为等径焊接,其折算补偿长度取表值的1/2。

② 管网沿程水头损失的百分数估算法

不同材质管道、三通分水与分水器分水管内径大小的局部水头损失占沿程水头损失百分数的经验取值,分别见表2-13、2-14所列。

表2-13 不同材质管道的局部水头损失估算值

管材质		局部损失占沿程损失的百分数(%)
PVC-U		25~30
PP-R		
PVC-C		
铜管		
PEX		25~45
PVP	三通配水	50~60
	分水器配水	30

（续表）

管材质		局部损失占沿程损失的百分数(%)	
钢塑复合管	螺纹连接内衬塑铸铁管件的管道	30～40	生活给水系统
		25～30	生活、生产给水系统
	法兰、沟槽式连接内涂塑钢管件的管道	10～20	
热镀锌钢管	生活给水管道	25～30	
	生产、消防给水管道	15	
	其他生活、生产、消防共用系统管道	20	
	自动喷水管道	20	
	消火栓管道	10	

表 2-14　三通分水与分水器分水的局部水头损失估算表

	采用三通分水	采用分水器分水
管(配)件内径与管道内径一致	25%～30%	15%～20%
管(配)件内径略大于管道内径	50%～60%	30%～35%
管(配)件内径略小于管道内径	70%～80%	35%～40%

注：此表只适用于配水管，不适用于给水干管。

3. 水表水头损失的计算

水表水头损失的计算是在选定水表的型号后进行的。

水表的水头损失可按下式计算：

$$h_d = \frac{q_g^2}{K_b} \tag{2-27}$$

式中：h_d——水表的水头损失，kPa；

q_g——计算管段的给水设计流量，m^3/h；

K_b——水表的特性系数，一般由生产厂提供，也可按下式计算：

旋翼式水表
$$K_b = \frac{Q_{max}^2}{100} \tag{2-28}$$

螺翼式水表
$$K_b = \frac{Q_{max}^2}{10} \tag{2-29}$$

式中：Q_{max}为水表的过载流量，m^3/h。

水表的水头损失值应满足表 2-15 的规定，否则应放大水表的口径。

表 2-15　水表水头损失允许值(kPa)

表　型	正常使用时	消防时
旋翼式	<24.5	<49.0
螺翼式	<12.8	<29.4

(1)当未确定水表的具体产品时,水头损失可按以下规定估算:

① 住宅入户管上的水表水头损失值可以按10kPa计算;

② 建筑物或小区引入管上的水表水头损失值在生活用水工况时,可以按30kPa计算;在校核消防工况时,宜取50kPa计算。

(2)特殊附件的局部阻力

① 管道过滤器局部水头损失宜取10kPa。

② 比例式减压阀的水头损失,阀后动水压宜按阀后静水压的80%～90%选用。

③ 倒流防止器、真空破坏器的局部水头损失,应按相应产品测试参数确定。

4. 管网水力计算的方法和步骤

根据建筑采用的给水方式,在建筑物管道平面布置图的基础上,绘制给水管网的轴测图,进行水力计算。各种给水管网的水力计算方法和步骤略有差别,现就最常见的给水方式,分述其各自的水力计算步骤及方法。

(1)下行上给的给水方式

① 根据给水系统轴测图选出要求压力最大的管路作为计算管路。

② 从最不利点开始,按流量变化处为节点进行管段编号,并标明各计算管段长度。

③ 按建筑物性质,正确选用设计秒流量公式计算各管段的设计秒流量。

④ 进行水力计算,确定各计算管段的管径及水头损失;如选用水表,应计算出水表的水头损失。并按计算结果,确定建筑物所需的总水头 H,与城市管网所提供的资用水头 H_0 比较,若 $H<H_0$,即满足要求。若 H_0 稍小于 H,可适当放大某几段管径,使 $H<H_0$。若 H_0 小于 H 很多,则需考虑设水箱和水泵的给水方式。

⑤ 对于设水箱、水泵的给水方式,则要求计算确定水箱和贮水池容积,计算从水箱出口到最不利点所需的压力,确定水箱的安装高度。计算从引入管起点到水箱进口间所需的压力,选择水泵及配管计算。

(2)上行下给的给水方式

① 在上行横干管中选择要求压力最大的管路作为计算管路。

② 划分计算管段,计算各管段的设计秒流量,确定各管段的管径及水头损失,确定计算管路的总损失。

③ 计算高位水箱的生活用水最低水位。

$$Z=Z_1+0.1H_2+0.1H_4 \tag{2-30}$$

式中:Z——高位水箱生活用水量最低水位标高,m;

Z_1——室内最不利配水点的标高,m;

H_2——由水箱出口至最不利配水点的管路的沿程、局部水头损失之和,kPa;

H_4——建筑物内最不利配水点满足工作要求的最低工作压力,kPa;

水箱安装高度不宜过大,以免要求水箱架设太高,增加建筑物结构上的困难和影响建筑物的造型美观。

④ 计算各立管管径。根据各节点处已知压力和干管几何高度,自下而上按已知压力选择管径,控制不使流速过大,产生噪声。

⑤ 设水箱和水泵的给水方式,计算内容有:

求水箱、水池容积；

从水箱出口到最不利点之间所需压力；

从引入管起点到水箱进水口之间所需的压力，选择水泵。

⑥ 如管道系统不对称，可以再用另一个立管进行校核。

2.7　高层建筑给水系统

2.7.1　高层建筑室内给水系统的竖向分区

高层建筑是指建筑高度大于27m的住宅和建筑高度大于24m的非单层厂房、仓库和其他民用建筑。高层建筑如果采用同一给水系统，低层管道中静水压力过大，因此带来以下弊端：需采用耐高压管材、附件和配水器材，使得工程造价增加；开启阀门或水龙头时，管网中易产生水锤；低层水龙头开启后，由于配水龙头处压力过高，使出流量增加，造成水流喷溅，影响使用，并可能使顶层龙头产生负压抽吸现象，形成回流污染。

为了克服上述弊端，保证建筑供水的安全可靠性，高层建筑给水系统应采取竖向分区供水，即在建筑物的垂直方向按层分段，各段为一区，分别组成各自的给水系统。竖向分区的各分区最低卫生器具配水点处静水压不宜大于0.45MPa，特殊情况下不宜大于0.55MPa。静水压大于0.35MPa的入户管（或配水横管）宜设减压或调压设施。一般可按下列要求分区：旅馆、医院宜为0.30～0.35MPa，办公楼、教学楼、商业楼宜为0.35～0.45MPa。居住建筑入户管给水压力不应大于0.35MPa。《民用建筑绿色设计规范JGJ/T 229—2010》规定建筑用水点处供水压力不大于0.2MPa。

2.7.2　高层建筑室内给水系统的给水方式

1. 高位水箱供水方式

这种供水方式分串联供水方式、并联供水方式、减压水箱供水方式、减压阀供水方式。

(1)高位水箱串联供水方式是水泵分散设置在各区的，楼层中区的水箱兼作上一区的水池。优点是：无高压水泵和高压管线，运行动力费用经济。缺点是：水泵分散设置、分区水箱所占建筑面积大；水泵所设楼层防振隔声要求高；水泵分散，维护管理不便；若下区发生事故，其上部数区供水受影响，供水可靠性差。

(2)高位水箱并联供水方式是在各区独立设置水箱和水泵，各水泵集中设置在建筑物底层或地下室，分别向各区供水。优点是：各区是独立给水系统，互不影响，某区发生事故，不影响全局，供水安全可靠；水泵小，管理维护方便；运行动力费用经济。缺点是：水泵台数多，水泵出水高压管线长，设备费用增加；分区水箱占建筑层若干面积，给建筑房间布置带来困难，减少建筑使用面积，影响经济效益。

(3)减压水箱供水方式是整栋建筑物内的用水量全部由设置在底层的水泵提升至屋顶总水箱，然后再分送至各分区水箱，分区水箱起减压作用。优点是：水箱数量少、设备费降低，管理维护简单；水泵房面积小，各分区减压水箱调节容积小。缺点是：水泵运行费用高；屋顶总水箱容积大、对建筑的结构和抗震不利；建筑物高度较高、分区较多时，各区减压水箱浮球阀承受压力大，造成关不严或经常维修；供水可靠性差。

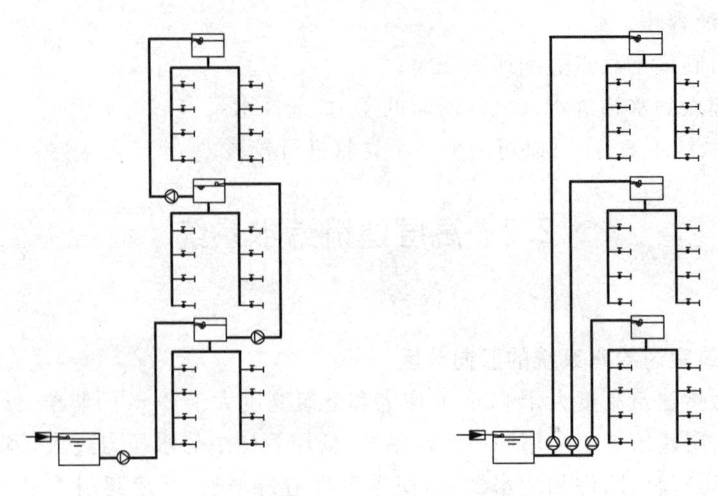

图2-30　分区串联供水方式　　图2-31　分区并联供水方式

(4)减压阀供水方式的工作原理与减压水箱供水方式相同之处在于以减压阀来代替减压水箱。其最大优点为减压阀占楼层面积少,使建筑面积发挥最大的经济效益。缺点是水泵运行费用增加。

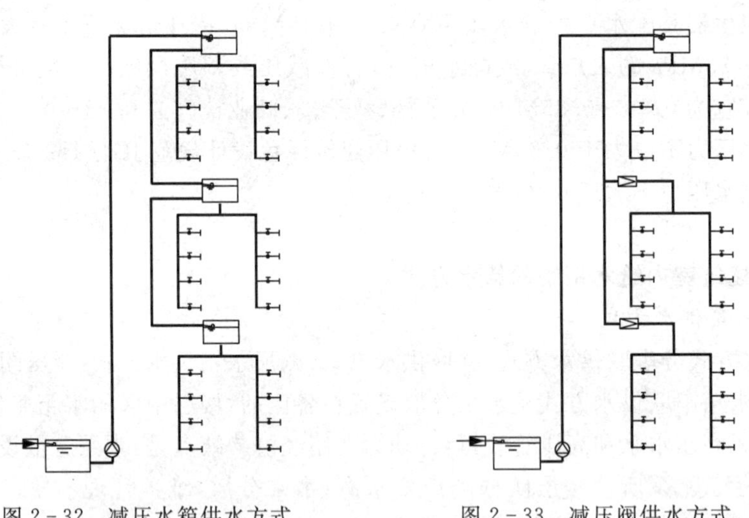

图2-32　减压水箱供水方式　　图2-33　减压阀供水方式

2. 气压水箱供水方式

气压水箱供水方式有两种形式:气压水箱并列供水方式和气压水箱减压阀供水方式。优点是不需要高位水箱,不占高层建筑楼层面积;其缺点是运行费用较高,气压罐贮水量小,水泵启闭频繁,水压变化幅度大,罐内起始压力高于管网所需的设计压力,会产生给水压力过高带来的弊端。

3. 无水箱供水方式(变频水泵供水方式)

近年来,国内外许多大型高层建筑采用无水箱的变速水泵供水方式,根据给水系统中用水量情况自动改变水泵的转速,使水泵仍经常处于较高效率下工作。其最大优点是省去高位水箱,提高建筑面积的利用率。缺点是需要一套价格较贵的变速水泵及其控制设备,且维修复杂。

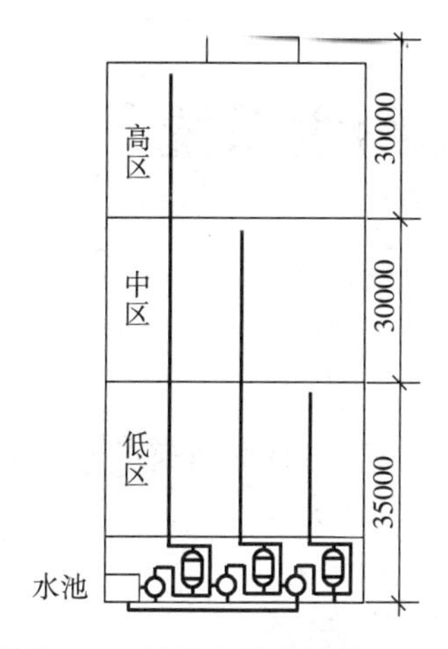

图2-34 气压水箱并列供水方式

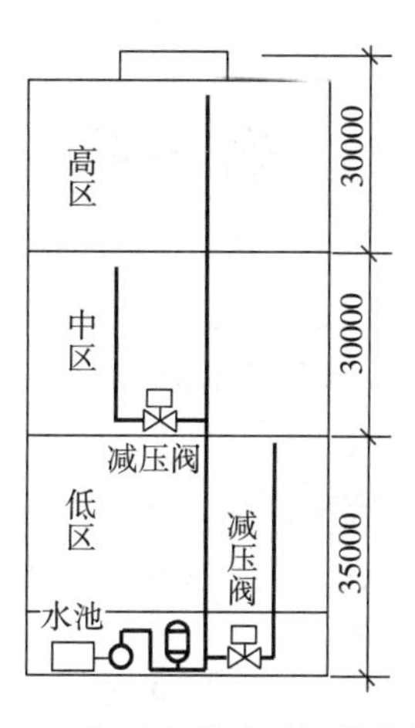

图2-35 气压水箱减压阀供水方式

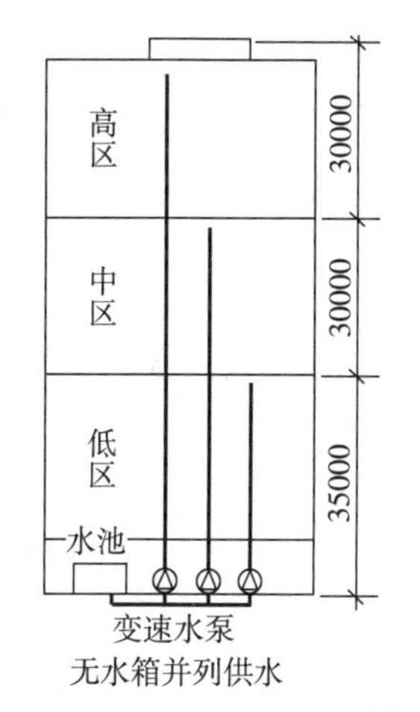

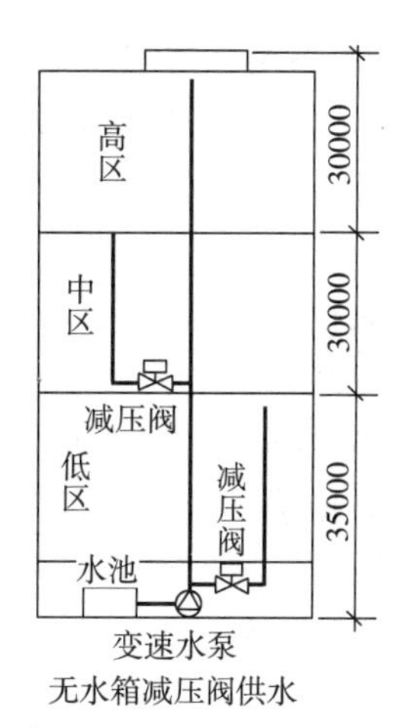

图2-36 无水箱供水方式

思考题

1. 建筑给水系统的给水方式有哪些？每种方式各有什么特点，适用怎样的条件？

2. 离心泵的工作原理是什么？其流量及扬程如何确定？

3. 建筑给水管道的布置形式有哪些？布置管道时主要考虑哪些因素？

4. 建筑物内生活用水高位水箱的调节容积如何确定？如何配管？

5. 生活、消防合用水池或水箱，消防储备水不被动用的措施有哪些？

6. 气压给水装置的工作原理是什么？

7. 建筑给水管道布置的基本原则是什么？

8. 常用给水管材有哪些？如何选择？

9. 水表有哪些性能参数？如何选型？

10. 给水系统如何估算最不利配水点所需压力，理论计算时给水系统的水头损失如何计算？

11. 建筑给水管网为何要用设计秒流量公式计算设计流量？常用的公式有哪些？各适用什么建筑物？

12. 高层建筑给水系统的分区依据是什么？常用给水方式有哪些？

第3章 建筑消防给水系统

消防给水系统是扑灭火灾,保护人民生命财产安全的给水系统。火灾虽是偶然事故,一旦发生危害无穷,因此对消防供水要求极为严格,必须使供水管网及设备处于警备状态,保证消防的用水需求。

建筑消防系统根据灭火剂的种类可分为:消火栓给水系统,自动喷水灭火系统及其他灭火系统。本章重点讲解消火栓给水系统和自动喷水灭火系统。

3.1 建筑消火栓给水系统

建筑消防给水系统是把室外给水系统提供的水量,直接或经过加压(外网压力不满足需要时),输送到用于扑灭建筑物内的火灾而设置的固定灭火设备,是建筑物中最基本的灭火设施。

3.1.1 室内消火栓设置场所

按照我国《建筑设计防火规范》GB50016—2014 及《汽车库、修车库、停车场设计防火规范》GB50067—2014,室内消火栓的设置应符合下列规定:

(1)下列建筑或场所应设置室内消火栓系统。

① 建筑占地面积大于 300m^{2}的厂房和仓库。

② 高层公共建筑和建筑高度大于 21m 的住宅建筑(建筑高度不大于 27m 的住宅建筑,设置室内消火栓系统确有困难时,可只设置干式消防竖管和不带消火栓箱的 DN65 的室内消火栓)。

③ 体积大于 5000m^{3}的车站、码头、机场的候车(船、机)建筑、展览建筑、商店建筑、旅馆建筑、医疗建筑和图书馆建筑等单、多层建筑。

④ 特等、甲等剧场,超过 800 个座位的其他等级的剧场和电影院等,超过 1200 个座位的礼堂、体育馆等单、多层建筑。

⑤ 建筑高度大于 15m 或体积大于 10000m^{3}的办公建筑、教学建筑和其他单、多层民用建筑。

⑥ 建筑面积大于 300m^{2}且经常使用的人防工程。

(2)国家级文物保护单位的重点砖木或木结构的古建筑,宜设置室内消火栓系统。

(3)人员密集的公共建筑、建筑高度大于 100m 的建筑和建筑面积大于 200m^{2}的商业服务网点内应设置软管卷盘或轻便消防水龙。高层住宅建筑的户内宜配置轻便消防水龙。

(4)下列建筑或场所,可不设室内消防给水,但宜设置消防软管卷盘或轻便消防水龙。

① 耐火等级为一、二级且可燃物较少的单、多层丁、戊类厂房(仓库)。

② 耐火等级为三、四级且建筑体积不超过 3000m^{3}的丁类厂房;耐火等级为三、四级且建筑体积不超过 5000m^{3}的戊类厂房(仓库)。

③ 粮食仓库、金库、远离城镇且无人值班的独立建筑。

④ 存有与水接触能引起燃烧爆炸的物品的建筑。

⑤ 室内没有生产、生活给水管道，室外消防用水取自储水池且建筑体积不超过 5000m³ 的其他建筑。

(5)车库、修车库和停车场应符合下列规定：

耐火等级为一、二级且停车数超过 5 辆的汽车库；停车数超过 5 辆的停车场；耐火等级为一、二级的Ⅳ类以上修车库应设消防给水系统。

3.1.2 建筑消火栓系统组成

1. 建筑消火栓系统组成

建筑消火栓给水系统一般由水枪、水带、消火栓及消防栓箱、消防卷盘、水泵接合器、消防管道、消防水泵、高位消防水箱和消防水池等组成。

(1)水枪

水枪是灭火的主要工具之一，其作用在于收缩水流，产生击灭火焰的充实水柱。水枪喷口直径有 16mm、19mm，另一端设有和水龙带相连接的接口，其口径应为 65mm。水枪常用铜、铝或塑料制成。

(2)水带

常用的水带用帆布、麻布或橡胶输水软管制成，直径为 65mm，长度一般为 15m、20m、25m 三种，水龙带的两端分别与水枪和消火栓连接。

(3)消火栓

室内消火栓应采用 DN65 消火栓，消火栓栓口应垂直于墙面或向下安装。消火栓、水带和水枪三者装设于消防箱中，如图 3-1 所示。消防箱安装高度以消火栓栓口中心距地面 1.1m 为基准。

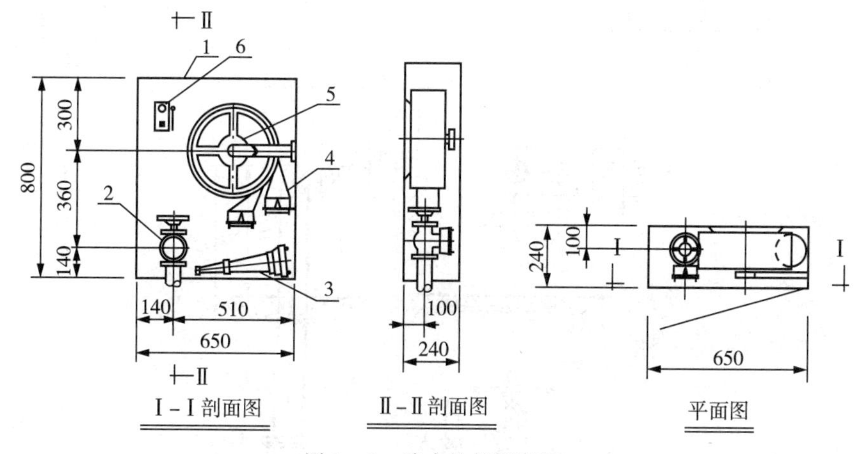

图 3-1　消火栓箱安装图

1—消火栓箱；2—消火栓；3—水枪；4—水带；5—水带卷盘；6—消防按钮

(4)消防卷盘

消防卷盘是一种重要的辅助灭火设备，由内径 19mm、长度 20～40m 卷绕在右旋转盘上的胶管和喷嘴口径为 6～9mm 的水枪组成，如图 3-2 所示。可与普通消火栓设在同一消防箱内，也可单独设置。该设备操作方便，便于非专职消防人员使用，对及时控制初期火灾有特殊作用。在高级旅馆、综合楼和建筑高度超过 100m 的超高层建筑内均应设置，因用水量较少,且消防队不使用该设备,故其用水量可不计入消防用水总量。

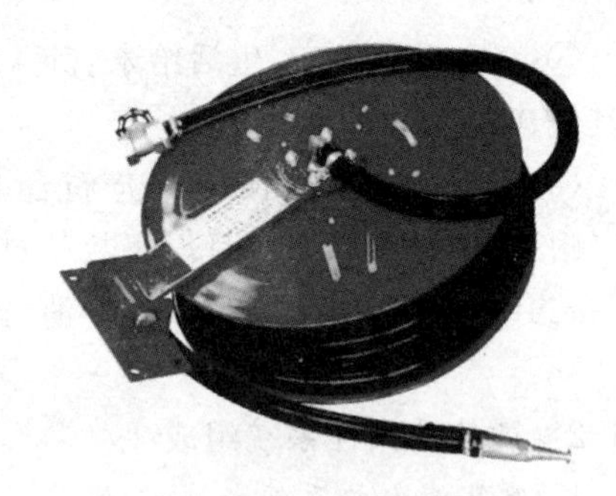

图 3-2 消防卷盘设备

(5)水泵接合器

水泵接合器是消防车向建筑内管网送水的接口设备。当建筑遇特大火灾,消防水量供水不足时或消防泵发生故障时,需用消防车取室外消火栓或消防水池的水,通过水泵接合器向建筑中补充水量。水泵接合器的数量应按建筑消防用水量确定。每个接合器的供水量为 10~15L/s 计算。接合器应设于消防车使用方便之处,并距室外消火栓或消防水池周围15~40m之内。水泵接合器的形式有地上式、地下式和墙壁式三种,如图 3-3 所示。

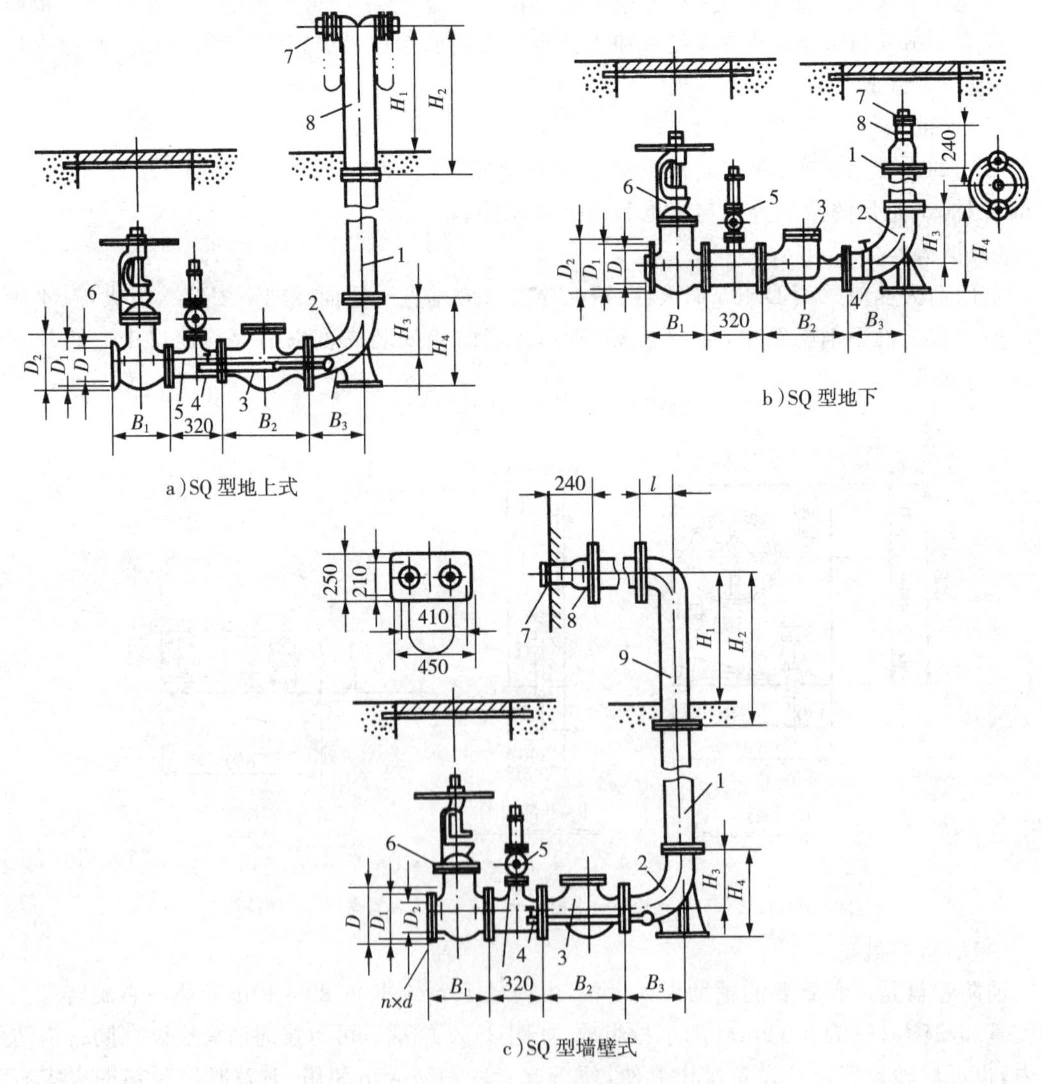

图 3-3 水泵接合器

1—法兰接管;2—弯管;3—升降式单向阀;4—放水阀;5—安全阀;6—闸阀;7—进水接口;8—本体;9—法兰弯管

(6)消防水箱

设置常高压给水系统并能保证最不利点消火栓和自动喷水灭火系统等的水量和水压的建筑物，或设置干式消防竖管的建筑物，可不设置消防水箱。

设置临时高压给水系统的建筑物应设置消防水箱(包括气压水罐、水塔、分区给水系统的分区水箱)。消防水箱的设置应符合下列规定：

① 高位消防水箱的设置位置应高于其所服务的水灭火设施，且最低有效水位应满足水灭火设施最不利点处的静水压力，并应按下列规定确定：一类高层公共建筑，不应低于0.10MPa，但当建筑高度超过100m时，不应低于0.15MPa；高层住宅、二类高层公共建筑、多层公共建筑，不应低于0.07MPa，多层住宅不宜低于0.07MPa；工业建筑不应低于0.10MPa，当建筑体积小于20000m³时，不宜低于0.07MPa；不满足以上要求时，应设稳压泵。稳压泵可设置在屋面或地下室消防泵房，布置如图3-4所示。

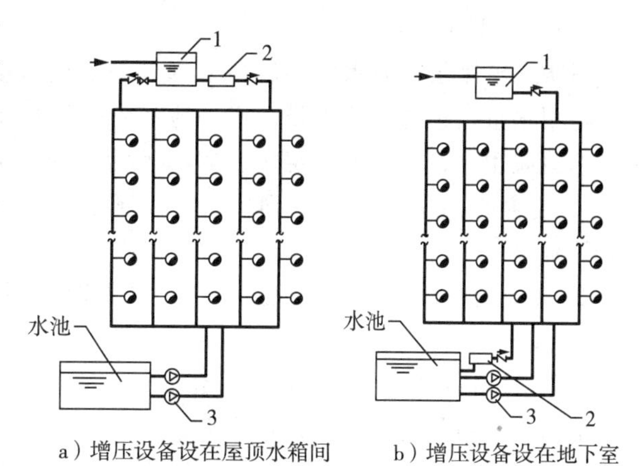

图3-4　增压稳压设备安装位置图

1—消防水箱；2—增压稳压设备；3—消防泵

② 消防水箱应储存初期(一般按10min)火灾所需的消防用水量，有效容积应满足表3-1的要求。

表3-1　高位消防水箱有效容积

建筑物类别	室内消防流量(L/s)	水箱容积(m³)
一类高层公共建筑		≥36
一类高层公共建筑(＞100m)		≥50
一类高层公共建筑(＞150m)		≥100
多层及二类高层公共建筑、一类高层住宅		≥18
一类高层住宅(＞100m)		≥36
二类高层住宅		≥12
大于21m的多层住宅		≥6
工业建筑	＞25	≥18
	≤25	≥12
总建筑面积＞10000m²，＜30000m²的商店建筑		≥36
总建筑面积＞30000m²的商店建筑		≥50

③ 发生火灾后，由消防水泵供给的消防用水不应进入消防水箱。

④ 严寒、寒冷等冬季冰冻地区的消防水箱应设置在消防水箱间内，其他地区宜设置在室内，当必须在屋顶露天设置时，应采取防冻隔热等安全措施。

⑤ 高位消防水箱间应通风良好,不应结冰,当必须设置在严寒、寒冷等冬季结冰地区的非采暖房间时,应采取防冻措施,环境温度或水温不应低于5℃。

⑥ 高位消防水箱外壁与建筑本体结构墙面或其他池壁之间的净距,应满足施工或装配的需要,无管道的侧面净距不宜小于0.7m;安装有管道的侧面净距不宜小于1.0m,且管道外壁与建筑本体墙面之间的通道宽度不宜小于0.6m,设有人孔的水箱顶其顶面与其上面的建筑物本体板底的净空不应小于0.8m。

(7)消防水池

消防水池用于消防水源不满足室内外消防用水量要求的情况下,贮存火灾持续时间内的消防用水量。消防水池可设于室外地下或地面上,也可设在室内地下室或与室内游泳池、水景水池兼用。符合下列规定之一的,应设置消防水池:

① 当生产、生活用水量达到最大时,市政给水管道、进水管或天然水源不能满足室内外消防用水量。

② 市政给水管道为枝状或只有1条进水管,且室外消防用水量大于20L/s或建筑高度大于50m。

③ 市政消防给水设计流量小于建筑室内外消防给水设计流量。

消防水池应符合下列规定:

① 当市政给水管网能保证室外消防用水量时,消防水池的有效容量应满足在火灾延续时间内室内消防用水量的要求。当室外给水管网不能保证室外消防用水量时,消防水池的有效容量应满足在火灾延续时间内室内消防用水量与室外消防用水量不足部分之和的要求。

当室外给水管网供水充足且在火灾情况下能保证连续补水时,消防水池的容量可减去火灾延续时间内补充的水量。

② 供消防车取水的消防水池应设置取水口或取水井,且吸水高度不应大于6.0m。取水口或取水井与建筑物(水泵房除外)的距离不宜小于15m;与甲、乙、丙类液体储罐的距离不宜小于40m;与液化石油气储罐的距离不宜小于60m,如采取防止辐射热的保护措施时,可减为40m。

③ 消防水池的保护半径不应大于150m。

④ 供单体建筑的消防水池应与生活饮用水池分开设置。当小区的生活贮水量大于消防贮水量时,小区的生活用水贮水池与消防水池可合并设置,合并贮水池的有效容积的贮水设计更新周期不得大于48h,消防用水与生产、生活用水合并的水池,应采取确保消防用水不作他用的技术措施。

高层建筑中的商业楼、展览楼、综合楼,建筑高度大于50m的财贸金融楼、图书馆、书库、重要的档案楼、科研楼和高级宾馆等火灾延续时间应按3h计算;其他公共建筑和住宅的火灾延续时间为2h;自动喷水灭火系统可按火灾延续时间1h计算。

3.1.3 消火栓给水系统布置

1. 室内消火栓的布置要求

根据规范要求设置室内消火栓的建筑,包括设备层在内的各层均应设置消火栓。室内消火栓的布置应满足下列要求:

(1)屋顶设有直升机停机坪的建筑,应在停机坪出入口处或非电器设备机房处设置消火栓,且距停机坪机位边缘的距离不应小于5.0m。

(2)消防电梯前室应设室内消火栓,并应计入消火栓使用数量。

(3)建筑室内消火栓的设置位置应满足火灾扑救要求,室内消火栓应设置在楼梯间及其休息平台和前室、走道等明显易于取用,以及便于火灾扑救的位置;住宅的室内消火栓宜设置在楼梯间及其休息平台;汽车库内消火栓的设置不应影响汽车的通行和车位的设置,并应确保消火栓的开启;同一楼梯间及其附近不同层设置的消火栓,其平面位置宜相同;冷库的室内消火栓应设置在常温穿堂或楼梯间内。

(4)建筑室内消火栓栓口的安装高度应便于消防水龙带的连接和使用,其距地面高度宜为1.1m,其出水方向应便于消防水带的敷设,并宜与设置消火栓的墙面成90°角或向下;为方便使用,同一建筑物内应采用同一规格的消火栓、水枪和水龙带,每根水龙带的长度不应超过25m。

(5)设有室内消火栓的建筑应设置带有压力表的试验消火栓,多层和高层建筑应在其屋顶设置,严寒、寒冷等冬季结冰地区可设置在顶层出口处或水箱间内等便于操作和防冻的位置;单层建筑宜设置在水力最不利处,且应靠近出入口。

2. 室内消火栓的间距

室内消火栓的间距应由计算确定,室内消火栓的计算分如下两种情况:

(1)建筑高度小于或等于24m且体积小于或等于5000m³的多层仓库、建筑高度小于或等于54m且每单元设置一部疏散楼梯的住宅等建筑,应保证1支消防水枪的1股充实水柱到达其保护范围内的室内任何部位,且消火栓的布置间距不应大于50m。消火栓的布置如图3-5所示,其布置间距按下列公式计算:

$$S_1 = 2\sqrt{R^2 - b^2} \tag{3-1}$$

$$R = C \cdot L_d + h \tag{3-2}$$

式中:S_1——消火栓间距(一股水柱到达保护范围任何部位),m;

R——消火栓保护半径,m;

C——水带展开时的弯曲折减系数,一般取0.8～0.9;

L_d——水带长度,m;

h——水枪充实水柱倾斜45°时的水平投影距离(m);$h=0.71H_m$,对一般建筑(层高3～3.5m)由于建筑层高的限制,一般取$h=3.0$m;

H_m——水枪充实水柱,水枪射流在26mm～38mm直径圆断面内、包含全部水量75%～90%的密实水柱长度,一般在7～15m;

b——消火栓的最大保护宽度,m。

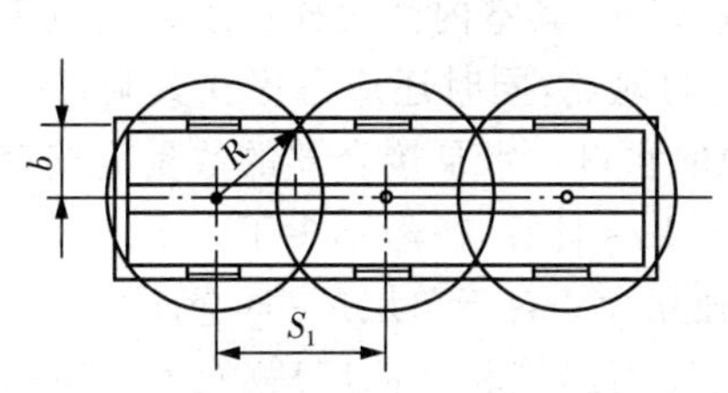

a)单排一股水柱到达室内任何部位

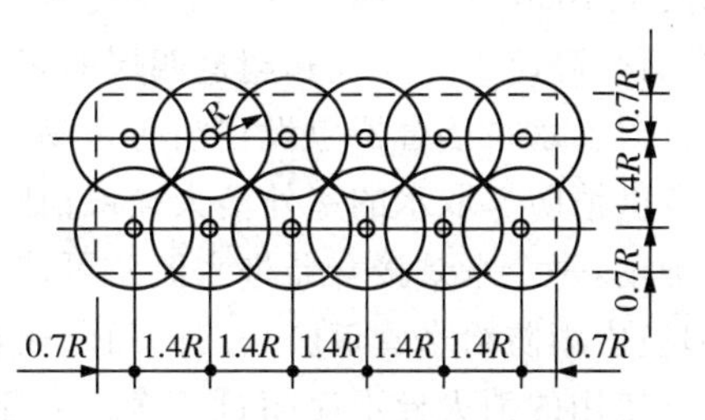

b)多排一股水柱到达室内任何部位

图3-5　一股水柱时的消火栓布置间距

(2)其他民用建筑应保证同一平面有2支消防水枪的2股充实水柱同时达到任何部位,且消火栓的布置间距不应大于30m,如图3-6所示,其布置间距按下式计算:

$$S_2=\sqrt{R^2-b^2} \tag{3-3}$$

式中:S_2——消火栓间距(两股水柱到达同层任何部位),m;

R、b——符号意义同前。

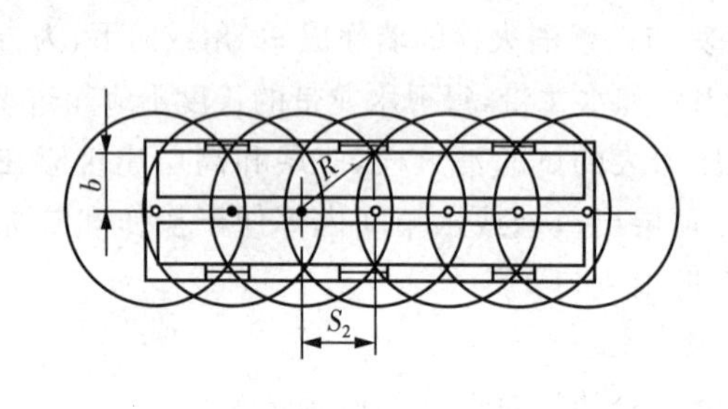

a)单排两股水柱到达室内任何部位

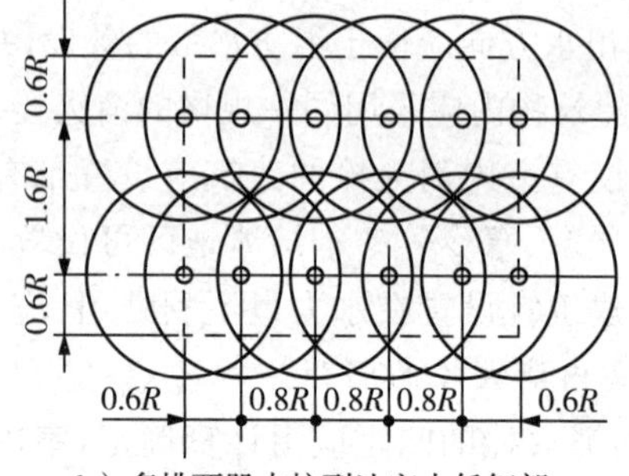

b)多排两股水柱到达室内任何部

图3-6 两股水柱消火栓时的布置间距

3. 消防给水管道的布置

建筑内消火栓给水管道布置应满足下列要求:

(1)室内消火栓系统管网应布置成环状,当室外消防用水量不大于20L/s,且室内消火栓不超过10个时,除向两座以上建筑供水系统及临时高压供水系统外,可布置成枝状。环状管网至少应有2条进水管与室外管网或消防水泵连接,当其中一条进水管发生事故时,其余的进水管应仍能供应全部消防用水量。

(2)当由室外生产生活消防合用系统直接供水时,合用系统除应满足室外消防给水设计流量以及生产和生活最大小时设计流量的要求外,还应满足室内消防给水系统的设计流量和压力要求。

(3)室内消防管道管径应根据系统设计流量、流速和压力要求经计算确定;室内消火栓竖管管径应根据竖管最低流量计算确定,但不应小于DN100。

(4)室内消火栓给水管网宜与自动喷水灭火系统的管网分开设置;当合用消防泵时,供水管路沿水流方向应在报警阀前分开设置。

(5)高层民用建筑,设有消防给水的住宅、超过五层的其他多层民用建筑,超过2层或建筑面积大于10000m²的地下或半地下建筑(室)、室内消火栓设计流量大于10L/s平战结合的人防工程,高层工业建筑和超过四层的多层工业建筑,其室内消火栓给水系统应设置消防水泵接合器。水泵接合器应设在消防车易于到达的地点,同时还应考虑在其附近15~40m范围内有供消防车取水的室外消火栓或消防水池取水口。水泵接合器的数量应按室内消防用水量确定,每个水泵接合器进水流量可按10~15L/s计算,一般不少于2个。

(6)室内消防给水管道应采用阀门分成若干独立段。对于单层厂房(仓库)和公共建筑,检修停止使用的消火栓不应超过5个。对于多层民用建筑和其他厂房(仓库),室内消防给水管道上阀门的布置应保证检修管道时关闭的竖管不超过1根,但设置的竖管超过4根时,可关闭不相邻的2根。阀门应保持常开,并应有明显的启闭标志或信号。

(7)允许直接吸水的市政给水管网，当生产、生活用水量达到最大且仍能满足室内外消防用水量时，消防泵宜直接从市政给水管网吸水。

(8)严寒和寒冷地区非采暖的厂房(仓库)及其他建筑的室内消火栓系统，可采用干式系统，但在进水管上应设置快速启闭装置，管道最高处应设置自动排气阀。

3.1.4 消防给水

1. 消防水源

消防给水必须有可靠的水源，保证消防用水量。水源可采用城市给水管网，这是一般最常用的消防用水的水源，有的城市给水管网是生活与消防或生活、消防及生产合用系统；在工厂中有的是生产及消防合用系统，都考虑了消防水量，能够满足城市、工厂的消防用水要求；如果城市有天然水体，如河流、湖泊等，水量能满足消防用水要求，也可作为消防水源。若上述两种水源不能满足消防用水量的要求时，可以设置消防贮水池供水，容量应满足在火灾延续时间内消防用水量的要求。

2. 消防给水系统分类与选择

消防给水系统选择应符合下列要求：

(1)市政直接供水的室外消防给水系统宜与生产、生活给水系统合并为同一给水系统。

(2)多层建筑室内消防给水系统宜与生产、生活给水系统在室内分开独立设置。

(3)高层建筑室内消防给水系统应与生产、生活给水系统在室内分开独立设置。

(4)室内消火栓给水管网与自动喷水灭火系统等其他自动灭火系统，宜分开设置；如有困难，应在报警阀前分开设置。

消防给水的类型见表3-2所列。

表3-2 消防给水的类型

分类方式	系统名称	定义
按水压、流量分	高压消防给水系统	能始终保持满足水灭火设施所需的工作压力和流量，火灾时无须消防水泵直接加压的供水系统
	临时高压消防给水系统	平时不能满足水灭火设施所需的工作压力和流量，火灾时能自动启动消防水泵以满足水灭火设施所需的工作压力和流量的供水系统
	低压消防给水系统	能满足车载或手抬移动消防水泵等取水所需的工作压力和流量的供水系统
按范围分	单体消防给水系统	向单一建筑物或构筑物供水的消防给水系统
	区域(集中)消防给水系统	向两座或两座以上建筑物或构筑物供水的消防给水系统
按供水功能分	独立消防给水系统	单独给一种灭火系统供水的消防给水系统
	联合消防给水系统	给两种或两种以上灭火系统供水的消防给水系统
	合用给水系统	消防给水系统与生产、生活给水系统合并为同一给水系统

3. 消火栓给水系统的给水方式

消火栓给水系统通常采用生活与消防分开设置。室内消火栓给水系统，根据建筑物高度、室外管网压力、流量和室内消防流量、水压等要求，室内消防给水方式可分为四类：

(1)无加压水泵和水箱的室内消火栓给水方式(高压消防给水系统)

如图3-7所示，这种给水方式常在建筑物不太高，室外给水管网的压力和流量完全能满足室内最不利点消火栓的设计水压和流量时采用。

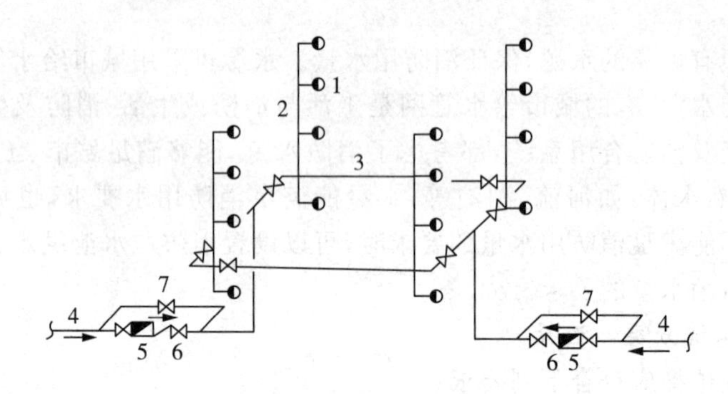

图3-7 无加压泵和水箱的室内消火栓给水方式

1—室外给水管网；2—室内管网；3—消火栓及立管；4—给水立管及支管

(2)设有水箱的室内消火栓给水方式

该给水方式常用在水压变化较大的城市或居住区，当生活、生产用水量达到最大时，室外管网不能保证室内最不利点消火栓压力和流量；而当生活、生产用水量较小时，室外管网的压力较大，能保证各消火栓的供水并能向高位水箱补水。如图3-8所示，在建筑屋顶设消防水箱储存10min的消防用水量，灭火初期由水箱供水。

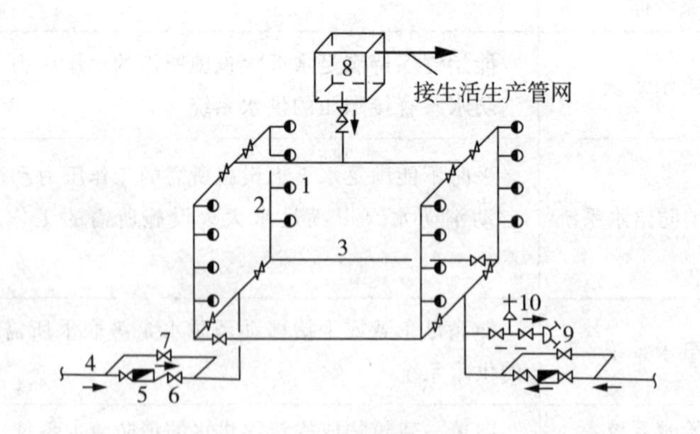

图3-8 设有水箱的室内消火栓给水系统

1—室内消火栓；2—消防立管；3—干管；4—进户管；5—水表；6—止回阀；7—旁通管及阀门；8—水箱；9—水泵接合器；10—安全阀

(3)设置消防泵和消防水箱的室内消火栓给水方式(临时高压给水方式)

当室外给水管网的水压不能满足室内消火栓给水系统的水压要求时，宜采用设置消防泵和消防水箱的给水方式。如图3-9所示，消防水箱由生活给水系统补水储存初期火灾用水量(一般为10min的消防用水量)，火灾初期由消防水箱供水灭火，消防水泵启动后从消防水池抽水灭火。

(4)分区给水的室内消火栓给水系统

如图3-10所示，当建筑高度大，消火栓系统的最大静水压力超过1.0MPa时，应当采用分区消防系统，使每个消防区内的最高静水压力不超过1.0MPa。分区供水的方式又可分为并联和串联给水系统。并联分区的优点是各区独立，消防泵集中管理，安全可靠性高；缺点是高压消防泵的扬程高且水泵出水管需耐高压。由于高区水压高，高区水泵接合器必须有高压水泵的消防车才能起作用，否则高区水泵接合器将不会起作用。串联分区消防水泵分散设置，无须高区水泵和耐高压管道，消防车对水泵接合器也能发挥作用。其缺点是管理不集中，上面和下面各区的消防水泵要联动，逐区向上供水，安全可靠性差。

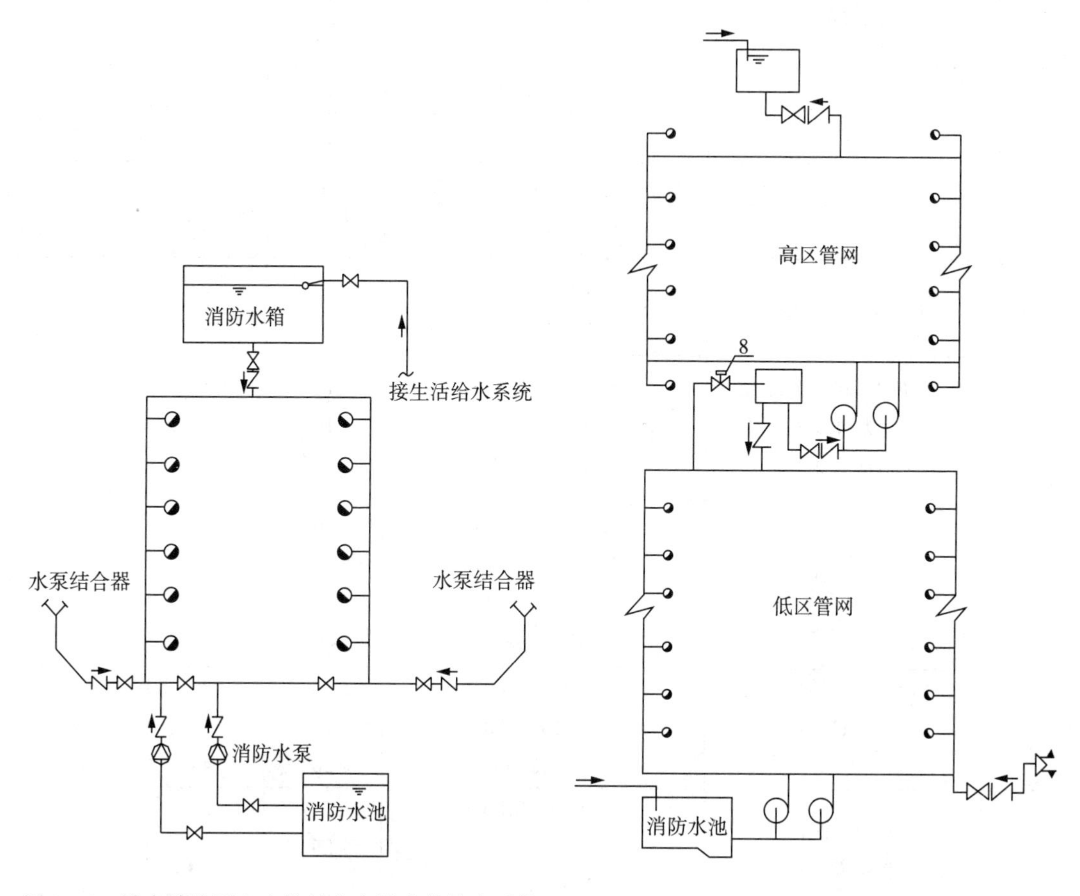

图3-9　设有消防泵和水箱的室内消火栓给水系统　　图3-10　串联分区消防供水方式

3.1.5　室内消火栓系统用水量

室内消火栓系统用水量与建筑高度及建筑性质有关，其大小应根据建筑物的用途功能、体积、高度、耐火等级、火灾危险性等因素综合确定。我国规范规定的各种建筑物消防用水量及要求同时使用的水枪数量可查表3-3。

表3-3　建筑物的室内消火栓用水量

建筑物名称	高度 h(m)、层数、体积 V(m³)或座位数 n(个)、火灾危险性		消火栓设计流量(L/s)	同时使用水枪数量(支)	每根竖管最小流量(L/s)
厂房	$h\leqslant 24$	甲、乙、丁、戊	10	2	10
		丙	20	4	15
	$24<h\leqslant 50$	乙、丁、戊	30	6	15
		丙	30	6	15
	$h>50$	乙、丁、戊	30	6	15
		丙	40	8	15
仓库	$h\leqslant 24$	甲、乙、丁、戊	10	2	10
		丙	25	4	15
	$h>24$	丁、戊	30	6	15
		丙	40	8	15
单层及多层	科研楼、试验楼	$V\leqslant 10000$	10	2	10
		$V>10000$	15	3	10
	车站、码头、机场的候车(船、机)楼和展览建筑(包括博物馆)等	$5000<V\leqslant 25000$	10	2	10
		$25000<V\leqslant 50000$	15	3	10
		$V>50000$	20	4	15
	剧院、电影院、会堂、礼堂、体育馆等	$800<n\leqslant 1200$	10	2	10
		$1200<n\leqslant 5000$	15	3	10
		$5000<n\leqslant 10000$	20	4	15
		$n>10000$	30	6	15
	旅馆	$5000<V\leqslant 10000$	10	2	10
		$10000<V\leqslant 25000$	15	3	10
		$V>25000$	20	4	15
	商店、图书馆、档案馆等	$5000<V\leqslant 10000$	15	3	10
		$10000<V\leqslant 25000$	25	5	15
		$V>25000$	40	8	15
	病房楼、门诊楼等	$5000<V\leqslant\leqslant 25000$	10	2	10
		$V>25000$	15	3	10
	办公楼、教学楼等其他民用建筑	$V>10000$	15	3	10
	住宅	$21<h\leqslant 27$	5	2	5

（续表）

建筑物名称	高度 h(m)、层数、体积 $V(m^3)$ 或座位数 n(个)、火灾危险性			消火栓设计流量（L/s）	同时使用水枪数量（支）	每根竖管最小流量（L/s）
高层	住宅	普通	$27<h\leqslant54$	10	2	10
			$h>54$	20	4	10
	二类公共建筑		$h\leqslant50$	20	4	10
			$h>50$	30	6	15
	一类公共建筑		$h\leqslant50$	30	6	15
			$h>50$	40	8	15
国家级文物保护单位的重点砖木或木结构的古建筑			$V\leqslant10000$	20	4	10
			$V>10000$	25	5	15
地下建筑			$V\leqslant5000$	10	2	10
			$5000<V\leqslant10000$	20	4	15
			$10000<V\leqslant25000$	30	6	15
			$V>25000$	40	8	20

注：(1)丁、戊类高层厂房（仓库）室内消火栓的用水量可按本表减少10L/s，同时使用水枪数量可按本表减少2支。

(2)消防软管卷盘、轻便消防水龙及多层住宅楼梯间中的干式消防竖管，其消防用水量可不计入室内消防用水量。

(3)当高层民用建筑高度不超过50m，室内消火栓用水量超过20L/s，且没有自动喷水灭火系统时，其室内外消防用水量可按本表减少5L/s。

(4)当建筑物没有自动水灭火系统全保护时，室内消火柱设计流量可减少50%，但不应小于10L/s。

3.1.6　建筑消火栓系统所需水压要求

高层建筑、厂房、库房和室内净空高度超过8m的民用建筑等场所，消火栓栓口动压不应小于0.35MPa，且消防水枪充实水柱应按13m计算；其他场所，消火栓栓口动压不应小于0.25MPa，且消防水枪充实水柱应按10m计算。

3.2　自动喷水灭火系统

自动喷水灭火系统是一种在发生火灾时，能自动打开喷头喷水灭火并同时发出火警信号的消防灭火系统，是当今世界上公认的最为有效的自救灭火设施，也是应用最广泛、用量最大的自动灭火系统。

这种灭火系统具有很高的灵敏度和灭火成功率，据资料统计，自动喷水灭火系统扑救初期火灾的效率在97%以上，是扑灭建筑初期火灾非常有效的一种灭火设备。在发达国家的规范中，要求所有应该设置灭火设备的建筑都采用自动喷水灭火系统；在我国，自动喷水灭火系统已经开始在工业建筑、公共建筑、住宅建筑设计中广泛采用。

3.2.1 自动喷水灭火系统设置原则

1. 民用建筑

根据《建筑设计防火规范》GB50016—2014 中规定，除不宜用水保护或灭火的场所外，下列建筑或场所应设置自动灭火系统，并宜采用自动喷水灭火系统：

(1)特等、甲等剧场或超过 1500 个座位的其他等级的剧场；超过 2000 个座位的会堂或礼堂；超过 3000 个座位的体育馆；超过 5000 人的体育场的室内人员休息室与器材间等。

(2)任一楼层建筑面积大于 $1500m^2$ 或总建筑面积大于 $3000m^2$ 的展览、商店、餐饮和旅馆建筑以及医院中同样建筑规模的病房楼、门诊楼和手术部。

(3)设置有送回风道(管)的集中空气调节系统且总建筑面积大于 $3000m^2$ 的办公楼等。

(4)藏书量超过 50 万册的图书馆。

(5)大、中型幼儿园，总建筑面积大于 $500m^2$ 的老年人建筑。

(6)总建筑面积大于 $500m^2$ 的地下或半地下商店。

(7)设置在地下或半地下或地上四层及以上楼层的歌舞娱乐放映游艺场所(除游泳场所外)，设置在首层、二层和三层且任一层建筑面积大于 $300m^2$ 的地上歌舞娱乐放映游艺场所(除游泳场所外)。

(8)一类高层公共建筑(除游泳池、溜冰场外)及其地下、半地下室。

(9)二类高层公共建筑及其地下、半地下室的公共活动用房、走道、办公室和旅馆的客房、可燃物品库房、自动扶梯底部。

(10)高层民用建筑中的歌舞娱乐放映游艺场所。

(11)建筑高度大于 100m 的住宅建筑。

2. 工业建筑

除不宜用水保护或灭火的场所外，下列厂房或生产部位、仓库应设置自动灭火系统，并宜采用自动喷水灭火系统：

(1)大于等于 50000 纱锭的棉纺厂的开包、清花车间；大于等于 5000 锭的麻纺厂的分级、梳麻车间；火柴厂的烤梗、筛选部位；占地面积大于 $1500m^2$ 或总建筑面积大于 $3000m^2$ 的单层、多层制鞋、制衣、玩具及电子等类似生产厂房；占地面积大于 $1500m^2$ 的木器厂房；泡沫塑料厂的预发、成型、切片、压花部位；高层乙、丙类厂房；建筑面积大于 $500m^2$ 的地下或半地下丙类厂房。

(2)每座占地面积大于 $1000m^2$ 的棉、毛、丝、麻、化纤、毛皮及其制品的仓库；每座占地面积大于 $600m^2$ 的火柴仓库；邮政楼中建筑面积大于 $500m^2$ 的空邮袋库；可燃、难燃物品的高架仓库和高层仓库；设计温度高于 0℃的高架冷库，设计温度高于 0℃且每个防火分区建筑面积大于 $1500m^2$ 的非高架冷库；总建筑面积大于 $500m^2$ 的可燃物品地下仓库；每座占地面积大于 $1500m^2$ 或总建筑面积大于 $3000m^2$ 的其他单层或多层丙类物品仓库。

3.2.2 自动喷水灭火系统的主要组件

自动喷水灭火系统由洒水喷头、报警阀组、水流报警装置(水流指示器或压力开关)、供水设施和管道等部分组成。

1. 喷头

喷头可分为开式和闭式两种。喷头口处有堵水支撑的称为闭式喷头，没有堵水支撑的称为开式喷头。

闭式喷头由喷水口、温感释放器和溅水盘组成，通过感温元件控制喷头的开启。根据热敏元件的不同，可分为玻璃球喷头和易熔合金喷头两种，如图3－11和3－12所示。按溅水盘的形式和安装位置可分为直立型、下垂型、边墙型、普通型、吊顶型和干式下垂型闭，如图3－13和3－14所示，各种喷头的适用场所见表3－4所列。湿式系统的喷头，其公称动作温度宜高于环境最高温度30℃。对民用建筑和工业厂房，安装闭式喷头的最大净空高度不得超过8m。

开示喷头根据用途分为开启式和水幕两种类型。

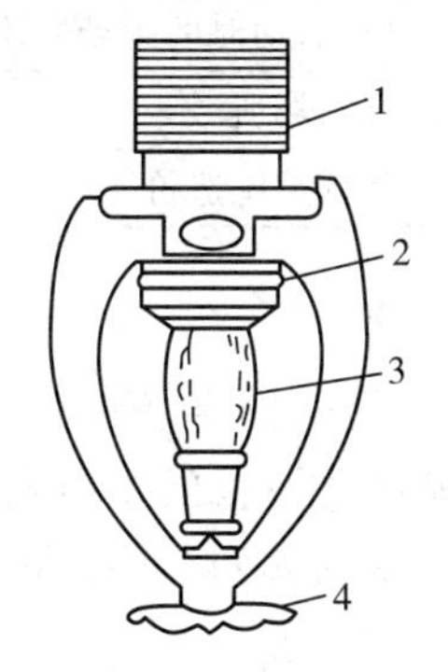

图3－11　玻璃球喷头示意图

1—喷头接口；2—密封势；3—玻璃球；4—减水盘

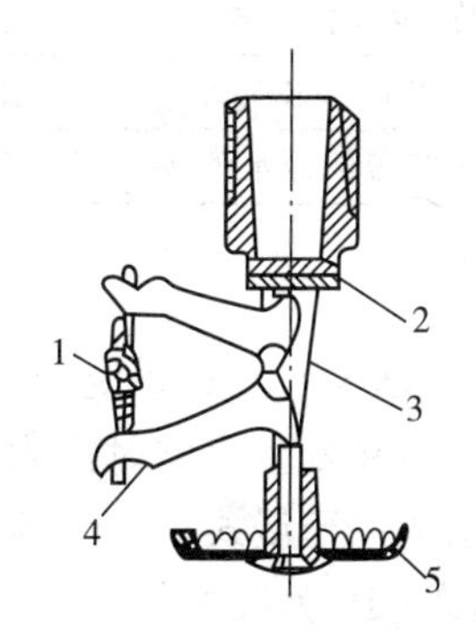

图3－12　易熔合金喷头示意图

1—易熔金属；2—密封垫；3—轭臂；4—悬臂撑杆；5—溅水盘

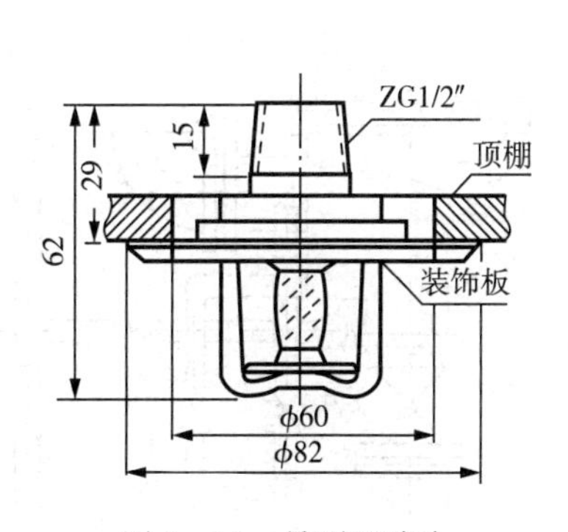

图3－13　吊顶型喷头

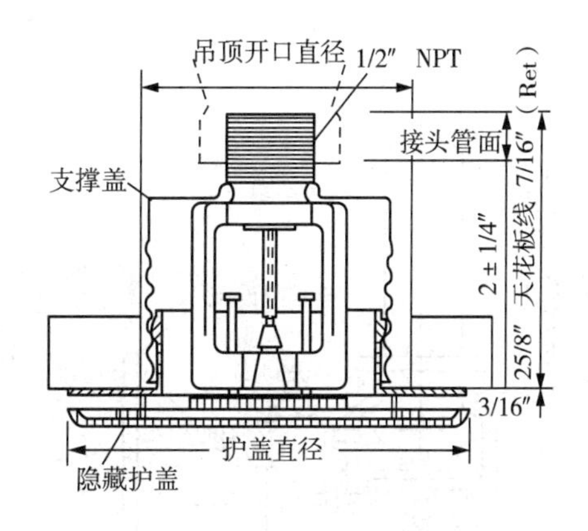

图3－14　可调式隐蔽型喷头

表3－4　各种类型喷头适用场所

	喷头类别	适　用　场　所
闭式喷头	玻璃球洒水喷头	因具有外形美观、体积小、重量轻、耐腐蚀，适用于宾馆等要求美观高和具有腐蚀性场所
	易熔合金洒水喷头	适合于外观要求不高、腐蚀性不大的工厂、仓库和民用建筑
	直立型洒水喷头	适用安装在管路下经常有移动物体场所，在尘埃较多的场所
	下垂型洒水喷头	适用于各种保护场所

(续表)

	喷头类别	适　用　场　所
开式喷头	边墙型洒水喷头	安装空间狭窄、通道状建筑适用此种喷头
	吊顶型喷头	属装饰型喷头,可安装于旅馆、客厅、餐厅、办公室等建筑
	普通型洒水喷头	可直立,下垂安装,适用于有可燃吊顶的房间
	干式下垂型洒水喷头	专用于干式喷水灭火系统的下垂型喷头
	开式洒水喷头	适用于雨淋喷水灭火和其他开式系统
	水幕喷头	凡需保护的门、窗、洞、檐口、舞台口等应安装这类喷头
特殊喷头	自动启闭洒水喷头	这种喷头具有自动启闭功能,凡需降低水渍损失场所均适用
	快速反应洒水喷头	这种喷头具有短时启动效果,凡要求启动时间短场所均适用
	大水滴洒水喷头	适用于高架库房等火灾危险等级高的场所
	扩大覆盖面洒水喷头	喷水保护面积可达30～36m^2,可降低系统造价

2. 报警阀

报警阀是自动喷水灭火系统中的重要组成设备。它平时可用来检修、测试自动喷水灭火系统的可靠性,在发生火灾时能发出火警信号。报警阀有湿式、干式、预作用式和雨淋式四种类型,分别适用于湿式、干式、预作用式和干式(雨淋、水幕、水喷雾)自动喷水灭火系统。图3-15和图3-16为湿式和干式报警阀原理示意图。

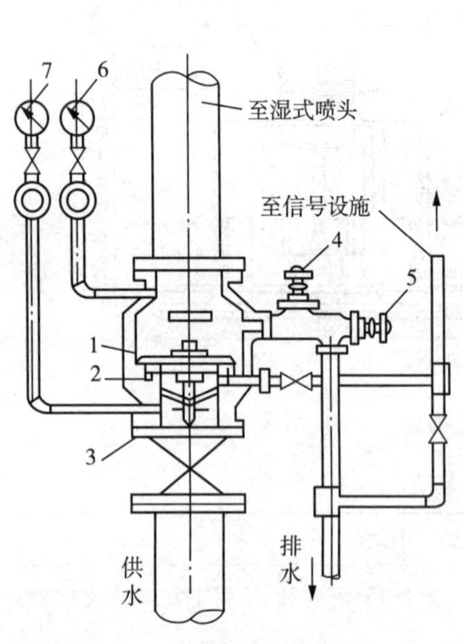

图3-15　湿式报警阀原理示意图

1—报警阀及阀芯;2—阀体凹槽;
3—总闸阀;4—试铃阀;5—排水阀;
6—阀后压力表;7—阀前压力表

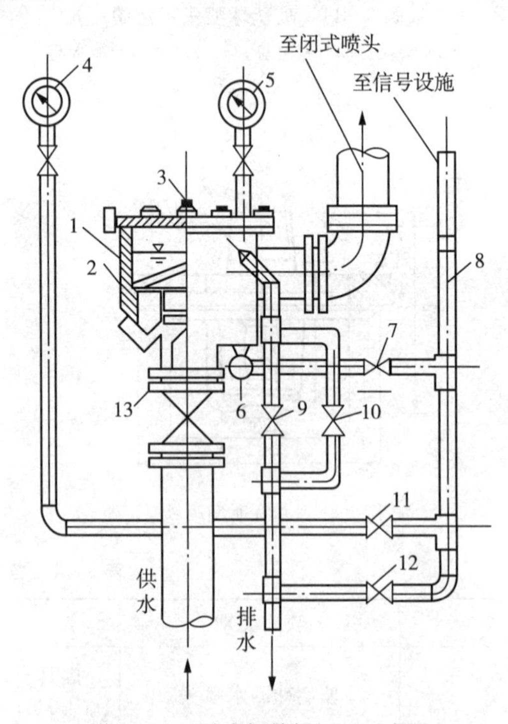

图3-16　干式报警阀原理示意图

1—阀体;2—差动双盘关阀板;3—充气塞;
4—阀前压力表;5—阀后压力表;6—角阀;
7—止回阀;8—信号管;9、10、11—截止阀;
12—小孔阀;13—总闸阀

3. 水流报警装置

水流报警装置主要有水力警铃、水流指示器和压力开关。

水力警铃是与湿式报警阀配套的报警器，当报警阀开启通水后，在水流冲击下，能发出报警铃声。

水流指示器安装在采用闭式喷头的自动喷水灭火系统的水平干管上，当报警阀开启，水流通过管道时，水流指示器中浆片摆动接通电信号，可直接报知起火喷水的部位，如图 3－17 所示。

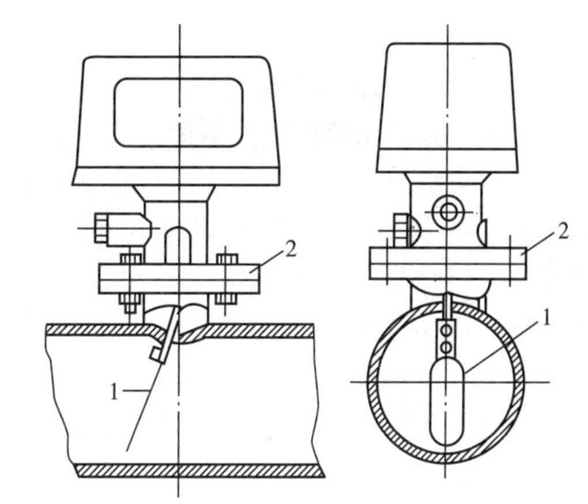

图 3－17　水流指示器

1—浆片；2—连接法兰

压力开关一般安装在延时器与水力警铃之间的信号管道上，当水流经过信号管时，压力开关动作，发出报警信号并启动增压供水设备。

4. 延时器

延时器是一个罐式容器，安装在湿式报警阀和水力警铃（压力开关）之间的管道上，用来防止由于压力波动原因引起报警阀开启而导致的误报警。当报警阀受管网水压冲击开启，少量水进入延时器后，即由泄水孔排出，水力警铃不会动作。

5. 末端试水装置

末端试水装置由试水阀、压力表以及试水接头组成。为检验系统的可靠性，测试系统能否在开放一只喷头的不利条件下可靠报警并正常启动，要求在每个报警阀组控制的最不利点处设末端试水装置，而其他防火分区、楼层的最不利点喷头处，均应设置直径为 25mm 的试水阀。试水接头出水口的流量系数，应等同于同楼层或防火分区内的最小流量系数喷头。末端试水装置的出水，应采取孔口出流的方式排入排水管道。

6. 火灾探测器

火灾探测器是自动喷水灭火系统的配套组成部分，它能探测火灾并及时报警，以便尽早将火灾扑灭于初期，减少损失。

根据探测方法和原理，火灾探测器有感温、感烟和感光探测器（图 3－18）。电动感烟、感

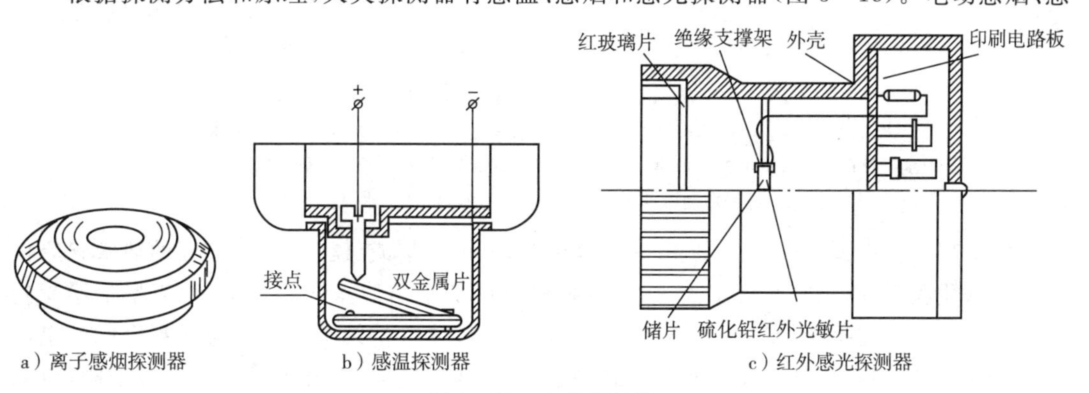

a）离子感烟探测器　b）感温探测器　c）红外感光探测器

图 3－18　火灾探测器

光、感温火灾控测器的作用能分别将物体燃烧产生的烟、光、温度的敏感反应转化为电信号，传递给报警器或启动消防设备的装置，属于早期报警设备。

此外，室内消防给水系统中还应安装用以控制水箱和水池水位、干式和预作用喷水灭火系统中的充气压力以及水泵工作等情况的监测装置，以消除隐患，提高灭火的成功率。

3.2.3　自动喷水灭火系统的分类

自动喷水灭火系统按喷头开闭形式，分为闭式自动喷水灭火系统和开式自动喷水灭火系统。闭式喷水灭火系统可分为湿式自动喷水灭火系统、干式自动喷水灭火系统、干湿式自动喷水灭火系统、预作用自动喷水灭火系统、重复启闭预作用灭火系统、闭式自动喷水-泡沫联用系统等；开式自动喷水灭火系统可分为雨淋灭火系统、水幕系统、水喷雾灭火系统和雨淋自动喷水-泡沫联用系统等。

1. 湿式自动喷水灭火系统

如图3-19所示，该系统由湿式报警阀组、水流指示器、闭式喷头、管道系统和供水设施等组成，在报警阀的上下管道内始终充满有压水，在喷头开启时，就能立刻喷水灭火。水的物理性质使得始终充满水的管道系统会受到环境温度的限制，故该系统适用于环境温度为4℃～70℃的建(构)筑物。其特点是喷头动作后立即喷水，灭火成功率高于干式系统。

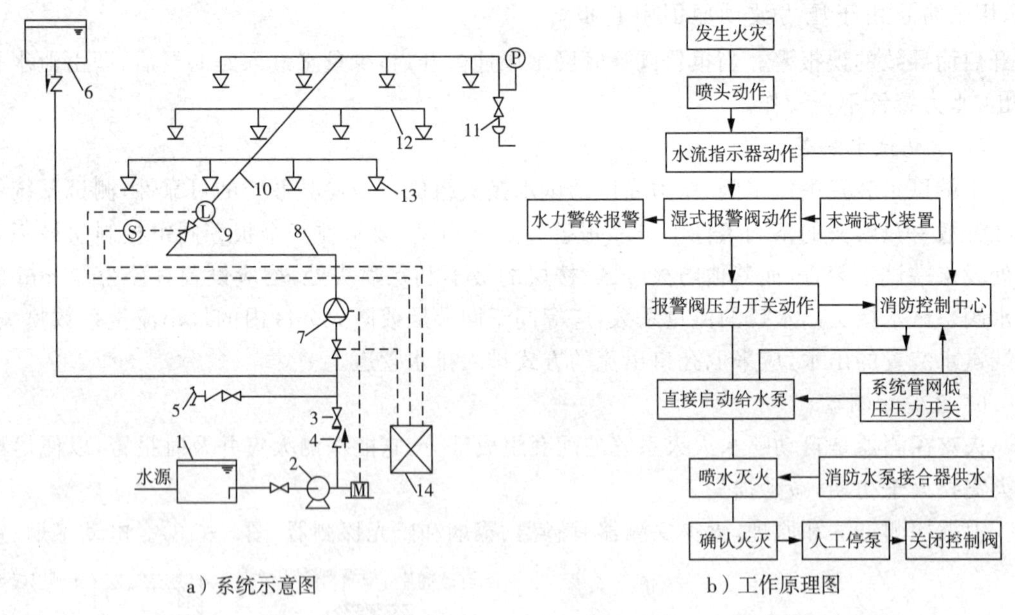

图3-19　湿式自动喷水灭火系统及工作原理示意图

1—水池；2—水泵；3—闸阀；4—止回阀；5—水泵接合器；6—消防水箱；7—湿式报警阀组；8—配水干管；9—水流指示器；10—配水管；11—末端试水装置；12—配水支管；13—闭式洒水喷头；14—报警控制器；P—压力表；M—驱动电机；L—水流指示器

湿式喷水灭火系统的工作原理：火灾发生时，高温火焰或气流使闭式喷头的热敏感原件炸裂或熔化脱落，喷头打开喷水灭火。此时，管网中的水由静止变为流动，水流指示器受到感应，送出信号，在报警控制器上指示某一区域已经喷水。持续喷水造成湿式报警阀的上部水压低于下部水压，原处于关闭状态的阀片自动开启。此时，压力水通过湿式报警阀，流向干管和配水管，同时进入延迟器，继而压力开关动作、水力警铃发出火警声讯。此外，压力开关直接联锁自动启动水泵，或根据水流指示器和压力开关的信号，控制器自动启动消防水泵向管网加压供水，达到持续自动喷水灭火的目的。

2. 干式自动喷水灭火系统

该系统由干式报警阀组、闭式喷头、管道和充气设备以及供水设施等组成，如图3-20所示。该系统在报警阀后的管道内充以压缩空气，在报警阀前的管道中经常充满压力水。当发生火灾喷头开启时，先排出管路内的压缩空气，随之水进入管网，经喷头喷出。该系统适用于室内温度低于4℃或高于70℃的建筑物或构筑物。其缺点是发生火灾时，须先排除管道内气体并充水，推迟了开始喷水的时间，特别不适合火势蔓延速度快的场所采用。

干式喷水灭火系统的喷头应向上布置(干式悬吊型喷头除外)。为减少排气时间，一般要求管网的容积管网不宜大于1500L，当设有排气装置时，不宜超过3000L。

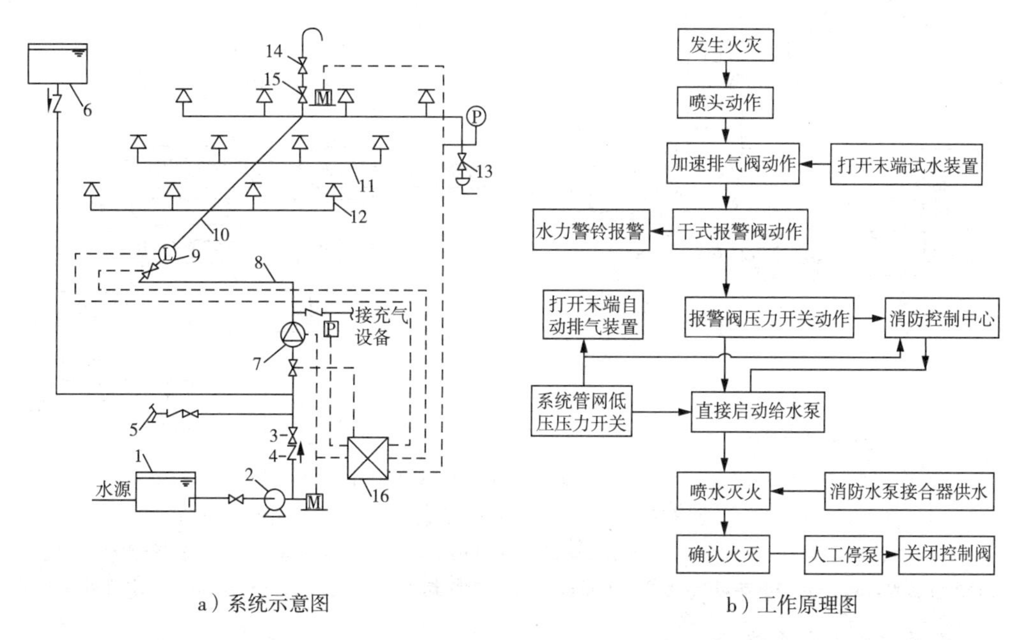

a）系统示意图　　b）工作原理图

图3-20 干式自动喷水灭火系统及工作原理示意图

1—水池；2—水泵；3—闸阀；4—止回阀；5—水泵接合器；6—消防水箱；7—干式报警阀组；8—配水干管；9—水流指示器；10—配水管；11—配水支管；12—闭式喷头；13—末端试水装置；14—快速排气阀；15—电动阀；16—报警控制器；P—压力表；M—驱动电机；L—水流指示器

3. 预作用喷水灭火系统系统

预作用自动喷水灭火系统采用预作用报警阀组，并由火灾自动报警系统启动。由火灾探测系统、闭式喷头、预作用阀、充气设备、管道和水泵组成，如图3-21所示。预作用阀后的管道系统内平时无水，呈干式，充满有压或无压的气体。由比闭式喷头更灵活的火灾报警系统联动。火灾发生初期，火灾探测系统控制自动开启或手动开启预作用阀，使消防水进入报警阀后管道，系统转换为湿式，当闭式喷头开启后，即可出水灭火。

预作用系统既有湿式和干式系统的优点，又避免了湿式和干式系统的缺点。代替干式系统，可避免喷头延迟喷水的缺点；特别在不允许出现误喷、管道漏水的重要场所，可代替湿式系统。

灭火后必须及时停止喷水的场所的供水,应采用重复启闭预作用系统。重复启闭预作用系统是准工作状态时报警阀后管道充满有压气体,火灾扑灭后自动关阀、复燃时再次开阀喷水的预作用系统。该系统有两种形式,一种是喷头具有自动重复启闭功能,另一种是系统通过烟温感传感器控制系统的控制阀,来实现系统的重复启闭的功能。

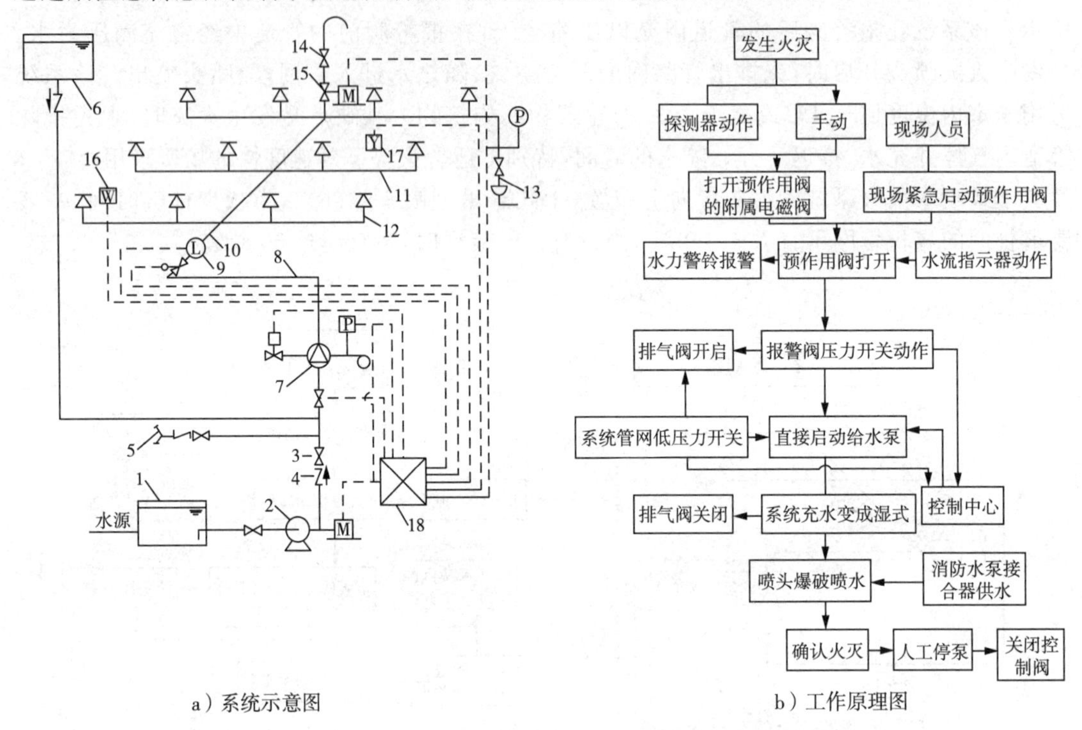

a)系统示意图　　b)工作原理图

图3-21　预作用式自动喷水灭火系统及工作原理示意图

1—水池;2—水泵;3—闸阀;4—止回阀;5—水泵接合器;6—消防水箱;7—预作用报警阀组;8—配水干管;9—水流指示器;10—配水管;11—配水支管;12—闭式喷头;13—末端试水装置;14—快速排气阀;15—电动阀;16—感温探测器;17—感烟探测器;18—报警控制器;P—压力表;M—驱动电机;L—水流指示器

4. 雨淋喷水灭火系统

该系统的特点是采用开式洒水喷头和雨淋报警阀组,并由火灾报警系统或传动管联动雨淋阀和水泵使与雨淋阀连接的开式喷头同时喷水。适用火灾火势发展迅猛、蔓延迅速、危险性大的建筑或部位,雨淋系统工作原理如图3-22所示。雨淋系统应有自动控制、手动控制和现场应急操作装置。

5. 水喷雾灭火系统

该系统由喷雾喷头、雨淋阀、管道系统、供水设施及火灾探测和报警系统等组成,如图3-23所示。该系统是利用水雾喷头将水流分解为细小的水雾滴来灭火,使水的利用率得到最大的发挥。在灭火过程中,细小的水雾滴可完全汽化,从而获得最佳的冷却效果。与此同时产生的水蒸气可造成窒息的环境条件;当用于扑救溶于水的可燃液体火灾时,可产生稀释冲淡效果。冷却、窒息、乳化和稀释,这四个特点在扑救过程中单独或同时发生作用,均可获得良好的灭火效果。另外,水雾自身具有电绝缘性能,可安全地用于电气火灾的扑救。但水喷雾需要高压力和大水量,因而使用受到限制。

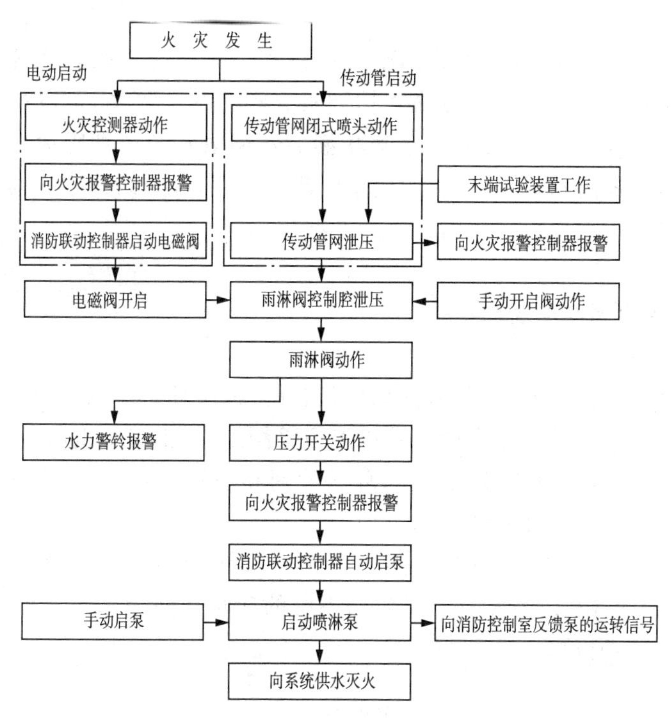

图 3－22　雨淋自动喷水灭火系统工作原理图

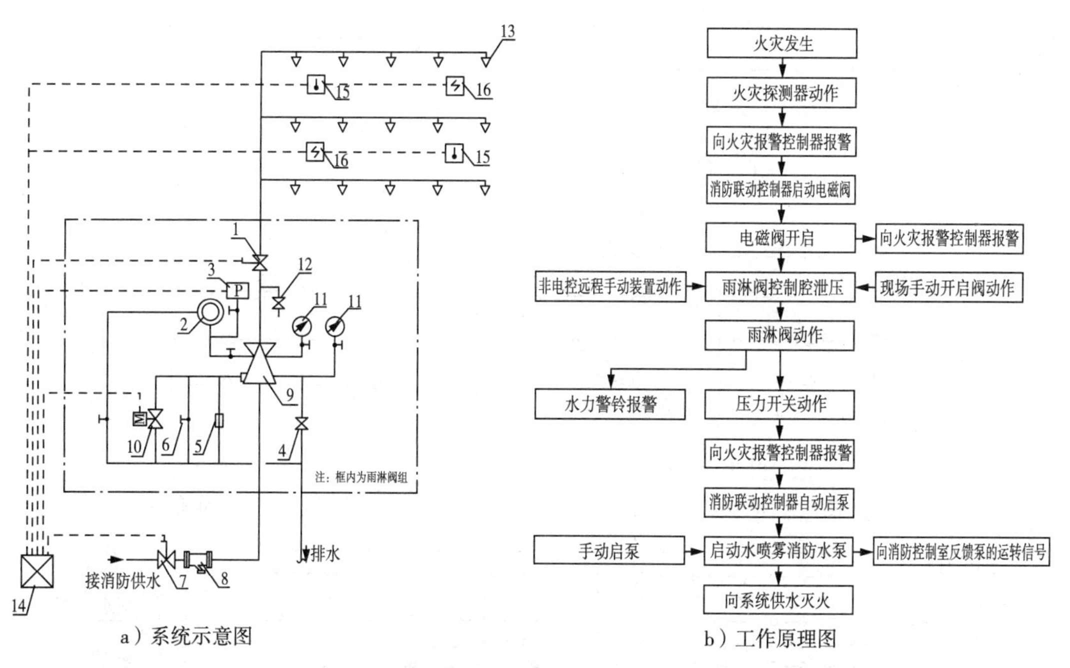

a）系统示意图　　b）工作原理图

图 3－23　水喷雾灭火系统工作原理示意图图

1－试验信号阀；2－水力警铃；3－压力开关；4－放水阀；5－非电控远程手动装置；6－现场手动装置；
7－进水信号阀；8－过滤器；9－雨淋报警阀；10－电磁阀；11－压力表；12－试水阀；
13－水雾喷头；14－火灾报警控制器；15－感温探测器；16－感烟探测器

6. 水幕系统

该系统由开式水幕喷头、控制阀、管道系统、供水设施及火灾探测系统和报警系统等组成。喷头沿线状布置,发生火灾时,可作为挡烟阻火和冷却分隔物,可以采用开式洒水喷头或水幕喷头。水幕分为两种,一种利用密集喷洒的水墙或水帘挡烟阻火,起防火分隔作用,如舞台与观众之间的隔离水帘;另一种利用水的冷却作用,配合防火水帘等分隔物进行防火分隔。适用于建筑物内需要保护和防火隔断的部位。

3.2.4 自动喷水灭火系统的管道布置

1. 管网的分类和选择

(1)报警阀前的管网可分为环状管网和枝状管网,采用环状管网的目的是提高系统的可靠性。当自动喷水灭火系统中设有两个及以上报警阀组时,报警阀组前一设环状供水管道。

(2)报警阀后的管网可分为枝状管网、环状管网和格栅状管网,采用环状管网的目的是减少系统管道的水头损失并使系统布水更均匀。

① 枝状管网又分为侧边末端进水、侧边中央进水、中央末端进水和中央中心进水 4 种形式,如图 3－24 和图 3－25 所示。自动喷水系统的环状管网一般为一个环,当多环时为格栅状管网,如图 3－26 所示。

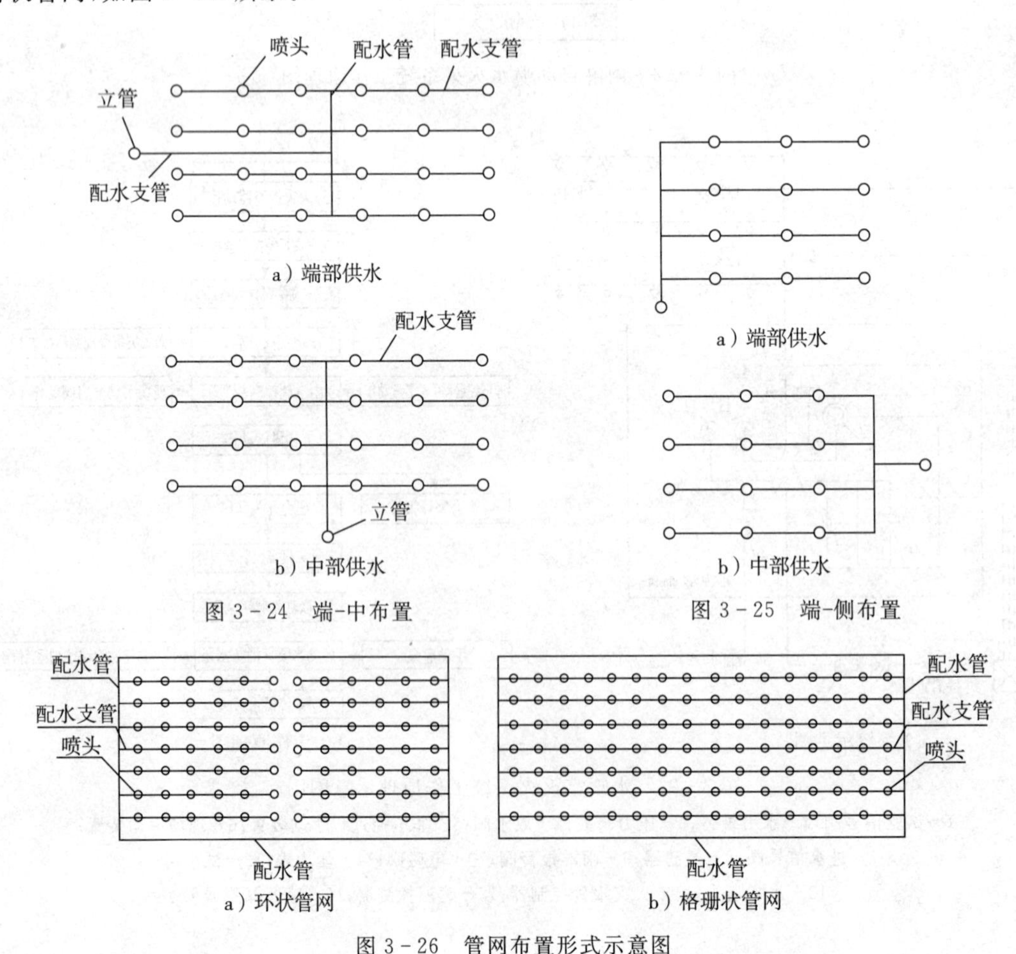

图 3－24 端-中布置

图 3－25 端-侧布置

图 3－26 管网布置形式示意图

② 管网的选择：一般轻危险等级宜采用侧边末端进水、侧边中央进水；中危险等级宜采用中央末端进水和中央中心进水以及环状管网，对于民用建筑为降低吊顶空间高度可采用环状管网，配水干管的管径应经水力计算确定，一般为DN80～DN100；严重危险等级和仓库危险等级宜采用环状管网和格栅状管网；湿式系统可采用任何形式的管网，但干式、预作用系统不应采用格栅状管网。

2. 管道系统

(1)配水管道的工作压力不应小于1.2MPa，并不应设置其他用水设施。

(2)配水管道应采用内外热镀锌钢管。

(3)系统管道的连接，应采用沟槽式连接件(卡箍)或丝扣、法兰连接。

(4)管道的管径应经水力计算确定。配水管两侧每根配水支管控制的标准喷头数，轻、中危险等级系统不应超过8只。同时在吊顶上下安装喷头的配水支管，上下侧均不应超过8只；严重危险等级仓库级系统不应超过6只。

(5)配水管道的布置，应使配水管入口的压力均衡，管道的直径应经水力计算确定。

(6)短立管及末端试水装置的连接管，其管径不应小于25mm。

(7)干式、预作用系统的供气管道，采用钢管时，管径不宜小于15mm；采用铜管时，管径不宜小于10mm。

(8)自动喷水灭火系统的水平管道宜有坡度，充水管道不宜小于2‰，准工作状态下不充水的管道不宜小于4‰，管道应坡向泄水阀。

3.3　其他灭火系统

3.3.1　建筑灭火器配置

为了有效地扑救工业与民用建筑初期火灾，除了9层及以下的普通住宅外，均应设置建筑灭火器，特别是诸如油漆间、配电间、仪表控制室、办公室、实验室、厂房、库房、观众厅、舞台、堆垛等。灭火器应设置在明显和便于取用的地点，且不得影响安全疏散。《建筑灭火器配置设计规范》GB50140—2005对于灭火器设置场所的危险等级和灭火器的灭火级别、灭火器的选择、灭火器的具体配置、设置要求和保护距离以及灭火器配置的设计计算均有详尽的规定。

3.3.2　固定消防炮灭火系统

自动喷水灭火系统中闭式喷头的安装高度，要求满足“使喷头及时受热开放，并使开放喷头的洒水有效覆盖起火范围”的条件。超过上述高度，喷头将不能及时受热开放，而且喷头开放后的洒水可能达不到覆盖起火范围的预期目的，出现火灾在喷水范围之外蔓延的现象，使系统不能有效发挥控制灭火的作用。我国《自动喷水灭火系统设计规范》GB50084—2001(2005年版)规定了民用建筑、工业厂房采用闭式系统的最大净空高度为8m。

消防水炮最初是用于石油化工、码头航站等处的消防灭火设施，近年来被越来越多的应用于室内大空间建筑内，如火车站、机场、体育馆、剧院、会堂会展、文化场馆等民用建筑以及工业仓储等。

消防炮根据灭火材料可分为自动消防水炮、自动消防泡沫炮、自动消防干粉炮；根据安装方式可分为移动式自动消防炮、固定式自动消防炮；根据控制方式可分为自动灭火消防炮、遥控式灭火消防炮。

自动消防炮由探测、控制、自动消防炮和联动等部分组成,如图3-27所示。自动消防水炮是电气控制喷射灭火设备,可以进行水平、竖直方向转动,通过红外定位器和图像定位器自动定位火源点,快速准确灭火。当前端探测设备报警后,主机向自动消防炮发出灭火指令,自动消防炮首先通过消防炮定位器自动进行扫描直至搜索到着火点并锁定着火点,然后自动打开电磁阀和消防泵进行喷水灭火。图3-28为红外线自动消防水炮的控制流程图。

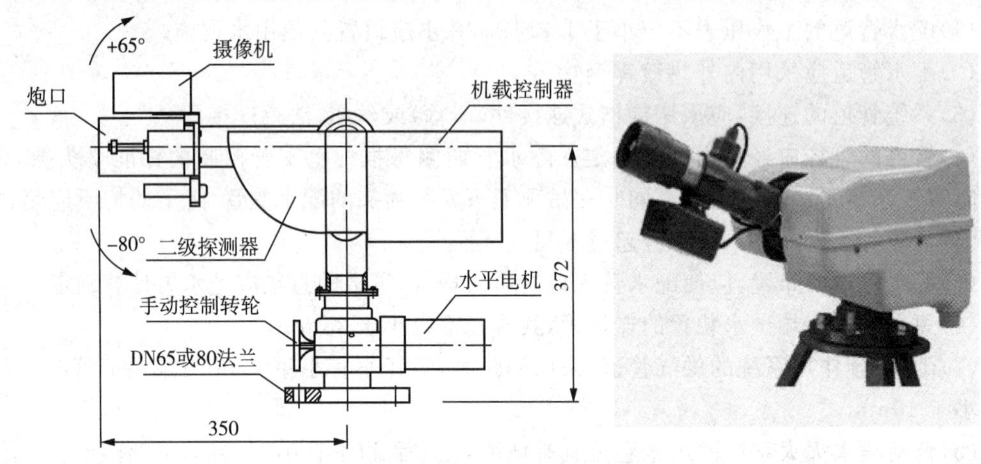

图3-27 自动消防水炮

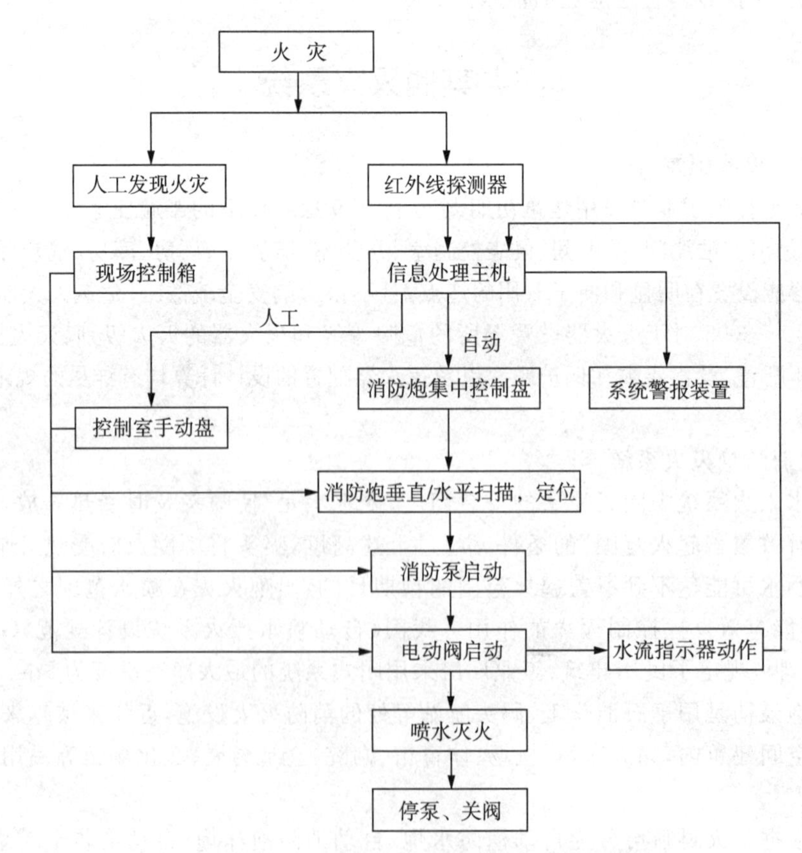

图3-28 红外线自动消防水炮控制流程图

3.3.3　气体灭火

1. 泡沫灭火系统

泡沫灭火器的原理是通过泡沫层的冷却、隔绝氧气和抑制燃料蒸发等作用，达到扑灭火灾的目的。空气泡沫灭火是泡沫液与水通过特制的比例混合器混合而成泡沫混合液，经泡沫产生器与空气混合产生泡沫，通过不同的方式最后覆盖在燃烧物质的表面或者充满发生火灾的整个空间，致使火灾扑灭。泡沫灭火剂有化学泡沫灭火剂和空气泡沫灭火剂两大类。目前化学泡沫灭火剂主要是充装于100L以下的小型灭火器内，扑救小型初期火灾；大型的泡沫灭火系统主要采用空气泡沫灭火剂。

泡沫灭火系统由泡沫消防泵、泡沫比例混合器、泡沫液压力储罐、泡沫产生器、阀门、管道等组成。

2. 二氧化碳灭火系统

二氧化碳灭火系统是一种纯物理的气体灭火系统，能产生对燃烧物窒息和冷却的作用。它采用固定装置，类型较多，一般分为全淹没式灭火系统（扑救空间内的火灾）和局部应用灭火系统（扑救不需封闭空间条件的具体保护对象的火灾）。其优点是不污损保护物、灭火快等。

二氧化碳灭火系统由储存装置、选择阀、喷头、管道及其附件组成。

常用的气体灭火系统还有卤代烷灭火系统、蒸汽灭火系统等。

思考题

1. 哪些建筑物必须设置室内消火栓系统？
2. 室内消火栓系统由哪几部分组成？
3. 消防给水系统设置水泵接合器的目的是什么，其设置方式和要求有哪些？
4. 哪些建筑物必须设置自动喷水灭火系统设置？
5. 什么是自动喷水灭火系统？它由哪几部分组成？
6. 自动喷水灭火系统主要有哪些类型？
7. 闭式自动喷水灭火系统的工作原理是什么？

第4章 建筑排水系统

4.1 排水系统的分类和组成

4.1.1 建筑排水系统的分类

建筑排水系统的功能是将人们在日常生活和工业生产过程中使用过的、受到污染的水以及降落到屋面的雨水和雪水收集起来，及时排到室外。按所排除的污水性质，建筑排水系统可分为：

1. 生活排水系统

生活排水系统排除居住建筑、公共建筑及工业企业生活间的污水与废水。由于污废水处理、卫生条件或杂用水水源的需要，生活排水系统可分为以下几种。

(1)生活污水排水系统：排除建筑物内日常生活中排泄的粪便污水。

(2)生活废水排水系统：排除建筑物内日常生活中排放的洗涤水(洗脸、洗澡、洗衣和厨房产生的废水等)。生活废水经过处理后，可作为杂用水，用来冲洗厕所、浇洒道路和绿地、冲洗汽车等。

2. 生产污(废)水排水系统

生产废水污(废)水排水系统排除生产过程中产生的污(废)水。因生产工艺种类繁多，所以生产污水的成分复杂。有些生产污水被有机物污染，并带有大量细菌；有些含有大量固体杂质或油脂；有些含有强的酸、碱性；有些含有氰、铬等有毒元素。对于生产废水中仅含少量无机杂质而不含有毒物质，或是仅升高了水温的(如一般冷却用水)，经简单处理就可循环或重复使用。

3. 雨水排水系统

收集排除降落到屋面的雨水和融化的雪水。

4.1.2 建筑排水系统的组成

建筑排水系统一般由卫生器具(或生产设备受水器)、排水管道、通气系统和清通设备等部分组成，如图4-1所示。在有些建筑物的排水系统中，根据需要还设有污废水的提升设备和局部处理构筑物。

1. 卫生器具(或生产设备受水器)

卫生器具是建筑排水系统的起点，接纳各种污废水排入管网系统。污水从器具排出口经过存水弯和器具排水管流入横支管。生产设备受水器是接纳、排出生产设备在生产过程中产生的污废水的容器或装置。

卫生器具的类型主要有：

(1)盥洗用卫生器具：供人们洗漱、化妆用的洗浴用卫生器具，包括洗脸盆、洗手盆、盥洗槽等。

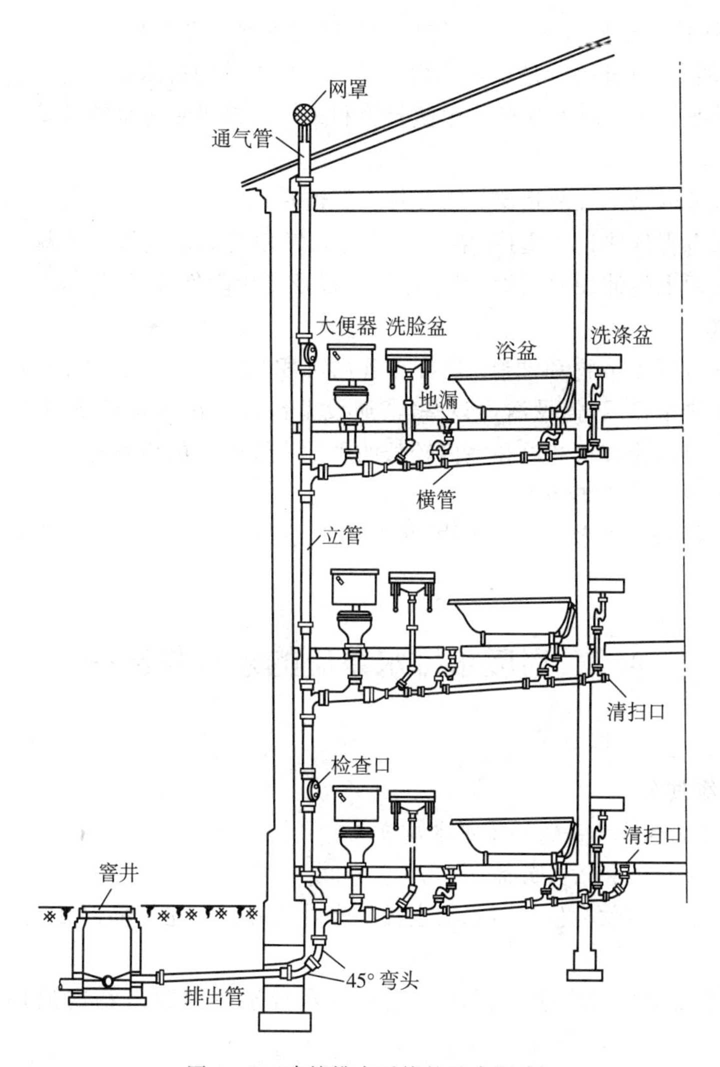

图4-1 建筑排水系统的基本组成

(2)沐浴用卫生器具:供人们清洗身体用的洗浴卫生器具。按照洗浴方式,沐浴用卫生器具有浴盆、淋浴器、淋浴盆和净身盆等。

(3)洗涤用卫生器具:用来洗涤食物、衣物、器皿等物品的卫生器具。常用的洗涤用卫生器具有洗涤盆(池)、化验盆、污水盆(池)、洗碗机等几种。

(4)便溺用卫生器具:设置在卫生间和公共厕所内,用来收集排除粪便、尿液用的卫生器具,便溺用卫生器具包括便器和冲洗设备两部分。有大便器、大便槽、小便器、小便槽和倒便器5种类型。

(5)其他卫生器具:主要有吐漱类卫生器具(包括漱口盆和呕吐盆)和饮水器等。

各种卫生器具的安装可参考现行国家标准图集《卫生设备安装》。

2. 排水管道

排水管道的作用是将各个用水点产生的污废水及时、迅速地输送到室外,包括器具排水管(含存水弯)、横支管、立管、横干管和排出管。

横管是指呈水平或与水平线夹角小于45°的管道,其中连接器具排水管至排水立管的横管段称横支管,连接若干根排水立管至排出管的横管段称为横干管;立管是指呈垂直或与垂线夹角小于45°的管道;排出管是从建筑物内至室外检查井的排水横管段。

建筑物内排水管道管材有建筑排水塑料管和柔性接口机制排水铸铁管。

3. 通气系统

建筑排水管道内是水气两相流。为使排水管道系统内空气流通,压力稳定,避免因管内压力波动使有毒有害气体进入室内,需要设置与大气相通的通气管道系统。通气系统有排水立管延伸到屋面上的伸顶通气管、专用通气管以及专用附件等形式。

4. 清通设备

污废水中含有固体杂物和油脂,容易在管内沉积、黏附,减小通水能力甚至堵塞管道。为疏通管道保障排水畅通,需设清通设备,清通设备包括设在横支管顶端的清扫口、设在立管或较长横干管上的检查口和设在室内较长的埋地横干管上的检查井。

5. 提升设备和局部处理构筑物

在有些建筑物的污废水排水系统中,根据需要还设有污废水的提升设备和局部处理构筑物。

4.2 污废水排水系统的划分与选择

4.2.1 排水系统划分

1. 建筑物内生活排水系统按排水水质分类

可划分为污废合流和污废分流两种。

(1)污废合流:建筑物内生活污水与生活废水合流后排至建筑局部处理构筑物或建筑物外排水管道。

(2)污废分流:建筑物内生活污水与生活废水分别排至建筑物内处理构筑物或建筑物外。

2. 建筑物内生活排水系统按通气方式分类

可划分为不通气的排水系统、设有通气管的排水系统、特殊单立管排水系统、室内真空排水系统和压力流排水系统等。

(1)不通气的排水系统

这种形式的立管顶部不与大气连通,适用于立管短、卫生器具少、排水量小、立管顶端不便伸出屋面的情况。

(2)设有通气管的排水系统

设有通气管的排水系统有:仅设伸顶通气排水系统、专用通气立管排水系统、环形通气排水系统、器具通气排水系统及自循环通气排水系统等形式。

① 仅设伸顶通气排水系统:排水管道采用普通排水管材及其配件,仅设伸顶通气管。

② 专用通气立管排水系统:排水管道设有伸顶通气管和专用通气立管。

③ 环形通气排水系统:排水管道设有伸顶通气管和环形通气管、主通气立管或副通气立管。

④ 器具通气排水系统:排水管道设有伸顶通气管和器具通气管、环形通气管、主通气立管。

⑤ 自循环通气排水系统：排水管道不设伸顶通气管，但设有专用通气立管或主通气立管和环形通气管。通气立管在顶端、层间与排水立管相连，在底端与排出管连接，通过相连的通气管道迂回补气平衡排水时管道内产生的正负压。

设有通气管的排水系统模式如图 4－2 所示。

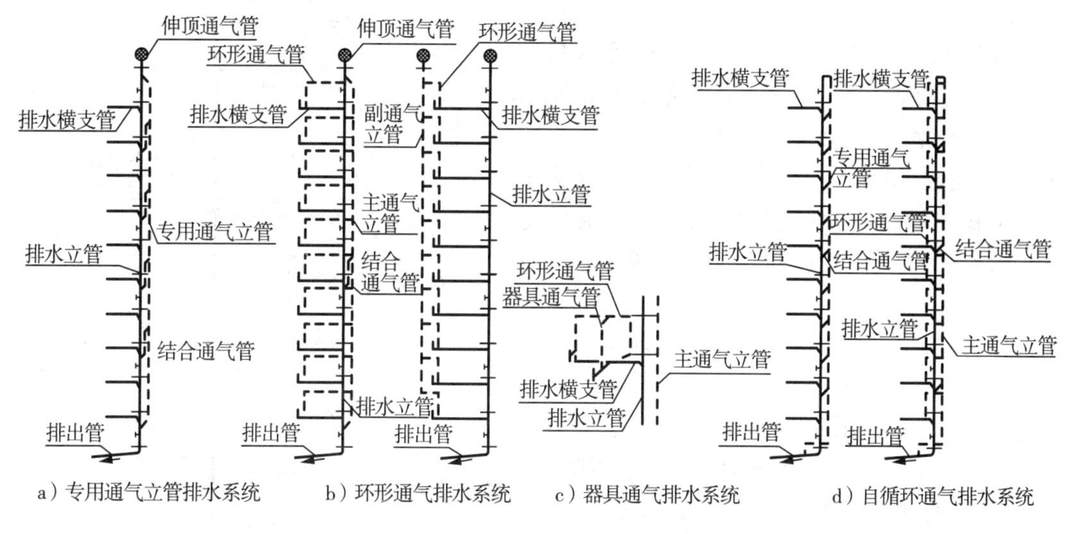

图 4－2　设有通气管的排水系统模式

(3)特殊单立管排水系统

特殊单立管排水系统是指管件特殊和(或)管材特殊的单根排水立管排水系统。国内已有应用的特殊单立管排水系统有苏维托单立管排水系统、AD 型单立管排水系统、内螺旋管单立管排水系统、中空壁内螺旋管单立管排水系统、漩流降噪单立管排水系统和 CHT 型单立管排水系统等。

特殊单立管排水系统适用于以下情况：排水立管排水设计流量大于普通单立管排水系统排水立管的最大排水能力；多层和高层住宅、宾馆等每层接入的卫生器具数较少的建筑；卫生间或管道井面积较小的建筑；难以设置通气立管(专用通气立管、主通气立管或副通气立管)的建筑；要求降低排水水流噪声和改善排水水力工况的场所；同层接入排水立管的横支管数较多的排水系统宜采用苏维托单立管排水系统和 AD 型单立管排水系统。本节仅对苏维托单立管排水系统、AD 型单立管排水系统、内螺旋管单立管排水系统进行介绍。

① 苏维托单立管排水系统：排水横支管与排水立管采用苏维托特制配件相连接的单立管排水系统。上部管件应采用苏维托特制配件，下部宜采用泄压管装置，如图 4－3 所示。

② AD 型特殊单立管排水系统：排水立管采用加强型内螺旋管，管件采用 AD 型接头。排水横支管与排水立管连接的上部特殊管件采用旋转进水型管件的特殊单立管排水系统。加强型螺旋管系统的内螺旋管螺旋肋数量是普通型的 1.0～1.5 倍，螺距缩小 1/2 以上，旋流器有扩容且有导流叶片。

③ 普通型内螺旋管排水系统：排水立管采用硬聚氯乙烯(PVC－U)内螺旋管，排水横支管与排水立管连接的上部特殊管件采用旋转进水型管件的特殊单立管排水系统。普通型内螺旋管系统的螺旋管内壁有 6 条凸状螺旋肋，螺距约 2m，上部旋转进水的管件(旋流器)无扩容。

(4)室内真空排水系统

利用真空泵维持真空排水管道内的负压，将卫生器具和地漏的排水收集传输至真空罐，通过排水泵排至室外管网的全封闭排水系统。

室内真空排水系统通常由真空泵站(其中包括真空泵、真空罐、排水泵、控制柜等)、真空管网、真空便器(包括真空坐便器、真空蹲便器)、真空地漏、真空污水收集传输装置(用于洗脸盆、小便斗、洗涤盆、浴盆、净身盆等器具排水的收集和传输)及伸顶通气管或通气滤池等组成。图 4－4 为室内真空排水系统组成示意。

(5)压力流排水系统

压力流排水系统是在卫生器具排水口下装设微型污水泵，卫生器具排水时微型污水泵启动加压排水，使排水管内的水流状态由重力非满流变为压力满流。压力流排水系统的排水管径小，管配件少，占用空间小，横管无须坡度，流速大，自净能力较强，卫生器具出口可不设水封，室内环境卫生条件好。

3. 建筑物内生活排水系统按立管数量分类

按照立管的数量又可分为：单立管排水系统、双立管排水系统和三立管排水系统，如图 4－5所示。

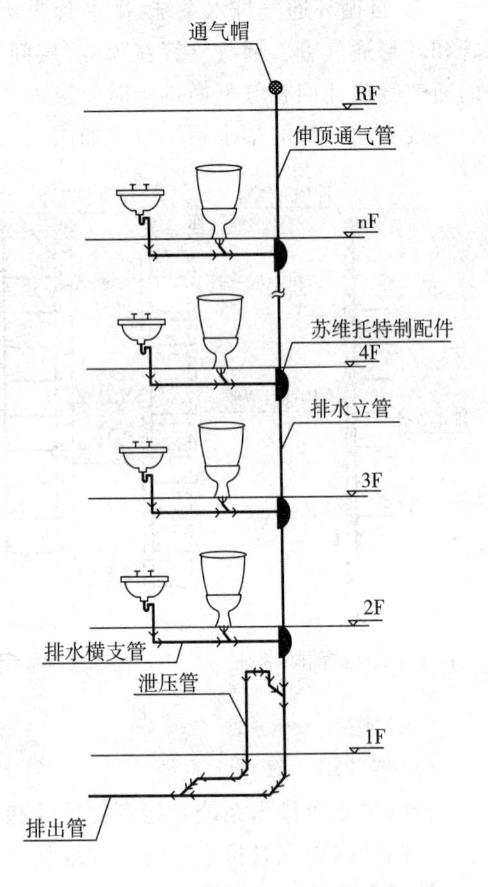

图 4－3 苏维托单立管排水系统

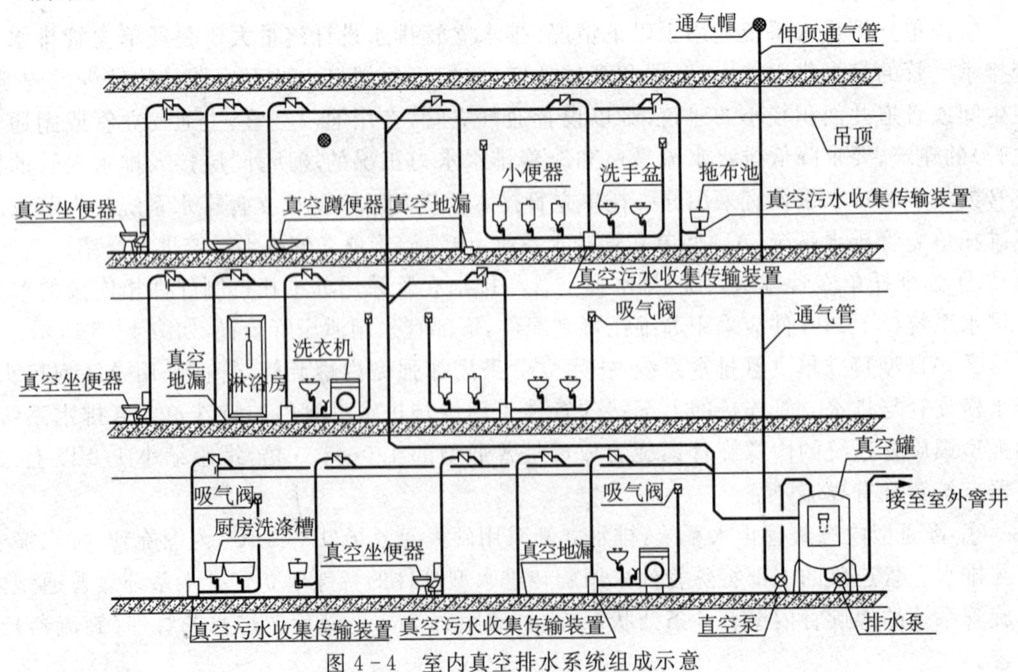

图 4－4 室内真空排水系统组成示意

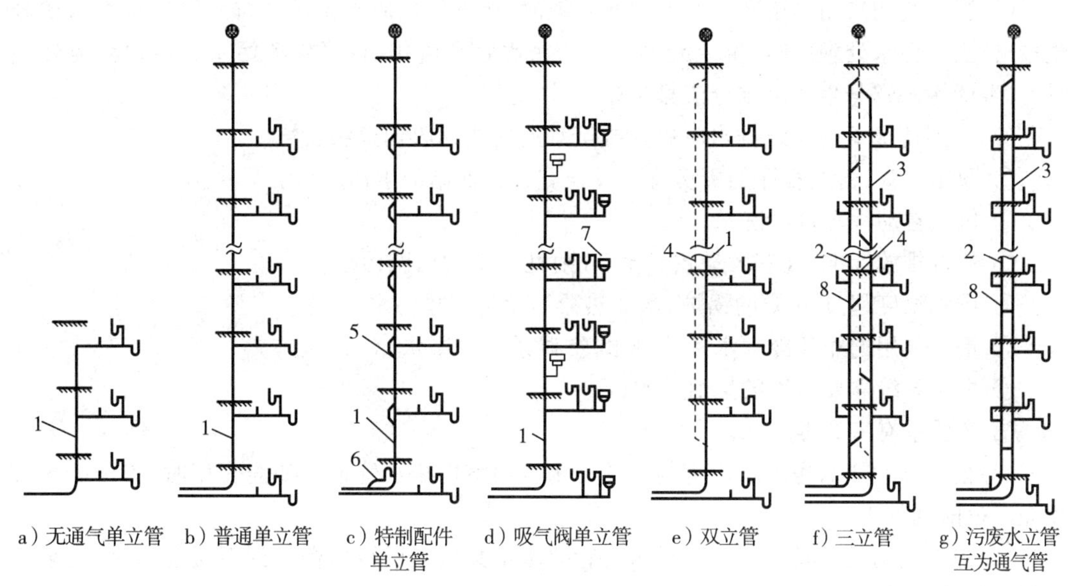

图4-5　污废水排水系统类型

1—排水立管；2—污水立管；3—废水立管；4—通气立管；5—上部特制配件；6—下部特制配件；7—吸气阀；8—结合通气管

(1)单立管排水系统

单立管排水系统是指只有一根排水立管，没有专门通气立管的系统。单立管排水系统利用排水立管本身及其连接的横支管和附件进行气流交换，这种通气方式称为内通气。上述无通气管系统、仅设伸顶通气排水系统及特殊单立管排水系统均为单立管排水系统。

(2)双立管排水系统

双立管排水系统也叫两管制，由一根排水立管和一根通气立管组成。双立管排水系统是利用排水立管与另一根立管之间进行气流交换，所以叫外通气。因通气主管不排水，所以双立管排水系统的通气方式又叫干式通气。适用于污废水合流的各类多层和高层建筑。

(3)三立管排水系统

三立管排水系统也叫三管制，由三根立管组成，分别为生活污水立管、生活废水立管和通气立管。两根排水立管共用一根通气立管。三立管排水系统的通气方式也是干式外通气，适用于生活污水和生活废水需分别排出室外的各类多层、高层建筑。

4. 建筑小区室外排水分类

建筑小区室外排水分为分流制和合流制两种体制。分流制是指用不同管渠分别收纳小区内生活排水和雨水的排水方式；合流制是用同一管渠收纳小区内生活排水和雨水的排水方式。新建小区应采用生活排水与雨水分流制排水。

4.2.2　排水系统选择

建筑物内生活排水系统的选择，应根据排水性质及污染程度，结合室外排水体制和有利于综合利用与处理要求确定。一般按照下面原则进行选择。

(1)当建筑物采用非市政中水的中水系统时,所选用的原水系统的排水宜按排水水质分流排出;当有污水处理厂时,生活废水与生活污水宜合流排出;当生活污水需经化粪池处理时,其生活污水宜与生活废水分流排出。

(2)下列情况下的建筑排水应单独排至水处理或回收构筑物:

① 职工食堂、营业餐厅的厨房排水及含有大量油脂的生活废水。

② 机械自动洗车台冲洗水。

③ 超过排放标准、含有大量致病菌、放射性元素的医院污水。

④ 排水温度超过40℃的锅炉、水加热器等设备的排污水。

⑤ 重复利用的循环冷却水系统排水、空调系统冷凝水。

⑥ 中水系统需要回用的生活排水。

⑦ 实验室有害有毒废水。

(3)公共餐饮业厨房废水不宜与生活污水合用室内排水管道。如需合用时,厨房废水必须先经过隔油处理。

(4)当卫生间的器具排水管及排水支管要求不穿越本层结构楼板到下层空间时,应采用建筑同层排水系统。

(5)建筑物内生活排水一般采用重力排水。当无条件重力自流排出时,可利用水泵提升压力排水。在特殊情况下,经技术、经济比较合理时,可采用真空排水的方式。

4.3 排水系统的布置敷设

建筑内部排水系统布置敷设直接影响着人们的日常生活和生产活动,在设计过程中首先应保证排水畅通和室内良好的生活环境,再根据建筑类型、标准、投资等因素,在兼顾其他管道、线路和设备的情况下,进行系统布置。

4.3.1 卫生器具和卫生间布置

在卫生间和公共厕所布置卫生器具时,既要考虑所选用的卫生器具类型、尺寸和方便使用,又要考虑管线短,排水通畅,便于维护管理。为使卫生器具使用方便,使其功能正常发挥,卫生器具的安装高度应满足表4-1的要求。

表4-1 卫生器具的安装高度

序号	卫生器具名称	卫生器具边缘离地面距离(mm)	
		居住和公共建筑	幼儿园
1	架空式污水盆(池)(至上边缘)	800	800
2	落地式污水盆(池)(至上边缘)	500	500
3	洗涤盆(池)(至上边缘)	800	800
4	洗手盆(至上边缘)	800	500
5	洗脸盆(至上边缘)	800	500
6	盥洗槽(至上边缘)	800	500

（续表）

序号	卫生器具名称	卫生器具边缘离地面距离(mm)	
		居住和公共建筑	幼儿园
7	浴　盆(至上边缘)	480	—
	残障人用浴盆(至上边缘)	450	—
	按摩浴盆(至上边缘)	450	—
	淋浴盆(至上边缘)	100	—
8	蹲、坐式大便器(从台阶面至高水箱底)	1800	1800
9	蹲式大便器(从台阶面至低水箱底)	900	900
10	坐式大便器(至低水箱底)		
	外露排出管式	510	370
	虹吸喷射式	470	—
	冲落式	510	—
	旋涡连体式	250	—
11	坐式大便器(至上边缘)		
	外露排出管式	400	—
	旋涡连体式	360	—
	残障人用	450	—
12	蹲便器(至上边缘)		
	2踏步	320	—
	1踏步	200～270	450
13	大便槽(从台阶面至冲洗水箱底)	≥2000	150
14	立式小便器(至受水部分上边缘)	100	—
15	挂式小便器(至受水部分上边缘)	600	—
16	小便槽(至台阶面)	200	—
17	化验盆(至上边缘)	800	—
18	净身器(至上边缘)	360	—
19	饮水器(至上边缘)	1000	—

注:(1)老年人居住建筑的便器安装高度不应低于0.4m,浴盆外缘距地高度宜小于0.45m。
(2)建筑物无障碍设计的坐便器高应为0.45m,小便器下口距地面不应大于0.5m。

卫生间的布置应满足以下要求:

(1)建筑物的厕所、盥洗室、浴室不应直接布置在餐厅、食品加工、食品贮存、医药、医疗、变配电室、发电机房、电梯机房、生活饮用水池、游泳池等有严格卫生要求或防水、防潮要求用房的上层。

(2)住宅卫生间不应直接布置在下层住户的卧室、起居室(厅)、厨房和餐厅的上层,且不宜布置在本套内的卧室、起居室(厅)、厨房和餐厅的上层,如必须布置时,均应有防水、隔声和便于检修的措施。

(3)卫生间应根据设置场所、使用对象、建筑标准和排水系统形式,选用卫生器具的类型、数量,合理布置,并应符合现行的有关设计标准、规范或规定的要求。

(4)卫生间布置应考虑给排水立管的位置。排水立管明装或在管道井、管窿内暗装时,均应便于清通。

(5)当采用同层排水时,卫生器具及卫生间应符合下列要求:

① 同层排水的敷设方式、结构形式、降板区域、管井设置、卫生器具布置等应与建筑设计各相关专业协调后确定。

② 采用沿墙敷设方式时,大便器、小便器和净身盆应选用后排式或壁挂式,宜采用配套的支架或隐蔽式支架。浴盆及淋浴房宜采用内置水封的排水附件,地漏宜采用内置水封的直埋式地漏。水封深度不得小于50mm。卫生器具布置应便于排水管道的连接,接入同一排水横支管的卫生器具宜沿同一墙面或相邻墙面依次布置。大便器宜靠近立管布置,地漏(如需设置)宜靠近排水立管布置并单独接入立管。卫生间楼板应采用现浇钢筋混凝土并设防水层。

③ 采用地面敷设方式时,大便器宜选用下排式或后排式。排水汇集器断面应保证汇集器内的水流不会回流到汇集器上游管道内。卫生器具布置在满足管道敷设和施工维修等要求的前提下宜尽量缩小降板的区域。降板区域应采用现浇钢筋混凝土楼板,降板区域的结构楼板面和完成地面均应采取有效的防水措施。

(6)当采用室内真空排水系统时,应根据系统使用必须安全、卫生、可靠、便于维护的原则选择设备和配套产品。卫生间内的卫生器具及附件应符合下列要求:

① 大便器应采用配有真空阀、冲水阀和控制按钮等的专用真空坐便器或真空蹲便器。

② 地漏应采用设有污水收集室、真空传输装置等的专用真空地漏。

③ 洗脸盆、小便斗、洗涤盆、浴盆、净身盆等采用重力排水的卫生器具,需在接入真空管道系排水管材与附件的排水支管上配设带收集室、真空阀、感应及通气装置的真空污水收集传输装置。

4.3.2 排水管道的布置与敷设

建筑内部污废水排水管道布置与敷设,应满足以下基本要求:迅速畅通地将污废水排到室外;排水管道系统内的气压稳定,有毒有害气体不进入室内,保持室内良好的环境卫生;管线布置简短顺直、安全可靠。同时,还应兼顾经济、施工、管理及美观等因素。

为满足上述要求,建筑物内排水管布置应符合下列要求:

1. 立管

排水立管宜靠近外墙,排出管能以最短的距离排出室外,尽量避免在室内转弯;宜设在排水量最大、靠近最脏、杂质最多的排水点处,如大便器。

生活污水立管不应安装在与书库、档案库相邻的内墙上;居住建筑的厨房间和卫生间的排水立管应分别设置,不宜靠近与卧室相邻的内墙。

塑料排水立管应避免布置在易受机械撞击处,当不能避免时,应采取保护措施;塑料排水立管与家用灶具边净距不得小于0.4m。

2. 横支管

排水横支管的布置,应符合以下要求:

(1)排水管道不得布置在遇水会引起燃烧、爆炸或损坏的原料、产品和设备的上面。

(2)排水管道不得敷设在生产工艺或卫生有特殊要求的生产厂房内,不得敷设在食品和贵重商品库、通风小室、电气机房和电梯机房内。

(3)排水管道不得布置在食堂、饮食业厨房的主副食操作、烹调、备餐部位、浴池、游泳池的上方。当受条件限制不能避免时,应采取防护措施。如:可在排水管下方设托板,托板横向应有翘起的边缘(即横断面呈槽形),纵向应与排水管有一致的坡度,末端有管道引至地漏或排水沟。

(4)排水管道不得穿过沉降缝、伸缩缝、抗震缝、烟道和风道。当受条件限制必须穿过沉降缝、变形缝时,应采取相应的防护措施。对不得不穿越沉降缝处,应预留沉降量、设置不锈钢软管柔性连接,并在主要结构沉降已基本完成后再进行安装;对不得不穿越伸缩缝处,应安装伸缩器。

(5)楼层排水管道不应埋设在结构层内。当必须在地下室底板埋设时,不得穿越沉降缝,宜采用耐腐蚀的金属排水管道,坡度不应小于通用坡度,最小管径不应小于 75mm,并应在适当位置加设清扫口。

(6)排水管道不应穿过图书馆的书库、档案室、音像库房,不得穿越档案馆库区。

(7)生活饮用水池(水箱)的上方,不得有排水管道穿越,且在周围 2m 内不应有污水管线。

(8)排水管道不宜穿越橱窗、壁柜。

(9)居住建筑内排水管道的设置,应符合以下要求:

① 排水管道不得穿越卧室。

② 排水管道不得穿越住宅客厅、餐厅,并不宜靠近与卧室相邻的内墙。

③ 卫生间污水排水横管宜设于本套内,可采用同层排水。当必须敷设于下一层的套内空间时,其清扫口应设于本层,并应进行夏季管道外壁结露验算,采取相应的防止结露的措施。

④ 卫生间排水横支管不得布置在住户厨房间烹调灶位上方。

⑤ 地下室、半地下室中卫生器具和地漏的排水管,不应与上部排水管连接。

(10)排水横支管采用同层排水时,应符合下列要求:

① 采用沿墙敷设方式时,接入同一排水立管的排水横支管宜沿同一墙面或相邻墙面敷设,排水支管可采用暗敷或明装,暗敷时可埋设在非承重墙内或利用装饰墙隐藏管道。隐蔽式支架应安装在非承重墙或装饰墙内,并固定在楼板或墙体等承重结构上。

② 采用地面敷设方式时,地漏接入排水支管时,接入位置沿水流方向宜在大便器、浴盆排水管接入口的上游。排水横管宜敷设在填充层或架空层内。排水管道可采用通用配件连接或排水汇集器连接。如采用排水汇集器连接,各卫生器具和地漏的排水管应单独与排水汇集器相连。排水汇集器应有专用清扫口,并应设置在便于清洗或疏通的位置。

(11)靠近排水立管底部的排水支管连接,应符合下列要求:

① 最低排水横支管与立管连接处距排水立管管底垂直距离 h_1(如图 4－6 所示),不得小

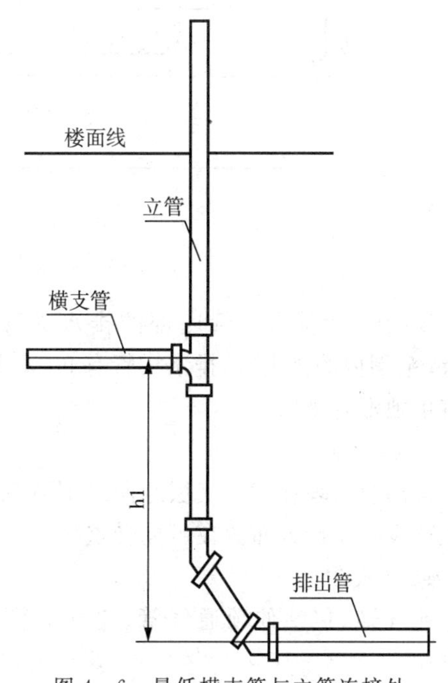

图 4－6　最低横支管与立管连接处至排出管管底垂直距离

于表 4－2 的规定。

表 4－2 最低排水横支管与立管连接处距排水立管管底的最小垂直距离

立管连接卫生器具的层数(层)	最小垂直距离(m)	
	仅设伸顶通气	设通气立管
≤4	0.45	按配件最小安装尺寸确定
5～6	0.75	
7～12	1.2	
13～19	3.0	0.75
≥20	3.0	1.2

注:单根排水立管的排出管宜与排水立管相同管径。

② 排水支管连接至排出管或排水横干管上时,连接点距立管底部下游水平距离(L)不得小于 1.5m,不宜小于 3m,如图 4－7 所示。

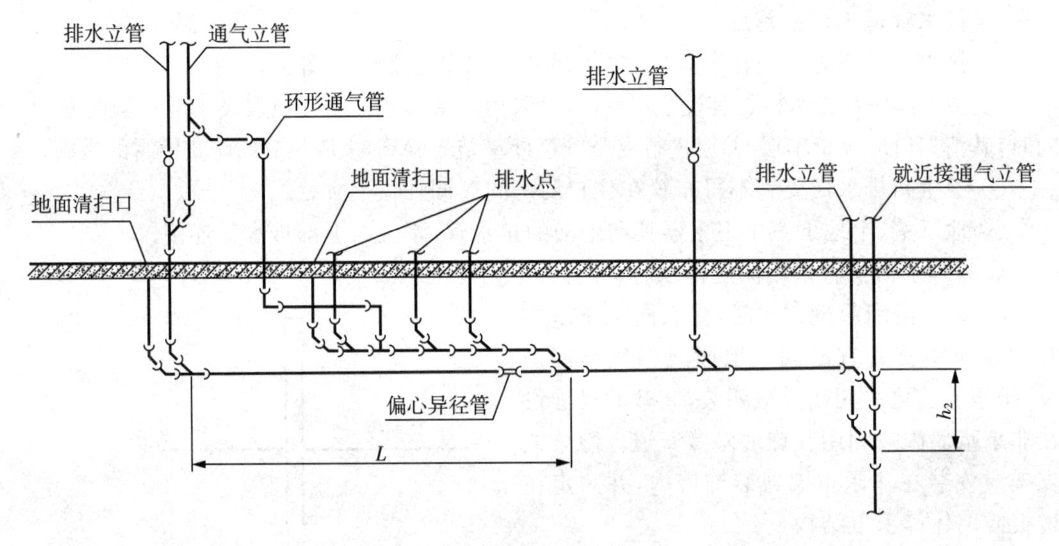

图 4－7 排水支管、排水立管与横干管连接

③ 当靠近排水立管底部的排水支管的连接不能满足上述要求,或在距排水立底部 1.5m 范围内的排出管、排水横管有 90°水平转弯时,底层排水支管应单独排出,楼层排水支管宜单独汇合排出。

3. 排出管

排出管可埋在建筑底层地面以下或悬吊在地下室的顶板下面。排水埋地管道,不得穿越生产设备基础或布置在可能受重物压坏处,在特殊情况下,应与有关专业协商处理。

4. 通气管

通气管(包括伸顶通气管、通气立管、环形通气管及器具通气管等)布置应遵循以下原则:

(1)生活排水管道的立管顶端应设置伸顶通气管,其顶端应装设风帽或网罩,避免杂物落入排水立管。伸顶通气管的设置高度与周围环境、当地的气象条件、屋面使用情况有关，伸顶通气管高处屋面不小于0.3m，但应大于该地区最大积雪厚度；屋顶有人停留时，高度应大于2.0m；若在通气管口周围4m以内有门窗时，通气管口应高处窗顶0.6m或引向无门窗一侧；通气管口不宜设在建筑物挑出部分（如屋檐檐口、阳台和雨篷等）的下面。

(2)特殊情况下，当伸顶通气管无法伸出屋面时，可采用以下通气方式：

① 设置侧墙通气管。

② 通过设置汇合通气管后在侧墙伸出延伸至屋面以上。

③ 当上述方法无法实施时，可设置自循环通气管道系统。

(3)下列情况下应设通气立管：

① 当排水立管所承担的卫生器具排水设计流量超过仅设伸顶通气管的排水立管最大设计排水能力时。

② 建筑标准要求较高的多层住宅和公共建筑、10层及10层以上高层建筑的生活排水立管。

(4)下列排水管段应设环形通气管：

① 连接4个及4个以上卫生器具且长度大于12m的排水横支管。

② 连接6个及6个以上大便器的污水横支管。

③ 不超过上述规定，但建筑物性质重要、使用要求较高时或设置器具通气管时。

(5)对卫生、安静要求较高的建筑物内，生活排水管道宜设置器具通气管。

(6)建筑物内各层的排水管道设有环形通气管时，应设置连接各层环形通气管的主通气立管或副通气立管。

(7)通气立管不得接纳器具污水、废水和雨水，不得与风道和烟道连接。

5. 排水管道敷设

排水管道明敷或暗敷布置应根据建筑物的性质、使用要求和建筑平面布局确定。一般宜在地下、楼板垫层中埋设或在地面上、楼板下明设，如建筑或工艺有特殊要求时，可在管槽、管道井、管窿、管沟或吊顶、架空层内暗设，但应便于安装和检修。在气温较高、全年不结冻的地区，可沿建筑物外墙敷设。

图4-8是一公用卫生间的卫生器具及排水管道布置图。

4.4 污废水提升和局部生活排水处理

4.4.1 污废水提升

当室内生活排水系统无条件重力排出时，应设排水泵房压力排水或采用真空排水。地下室排水应设置集水坑和提升装置排至室外。

1. 排水泵房

排水泵房应设在有良好通风的地下室或底层单独的房间内，并靠近集水池。不得设在对卫生环境有特殊要求的生产厂房和公共建筑内，不得设在有安静和防振要求的房间附近和下面。如必须设置时，吸水管、出水管和水泵基础应设置可靠的隔振降噪装置。排水泵房的位置应使室内排水管道和水泵出水管尽量简洁，并考虑维修检测的方便。

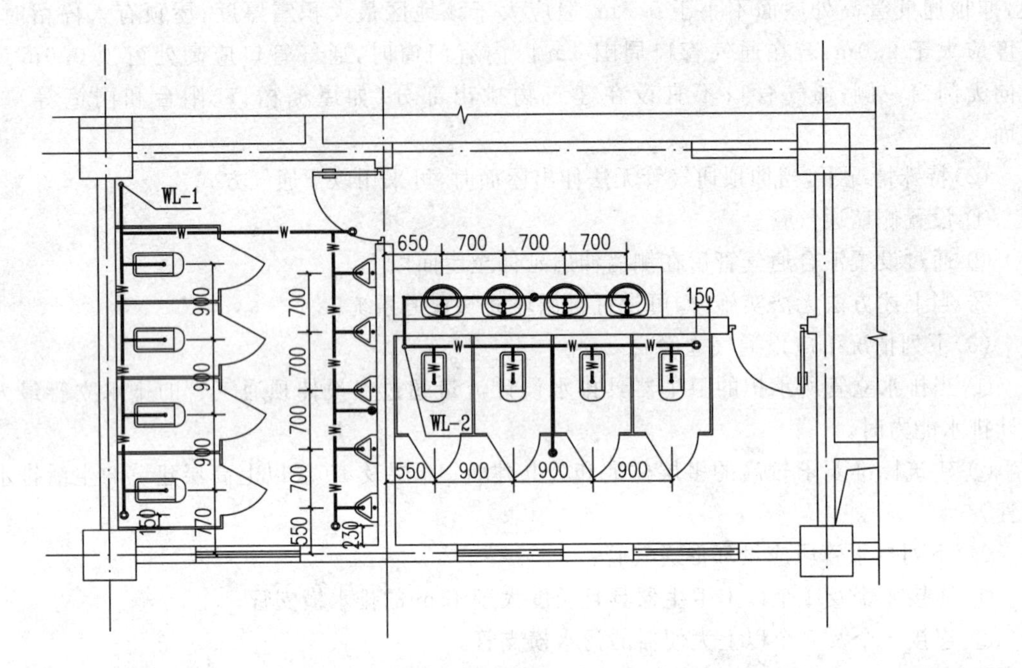

a) 平面图

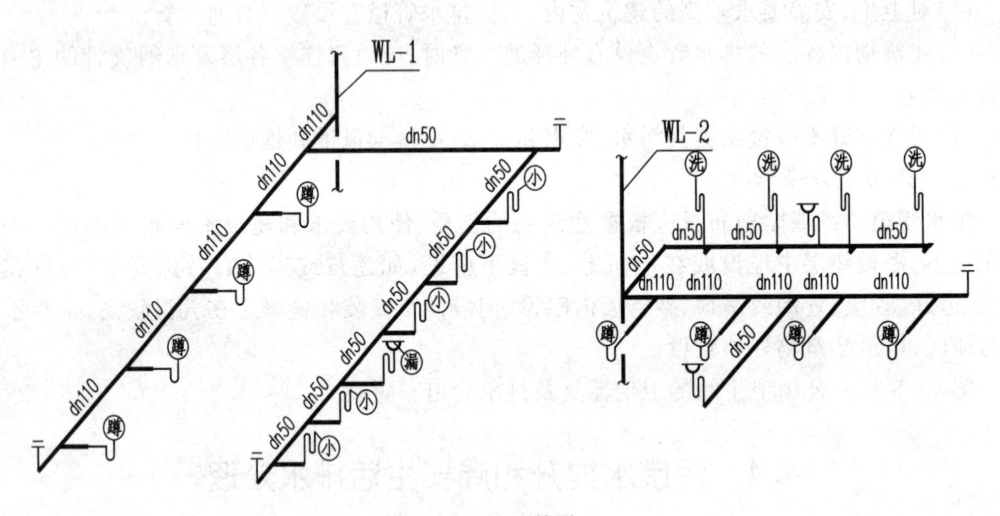

b) 系统图

图 4-8 卫生间排水系统布置

2. 集水池

生活污水集水池应与生活给水贮水池保持10m以上的距离。地下室水泵房排水，可就近在泵房内设置集水池，但池壁应采取防渗漏、防腐蚀措施。集水池宜设在地下室最底层卫生间、淋浴间的底板下或邻近位置；收集地下车库坡道处的雨水集水井应尽量靠近坡道尽头处；车库地面排水集水池应设在使排水管、沟尽量居中的地方；地下厨房集水坑则设在厨房邻近位置，但不宜设在细加工和烹炒间内；消防电梯井集水池应设在电梯邻近处，但不应直接设在电梯井内，池底低于电梯井底不小于0.7m。

4.4.2　局部生活排水处理

1. 化粪池

化粪池的主要作用是使粪便沉淀并发酵腐化，污水停留一段时间后排走，沉淀在池底的粪便污泥经厌氧发酵后定期清掏，属于初级的过渡性生活污水处理构筑物。

对于没有污水处理厂的城镇，居住小区内的生活污水是否采用化粪池作为分散或过渡性处理设施，应按当地有关规定执行；而新建居住小区若远离城镇，或其他原因污水无法排入城镇污水管道，污水应处理达标后才能向水体排放时，是否选用化粪池作为生活污水处理设施应根据各地区具体情况慎重进行技术经济比较后确定。

化粪池多设于建筑物背向大街一侧靠近卫生间的地方，应尽量隐蔽，不宜设在人们经常活动之处。化粪池宜设置在接户管的下游端，便于机动车清掏的位置。化粪池池外壁距建筑物外墙不宜小于5m，并不得影响建筑物基础。当受条件限制化粪池设置于建筑物内时，应采取通气、防臭和防爆措施。因化粪池出水处理不彻底，含有大量细菌，为防止污染水源，化粪池距离地下取水构筑物不得小于30m。

化粪池的结构有砖砌、钢筋混凝土、钢筋混凝土模块式和玻璃钢成品等形式，图4-9为

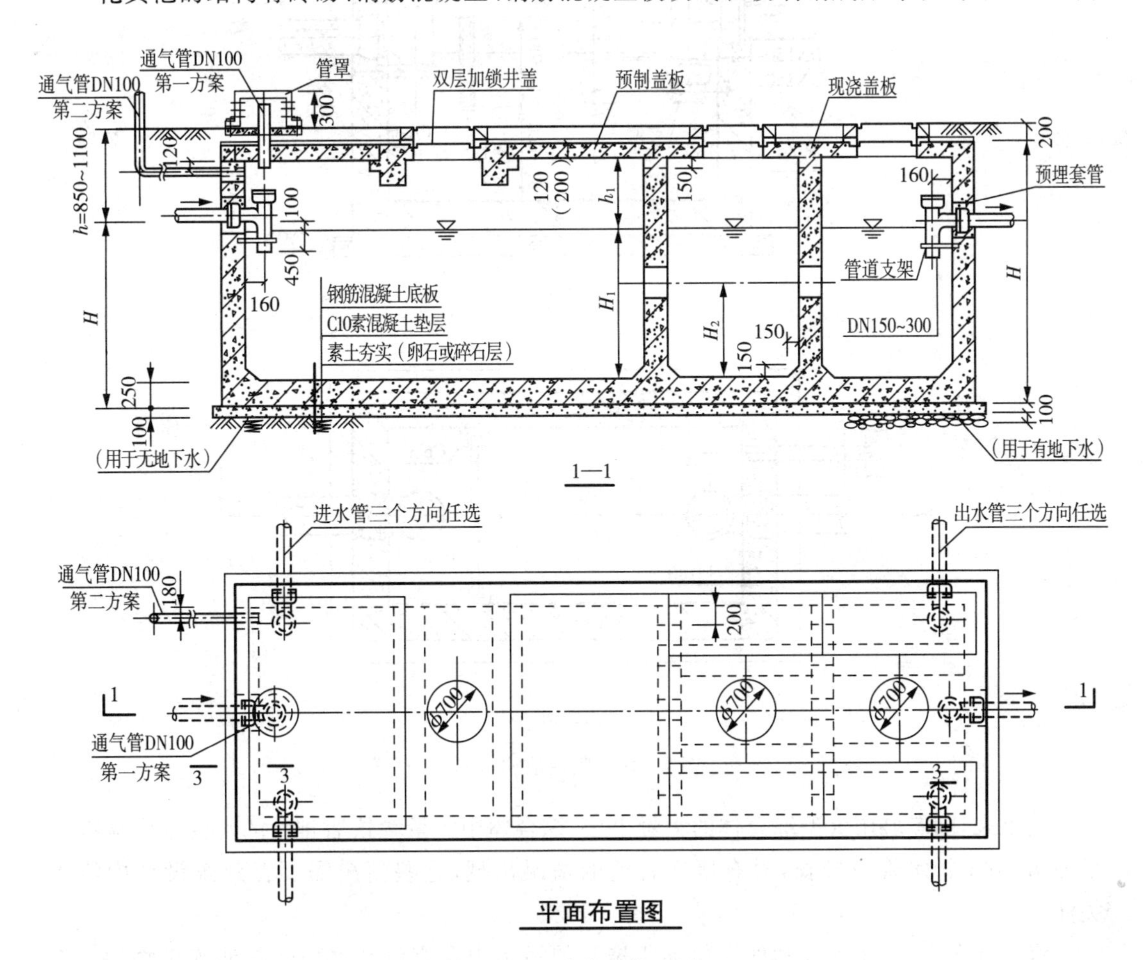

图4-9　化粪池构造图

钢筋混凝土化粪池构造图,化粪池可按现行《给水排水国家标准图集》选用。

2. 隔油池

公共食堂和饮食业排放的污水中含有植物油和动物油脂,污水中含油量一般在50～150mg/L之间。厨房洗涤水中含油约750mg/L。据调查,含油量超过400mg/L的污水进入排水管道后,随着水温的下降,污水中夹带的油脂颗粒开始凝固,并黏附在管壁上,使管道过水断面减小,最后完全堵塞管道。所以,公共食堂和饮食业的污水在排入城市排水管网前,应去除污水中的可浮油(占总含油量的65%～70%),目前一般采用隔油池。图4-10为隔油池构造图。

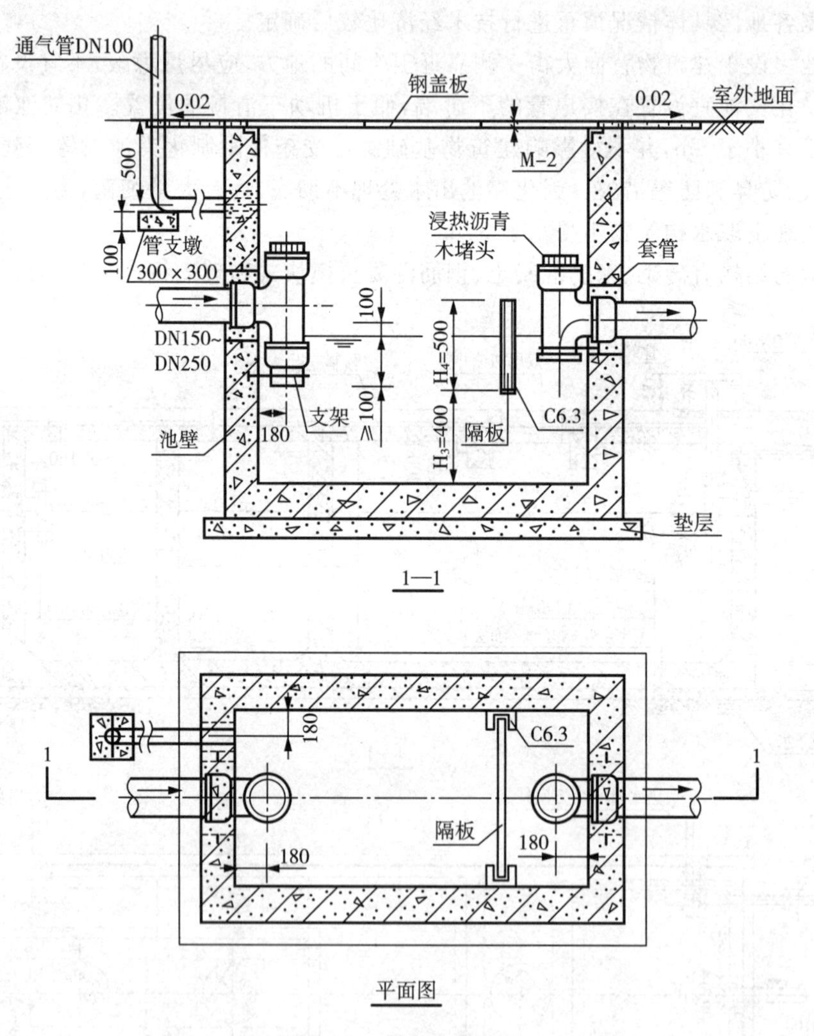

图4-10 隔油池构造图

近年来,随着城市大型综合体的大量出现,综合体中大量餐饮店排除的污废水中含有大量油脂,由于排水管道较长,时有堵塞管道的情况出现,这些情况需要在建筑设计中给予关注。

汽车洗车台、汽车库及其他类似场所排放的污水中含有汽油、煤油、柴油等矿物油。汽油等轻油进入管道后挥发并聚集于检查井,达到一定浓度后会发生爆炸引起火灾,破坏管道，所以也应设隔油池进行处理。

隔油池可以根据国家建筑标准设计图集04S519《小型排水构筑物》选用。

3. 降温池

温度高于40℃的废水在排入城镇排水管道之前应采取降温处理，否则，会影响维护管理人员身体健康和管材的使用寿命，一般采用设于室外的降温池处理。降温池降温的方法主要有二次蒸发、在面散热和加冷水降温。

4. 医院污水处理

医院污水处理包括医院污水消毒处理、放射性污水处理、重金属污水处理、废弃药物污水处理和污泥处理。其中消毒处理是最基本的处理，也是最低要求的处理。需要消毒处理的医院污水是指医院（包括综合医院、传染病医院、专科医院、疗养病院）和医疗卫生的教学及科研机构排放的被病毒、病菌、螺旋体和原虫等病原体污染了的水。这些水如不进行消毒处理，排入水体后会污染水源，导致传染病流行，危害很大。

医院污水污水处理一般要按下列规定：

(1)医院污水处理工程必须按国家颁布的有关标准、规范、规程进行设计和施工。

(2)医院排放污水按照医院级别分别执行《医疗机构水污染物排放标准》GB18466中的相应规定。

(3)县级以下或20张床位以下的医院和其他所有医疗机构污水经消毒处理后方可排放。

(4)医院污水处理设施必须与主体工程同时设计、同时施工、同时使用。

4.5　排水管道水力计算

4.5.1　排水量标准

每人每日排出的生活污水量和用水量一样，是与气候、建筑物卫生设备完善程度以及生活习惯等因素有关。生活排水量和时变化系数，一般采用生活用水量标准和时变化系数。生产污废水排水量和时变化系数应按工艺要求确定。

各种卫生器具的排水量、当量、排水管管径见表4-3所列。

表4-3　卫生器具排水流量、当量和排水管的管径

序号	卫生器具名称	排水流量(L/s)	当量	排水管管径(mm)
1	洗涤盆、污水盆(池)	0.33	1.00	50
2	餐厅、厨房洗菜盆(池)			
	单格洗涤盆(池)	0.67	2.00	50
	双格洗涤盆(池)	1.00	3.00	50
3	盥洗槽(每个水嘴)	0.33	1.00	50～75
4	洗手盆	0.10	0.30	32～50

(续表)

序号	卫生器具名称	排水流量(L/s)	当量	排水管管径(mm)
5	洗脸盆	0.25	0.75	32～50
6	浴盆	1.00	3.00	50
7	淋浴器	0.15	0.45	50
8	大便器			
	冲洗水箱	1.50	4.50	100
	自闭式冲水阀	1.20	3.60	100
9	医用倒便器	1.50	4.50	100
10	小便器			
	自闭式冲洗阀	0.10	0.30	40～50
	感应式冲洗阀	0.10	0.30	40～50
11	大便槽			
	≤4个蹲位	2.50	7.50	100
	>4个蹲位	3.00	9.00	150
12	小便槽(每米长)			
	自动冲洗水箱	0.17	0.50	—
13	化验盆(无塞)	0.20	0.60	40～50
14	净身器	0.10	0.30	40～50
15	饮水器	0.05	0.15	25～50
16	家用洗衣机	0.50	1.50	50

注:家用洗衣机下排水软管直径为30mm,上排水软管内径为19mm。

4.5.2 排水设计流量

为确定排水管的管径及坡度,要计算各管段中的排水设计流量。为保证最不利时刻的最大排水量能迅速、安全地排放,某管段的排水设计流量应为该管段的瞬时最大排水流量,又称为排水设计秒流量。

根据建筑物的使用性质不同,生活排水设计秒流量可按下面公式计算:

(1)住宅、宿舍(Ⅰ、Ⅱ类)、旅馆、宾馆、酒店式公寓、医院、疗养院、幼儿园、养老院、办公楼、商场、图书馆、书店、客运中心、航站楼、会展中心、中小学教学楼、食堂或营业餐厅等建筑生活排水管道设计秒流量,应按下式计算:

$$q_p = 0.12\alpha\sqrt{N_p} + q_{max} \tag{4-1}$$

式中:q_p—— 计算管段排水设计秒流量,L/s;

N_p—— 计算管段的卫生器具排水当量总数;

α—— 根据建筑物用途而定的系数：宿舍（Ⅰ、Ⅱ 类）、住宅、宾馆、酒店式公寓、医院、疗养院、幼儿园、养老院的卫生间采用 1.5；旅馆和其他公共建筑的盥洗室和厕所间采用 2.0 ～ 2.5；

q_{max}—— 计算管段上最大一个卫生器具的排水流量(L/s)，按表 4-3 选用。

用式(4-1) 计算排水管网起端的管段时，因连接的卫生器具较少，计算所得结果有时会大于该管段上所有卫生器具排水流量的总和，这是应按该管段所有卫生器具排水流量的累加值作为排水设计秒流量。

(2) 宿舍(Ⅲ、Ⅳ 类)、工业企业生活间、公共浴室、洗衣房、职工食堂或营业餐厅的厨房、实验室、影剧院、体育场馆等建筑的生活管道排水设计秒流量，应按下式计算：

$$q_p = \sum q_0 n_0 b \quad (4-2)$$

式中：q_0—— 同类型的一个卫生器具排水流量(L/s)；

n_0—— 同类型卫生器具数；

b—— 卫生器具的同时排水百分数，冲洗水箱大便器的同时排水百分数应按 12% 计算，其他卫生器具同时排水百分数同给水。

对于有大便器接入的排水管段起端，因卫生器具较少，大便器的同时排水百分数较小(如冲洗水箱大便器仅定为 12%)，按式(4-2) 计算的排水设计秒流量可能会小于一个大便器的排水流量，这时应按一个大便器的排水流量作为该管段的设计秒流量。

4.5.3　水力计算

排水管道水力的目的是确定立管管径、横管管径和坡度。

1. 横管水力计算

(1) 排水横管的水力计算，应按下列公式计算：

$$q_p = A \cdot v \quad (4-3)$$

$$v = \frac{1}{n} R^{2/3} I^{1/2} \quad (4-4)$$

式中：A—— 管道在设计充满度的过水断面，m^2；

v—— 流速，m/s；

R—— 水力半径，m；

I—— 水力坡度，采用排水管的坡度；

n—— 粗糙系数。铸铁管为 0.013；钢管为 0.012；塑料管为 0.009。

(2)计算规定为保证排水系统有良好的水力条件，排水横管应满足下述规定：

① 最大设计充满度和最小坡度

管道充满度表示管道内的水深与其管径的比值。建筑内部排水横管按非满流设计，以便使将污废水释放出的气体能自由流动排入大气，调节排水管道系统内的压力，接纳意外的高峰流量。

污水中含有固体杂质，如果管道坡度过小，污水的流速慢，固体杂物会在管内沉淀淤积，减小过水断面积,造成排水不畅或堵塞管道,为此对管道坡度作了规定。建筑内部生活排水管道的坡度有通用坡度和最小坡度两种,通用坡度是指正常条件下应保证的坡度;最小坡度为必须保证的坡度。一般情况下应采用通用坡度,当横管过长或建筑空间受限制时,可采用最小坡度。

建筑内生活排水铸铁管道的最大设计充满度和坡度见表4-4所列。

建筑物内建筑排水塑料管采用粘接、熔接连接的排水横支管的标准坡度应为0.026,胶圈密封连接的排水横管的坡度可按表4-5调整。

表4-4 建筑内生活排水铸铁管道的最小坡度、通用坡度和最大设计充满度

管径(mm)	通用坡度	最小坡度	最大设计充满度
50	0.035	0.025	0.5
75	0.025	0.015	0.5
100	0.020	0.012	0.5
125	0.015	0.010	0.5
150	0.010	0.007	0.6
200	0.008	0.005	0.6

表4-5 建筑排水塑料管排水横管的最小坡度、通用坡度和最大设计充满度

外径(mm)	通用坡度	最小坡度	最大设计充满度
50	0.025	0.0120	0.5
75	0.015	0.0070	0.5
110	0.012	0.0040	0.5
125	0.010	0.0035	0.5
160	0.007	0.0030	0.6
200	0.005	0.0030	0.6
250	0.005	0.0030	0.6
315	0.005	0.0030	0.6

② 最小管径

为了避免管道堵塞,保障室内环境卫生规定,规定了排水管道的最小管径。

大便器排水管最小管径不得小于100mm;建筑物内排出管最小管径不得小于50mm;多层住宅厨房间的排水立管管径不宜小于75mm;公共餐饮业厨房内的排水采用管道排除时,其管径应比计算管径大一级,且干管管径不得小于100mm,支管管径不得小于75mm;医院污物洗涤盆(池)和污水盆(池)的排水管管径,不得小于75mm;小便槽或连接3个及3个以上的小便器,其污水支管管径不宜小于75mm;浴池的泄水管宜采用100mm;公共洗衣房洗衣机排水宜设排水沟排出,排水沟的有效断面尺寸应保证洗衣机泄水不溢出,且排水沟的排水管管径不应小于 100mm。

2. 立管水力计算

按照式 4－1 或 4－2 计算出排水立管的设计秒流量后，再按表 4－6 确定立管管径。立管管径不得小于所连接的横支管管径。

表 4－6　生活排水立管最大设计排水能力

排水立管系统类型			最大设计通水能力(L/s) 排水管管径(mm)				
			50	75	100(110)	125	150(160)
伸顶通气	立管与横支管连接配件	90°顺水三通	0.8	1.3	3.2	4.0	5.7
		45°斜三通	1.0	1.7	4.0	5.2	7.4
专用通气	专用通气管 75mm	结合通气管每层连接	—	—	5.5	—	—
		结合通气管隔层连接	—	3.0	4.4	—	—
	专用通气管 100mm	结合通气管每层连接	—	—	8.8	—	—
		结合通气管隔层连接	—	—	4.8	—	—
主、副通气立管＋环形通气管			—	—	11.5	—	—
自循环通气	专用通气形式		—	—	4.4	—	—
	环形通气形式		—	—	5.9	—	—
特殊单立管	混合器		—	—	4.5	—	—
	内螺旋管＋旋流器	普遍型	—	1.7	3.5	—	8.0
		加强型	—	—	6.3	—	—

注：排水层数在 15 层以上时，宜乘 0.9 系数。

3. 通气管水力计算

通气管的管径，应根据排水管排水能力、管道长度及排水系统通气形式确定，其最小管径不宜小于排水管管径的 1/2，可按表 4－7 确定。

表 4－7　通气管最小管径

通气管名称	排水管管径(mm)				
	50	75	100	125	150
器具通气管	32	—	50	50	—
环形通气管	32	40	50	50	—
通气立管	40	50	75	100	100

注：(1)表中通气立管系指专用通气立管、主通气立管、副通气立管。

(2)自循环通气排水系统的通气立管管径应与排水立管管径相同。

(3)表中排水管管径 90 为塑料排水管公称外径，排水管管径 100、150 的塑料排水管公称外径分别为 110mm、160mm。

通气立管长度大于50m时,其管径应与排水立管管径相同。通气立管长度不大于50m时,且两根及两根以上排水立管同时与一根通气立管相连,应以最大一根排水立管按表4-7确定通气立管管径,且管径不宜小于其余任何一根排水立管管径,伸顶通气部分管径应与最大一根排水立管管径相同。

当两根或两根以上排水立管的通气管汇合连接时,汇合通气管的断面积应为最大一根通气管的断面积加其余通气管断面积之和的0.25倍。

伸顶通气管管径不应小于排水立管管径。在最冷月平均气温低于-13℃的地区,伸顶通气管应在室内平顶或吊顶以下0.3m处将管径放大一级,通气管顶端应采用伞形通气帽。当采用塑料管材时,最小管径不宜小于110mm,且应设清扫口。

4.6 建筑雨水排水系统

4.6.1 建筑雨水系统划分

1. *屋面雨水系统按设计流态划分*

屋面雨水排水系统属于重力输水管道,管道中的水流状态随管道进口顶部的水面深度而变化。该水面深度随降雨强度而变化,致使管道输水过程中会出现多种流态:有压流态、无压流态、过渡流态。过渡流态在某些情况下可表现为半有压流态。屋面雨水系统可按不同的流态设计。

(1)半有压屋面雨水排水系统:主要采用65型、87(79)型系列雨水斗,管网设计流态是无压流和有压流之间的过渡流态,管内气水混合,在重力和负压抽吸双重作用下流动,这种系统也称为87雨水斗系统。目前我国普遍应用的就是该系统。

(2)压力流屋面雨水排水系统:采用虹吸式雨水斗,管网设计流态是有压流,主要在负压抽吸作用下流动,也称为虹吸式雨水系统。

(3)重力流屋面雨水排水系统:采用重力流雨水斗,管网设计流态是无压流态,雨水通过自由堰流入管道,在重力作用下附壁流动,管内压力正常,这种系统也称为堰流斗系统。

重力流雨水斗的水力特征是自由堰流,而65型、87型雨水斗在构造上配有整流装置和隔气板,不具备重力流雨水斗的特征要求。

2. *屋面雨水系统按其他特征分类*

(1)按管道的设置位置分:内排水系统、外排水系统和混合式排水系统。

(2)按屋面的排水条件分:檐沟排水、天沟排水和无沟排水。

(3)按出户横管(渠)在室内部分是否存在自由水面分:密闭系统和敞开系统。

3. *水泵提升排水系统*

建筑物中还存在一种非重力排放的雨水系统,即水泵提升排水系统。该系统包括雨水的收集、雨水局部提升设备及其管道等。

各流态雨水系统的特点见表4-8所列。

表 4-8　各屋面雨水系统的特点

特点类别 \ 系统类别	87 雨水斗雨水系统	虹吸雨水斗雨水系统	重力雨水斗雨水系统
管网设计流态	气水混合流过度流态	水一相流有压流态	水流和气有分界面无压流态
雨水斗形式	65 斗、87(79)斗等整流、顶板隔气	整流(反涡流)、面板隔气、下沉集水斗	自由堰流式不整流、无隔气
雨水斗形成封闭流的屋面水位	中	低	高
对超设计流量雨水的处置	系统预留余量排超设计流量雨水，且考虑应对措施	超设计流量雨水无法进入系统，依赖溢流设施排除	要求由溢流设施排除
服役期间可能经历的流态	重力流、过渡流、甚至有压流	重力流、过渡流、有压流	重力流、过渡流
设计流量数据	主要来自试验	公式计算	公式计算，但正在根据实践修正
屋面溢流频率	小	大	小
雨水斗之间标高位置要求	介于后两者之间	严格	宽松
水力计算	简单	复杂	简单
管材承压	要求能承受正压和负压		
占用室内空间	中	少	多
管材耗用	介于后两者之间	省	费
系统造价	低	高	较低

4.6.2　建筑雨水排水系统组成

1. 檐沟外排水

檐沟外排水适用于普通住宅、一般的公共建筑和小型单跨厂房。檐沟外排水由檐沟、雨水斗和敷设在建筑物外墙的立管组成，如图 4-11 所示。降落到屋面的雨水沿屋面集流到檐沟，经雨水斗收集后进入立管排至室外的地面或雨水管道。

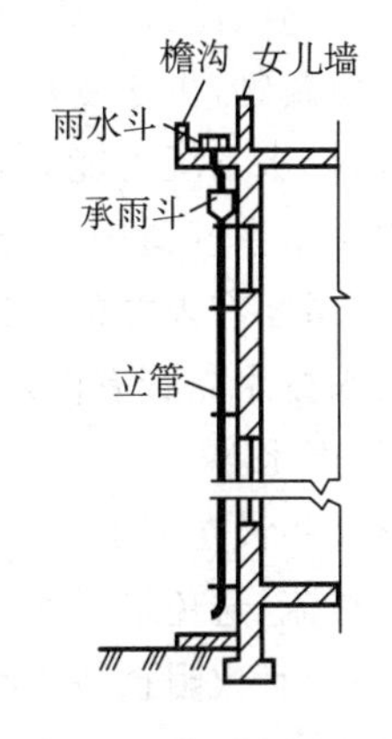

图 4-11　檐沟外排水

根据降雨量和管道系统(雨水斗和雨水立管)的通水能力确定一根立管服务的屋面面积，再根据屋面形状和面积确定立管的数量。

2. 天沟外排水

天沟外排水由天沟、雨水斗和排水立管组成。天沟设置在两跨中间并坡向端墙，雨水斗设在伸出山墙的天沟末端，也可设在紧靠山墙的层面,如图4-12所示。立管连接雨水斗并沿外墙布置。降落到屋面的雨水沿坡向天沟的屋面汇集到天沟,再沿天沟流至建筑物两端,流入雨水斗,经立管排至地面或雨水井。天沟外排水系统适用于长度小于等于100m的多跨工业厂房。

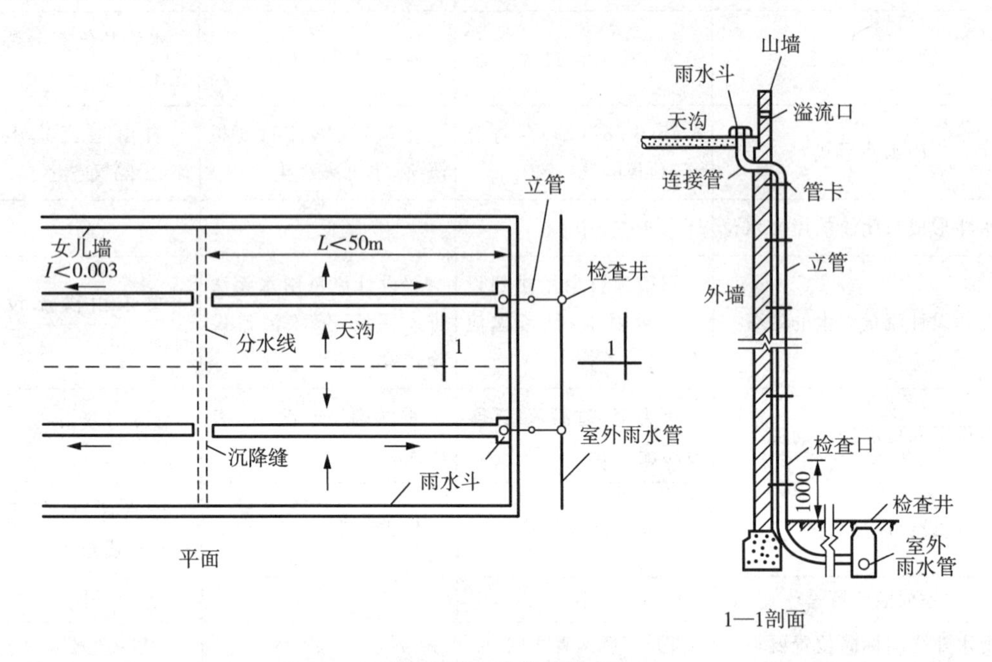

图4-12　天沟外排水

天沟的排水断面形式应根据屋面情况而定,一般多为矩形和梯形。天沟坡度一般在0.003～0.006之间。应以建筑物伸缩缝、沉降缝和变形缝为屋面分水线,在分水线两侧分别设置天沟。天沟的长度应根据本地区的暴雨强度、建筑物跨度、天沟断面形式等进行水力计算确定,天沟长度一般不要超过50m。为了排水安全,防止天沟末端集水太深,在天沟末端宜设置溢流口,溢流口比天沟上檐低50～100mm。

3. 内排水

内排水系统一般由雨水斗、雨水管道(包括连接管、悬吊管、立管、排出管和埋地干管)和附属构筑物几部分组成,如图4-13所示。降落到屋面上的雨水,沿屋面流入雨水斗,经连接管、悬吊管、流入立管,再经排出管流入雨水检查井,或经埋地干管排至室外雨水管道。对于某些建筑物,由于受建筑结构形式、屋面面积、生产生活的特殊要求以及当地气候条件的影响,内排水系统可能只有其中的部分组成。

内排水系统适用于跨度大、特别长的多跨建筑,在屋面设天沟有困难的锯齿形、壳形屋面建筑,屋面有天窗的建筑,建筑立面要求高的建筑,大屋面建筑及寒冷地区的建筑,在墙外设置两水排水立管有困难时,也可考虑采用内排水形式。

(1)雨水斗

雨水斗设在屋面雨水管道的入口处。雨水斗有整流格栅装置,能迅速排除屋面雨水,格栅具有整流、避免形成过大的旋涡、稳定斗前水位、减少掺气等作用,能迅速排除屋面雨水、雪水,并能有效阻挡较大杂物。雨水斗有重力式、虹吸式和87式,如图4-14所示,87式屋面雨水斗安装如图4-15所示。

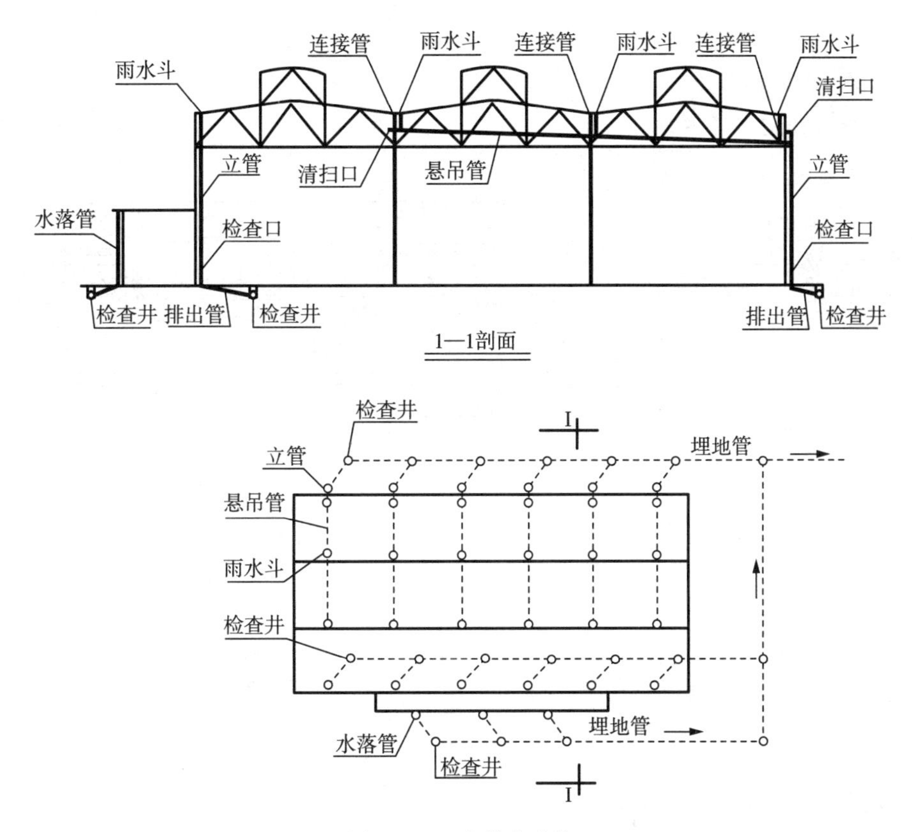

图 4－13　内排水系统

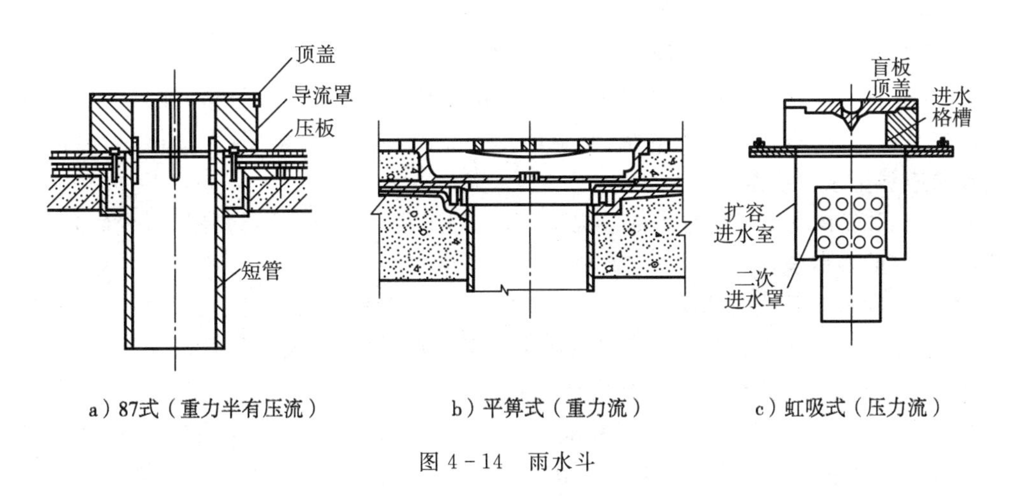

图 4－14　雨水斗

(2)管道

内排水雨水管道包括连接管、悬吊管、立管、排出管和埋地干管等。连接管是连接雨水斗和悬吊管的段坚向短管。悬吊管是悬吊在屋架、楼板和梁下或架空在柱上的雨水横管。雨水排水立管承接悬吊管或雨水斗流来的雨水，一根立管连接的悬吊管根数不多于两根。排出管是立管和检查井间的一段有较大坡度的横向管道。埋地管敷设于室内地下，承接立管的雨水，并将其排至室外雨水管道。

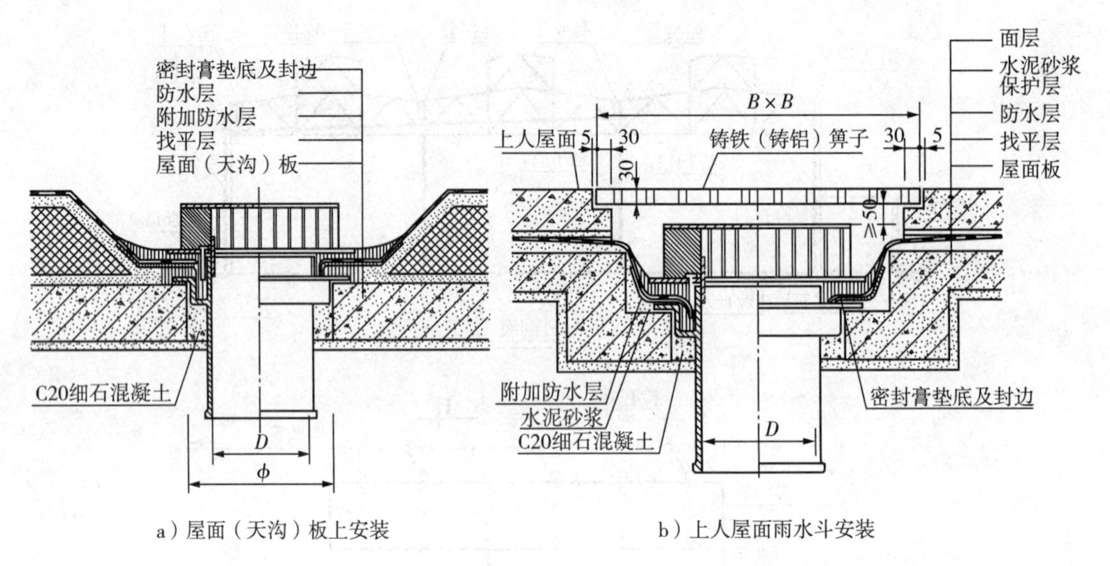

a）屋面（天沟）板上安装　　b）上人屋面雨水斗安装

图4-15　87型雨水斗安装图

(3)附属构筑物

附属构筑物用于埋地雨水管道的检修、清扫和排气。主要有检查井、检查口井和排气井。

4.6.3 建筑物雨水系统选择与设计

1. 建筑物雨水系统的选择

(1)建筑物雨水系统的选择原则如下：

① 屋面雨水排除应优先选用既安全又经济的雨水系统。

② 雨水系统应迅速及时、有组织地将屋面雨水排至室外地面或管渠，并且，屋面天沟不向室内溢水或泛水；室内地面不冒水；管道能承受正压和负压的作用，不变形、不漏水；屋面溢流现象应尽量减少或避免。

③ 雨水系统在满足安全排水的前提下，系统的工程造价低、投资费用少，少额外占用空间高度，系统的寿命长。

(2)建筑物雨水系统的选用

① 建筑屋面一般应采用65、87型雨水斗屋面雨水系统；长天沟外排水应采用65、87型雨水斗屋面雨水系统，其经济性优于其他系统。

② 厂房、库房或公共建筑的大型屋面，当雨水悬吊管受室内空间的限制难以布置时，宜采用虹吸式雨水系统。该系统价格高但节省空间高度，此条件下具有一定优势。

③ 当溢流设施的最低溢流水位高于雨水斗进水面10cm及以上时，不应采用重力流雨水斗内排水系统。

④ 雨水斗面和排出口地面的几何高差小于3m时，不得采用虹吸式雨水系统。

⑤ 不允许室内地面冒水的建筑应采用密闭系统或外排水系统，不得采用敞开式内排水雨水系统。

⑥ 屋面集水优先考虑天沟形式，雨水斗置于天沟内。

⑦ 雨水管道系统优先考虑外排水，安全性好；寒冷地区尽量采用内排水系统。

⑧ 阳台雨水应自成系统排到室外散水面或明沟，不得与屋面雨水系统相连接。

⑨ 汽车坡道上、窗井内等处的雨水口低于室外地面标高时，收集的雨水应排入室内雨水集水池，采用水泵提升方式排除，不得由重力流直接排入室外雨水检查井。当室外地面不会积雨水时，也可重力流排入室外检查井。

⑩ 严禁屋面雨水接入室内生活污废水系统或室内生活污废水管道直接与屋面雨水系统相连。

2. 建筑物雨水系统设计

建筑雨水系统设计一般要求如下：

(1)87斗屋面雨水系统，可将不同高度的雨水斗接入同一立管，但最低雨水斗距立管底端的高度应大于立管高度的2/3。具有1个以上立管的87斗系统承接不同高度屋面上的雨水斗时，最低斗的几何高度应不小于最高斗几何高度的2/3，几何高度以系统的排出横管在建筑外墙处的标高为基准。接入同一排出管的管网为一个系统。

(2)虹吸式屋面雨水系统的雨水斗宜在同一水平面上。各雨水立管宜单独排出室外。当受建筑条件限制，一个以上的立管必须接入同一排出横管时，各立管宜设置过渡段，其下游与排出横管连接。

(3)重力流雨水系统可承接不同高度的雨水斗，但高层建筑裙房屋面的雨水应自成系统排放。

(4)雨水系统若承接屋面冷却塔的排水，应间接排入，并宜排至室外雨水检查井，不可排至室外路面上。

(5)阳台雨水系统接纳洗衣等生活废水时，应排入室外生活污水系统。

(6)高跨雨水流至低跨屋面，当高差在一层及以上时，宜采用管道引流。

(7)管道位置应方便安装、维修，不宜设置在结构柱等承重结构内；管道不宜穿越卧室等对安静有较高要求的房间。其余限制雨水管道敷设的空间和场所与生活排水管道部分相同。

(8)寒冷地区的雨水斗和天沟可考虑电热丝融雪化冰措施。

(9)雨水斗及溢流口不能避免设计标准以外的超量雨水进入雨水系统时，系统设计必须考虑压力的作用，不可按无压流态设计。

4.6.4　建筑雨水排水系统的计算简介

屋面及小区雨水系统计算的目标是确定雨水斗的数量，然后选定管道的管径和坡度。雨水设计流量按公式(4-5)计算。

$$q_y = \frac{q_j \psi F_w}{10000} \tag{4-5}$$

式中：q_y—— 设计雨水流量，L/s；

q_j—— 5min设计暴雨强度，$L/s \cdot hm^2$，按当地或相邻地区暴雨强度公式计算确定，当采用天沟集水，且沟沿溢水会流入室内时，降雨强度应乘以1.5的系数；

ψ—— 径流系数，屋面取0.9～1.0；

F_w—— 汇水面积(m^2)。

计算暴雨强度时,一般性建筑屋面设计重现期取2~5年,重要公共建筑屋面取大于等于10年。工业厂房屋面雨水设计重现期应根据生产工艺、重要程度等因素确定。

根据工程实践经验总结,为了能及时、安全排放设计防雨量,在技术上雨水汇水面积计算方法、雨水斗、横管及立管最大排水能力等,在《建筑给水排水设计规范》GB50015中均作了相应的规定,可供具体查阅。

思考题

1. 排水系统的组成有哪些,各有什么作用?
2. 排水系统按通气类型划分为哪几种类型,各有什么特点?
3. 建筑卫生间的布置要满足哪些要求?
4. 屋面雨水系统有哪些流态?建筑物雨水系统如何选用?

第 5 章　建筑热水供应系统

5.1　建筑热水供应系统和供水方式

建筑热水供应，是热水的加热、储存和输配的总称。热水供应也属于给水系统范畴，与冷水供应的主要区别是水温，因此热水系统除了给水的系统组成部分外，还有“热”的供应，热源、加热系统等等。

5.1.1　热水供应系统分类

建筑内的热水供应系统按照热水供应范围的大小，可分为：集中热水供应系统、局部热水供应系统和区域热水供应系统。

1. 局部热水供应系统

采用小型加热器在用水场所就地加热，供局部范围内一个或几个配水点使用的热水系统称为局部热水供应系统。例如，采用小型燃气热水器、电热水器、太阳能热水器等，供给单个厨房、浴室、生活间等用水。对于大型建筑，也可以采用很多局部热水供应系统分别对各个用水场所供应热水。

2. 集中热水供应系统

在锅炉房、热交换站或加热间将水集中加热后，通过热水管网输送到整幢或几幢建筑的热水系统称为集中热水供应系统。适用于热水用量较大、用水点比较集中的建筑，如标准较高的居住建筑、旅馆、公共浴室、医院、疗养院、体育馆、游泳池、大型饭店等公共建筑，布置较集中的工业企业建筑等。

3. 区域热水供应系统

在热电厂、区域性锅炉房或热交换站将水集中加热后，通过市政热力管网输送至整个建筑群、居民区、城市街坊或整个工业企业的热水系统称为区域热水供应系统。适用于建筑布置较集中，热水用量较大的城市和工业企业，目前在国外特别是发达国家中应用较多。

区域热水供应系统特点是便于集中统一维护管理和热能的综合利用；有利于减少环境污染；设备热效率和自动化程度较高；热水成本低，设备总容量小，占用总面积少；使用方便舒适，保证率高。

热水供应系统的选择，应根据使用要求、热水用量、用水点分布、使用时间、热源类型、设备操作管理等因素，经技术、经济比较后确定。

5.1.2　热水供应系统的组成

热水供应系统的组成因建筑类型和规模、热源情况、用水要求、加热和贮存设备的供应情况、建筑对美观和安静的要求等不同情况而异。

比较完整的热水供应系统，通常由下列几部分组成：

(1)加热设备

目前常用水加热设备主要有:燃油(气)锅炉、太阳能热水器、热泵机组、燃气热水器、电热水器及各种热交换器等;

(2)热媒管网——蒸汽管或过热水管、凝结水管等;

(3)热水储存水箱——开式水箱或密闭水箱,热水储水箱可单独设置也可以与加热设备合并;

(4)热水输配水管网与循环管网;

(5)其他设备和附件——循环水泵,各种器材和仪表,管道伸缩器等。

1. 局部热水供应系统

图5-1a是利用炉灶炉膛余热加热水的供应系统。这种供应系统适用于单户或单个房(如卫生所得手术室)需用热水的建筑。它的基本组成有加热套管或盘管、储水箱及配水管等三部分。选用这种方案要求卫生间尽量靠近设有炉灶的房间(如设有炉灶的厨房、开水间等)方可使装置及管道紧凑、热效率高。

图5-1b为小型单管快速加热的加热方式。在室外有蒸汽管道、室内仅有少量卫生器具使用热水时可以选用这种方式。小型单管快速加热的蒸汽可利用高压蒸汽亦可利用低压蒸汽。这种局部热水系统的缺点是调节水温困难。

图5-1c为管式太阳能热水器的热水供应方式。它是利用太阳照向地球时的辐射热,把保温箱内盘管(排管)中的低温水加热后送到储水箱(罐)以供使用。这是一种节约燃料,不污染环境的热水供应方式。在冬日照射时间短或阴雨天气时效果差,需要备有其他热源和设备使水加热。太阳能热水器的管式加热器和热水箱可分别设置在屋顶上或屋顶下,亦可设在地面上(图5-1d~图5-1f)。

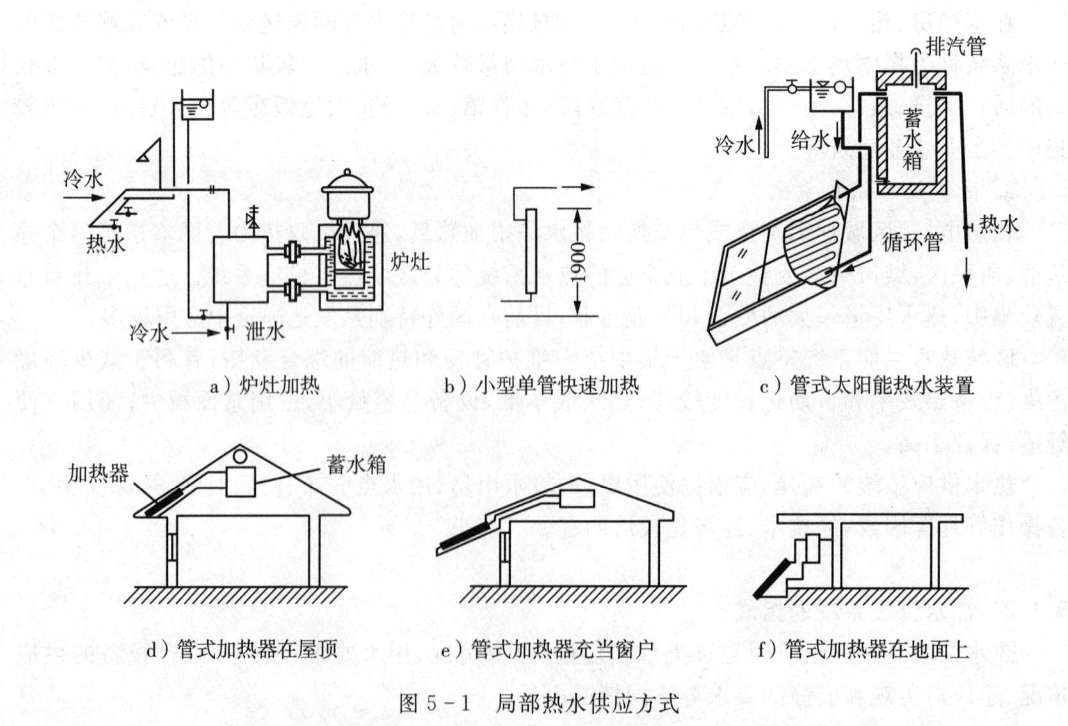

图5-1 局部热水供应方式

2. 集中热水供应系统

室内集中热水供应系统主要由热媒系统(第一循环系统)、热水供应系统(第二循环系统)及附件三部分组成。(如图 5-2 所示)

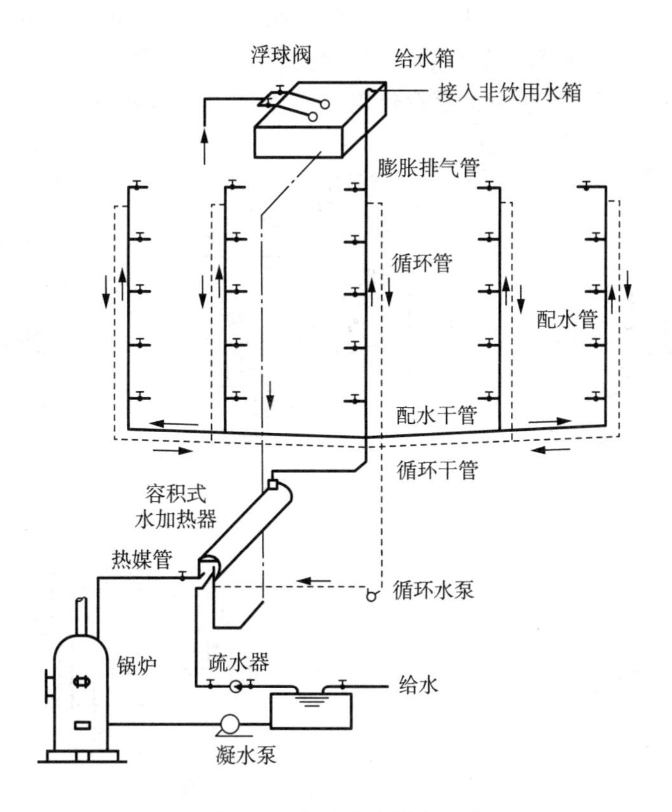

图 5-2　集中热水供应方式

(1)热媒系统(第一循环系统)

热媒系统由热源、水加热器和热媒管网组成。由锅炉生产的蒸汽(或高温热水)通过热媒管网送到水加热器加热冷水,经过热交换蒸汽变成冷凝水,靠余压经疏水器流到冷凝水池,冷凝水和新补充的软化水经冷凝水循环泵再送回锅炉加热为蒸汽,如此循环完成热的传递作用。第一循环系统的锅炉和加热器在有条件时,最好放在供暖锅炉房内,以便集中管理。

(2)热水供水系统(第二循环系统)

输送热水部分是由配水管道和循环管道、循环水泵等组成,也称为热水供应第二循环系统。被加热到一定温度的热水,从水加热器输出经配水管网送至各个热水配水点,而水加热器的冷水由高位水箱或给水管网补给。

为保证各用水点随时都有规定水温的热水,在立管和水平干管甚至支管设置回水管,使一定量的热水经过循环水泵流回水加热器以补充管网所散失的热量。

(3)附件

蒸汽、热水的控制附件及管道的连接附件,主要包括温度自动调节器、疏水器、减压阀、安全阀、自动排气阀、膨胀罐、管道伸缩器、闸阀、水嘴等。

5.1.3 热水供应系统的供水方式

1. 按热水加热方式的不同,分为直接加热和间接加热

直接加热也称一次换热,是利用以燃气、燃油、燃煤为燃料的热水锅炉,把冷水直接加热到所需热水温度,或者是将蒸汽或高温水通过穿孔管或喷射器直接通入冷水混合制备热水,如图 5-3 所示。适用于具有合格的蒸汽热媒、对噪声无严格要求的公共浴室、洗衣房、工矿企业等用户。

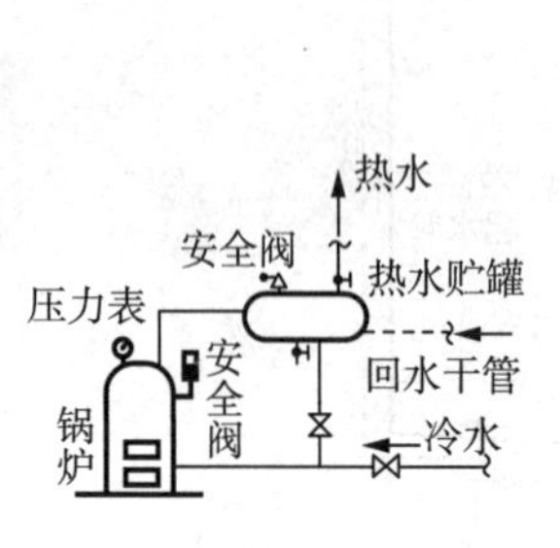

a)热水锅炉配贮水罐

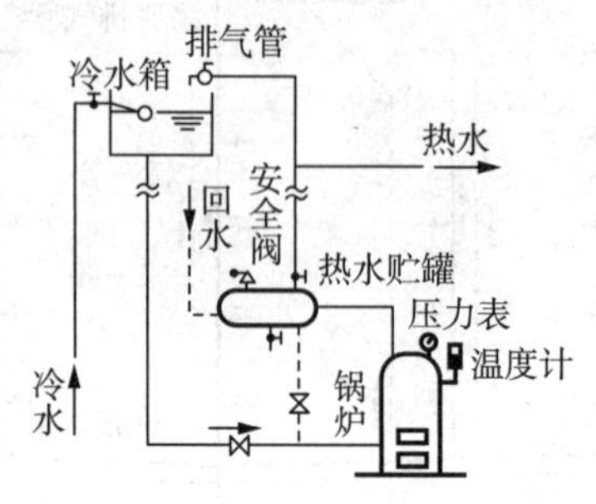

b)冷水箱、热水锅炉配贮水罐

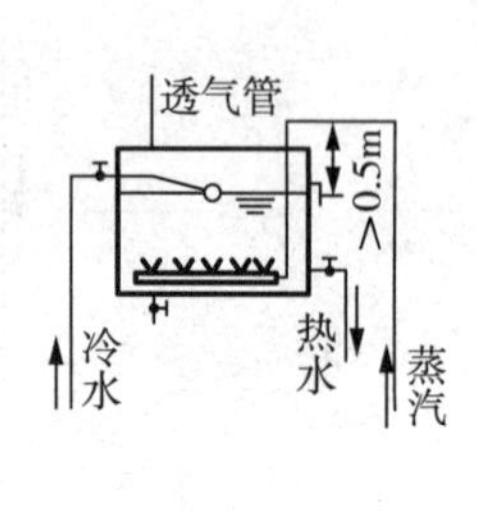

c)多孔管蒸气加热

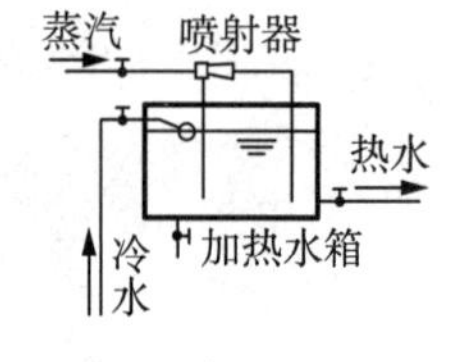

d)蒸汽喷射器加热(装在箱外)

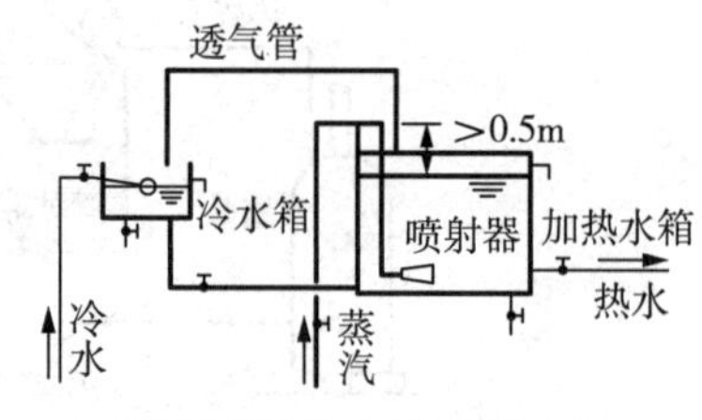

e)蒸汽喷射器加热(装在箱内)

图 5-3 热源或热媒直接加热冷水方式

间接加热也称二次换热,是将热媒通过水加热器把热量传递给冷水达到加热冷水的目的,在加热过程中热媒(如蒸汽)与被加热水不直接接触,如图 5-4 所示。适用于要求供水稳定、安全,噪声要求低的旅馆、住宅、医院、办公楼等建筑。

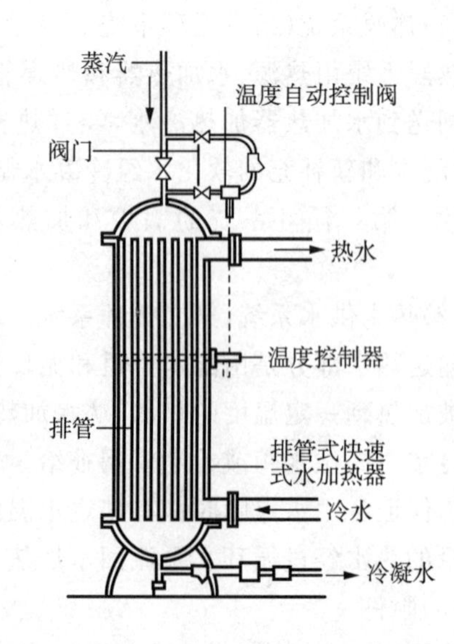

图 5-4 蒸汽-水加热器间接加热

2. 按热水管网的压力工况,可分为开式和闭式两类

开式热水供水方式,即在所有配水点关闭后,系统内的水仍与大气相通。该方式一般在管网顶部设有高位冷水箱和膨胀管或高位开式加热水箱,系统内的水压仅取决于水箱的设置高度,而不受室外给水管网水压波动的影响,可保证系统水压稳定和供水安全可靠。

闭式热水供水方式,即在所有配水点关闭

后，整个系统与大气隔绝，形成密闭系统。该方式中应采用设有安全阀的承压水加热器，有条件时还应考虑设置压力膨胀罐，以确保系统安全运转。具有管路简单、水质不易受外界污染的优点，但供水水压稳定性较差，安全可靠性较差，适用于不宜设置高位水箱的热水供应系统。

5.2　热水系统所需水量、水温及水质

5.2.1　热水用水量标准(定额)

建筑热水供应主要供给生产、生活用户洗涤及盥洗用热水，应能保证用户随时可以得到符合设计要求的水量、水温和水质。

热水用水量标准有两种：一种是按热水用水单位所消耗的热水量及其所需水温而制定的，如果每人每日的热水消耗量及所需要的水温，洗涤每公斤干衣所需要的水量及水温等，见表5-1所列；另一种是按照卫生器具一次或一小时热水用水量和所需水温而制定的，见表5-2所列。

表5-1　热水用水定额

序号	建筑物名称	单位	最高日用水定额(L)	使用时间(h)
1	住宅 有自备热水供应和沐浴设备 有集中热水供应和沐浴设备	每人 每日	 40～80 60～100	24
2	别墅	每人每日	70～110	24
3	酒店式公寓	每人每日	80～100	24
4	宿舍 Ⅰ类、Ⅱ类 Ⅲ类、Ⅳ类	 每人每日 每人每日	 70～100 40～80	24
5	招待所、培训中心、普通旅馆 设公用盥洗室 设公用盥洗室、淋浴室 设公用盥洗室、淋浴室、洗衣室 设单独卫生间、公用洗衣室	 每人每日 每人每日 每人每日 每人每日	 25～40 40～60 50～80 60～100	24 或定时供应
6	宾馆客房 旅客 员工	 每床位每日 每人每日	 20～160 40～50	24

(续表)

序号	建筑物名称	单位	最高日用水定额(L)	使用时间(h)
7	医院住院部			
	设公用盥洗室	每床位每日	60～100	24
	设公用盥洗室、淋浴室	每床位每日	70～130	
	设单独卫生间	每床位每日	110～200	
	医务人员	每人每班	70～130	8
	门诊部、诊疗所	每病人每次	7～13	
	疗养院、休养所住房部	每床位每日	100～160	24
8	养老院	每床位每日	50～70	24
9	幼儿园、托儿所			
	有住宿	每儿童每日	20～40	24
	无住宿	每儿童每日	10～15	10
10	公共浴室			
	淋浴	每顾客每次	40～60	12
	沐浴、浴盆	每顾客每次	60～80	
	桑拿浴(沐浴、按摩池)	每顾客每次	70～100	
11	理发室、美容院	每顾客每次	10～15	12
12	洗衣房	每千克干衣	15～30	8
13	餐饮厅			
	营业餐厅	每顾客每次	15～20	10～12
	快餐店、职工及学生食堂	每顾客每次	7～10	12～16
	酒吧,咖啡厅、茶座、卡拉OK房	每顾客每次	3～8	8～18
14	办公楼	每人每班	5～10	8
15	健身中心	每人每次	15～25	12
16	体育场(馆)			
	运动员淋浴	每人每次	17～26	4
17	会议厅	每座位每次	2～3	4

注:(1)热水温度按60℃计。

(2)本表以60℃热水水温为计算温度,卫生器具的使用水温见表5-2所列。

表 5-2　卫生器具的一次和小时热水用水定额及水温

序号	卫生器具名称	一次用水量(L)	小时用水量(L)	使用水温(℃)
1	住宅、旅馆、别墅、宾馆			
	带有淋浴器的浴盆	150	300	40
	无沐浴器的浴盆	125	250	40
	淋浴器	70～100	140～200	37～40
	洗脸盆、盥洗槽水嘴	3	30	30
	洗涤盆(池)	—	180	50
2	宿舍、招待所、培训中心淋浴器			
	有淋浴小间	70～100	210～300	37～40
	无淋浴小间	—	450	37～40
	盥洗槽水嘴	3～5	50～80	30
3	餐饮业			
	洗涤盆(池)	—	250	50
	洗脸盆:工作人员用	3	60	30
	顾客用	—	120	30
	淋浴器	40	400	37～40
4	幼儿园、托儿所			
	浴　盆:幼儿园	100	400	35
	托儿所	30	120	35
	淋浴器:幼儿园	30	180	35
	托儿所	15	90	35
	盥洗槽水嘴	15	25	30
	洗涤盆(池)	—	180	50
5	医院、疗养院、休养所			
	洗手盆	—	15～25	35
	洗涤盆(池)	—	300	50
	浴盆	125～150	250～300	40
6	公共浴室			
	浴盆	125	250	40
	淋浴器:有淋浴小间	100～150	200～300	37～40
	无淋浴小间	—	450～540	37～40
	洗脸盆	5	50～80	35
7	办公楼　洗手盆	—	50～100	35
8	理发室　美容院　洗脸盆	—	35	35
9	实验室			
	洗脸盆	—	60	50
	洗手盆	—	15～25	30

(续表)

序号	卫生器具名称	一次用水量(L)	小时用水量(L)	使用水温(℃)
10	剧场 淋浴器 演员用洗脸盆	 60 5	 200～400 80	 37～40 35
11	体育场馆　沐浴器	30	300	35
12	工业企业生活间 淋浴器:一般车间 脏车间 洗脸盆或盥洗槽水嘴 一般车间 脏车间	 40 60 3 5	 360～540 180～480 90～120 100～150	 37～40 40 30 35
13	净身器	10～15	120～180	30

注:一般车间指现行《工业企业设计卫生标准》中规定的3、4级卫生特征的车间,脏车间指该标准中规定的1、2级卫生特征的车间。

5.2.2 热水供应水温及水质

1. 水温

(1)生活热水水温

生活所用热水的水温一般为25℃～60℃,考虑到水加热器到配水点的热损失,水加热器的出水温度一般不高于75℃,但亦不应过低。水温过高,则管道容易结垢,也易发生人体烫伤事故,水温过低则不经济。《建筑给水排水设计规范》中规定:直接供应热水的热水锅炉、热水机组或水加热器出口的最高水温为75℃,配水点的最低水温为50℃;设置集中热水供应系统的住宅,配水点的水温不应低于45℃。

(2)生产用热水水温

生产用热水水温应按照各种生产工艺的要求来确定。

2. 水质

(1)生活用热水水质

生活用热水水质,除应符合国家现行的《生活饮用水卫生标准》要求外,集中热水供应系统的原水的水处理,应根据水质、水量、水温、水加热设备的构造和使用要求等因素通过技术经济比较确定。

① 洗衣房日用热水量(按60℃计)大于或等于10m^{3}且原水总硬度(以碳酸钙计)大于300mg/L时,应进行水质软化处理;原水总硬度(以碳酸钙计)为150～300mg/L时,宜进行水质软化处理。

② 其他生活日用热水量(按60℃计)大于或等于10m^{3}且原水总硬度(以碳酸钙计)大于300mg/L时,宜进行水质软化或稳定处理。

③ 经软化处理后的水质总硬度宜为:洗衣房用水(50～100mg/L);其他用水(75～150mg/L)。

(2)生产用热水水质

生产用热水水质的要求应根据生产工艺的不同要求制订,当生产工艺对溶解氧控制要求较高时,宜采取除氧措施。

5.3 热水加热和贮热设备

5.3.1 热源选择

目前,水加热可用热源主要有:燃油、燃气等人工燃料以及煤等天然燃料;太阳能、电能等天然或人工能源。前者具有热值高、发热量大、使用方便等优点,但存在着环境污染、储量有限等方面的问题;后者属清洁热源,值得大力推广。工业余热、废热也是值得利用的热源,使热能得以充分发挥、利用。采用水源热泵、空气源热泵等可再生低温新型能源制备生活热水,当合理应用该项技术时,节能效果显著,但选用这种热源时,应注意可再生低温能源的适用条件及配备质量可靠的热泵机组。

选择热源应依据节能,充分利用热源,加热设备的使用特点、耗热量、加热方式、燃料种类、可靠性要求和当地热源情况等因素,经综合比较后确定。年日照时数大于1400h、年太阳辐射量大于$4200MJ/M^2$及年极端最低气温不低于$-45℃$的地区,宜优先采用太阳能热源。在夏热冬暖地区,宜采用空气源热泵热水供应系统;在地下水源充沛、水文地质条件适宜、能保证回灌的地区,宜采用地下水源热泵热水供应系统;在沿江、沿海、沿湖、地表水源充足,水文地质条件适宜,以及有条件利用城市污水、再生水的地区,宜采用地表源热泵热水供应系统。

集中或区域热水供应系统的热源宜首先利用工业余热、废热、地热、可再生低温能源热泵和太阳能或全年供热的热力管网或区域锅炉房、集中锅炉供给的蒸汽、高温水热媒,其次以燃油、燃气热水机组或电蓄热设备等供给集中热水供应系统的热源或直接供应热水。利用废热、余热制备热媒,其引用的废气、烟气温度不宜低于400℃;以地热为热源时,应按地热水的水温、水质和水压,采用相应的技术措施;以太阳能为热源时,宜附设辅助加热装置;采用空气、水等可再生低温热源的热泵热水器需经当地相关主管部门批准,并进行生态环境、水质卫生方面的评估。

局部热水供应系统的热源宜采用太阳能及电能、燃气、蒸汽等。

5.3.2 加热设备

水加热设备的选用应根据使用特点、耗热量、热源、维护管理及卫生防菌等因素选择,并应符合下列要求:

(1)热效率高,换热效果好、节能、节省设备用房;

(2)生活热水侧阻力损失小,有利于整个系统冷、热水压力的平衡;

(3)安全可靠、构造简单、操作维修方便。

当采用自备热源时,可采用直接供应热水以燃气、燃油等为燃料的热水机组或常压热水锅炉等水加热设备,亦可采用间接供应热水的自带热交换器的热水机组或外配容积式、半容积式水加热器的热水机组等水加热设备。同时,燃气(油)热水机组还应具备燃料燃烧完全、消烟除尘、机组水套通大气、自动控制水温、火焰传感、自动报警等功能。

当采用蒸汽、高温热水等热媒时,应结合用水均匀性、给水水质硬度、热媒供应能力系统对冷热水压力平衡稳定的要求及设备所带温控安全装置的灵敏度、可靠性等经综合技术经济比较后选择间接水加热设备。

当热源为太阳能时,宜采用热管或真空管等热效率高的太阳能热水器。在电力供应充沛的地方,可采用电热水器。在具有可利用水资源的地区,可采用水源热泵;在非寒冷地区,经技术、经济比较可采用空气源热泵;在寒冷地区,经技术、经济比较可采用地源热泵给集中热水供应系统的热源或直接供给热水。

下面介绍几种常用的加热设备。

1. 常压热水锅炉

常压热水锅炉使用的燃料有煤、液化石油气、天然气和轻柴油等。常压热水锅炉分立式和卧式,用炉膛直接加热水,因此要求冷水硬度底,否则会产生结垢现象。在供水不均匀的情况下,应设置热水罐调节用水量。热水罐罐底应高于锅炉最高点标高,如图5-5所示。常压热水锅炉的优点是:设备及管道系统简单,投资省、热效率高,运行费用低,采用开式系统时无危险。

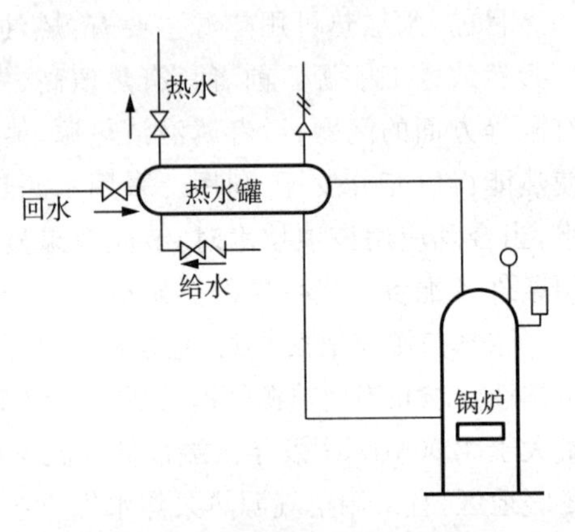

图5-5 常压燃油(燃气)热水锅炉

2. 燃气加热器

这是一种直接加热的热水器,有快速式和容积式两种形式。

(1)快速式燃气加热器

水在热水器本体内流动时,主燃烧器点火,利用燃气燃烧将通过的水快速加热。它一般安装在用水点前,就地加热,可随时获取热水,无贮水容积。

(2)容积式燃气加热器

它具有一定的贮水容积,在使用前需要预先加热,因此功率比快速式小,多用于住宅、公共建筑物的局部热水供应。

燃气加热器管道设备简单,使用灵活方便、可由用户自己管理、热效率较高、噪声低、成本低、比较清洁,因此,在住宅、食堂等场所中普遍应用。设计时,应注意设置排烟位置,并预留有关孔洞;为确保使用安全,一般设置在厨房或走廊等处。

3. 电热水器

这是一种以电力直接加热的设备,具有安装方便、易于维护管理、造型美观、使用安全、环保等优点。近年来电热水器发展较快,特别在欧洲的一些国家使用比较普遍,其科类可归纳为:

(1)快速式电加热器

如图5-6所示,这种电加热器贮水容积很小,冷水通过加热器可立即被加热使用,因此体型小、重量轻、安装简单,能即热即用,出水温度容易调节,使用方便,且热损失小。但它耗电功率较大,一般用于单个淋浴器或单个用水点的热水供应。

(2)容积式电加热器

如图5-7所示,这种电加热器具有一定的热水贮水容积,体型较大,使用前需预先加热，耗热损失较大，但可以同时满足多个用水点的热水供应，便于设备的集中管理，且耗电功率较小。其具有电蓄热功能，能够在一定程度上起到削峰填谷、节省运行费用的效果，设计时应注意确定蓄热和供热方式（谷加平或全谷用电方式）；计算蓄热罐体积；确定优化的系统方式和运行模式。

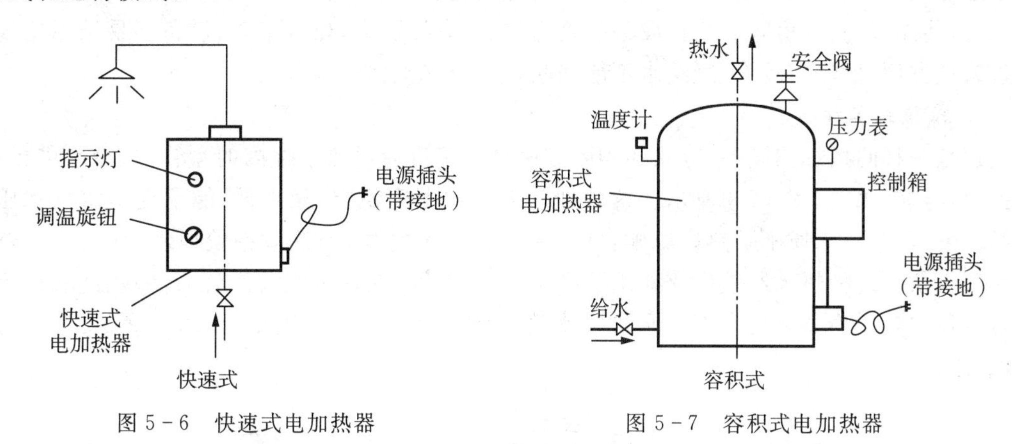

图 5－6　快速式电加热器　　图 5－7　容积式电加热器

4. 太阳能热水器

太阳能热水器是利用阳光辐射把冷水加热的一种光热转换器，通常由太阳集效器、保温水罐（箱）、连接管道、支架、控制器和其他配件组合而成。基本原理是将阳光释放的热源通过集热器（吸收太阳辐射能并向水传递热量的装置）的高效吸热使水温升高，利用冷水密度大于热水的特点，形成冷热水自然对流、上下循环，使保温水罐（箱）的水温不断升高，完成生产热水的目的，如图 5－1c 所示。

由于气候原因，某些日照不足地区需配套辅助热源。辅助热源可采用全自动智能控制的电辅助加热装置、燃气常压热水锅炉装置。一般，电辅助加热装置直接装于太阳能水箱内，燃气常压热水锅炉亦可对太阳能水箱进行循环加热，辅助加热设备与太阳能水箱可装于同一位置。

5. 热泵水加热系统

热泵水加热系统主要由蒸发器、压缩机、冷凝器和膨胀阀等部分组成，通过让工质不断完成蒸发（吸取环境中的热量）→压缩→冷凝（放出热量）→节流→再蒸发的热力循环过程，从而将环境里的热量转移到水中，如图 5－8 所示。

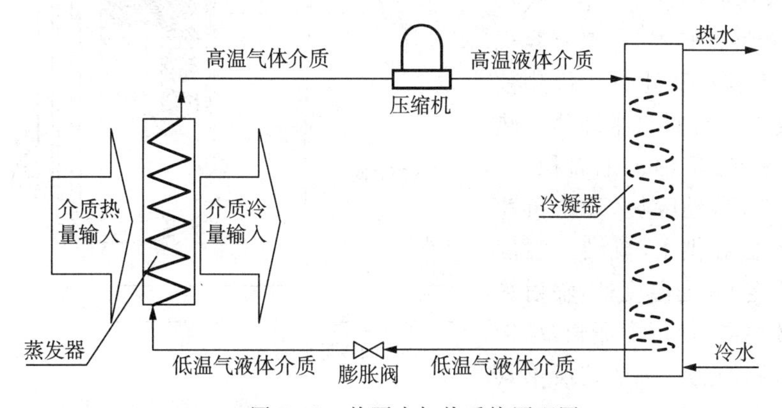

图 5－8　热泵水加热系统原理图

6. 汽-水混合加热器

这是一种直接加热方式。蒸汽锅炉将产生的蒸汽送到加热地点，通过多孔管或喷射器等与被加热水充分混合，以得到热水，如图5-3c、图5-3d所示。

这种汽-水混合直接加热的方式，适用于耗热量小的热水供应系统或局部热水供应系统，如公共澡堂，洗衣房等。这种设备的管道较简单，投资省，热效率高，设备不易结垢堵塞，维护管理方便，但噪声较大，凝结水不能回收，水质易受蒸汽的污染。

7. 容积式水加热器

这是一种间接加热设备，分立式和卧式两种。蒸汽通过热水罐内的盘管，与冷水进行热交换而加热冷水，如图5-9所示。这种加热器供水温度稳定，噪声低，能承受一定的水压，凝结水可以回收，水质不受热媒影响，并有一定的调节容量，但热效率较低，占地面积大，维修管理复杂。这种热水器较广泛地用于高层宾馆、医院、耗热量较大的公共浴室、洗衣房等。一般容积式热交换器上设有冷热水进出水管、自动温度调节器、温度计、压力表、安全阀、排气阀、人孔等。

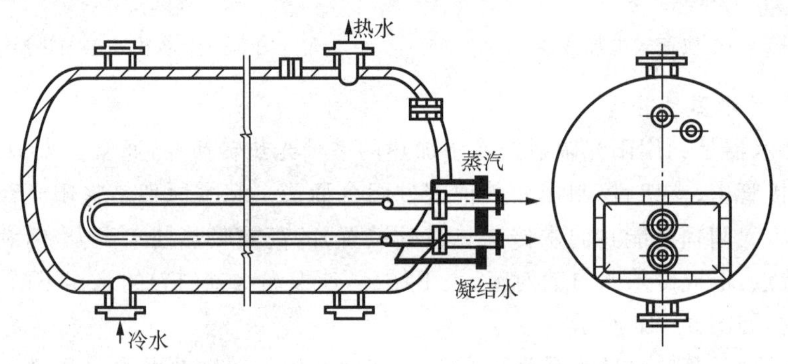

图5-9 卧式容积式水加热器

容积式水加热器的盘管材料一般采用不锈钢管或铜管。要求较高的宾馆热水管网采用薄壁铜管外，对加热器的内壁也采用不锈钢的复合板材制作。

8. 半即热式热水器

半即热式热水器是介于快速式加热器(亦称即热式加热器)和容积式水加热器之间的新型换热器，它兼有容积式具有一定调节容积和即热式传热效率高、换热速度快的优点。半即热式热水器还具有体积小，节约占地面积，节省安装及运输费，自动除垢，无论负荷变化大小，均能恒温供水，凝结水温度低，蒸汽耗量稳定，外壳温度低，辐射热损失极小，热效率高，使用寿命长，维护简单等，容积式和即热式换热器所不具备的优点，如图5-10所示。

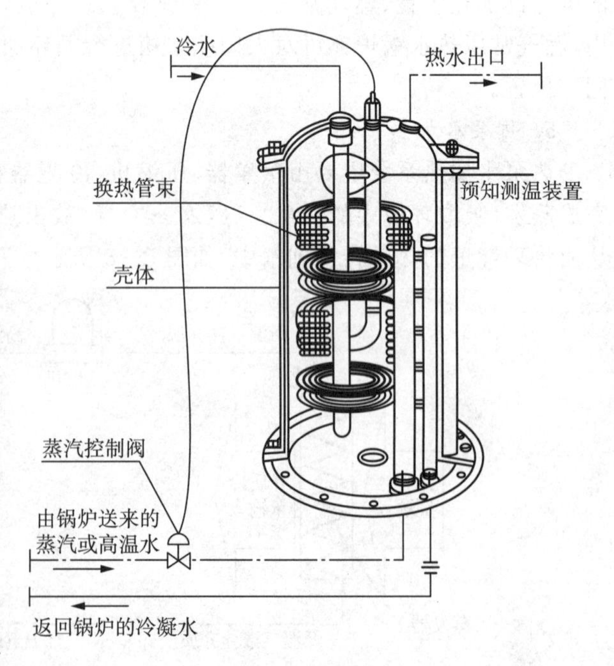

图5-10 半即热式热水路

半即热式热水器由上下端盖、筒体、热媒进气干管、冷凝回水干管、螺旋盘管式换热管束、温控装置、安全装置、热媒过滤器、冷水进水管、热水出水管、排污水管等组成。热媒进气干管从换热器的下部进入壳体，自下而上安装并接出多组加热盘管。

半即热式热水器，将要加热的水贮在壳体内，而热媒介质则在盘管内流动，它属于一种有限量贮水的加热器。在汽水换热条件下，它的传热系数 $K \geqslant 11723\text{kJ}/(\text{m}^2 \cdot \text{h} \cdot ℃)$，约为容积式换热器的2.5～4倍。半即热式加热器一般直径较小，被加热水的过水断面积也较小，增大了被加热水的流速。壳体螺旋形浮动盘管在加热通过热媒时，会产生高频振荡，使盘管外壁附近的水流处于局部奈流状态，加之盘管会随温度的变化而伸缩，因此在盘管外形成的水垢会自动脱落，沉积在罐底定期排出。这些都有利于传热系数的提高，有利于热效率的提高。螺旋形盘管采用薄壁紫铜管，行程长，并多次以变向、变径、分流或会流等方式来提高传热效果，使热媒过冷却。高温蒸汽最后降至50℃左右的凝结水，使热媒的能量充分被利用，从而节约蒸汽耗量15%左右。

半即热式热水器适用于有不同负荷要求的宾馆、饭店、洗衣房等工业与民间建筑的采暖、空调和热水供应系统。

5.3.3　水加热设备的布置

对于容积式、导流型容积式、半容积式水加热器，加热器的一侧应有净宽不小于0.7m的通道，前端应留有抽出加热盘管的位置；水加热器上部附件的最高点至建筑结构最低点的净距，应满足检修的要求，并不得小于0.2m，房间净高不得低于2.2m。

对于水源热泵机组，其机房应合理布置设备和运输通道，并预留安装孔、洞；机组距墙的净距不宜小于1.0m，机组之间及机组与其他设备之间的净距不宜小于1.2m；机组与配电柜之间净距不宜小于1.5m；机组与其上方管道、烟道或电缆桥架的净距不宜小于1.0m；机组应按产品要求在其一端留有不小于蒸发器、冷凝器长度的检修位置。

对于空气源热泵机组，其机组不得布置在通风条件差、环境噪声控制严及人员密集的场所；机组进风面距遮挡物宜大于1.5m，控制面距墙宜大于1.2m，顶部出风的机组，其上部净空宜大于4.5m；机组进风面相对布置时，其间距宜大于3.0m。

对于燃油(气)热水机组，其机房宜与其他建筑物分离独立设置。当机房设在建筑物内时，不应设置在人员密集场所的上、下或贴邻，并应设对外的安全出口；机房的布置应预留设备的安装、运行和检修空间，其前方应留不少于机组长度2/3的空间，后方应留0.8m～1.5m的空间，两侧通道宽度应为机组宽度，且不应小于1.0m。机组最上部部件(烟囱除外)至机房顶板梁底净距不宜小于0.8m；机房与燃油(气)机组配套的日用油箱、贮油罐等的布置和供油、供气管道的敷设均应符合有关消防、安全的要求。设置锅炉、燃油(气)热水机组、水加热器、贮热器的房间，应便于泄水、防止污水倒灌，并应有良好的通风和照明。

5.4　热水管网管材、附件和管道敷设

5.4.1　热水管网管材

热水系统采用的管材和配件应满足系统管道的工作压力、温度及使用年限要求，同时应

符合现行产品质量标准要求。热水管道应选用耐腐蚀和安装连接方便可靠、符合饮用水卫生要求的管材及相应的配件,可采用薄壁铜管、薄壁不锈钢管、铝塑复合管、交联聚乙烯(PE-X)管、三型无规共聚聚丙烯管(PP-R)等。当采用PE-X、PP-R塑料热水管或铝塑复合热水管材时,应按管材生产厂家提供曲管材允许温度、允许工作压力检测报告,选用满足使用要求的管材。在设备机房内不应采用塑料热水管。在建筑标准要求高的宾馆、饭店,可采用不锈钢管或铜管及其配件。

5.4.2 热水管网附件

热水供应系统除需要装置检修和调节阀门外,还需根据热水供应方式装置若干附件控制系统的水温、热膨胀、排气、管道伸缩等问题,保证系统安全可靠的运行。

热水供应系统中的主要附件有自动温度调节装置、疏水器、膨胀水箱、排气装置和管道补偿器等。关于疏水器、膨胀水箱及排气装置将在6.4.5节中论述。

1. 自动温度调节装置

热水供应系统中为实现节能节水、安全供水,在水加热设备的热媒管道上应装设自动温度调节装置来控制出水温度。自动调温装置有直接式和电动式两种类型。

(1)直接式自动调温装置

图5-11所示为直接式温度调节装置,由温包、感温元件和调节阀组成。温包放置在水加热器热水出口处或出水管道内感受温度的变化,并通过毛细导管传导到装设在蒸汽管道上的调节阀,自动调节进入水加热器的蒸汽量,达到控制温度的目的。这种装置结构简单,控制精度在±4%~5%范围。

(2)间接式自动调温装置

间接式自动控制温度装置,由电触点压力式温度计、电动阀、齿轮减速箱和电气设备等组成,如图5-12所示。电触点压力式温度计的温感受热水温度的变化并传导到电触点压力式温

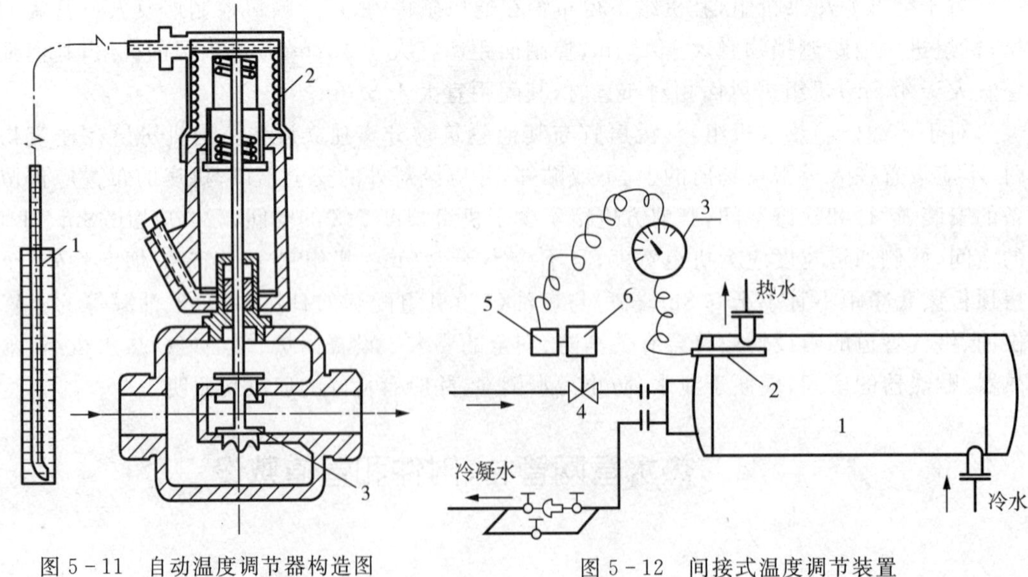

图5-11 自动温度调节器构造图

1—温包;2—感温元件;3—调压阀

图5-12 间接式温度调节装置

1—水加热器;2—温包;3—电触点压力式温度计;4—阀门;5—电动机;6—齿轮减速箱

度计，电触点压力式温度计内设有所需温度控制范围的上、下触点，如70℃～75℃，当水加热器出口水温过高，压力表指针与上触点接触，电动机正转，通过减速齿轮把蒸汽阀门关小；当水温降低时，压力表指针下触点接通，电动机反转，把蒸汽阀门开大。如果水温符合规定要求，压力表指针处于上、下触点之间，电动机停止动作。这种温控方法，工作可靠，控制精度在±2%以内，大小规模都适用。

2. 管路补偿器

在热水或蒸汽管道中，金属管路会随热水温度的升高会发生热伸长现象，如果伸长量不能得到补偿，管道将承受很大压力，产生挠曲、位移，使接头开裂漏水。因此，在热水管路上应设置补偿装置，吸收管道由于温度变化而产生的伸缩变形。

吸收管道伸缩变化的措施有：

(1)自然补偿

利用管路布置敷设的自然转向弯曲来吸收管道的伸缩变化，称为自然补偿。在管网布置时出现的转折或在管路中有意识布置成90°转向的L形，Z形，可形成自然补偿，如图5-13所示。在转弯直线段上适当位置设置固定支撑，以补偿固定支撑间管段热伸长量。L型自然补偿器的管道臂长不应超过20～25m；Z型补偿的两平行臂之和一般不大于40～50m。

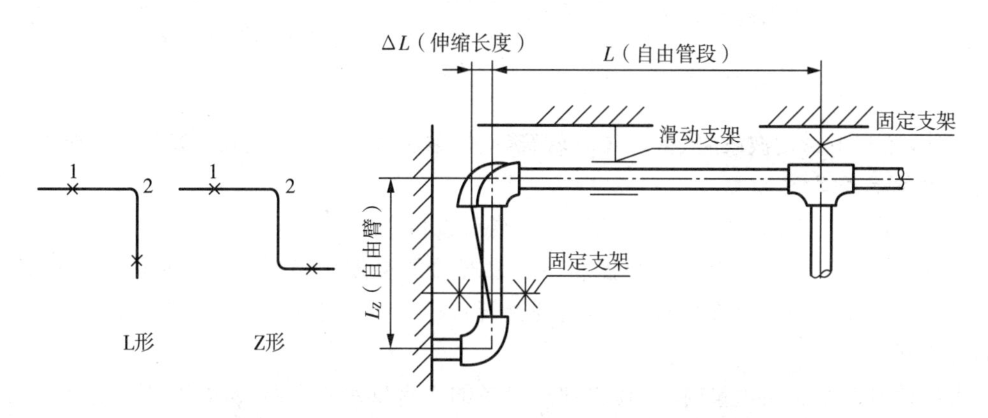

图5-13　自然补偿管道确定自由臂L长度示意图

1—固定支撑；2—煨弯管

(2)π形补偿器

π形补偿器是用整根钢管煨弯而成，优点是不漏水、安全可靠。其缺点是需要较大的安装空间，一个π形补偿器约可以承受50mm左右的伸缩量，如图5-14所示。

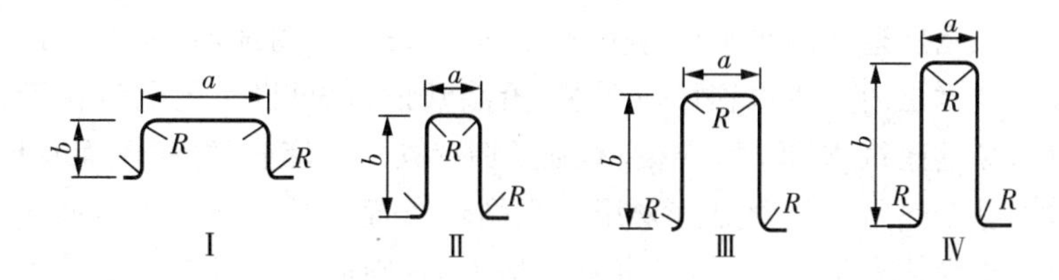

图5-14　π形伸缩器

(3)球形补偿器

球形补偿器的主要优点是伸长量大,因而在相同长度的管路中,比 π 形补偿器所占建筑物的空间要少,并且节约管材,如图 5-15 所示。

(4)套管补偿器

套管补偿器如图 5-16 所示,适用于管径大于等于 DN100 的直线管段。它的优点是占地小,缺点是因轴向推力大,容易漏水,且造价高。这种补偿器的伸长量一般可达 250～400mm。

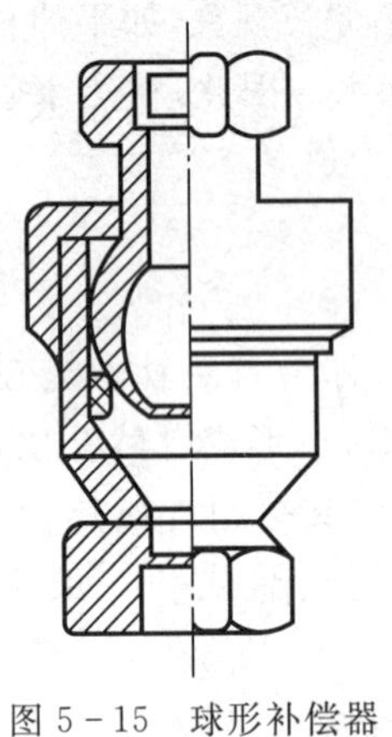

图 5-15 球形补偿器

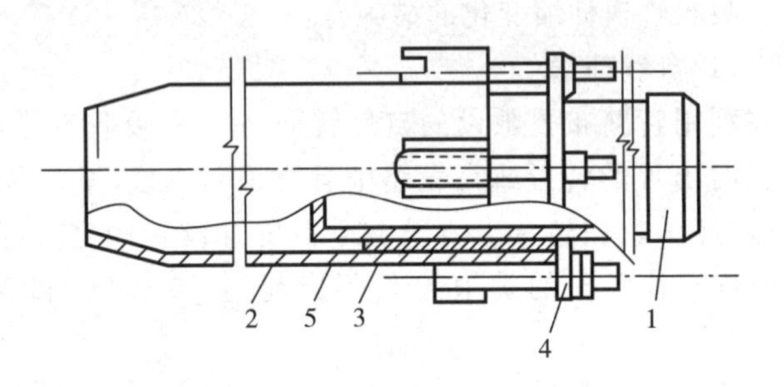

图 5-16 单向套管补偿器

1—芯管;2—壳体;3—填料圈;4—前压盘;5—后压盘

此外,还有不锈钢波纹管、多球橡胶软管等补偿器,适用于空间小、伸缩量小的地方。

3. 热水系统其他附件

水加热设备的上部、热媒进出口管上,蓄热水罐和冷热水混合器上应装温度计、压力表。热水循环的进水管上应装温度计及控制循环泵开停的温度传感器。热水箱应装温度计、水位计。压力容器设备应装安全阀,安全阀的接管直径应经计算确定,并应符合锅炉及压力容器的有关规定。

当需计量热水总用水量时,可在水加热设备的冷水供水管上装冷水表,对成组和个别用水点可在专供支管上装设热水水表。有集中供应热水的住宅,应装设分户热水水表。水表的选型、计算及设置要求同冷水。

5.4.3 管道敷设与保温

室内热水管网布置的原则,即在满足水温、水量、水压和便于维修管理的条件下使管线最短。

水平干管应根据所选定的热水供应方式,可以敷设在室内地沟、地下室顶部、建筑物最高层或专用设备技术层内。热水管可以明装、沿墙敷设,也可以暗装敷设在管道竖井内、预留沟槽内。管道穿越建筑物、顶棚、楼板、基础及墙壁处应设套管,穿越屋面及地下室外墙时应加防水套管。整个热水循环管道宜采用同程循环布置方式。塑料类热水管宜暗装敷设,明装时应布置在不受撞击处、不被阳光宜晒的地方,否则应采取保护措施。管道上、下平行敷设时,热水管应在冷水管的上方;管道垂直平行敷设时,热水管应在冷水管的右侧。塑料给水管不得与水加热器或热水锅炉直接连接,应有不小于 0.4m 的金属管段过渡。

为防止热水管道输送过程中发生倒流或串流，应在水加热器或贮水罐的冷水供水管上，机械循环的第二循环回水管上，冷热水混合器的冷、热水进水管道上装设止回阀。当水加热器或贮水罐的冷水供水管上安装倒流防止器时，应采取保证系统冷热水供水压力平衡的措施。

在上行下给式的配水横干管的最高点，应设置排气装置（自动排气阀或排气管），管网的最低点还应设置口径为管道直径的1/5～1/10的泄水阀或丝堵，以便泄空管网存水。对于下行上给式全循环管网，为了防止配水管网中分离出来的气体被带回循环管，应将回水立管始端接到各配水立管最高配水点以下0.5m处，可利用最高配水点放气，系统最低点应设泄水装置。

所有横管应有与水流相反的坡度，便于排气和泄水，坡度一般不小于0.003。

横干管直线段应设置伸缩器以补偿管道热胀冷缩。为了避免管道热伸长所产生的应力破坏管道，立管与横管应按图5－17方式连接。

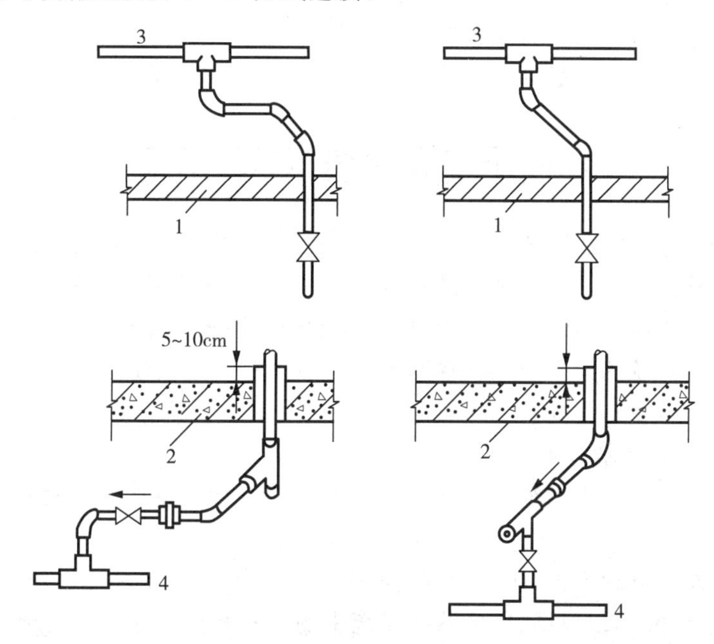

图5－17　热水立管与水平干管的连接方式

1—吊顶；2—地板或沟盖板；3—配水横管；4—回水管

在水加热设备的上部、热媒进出口管上、蓄热水罐和冷热水混合器上，应装温度计、压力表。在热水循环管的进水管上，应装温度计及控制循环泵启停的温度传感器。热水箱应设温度计、水位计；压力容器设备应装安全阀，安全阀的泄水管应引至安全处且在泄水管上不得装设阀门。蒸汽立管最低处、蒸汽管下凹处的下部宜设疏水器。

为了减少散热，防止引起烫伤，热水供应系统的输（配）水、循环回水干（立）管，热水锅炉、热水机组、水加热设备，贮水罐、分（集）水器，热媒管道及阀门等附件应采取保温技术措施。也就是说，设备、管道及其附件的外表面温度高于50℃、工艺生产中需要减少介质的温度降或延迟介质凝结的部位、外表面温度超过60℃并需要经常操作维护而又无法采用其他措施的部位都必须保温。保温材料应当选用导热系数小、密度小、耐热性高，具有一定机械强度，不腐蚀管道、金属，重量轻、吸水率小，施工简便和价格低廉的材料。

热水供应系统保温材料应有最高安全使用温度要求,必要时尚需注明不燃性和自熄性、含水率、吸湿率、热膨胀系数、收缩串、抗折强度、腐蚀性及耐腐蚀性等性能。常用的保温材料有:硬质聚氨酯泡沫塑料、聚苯乙烯泡沫塑料、聚乙烯泡沫塑料、岩棉、玻璃纤维棉、石棉、矿渣棉、短石类、膨胀珍珠岩、硅藻土、泡沫混凝土等。

5.5 热水管网计算简述

热水系统计算包括第一循环系统计算及第二循环系统计算。前者内容满足选择热源、确定加热设备类型和热媒管道的管径。后者内容包括确定配水及回水管道的管径、选择附件和管材等。现就第二循环系统管道计算要点作一介绍。

(1)确定配水干管、立管及支管的管径,其计算方法与室内给水管道计算方法完全相同。仅在选择卫生器具给水额定流量时,应当选择一个阀开的配水龙头。使用热水管网水力计算表计算管道沿程水头损失。热水管中流速不宜大于1.2m/s。

(2)循环管道的管径,一般可按照对应的配水管管径小一号来确定。

5.6 高层建筑热水供应系统

高层建筑的集中(小区、区域)热水供应系统与冷水系统一样,应竖向分区,其分区原则、方法和要求也与冷水相同。在管网布置和形式上一般也是相对应的,各区水加热器、贮水罐的进水均应由同区的给水系统专管供应,以便保证任一用水点冷热水压力相平衡。由于高层建筑中热水供应系统的设备、组成、管网布置与敷设等与一般建筑的热水供应系统相同,热水供应系统的分区供水主要有下列两种方式:

1. *集中加热分区热水系统*

把高层建筑内各区热水系统的加热设备,集中设置在地下室或其他附属建筑内,加热后的热水分别送往各区用户使用的系统,如图5-18所示。

该系统具有维护管理方便,热媒管道短等优点。但由于高、中区的水加热器与各区冷水源高位水箱的高差很大,以及高、中区热水系统中的供水和回水立管高度很大,加热器将承受很大的压力,钢材耗量大。因此,这种系统适宜3个分区以下的高层建筑中采用,不适用于超高层建筑。

高层建筑热水系统采用减压阀分区时,应采取措施保证各分区热水的正常循环,减压阀组的组成与设置同冷水给水系统。

2. *分散加热分区供热水系统*

按分区将加热器分别设置在本区的上部或下部,加热后热水沿本区管网系统送至各用水点的系统。如图5-19所示,该系统由于各区加热器均设于本区内,因而加热设备承受的压力较低,造价也较低;其缺点是设备分散,管理不便,热媒管道长。该系统适用于超高层建筑。

高层建筑底层的洗衣房、厨房等大用水量设备,由于工作制度与客房有差异,应设单独的热水供应系统供水,以便维护管理。

除此之外,对于一般单元式高层住宅、公寓及一些高层建筑物内部需用热水的用水场所，可以使用局部热水供应系统：即小型燃气加热器、电加热器、太阳能加热器等，供给单个厨房、卫生间等用热水。

高层建筑热水供应系统管网水力计算的方法、设备选择、管网布置与低层建筑的热水供应系统相同。

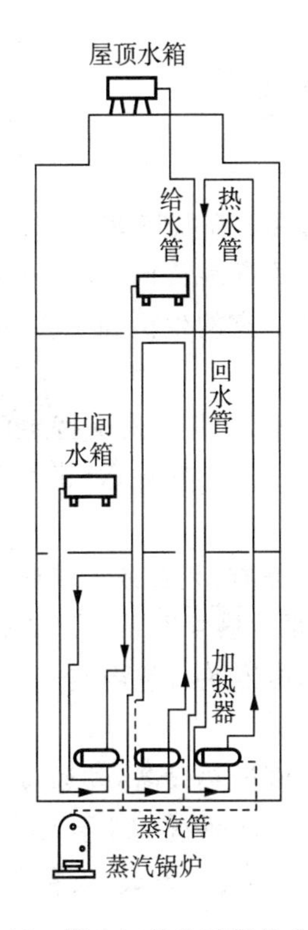

图 5－18　集中加热分区供热水系统图

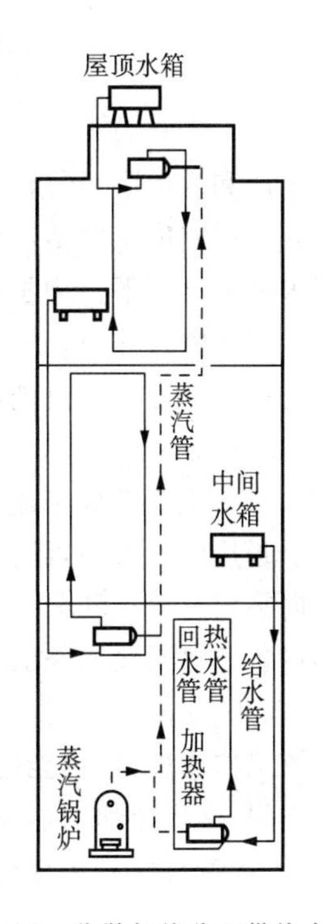

图 5－19　分散加热分区供热水系统

思考题

1. 集中热水供应系统的类型有哪些？分别介绍每种的组成与图示。

2. 建筑内部热水供应系统按照热水供应范围的大小分为哪几种形式？并说明各自的特点及适用情况。

3. 热水供水方式有哪几种？各自的适用哪种类型的建筑？

4. 简述建筑内部热水管道布置与敷设的基本原则和方法。

5. 热水供应系统中的附件有哪些？各自作用是什么？

6. 热水供水系统中常用的管材有哪些？热水供水系统中为何要设置回水管道？

第二篇 供热、供燃气、通风及空气调节

第6章 供 暖

在日常生产和生活中,要求室内保持一定的温度,尤其是在我国北方地区的冬季,室外温度远低于人们在室内正常活动所需的温度,室内的热量不断地传向室外,室内温度就会降到人们所要求的温度以下。为了维持室内正常温度,创造适宜的生活和工作环境,必须源源不断地向室内空间输送热量。

供暖即是用人工方法通过消耗一定能源向室内供给热量,使室内保持生活或工作所需温度的技术、装备、服务的总称。供暖系统由热媒制备(热源)、热媒输送(供热管网)、热媒利用(散热设备)三个主要部分组成。

热源是供暖热媒的来源,泛指能从中吸取热量的任何物质、装置或天然能源。热媒输送是指由热源向热用户输送和分配供热介质的管线系统,即供热管网系统。热媒利用是指通过室内散热设备把热网输送来的热媒以对流或辐射的方式传递给室内空气,最常见的散热设备是散热器。

供暖系统工作流程为:热能通过供热管道从热源输送到散热设备,并通过散热设备将热量传到室内空间,又将冷却的热媒输送回热源再次加热。供暖系统的主要环节,都会应用到传热学知识,故本章首先简述传热原理,随后阐述供暖系统负荷、组成、设备附件等内容,最后介绍热源。

6.1 供暖系统的传热原理

传热学是研究热量传递规律的学科。凡是有温差的地方,就有热量的传递。由于自然界和生产过程中,到处存在温度差,因此,传热是自然界和生产过程中非常普遍的现象。

在建筑工程专业领域中更是不乏涉及利用传热知识的问题。例如:新型围护结构的研制及其热工性能的测试;热源和冷源设备的选择;供热通风空调及燃气产品的开发、设计和实验研究;各种热力设备及管道的保温材料的研制、热损失的分析计算;各类换热器的设计、选择和性能评价;建筑物的节能计算等。

6.1.1 传热的基本方式

根据热量传递过程的物理本质不同,热量传递可分为三种基本方式:热传导、热对流和热辐射。

1. 热传导

热传导(又称导热)是指物体各部分无相对位移或不同物体直接接触时依靠分子、原子及自由电子等微观粒子热运动(如迁移、碰撞或振动等)而进行的热量传递现象。导热是物

质的属性，可以在固体、液体及气体中发生。

实验证明，导热只发生在不同的等温面之间，即从高温等温面沿着其法线向低温等温面传递。单位时间内通过单位等温面积的导热量，称为热流密度，记作 q，单位是 W/m^2。热流密度与温度梯度有关。法国数学物理学家傅里叶(J. Fourier) 在对各向同性连续介质(均匀物质) 导热过程实验研究的基础上，于 1882 年提出：在任何时刻，均匀连续介质内各地点所传递的热流密度与当地的温度梯度呈正比，即

$$q = -\lambda \mathrm{grad} t = -\lambda \frac{\partial t}{\partial n} \tag{6-1}$$

上式就是导热基本定律 —— 傅里叶定律的数学表达式。式中的比例系数 λ，称为导热系数，单位为 W/(m · K)。式(6-1) 表明，热流密度是一个向量(热流向量)，它与温度梯度位于等温面的同一法线上，但方向相反，永远沿着温度降低的方向。

单位时间内通过等温面积 F 的导热量称为导热热流量，记为 Q，单位为 W。

$$Q = \int_F q \mathrm{d}A = -\int_A \lambda \frac{\partial t}{\partial n} \mathrm{d}F \tag{6-2}$$

在建筑工程中，热传导常见的一些应用模型有：

(1) 单层平壁

在导热问题中，以无内热源的无限大平壁的稳态导热最为常见，所谓无限大平壁通常是指其宽度和高度远大于厚度的平壁。对于这种平壁，平壁边缘散热的影响(边壁效应) 可以忽略不计，即忽略沿平壁高度与宽度方向的温度变化，而只考虑沿厚度方向的温度变化，亦即一维导热。通过计算证实，当平壁的高度和宽度是厚度的 10 倍以上时，可视作无限大平壁，简称大平壁。

如图 6-1(a) 所示，一厚度为 δ 的单层大平壁，无内热源，材料的导热系数 λ 为常数，平壁两侧表面分别维持均匀稳定的温度 t_{w_1} 和 t_{w_2}。由傅里叶定律得：

$$q = -\lambda \frac{\partial t}{\partial x} = -\lambda \frac{\mathrm{d}t}{\mathrm{d}x}$$

将上式变化并代入边界条件：$x = 0, t = t_{w_1}$；$x = \delta, t = t_{w_2}$，整理后可得

$$q = \frac{\lambda(t_{w_1} - t_{w_2})}{\delta} = \frac{(t_{w_1} - t_{w_2})}{\delta/\lambda} \tag{6-3}$$

式中：q—— 通过单层平壁的热流密度，W/m^2；

δ/λ—— 单位面积平壁的导热热阻，$m^2 \cdot K/W$。

在传热学中，常用电学欧姆定律的形式来分析热量传递过程中热量与温度差的关系，对照可知，热流相当于电流、温度差相当于电位差、热阻相当于电阻。图 6-1b 示出了单层平壁导热过程的模拟电路图。

(2) 多层平壁

在建筑工程中，围护结构常常是由几层不同材料组成的平壁。例如，节能型墙体以砖墙或混凝土为主体，内抹水泥砂浆，外有聚苯板保温层和外抹砂浆；锅炉炉墙，内为耐热材料层，中为隔热材料层，外为钢板层。这些都是多层平壁的实例。图 6-2a 表示一个由三层不

同材料组成的无限大平壁。各层的厚度分别为 δ_1、δ_2 和 δ_3，导热系数分别为 λ_1、λ_2 和 λ_3，且均为常数。已知多层平壁的两侧表面分别维持均匀稳定的温度 t_{w_1} 和 t_{w_4}。要求确定三层平壁中的温度分布和通过平壁的导热量。

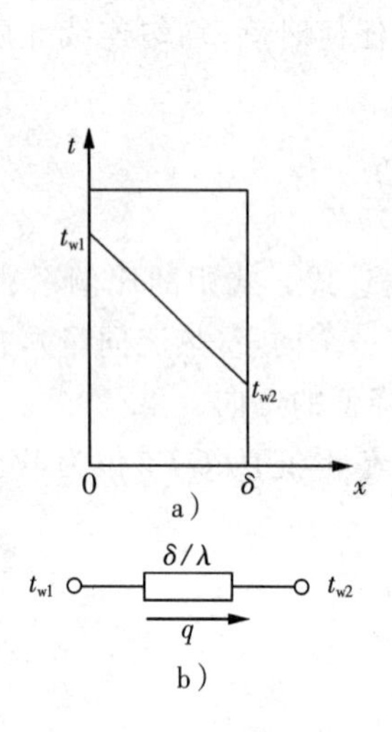

图 6-1 单层平壁的导热

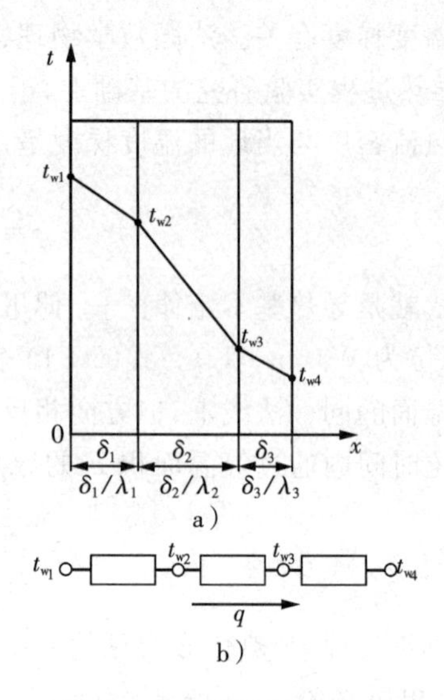

图 6-2 多层平壁的导热

若各层之间紧密地结合，则彼此接触的两表面具有相同的温度。设两个接触面的温度分别为 t_{w_2} 和 t_{w_3}。在稳态情况下，通过各层的热流通量是相等的，对于三层平壁的每一层可以分别写出

$$q=\frac{\lambda_1(t_{w_1}-t_{w_2})}{\delta_1}=\frac{(t_{w_1}-t_{w_2})}{\delta_1/\lambda_1}$$

$$q=\frac{\lambda_2(t_{w_2}-t_{w_3})}{\delta_2}=\frac{(t_{w_2}-t_{w_3})}{\delta_2/\lambda_2}$$

$$q=\frac{\lambda_3(t_{w_3}-t_{w_4})}{\delta_3}=\frac{(t_{w_3}-t_{w_4})}{\delta_3/\lambda_3}$$

式中：δ_i/λ_i—— 第 i 层平壁单位面积导热热阻，$m^2 \cdot K/W$。

整理，得

$$q=\frac{t_{w_1}-t_{w_4}}{\delta_1/\lambda_1+\delta_2/\lambda_2+\delta_3/\lambda_3}=\frac{t_{w_1}-t_{w_4}}{\sum_{i=1}^{3}\delta_i/\lambda_i} \tag{6-4}$$

式(6-4)与串联电路的情形相类似。多层平壁的模拟电路图示于图 6-2b，它表明多层平壁单位面积的总热阻等于各层热阻之和。于是，对于 n 层平壁导热，可以直接写出

$$q=\frac{t_{w_1}-t_{w,n+1}}{\sum_{i=1}^{n}\delta_i/\lambda_i} \tag{6-5}$$

式中：$t_{w_1}-t_{w,n+1}$——n层平壁的总温差；

$\sum_{i=1}^{n}\delta_i/\lambda_i$——$n$层平壁单位面积的总热阻。

2. 热对流

对流是指流体各部分之间发生相对位移。如果流体内部温度不同，那么流体各部分的宏观相对运动将会引起热量的传递，这种热量传递方式称为热对流。由于液体和气体内部可以发生相对的宏观位移，故热对流现象发生在流体介质中，由于流体中的分子同时在进行着无规则的热运动，因而热对流必然伴随有导热现象。

工程中常常遇到的是流体与温度不相同的壁面之间的换热，此时发生的热传递过程称为对流换热。根据流动的成因，对流换热又可分为强迫对流换热和自然对流换热。强迫对流换热流体的流动系由外力（如水泵、风机等）引起；自然对流换热则是由于温差造成密度差，产生浮升力而使流体流动，如散热器表面附近受热气体的向上流动。

牛顿于1701年提出了对流换热过程的热流量计算公式，即牛顿冷却公式：

$$q=\alpha(t_w-t_f) \tag{6-6}$$

式中：α—— 对流换热表面传热系数，其意义是指单位面积上，当流体与壁面之间为单位温差，在单位时间内所能传递的热量，单位 W/(m^2·℃)。α的大小表达了该对流换热过程的强弱，受到许多因素诸如流动的起因、流动状态、流体物性、物相变化、壁面的几何参数等的影响。

3. 热辐射

物体通过电磁波来传递能量的方式称为辐射，如果发射的辐射能是由物体内部与温度有关的内能转化而来的，则称为热辐射。热辐射可以在真空中传播，这是其区别于导热、对流，作为一种独立的基本热量传递方式的有力说明。

如图6-3所示，波长$\lambda=0.1\sim100\mu$m的电磁波称为热射线，其中包括可见光线、部分紫外线和红外线，它们投射到物体上能产生热效应。工程上辐射体的温度一般在2000K以下，热辐射主要是红外辐射，可见光的能量所占比例很少，通常可以忽略不计。

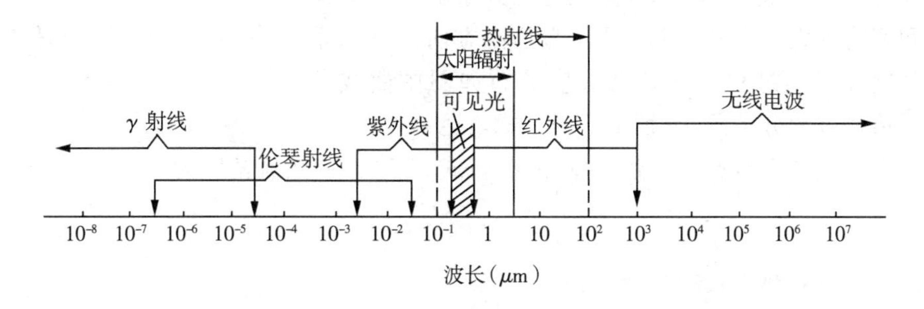

图6-3　电磁光谱

只要物体的热力学温度$T>0$K，均会向外界发射辐射能。物体表面每单位时间、单位面积对外辐射的热量称为辐射力，用E表示，常用单位W/m^2，其大小与物体表面性质及温度有关。对于绝对黑体（一种理想的热辐射表面），理论和实验证实，它的辐射力E与表面热力学温度T的4次方成比例，即斯蒂芬-玻尔茨曼定律：

$$Q_b = \sigma_b F T^4 \tag{6-7}$$

式中：F—— 物体参与辐射的表面积，m^2；

T—— 辐射表面热力学温度，K；

σ_b—— 黑体辐射常数，其值为 $5.67\times10^{-8}\,W/(m^2\cdot K)$。

实际物体的辐射力都低于同温度下绝对黑体的辐射力，等于

$$Q = \varepsilon Q_b = \varepsilon \sigma_b F T^4 \tag{6-8}$$

式中：ε—— 实际物体表面的发射率，也称黑度，其值在 0 ～ 1 之间。

物体发射出去的辐射能，当投射到其他物体上时可以被吸收从而又转化为内能。这种物体间相互辐射和相互吸收的能量传递过程，称为辐射换热。两个无限大的平行平面间的热辐射是最简单的辐射换热问题，设它的两表面热力学温度分别为 T_1 和 T_2，且 $T_1 > T_2$，则两表面间单位面积、单位时间辐射换热量的计算式是：

$$q = C_{1,2}\left[\left(\frac{T_1}{100}\right)^4 - \left(\frac{T_2}{100}\right)^4\right] \tag{6-9}$$

式中：$C_{1,2}$—— 当量辐射系数，其数值取决于辐射表面材料性质及状态，其值在 0 ～ 5.67 之间。

6.1.2　传热过程

传热过程是指热量从壁一侧的流体通过壁传递给另一侧的流体。这种热量传递过程在工程上是常见的。在了解前述换热方式后，即可导出传热过程的基本计算式。设有一大平壁，面积为 F (m^2)，两侧分别为温度为 t_{f_1} 的热流体和 t_{f_2} 的冷流体，两侧对流换热表面传热系数分别为 α_1 和 α_2，两侧壁面温度分别为 t_{w_1} 和 t_{w_2}，壁的材料导热系数为 λ，厚度为 δ，如图 6-4 所示。若传热工况不随时间变化，即各处温度及传热量不随时间改变，传热过程处于稳态。又设壁的长和宽均远大于它的厚度，可认为热流方向与壁面垂直。该平壁在传热过程中的各处温度分布如图中曲线所示。整个传热过程分三段，分别用下列三式表达：

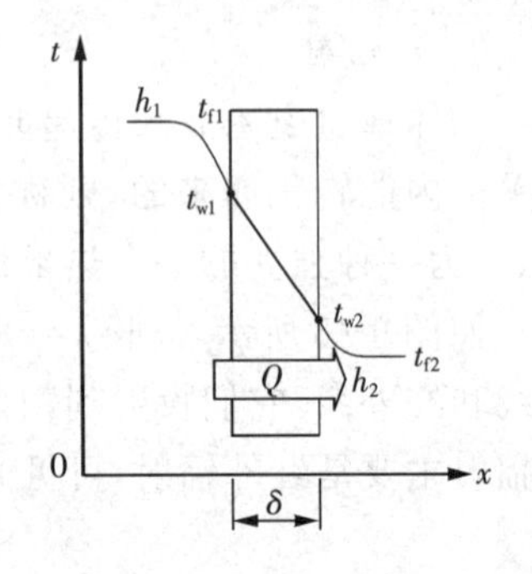

图 6-4　两流体间的传热过程

热量由热流体以对流换热传给壁左侧，按式(6-6)，其热流密度为：

$$q = \alpha_1 (t_{f_1} - t_{w_1})$$

该热量又以导热方式通过壁，按式(6-3)

$$q = \frac{\lambda}{\delta}(t_{w_1} - t_{w_2})$$

热量由壁右侧以对流换热传给冷流体，即

$$q = \alpha_2 (t_{w_2} - t_{f_2})$$

在稳态情况下，以上三式的热流通量 q 相等，整理后得

$$q=\frac{1}{\frac{1}{\alpha_1}+\frac{\delta}{\lambda}+\frac{1}{\alpha_2}}(t_{f_1}-t_{f_2})$$

$$=K(t_{f_1}-t_{f_2}) \tag{6-10}$$

对 Fm^2 的平壁,传热量为:$Q=KF(t_{f_1}-t_{f_2})$　(6-11)

式中:$K=\frac{1}{\frac{1}{\alpha_1}+\frac{\delta}{\lambda}+\frac{1}{\alpha_2}}$　(6-12)

K 称为传热系数,它表明单位时间、单位壁面积上,冷热流体间每单位温度差可传递的热量,K 的国际单位是 $J/m^2\cdot s\cdot ℃$ 或 $W/m^2\cdot ℃$,故 K 能反映传热过程的强弱。按热阻形式改写式(6-10),得

$$q=\frac{t_{f_1}-t_{f_2}}{1/K}=\frac{\Delta t}{R_K}$$

R_k 为平壁单位面积传热热阻,即

$$R_K=1/K=\frac{1}{\alpha_1}+\frac{\delta}{\lambda}+\frac{1}{\alpha_2} \tag{6-13}$$

可见传热过程的热阻等于热流体、冷流体的换热热阻及壁的导热热阻之和,相当于串联电阻的计算方法,掌握这一点对于分析和计算传热过程十分方便。由传热热阻的组成不难看出,传热阻力的大小与流体的性质、流动情况、壁的材料以及形状等许多因素有关,所以它的数值变化范围很大。例如,一砖厚(240mm)的房屋外墙的 K 值约为2$W/m^2\cdot ℃$,而在蒸汽热水器中,K 值可达5000$W/m^2\cdot ℃$。对于换热器,K 值越大,说明传热越好。但对建筑物围护结构和热力管道的保温层等,它们的作用是减少热损失,当然 K 值越小越好。

工程中常见传热过程的传热系数 $K(W/m^2\cdot ℃)$ 大致如下:

(1) 气体 — 气体　30

(2) 气体 — 水(肋管热交换器,水在管内)　30 ~ 60

(3) 气体 — 蒸汽(肋管热交换器,蒸汽在管内)　30 ~ 300

(4) 水 — 水　900 ~ 1800

(5) 水 — 蒸汽凝结　3000

(6) 水 — 油类　100 ~ 350

(7) 水 — 氟利昂 12　280 ~ 850

(8) 水 — 氨　850 ~ 1400

6.2　供暖系统的热负荷和围护结构的热工要求

6.2.1　供暖系统设计热负荷计算

供暖系统设计热负荷是供暖设计中最基本的数据。它直接影响供暖方案的选择、供暖管道管件和散热器等设备的确定,关系到供暖系统的使用和经济效果。

供暖系统设计热负荷定义为:在设计室外温度 t_{wn} 下,为达到要求的室内温度 t_n,供暖系统在单位时间内向建筑物供给的热量(Q)。应根据建筑物或房间得、失热量平衡计算确定。

室内计算温度是指距地面2m以内人们活动地区的平均空气温度,它应该满足生活和生产要求。考虑到不同地区居民生活习惯不同,现行《民用建筑供暖通风与空气调节设计规范》(本节以后简称规范)规定供暖室内设计温度:严寒和寒冷地区主要房间应采用18℃～24℃,夏热冬冷地区主要房间宜采用16℃～22℃;对于工业厂房,应考虑劳动强度大小和生产工艺要求,一般轻作业:15℃～18℃;中作业:12℃～15℃;重作业:10℃～12℃。

供暖室外计算温度,应采用气象资料中历年平均不保证5天的日平均温度,若统计年份采用30年,则总共有150天的实际日平均气温低于所取的室外计算温度。所谓"不保证",是针对室外空气温度状况而言的,"历年",即为每年。"历年平均",是指累年不保证总数的每年平均值。

对于一般民用建筑和工艺设备产生或消耗热量很少的工业建筑,可认为建筑物热负荷包括两部分:一部分是围护结构传热耗热量 Q_1,即通过建筑物门、窗、地板、屋顶等围护结构由室内向室外散失的热量;另一部分是加热进入室内的冷空气的耗热量 Q_2,即加热由门、窗缝隙渗入到室内的冷空气的冷风渗透耗热量和加热由于门、窗开启而进入到室内的冷空气的冷风侵入耗热量。故供暖设计热负荷计算为:

$$Q = Q_1 + Q_2 \tag{6-14}$$

1. 围护结构传热耗热量

工程设计中,计算围护结构传热耗热量时,常分成基本耗热量和附加(修正)耗热量两部分。

基本耗热量是按一维稳定传热过程进行计算的,即在设计条件下(假设在计算时间内,室内外空气温度和其他传热过程参数都不随时间变化),通过房间各部分围护结构从室内传到室外稳定的传热量的总和。按式6-15计算。

$$Q_1 = \sum \alpha FK(t_n - t_{wn}) \tag{6-15}$$

式中:α—— 围护结构温差修正系数,考虑所计算围护结构外侧非室外而进行的修正;

K—— 围护结构传热系数,W/m²·℃;

F—— 围护结构的面积,m²;

t_n—— 室内设计温度,℃;

t_{wn}—— 供暖室外计算温度,℃。

附加耗热量是指围护结构的传热状况发生变化而对基本耗热量进行修正的耗热量,包括考虑由于朝向不同、风力大小不同及房间过高所引起的朝向、风力和房间高度修正,附加耗热量按占基本耗热量的百分率确定,具体数值参见规范。

2. 加热进入室内的冷空气的耗热量

冷风渗透和冷风侵入耗热量均可用下列公式计算:

$$Q_2 = LC\rho_w(t_n - t_{wn}) \tag{6-16}$$

式中:L—— 冷空气进入量,m³/s;

ρ_w—— 供暖室外计算温度下的空气密度,kg/m³;

C—— 空气的定压比热，其值为1kJ/(kg·℃)

经门、窗缝隙渗入室内的冷空气量与冷空气流进缝隙的压力差、门窗类型及其缝隙的密封性能和缝隙的长度等因素有关；在开启外门时进入的冷空气量与外门内外压差及外门面积等因素有关。这些因素不仅涉及室外风向和风速、室内通道状况、建筑物高度和形状，而且也涉及门窗的构造和朝向。

6.2.2　供暖系统设计热负荷概算

供暖热负荷是城市集中供热系统主要的热负荷，在建筑工程方案设计和扩初设计阶段，供暖系统可能尚未进行具体设计计算，此时可按建筑的使用功能采用指标进行热负荷的估算。热指标法是在调查了同一类型建筑物的供暖热负荷后，所得出的该种类型建筑物每平方米建筑面积或在室内外温差为1℃时每立方米建筑物体积的平均供暖热负荷，即：面积热指标法、体积热指标法。常见建筑物热指标值见表6-1、6-2所列。

表6-1　民用建筑单位面积供暖热指标(W/m^2)

建筑物类型	住宅	居住区综合	学校办公	医院托幼	旅馆	商店	食堂餐厅	影剧院展览馆	大礼堂体育馆
未采取节能措施	58～64	60～67	60～80	60～70	65～80	115～140	95～115	115～165	
采取节能措施	40～45	45～55	50～70	55～70	50～60	55～70	100～130	80～105	100～150

注：(1)表中数值适用于我国东北、华北、西北地区；

(2)热指标中已包括约5%的管网热损失。

一般来说，建筑总面积大，外围护结构热工性能好，窗户面积小，可采用较小的面积热指标，反之采用较大的指标。

表6-2　工业车间供暖体积热指标

建筑物名称	建筑物体积 $1000m^2$	采暖体积热指标 $W/(m^3·℃)$	建筑物名称	建筑物体积 $1000m^2$	采暖体积热指标 $W/(m^3·℃)$
金工装配车间	10～50	0.52～0.47	油漆车间	50以下	0.64～0.58
	50～100	0.47～0.44		50～100	0.58～0.52
	100～150	0.44～0.41	木工车间	5以下	0.70～0.64
	150～200	0.41～0.38		5～10	0.64～0.52
	200以上	0.38～0.39		10～50	0.52～0.47
				50以上	0.47～0.41

(续表)

建筑物名称	建筑物体积 1000m²	采暖体积热指标 W/(m³·℃)	建筑物名称	建筑物体积 1000m²	采暖体积热指标 W/(m³·℃)
焊接车间	50～100 100～150 150～200 250 以上	0.44～0.41 0.41～0.35 0.35～0.33 0.33～0.29	工具机修间	10～50 50～100	0.50～0.44 0.44～0.41
中央实验室	5 以下 5～10 10 以上	0.81～0.70 0.70～0.58 0.58～0.47	生活间及办公室	0.5～1 1～2 2～5 5～10 10～20	1.16～0.76 0.93～0.52 0.87～0.47 0.76～0.41 0.64～0.35

供暖体积热指标大小主要与建筑物的围护结构及形状有关，当建筑物围护结构的传热系数愈大、采光率愈大、外部体积相对于建筑面积之比愈小或建筑物的长宽比愈大时，单位体积的热损失愈大。

6.2.3 围护结构的热工要求

围护结构首先必须满足建筑结构安全性和功能分割的要求，但同时它直接决定供暖热负荷的大小和特性，进而影响系统的经济性和稳定性。所以围护结构的热工性能应满足一定要求。

1. 传热系数

如 6.1.2 节所述，根据公式 6-12，规范给出围护结构的传热系数计算公式：

$$K=\frac{1}{\frac{1}{\alpha_n}+\sum\frac{\delta}{\alpha_\lambda\lambda}+R_K+\frac{1}{\alpha_w}} \tag{6-17}$$

式中：α_n—— 围护结构内表面换热系数[W/(m²·K)]，按表 6-3 采用；

α_w—— 围护结构外表面换热系数[W/(m²·K)]，按表 6-4 采用；

δ—— 围护结构各层材料厚度(m)；

λ—— 围护结构各层材料导热系数[W/(m·K)]；

α_λ—— 材料导热系数修正系数，考虑施工条件对材料保温性能的影响，按表 6-3 采用；

R_K—— 封闭空气间层的热阻(m²·K/W)。

表 6-3 材料导热系数修正系数 α_λ

材料、构造、施工、地区及说明	α_λ
作为夹心层浇筑在混凝土墙体及屋面构件中的块状多孔保温材料(如加气混凝土、泡沫混凝土及水泥膨胀珍珠岩)，因干燥缓慢及灰缝影响	1.60
铺设在密闭屋面中的多孔保温材料(如加气混凝土、泡沫混凝土、水泥膨胀珍珠岩、石灰炉渣等)，因干燥缓慢	1.50

（续表）

材料、构造、施工、地区及说明	α_λ
铺设在密闭屋面中及作为夹心层浇筑在混凝土构件中的半硬质矿棉、岩棉、玻璃棉板等，因压缩及吸湿	1.20
作为夹心层浇筑在混凝土构件中的泡沫塑料等，因压缩	1.20
开孔型保温材料（如水泥刨花板、木丝板、稻草板等），表面抹灰或混凝土浇筑在一起，因灰浆渗入	1.30
加气混凝土、泡沫混凝土砌块墙体及加气混凝土条板墙体、层面，因灰缝影响	1.25
填充在空心墙体及屋面构件中的松散保温材料（如稻壳、木、矿棉、岩棉等），因下沉	1.20
矿渣混凝土、炉渣混凝土、浮石混凝土、粉煤灰陶粒混凝土、加气混凝土等实心墙体及屋面构件，在严寒地区，且在室内平均相对湿度超过65%的供暖房间内使用，因干燥缓慢	1.15

围护结构的传热系数对供暖耗热量影响巨大，在建筑物方案设计阶段，就应充分考虑围护结构构造形式、热桥形式、体形系数、窗墙比等正确地选择计算传热系数，并对应满足《公共建筑节能设计标准》《严寒和寒冷地区居住建筑节能设计标准》《夏热冬冷地区居住建筑节能设计标准》《夏热冬暖地区居住建筑节能设计标准》中的规定条文，见表6-4所列，为严寒A区的公共建筑围护结构传热系数限值。现行施工图制度中，需对建筑物进行节能计算。

表6-4　严寒地区A区公共建筑围护结构传热系数限值

围护结构部位		体形系数≤0.3 传热系数 K W/(m^2·K)	0.3<体形系数≤0.4 传热系数 K W/(m^2·K)
屋面		≤0.35	≤0.30
外墙（包括非透明幕墙）		≤0.45	≤0.40
底面接触室外空气的架空或外挑楼板		≤0.45	≤0.40
非采暖房间与采暖房间的隔墙或楼板		≤0.6	≤0.6
单一朝向外窗（包括透明幕墙）	窗墙面积比≤0.2	≤3.0	≤2.7
	0.2<窗墙面积比≤0.3	≤2.8	≤2.5
	0.2<窗墙面积比≤0.4	≤2.5	≤2.2
	0.2<窗墙面积比≤0.5	≤2.0	≤1.7
	0.2<窗墙面积比≤0.7	≤1.7	≤1.5
屋顶透明部分		≤2.5	

2. 围护结构的防潮

当水蒸气侵入围护结构内部时,其导热性能增强,恶化隔热效果,因此应采取措施防止水分子的入侵。当采用多层围护结构时,应将防渗性能好的密实材料放置在水蒸气入侵的一侧;对于外侧有密实保护层或防水层的多层围护结构,经设计需要设置隔气层时,要严格控制保温层的施工湿度,尽量避免湿法施工和雨天施工;潮湿房间的外围护结构外侧,可设置有利于排除湿气的通风间层。

由于潮湿对材料导热性能的影响,见表6-3所列。

3. 窗户面积、层数和气密性

窗户对建筑的自然采光重要性不言而喻,但窗户同时又是室内失热的重要途径,一方面室内会通过窗户向室外传递热量;另一方面,窗缝隙有冷风渗透耗热量。节能标准中规定了窗墙比限值,窗墙比即窗户洞口面积与房间立面单元面积(即建筑层高与开间定位线围成的面积)之比;可采用双层、多层窗或增设玻璃间密闭空气层、贴透明聚膜等措施以增大窗户热阻;生产和安装窗户过程中加强气密措施,减少冷风渗透。

4. 建筑设计和构造

建筑物设计遵循节能标准中对建筑物体形系数的相应规定,建筑物体形系数即建筑物与室外大气接触的外表面积与其所包围的体积的比值。建筑物位置应尽可能设在避风、向阳地段,以减少冷风渗透,并充分利用太阳能。公共建筑入口应设置转门、门斗、空气幕等避风措施,以减少室外冷空气的入侵和室内热空气的渗出。

6.3 供暖系统的方式、分类

6.3.1 供暖系统的方式

1. 供暖方式

(1)集中供暖与分散供暖。

热源和散热设备分别设置,用热媒管道连接,由热源向多个热用户供给热量的供暖系统,称为集中供暖系统。各建筑物或各户的热源、热媒输送、散热设备在构造上合为一体,独立供暖称为分散式供暖系统。

(2)全面供暖与局部供暖。

室内任一区域保持同一温度要求称为全面供暖系统。室内局部区域或局部工作点保持某一温度要求称为局部供暖系统。

(3)连续供暖与间歇供暖。

根据建筑物使用功能要求,室内平均温度全天均需达到设计要求的供暖系统称为连续供暖系统。对于仅在使用时间内使室内平均温度达到设计要求,而在非使用时间内可自然降温的供暖系统称为间歇式供暖系统。

(4)分区供暖和值班供暖。

分区供暖是在高层建筑物内采取两个或两个以上供暖系统的供暖方式。值班供暖是在非工作时间或中断使用的时间内,为使建筑物保持最低室温要求而设置的供暖方式。值班供暖的室内控制温度一般为5℃。

2. 供暖方式的选择

供暖方式应根据建筑物规模、工业建筑的工艺要求、所在地区气象条件、能源状况及政策、节能环保和生活习惯要求等，通过技术经济比较确定。

(1)累年日平均温度稳定低于或等于5℃的日数大于或等于90天的地区，宜采用集中供暖。

(2)累年日平均温度稳定低于或等于5℃的日数为60天～89天的地区，或累年日平均温度稳定低于或等于5℃的天数不足60天，但累年日平均温度稳定低于或等于8℃的天数大于或等于75天的地区，宜设置供暖设施，其中幼儿园、养老院、中小学校、医疗机构等建筑宜采用集中供暖。

(3)居住建筑的集中供暖系统应按连续供暖进行设计。办公楼、教学楼等公共建筑的使用时间段基本固定，可以采用间歇供暖。

(4)严寒或寒冷地区设置供暖的公共建筑和工业建筑，在非使用时间内，室内温度应保持在0℃以上，当利用房间蓄热量不能满足要求时，应按保证室内温度5℃设置值班供暖。当工艺有特殊要求时，应根据工艺要求确定值班供暖温度。

(5)设置供暖的工业建筑，若工艺对室内温度无特殊要求，且每名工人占用的建筑面积超过100m^2时，不宜设置全面供暖，应在固定工作地点设置局部供暖。当工作地点不固定时，应设置取暖室。

6.3.2　供暖系统的分类

1. 按供暖热媒

按热媒不同分为：热水供暖系统、蒸汽供暖系统和热风供暖系统。

热媒为热水的供暖系统称为热水供暖系统；热媒为蒸汽的供暖系统称为蒸汽供暖系统；以空气作为带热体，提供室内热量的供暖系统，称为热风供暖系统。

集中供暖的常用热媒是热水和蒸汽。民用建筑应采用热水做热媒；工业建筑，当厂区只有供暖用热或以供暖用热为主时，宜采用高温水做热媒，当厂区以工艺用蒸汽为主时，在不违反卫生、技术和节能要求的条件下，可采用蒸汽做热媒。利用余热或天然热源供暖时，供暖热媒及其参数可根据具体情况确定。

2. 按散热设备

可分为：散热器供暖、暖风机供暖和盘管供暖。

3. 按散热设备传热方式

可分为对流供暖和辐射供暖。对流供暖，是(全部或主要)靠散热设备以对流方式将热量传递给室内空气，使室温升高。辐射供暖，是(全部或主要)靠散热设备首先以辐射传热方式将热量传递给周围壁面和人体，壁面温度升高后，再以对流换热方式提高室温。

散热器供暖以自然对流为主要换热方式，但也存在一定比例的辐射换热。辐射供暖提高了辐射换热所占的比例，但也存在着一定比例的对流换热。二者的主要区别可以用供暖房间的温度环境来表征的，比如采取辐射供暖方式的房间的围护结构内表面或供暖部件表面的平均温度τ_n高于室内的空气温度t_n，即$\tau_n > t_n$，而采用对流供暖$\tau_n < t_n$。

辐射供暖由于有辐射强度和温度的双重作用，造成了真正符合人体散热要求的热环境，并且由于室内表面温度提高，减少了四周表面对人体的冷辐射，较之于散热器供暖，有较好的舒适感。

6.4 对流供暖系统

6.4.1 热水供暖系统

从卫生条件和节能等因素考虑,民用建筑应采用热水作为热媒。热水供暖系统也用于生产厂房及辅助建筑中。研究表明:对采用散热器的集中供暖系统,结合多年实际运行统计结果,综合考虑供暖系统的初投资和年运行费用,以往常用的供回水设计温度95℃/70℃并不合适,供回水温度取为75℃/50℃时方案最优,其次是取85℃/60℃。

根据观察与思考问题的角度不同,可按下述方法对热水供暖系统分类:

按系统循环动力不同,分为重力(自然)循环系统和机械循环系统。

按系统管道敷设方式不同,分为垂直式和水平式。垂直式供暖系统是指不同楼层的各散热器用垂直立管连接的系统;水平式供暖系统是指同一楼层的散热器用水平管线连接的系统。

按散热器供回水方式不同,分为单管系统和双管系统。热水经立管或水平供水管顺序流过多组散热器,并顺序地在各散热器中冷却的系统,称为单管系统;热水经供水立管或水平供水管平行地分配给多组散热器,冷却后的回水自每个散热器直接沿回水立管或水平回水管流回热源的系统,称为双管系统。

1. 传统热水供暖系统

传统室内热水供暖系统是相对于分户供暖系统而言,以整幢建筑作为对象来设计供暖系统,沿袭苏联上供下回的垂直单、双管顺流式系统。它的缺点一是从制度上沿用传统的福利制,另是从技术上不能独立调节,整幢建筑的供暖系统往往是统一的整体,缺乏独立调节能力,不利于节能与自主用热,容易导致"室温高,开窗放"的用热习惯;优点是构造简单,节约管材,仍可作为具有独立产权的民用建筑与公共建筑供暖系统使用。

(1)自然循环热水供暖系统

以供、回水密度差为动力进行循环的供暖系统,称为自然循环热水供暖系统。循环作用压力大小取决于供水、回水的容重差及散热器和热源间的高差。

自然循环热水供暖系统按管道的布置方式分为:单管式、双管式、上供下回式、下供下回式等,如图6-5所示。自然循环热水供暖系统适用于服务半径小于50米且有地下室或半地下室的建筑物,使最底层的散热器与热源入口有2.5m～3m的高差。系统的最高处即主立管的顶部设膨胀水箱,容纳水受热后的膨胀体积,供水干管设有向膨胀水箱方向上升的坡度,便于系统顺利排气。自然循环热水供暖系统的特点是:服务半径小、管径大、系统简单、不消耗电能。

(2)机械循环热水供暖系统

机械循环热水供暖系统依靠循环水泵的机械能,使水在系统中强制循环。与自然循环供暖系统的主要区别是增加了循环水泵和排气装置。

适用于面积较大的单栋建筑或建筑群。根据建筑规模进行供暖系统负荷计算和水力计算,选择满足系统流量和扬程要求的循环水泵作为动力源,故服务半径不受限制,但增加了系统的运行成本和维护工作量,消耗了能源。

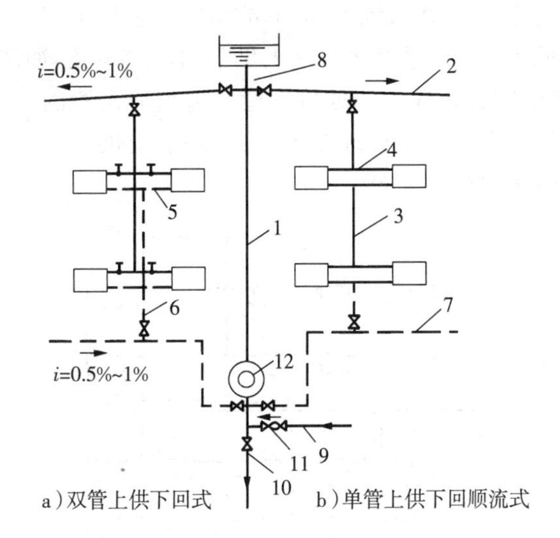

图 6-5　自然循环热水供暖系统常用形式

1—总立管；2—供水干管；3—供水立管；4—散热器供水支管；5—散热器回水支管；6—回水立管；7—回水干管；8—膨胀水箱连接管；9—充水管；10—泄水管；11—止回阀；12—热水锅炉

① 垂直式热水供暖系统

垂直式有上供下回、下供下回、下供上回、中供式、混合式等双管和单管热水供暖系统。适用于政府办公楼、写字楼、小型招待所等多层或小高层建筑。

◆ 上供下回：供水干管布置在建筑物上部，回水干管布置在建筑物下部。上供下回双管供暖系统如图 6-6a 所示，供四层及四层以下多层公共建筑；上供下回单管供暖系统如图 6-6b 所示，供四层以上的多层和小高层公共建筑。上供下回式供暖系统管道布置简单合理，是最常用的一种供暖系统。

◆ 下供下回：供水和回水干管均布置在底层的地沟内或直埋，如图 6-7 所示。下供下回式供暖系统缓和了上供下回式双管系统垂直失调的现象。平顶建筑顶棚下难以布置供水干管时，常采用下供下回式供暖系统。

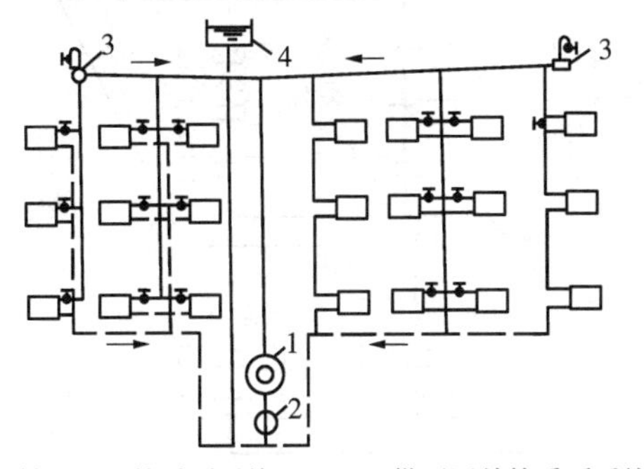

图 6-6　机械循环上供下回式热水供暖系统示意图

1—热水锅炉；2—循环水泵；3—集气罐；4—膨胀水箱

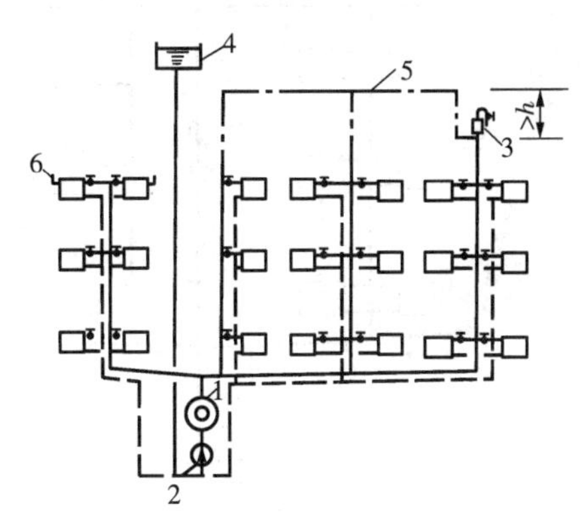

图 6-7　机械循环下供下回双管式热水供暖系统示意图

1—热水锅炉；2—循环水泵；3—集气罐；4—膨胀水箱；5—空气管；6—放气阀

◆ 中供:水平供水干管敷设在系统中部,下部系统呈上供下回式,上部系统呈下供下回式(双管),如图 6-8a 所示。下部系统也可呈上供下回(单管)式,如图 6-8b 所示。中供式供暖系统一般是根据建筑物的特殊功能或特殊建筑造型而设置的,可避免由于顶层梁底过低,致使供水干管挡住顶层窗户的不合理布置,并减轻了上供下回楼层过多,易出现垂直失调的现象,但上部系统要增加排气装置。

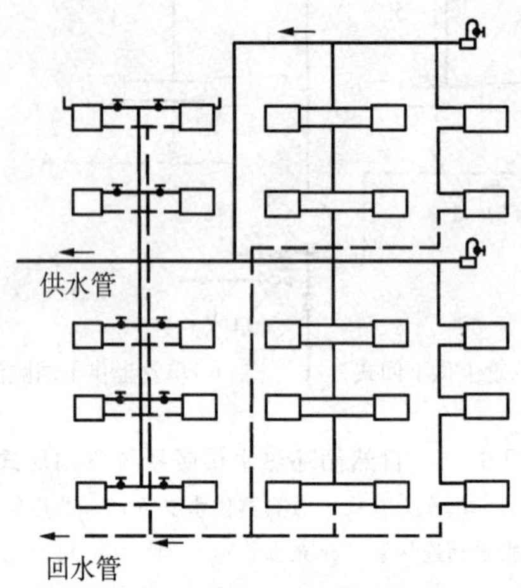

a)上部为下供下回双管系统,下部为上供下回双管系统　　b)上、下部均为上供下回单管系统

图 6-8　机械循环中供式热水供暖系统示意图

◆ 下供上回(倒流式):供水干管设在下部,回水干管设在上部,顶部设有顺流式膨胀水箱,如图 6-9 所示。下供上回式系统适用于热媒为高温水的多层建筑,供水干管设在底层,可降低防止高温水气化所需的膨胀水箱的标高。

◆ 混合式:由下供上回式和上供下回式两个系统串联组合而成,如图 6-10 所示。由于两组系统串联,系统压力损失大。一般只宜用在连接与高温热水网路上的卫生条件要求不高的民用建筑或生产厂房中。

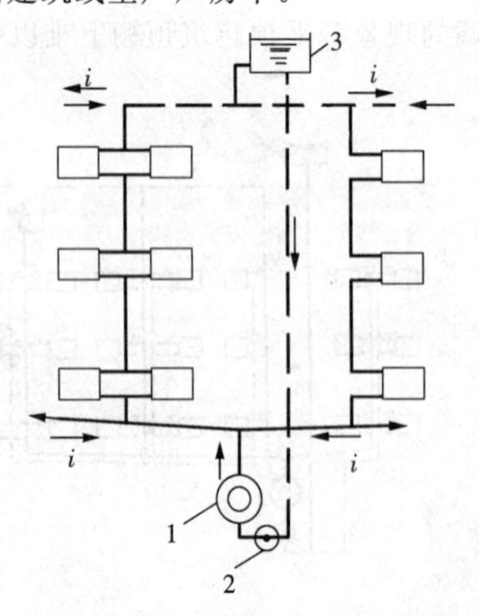

图 6-9　机械循环下供上回热水供暖系统示意图

1—热水锅炉;2—循环水泵;3—集气罐;

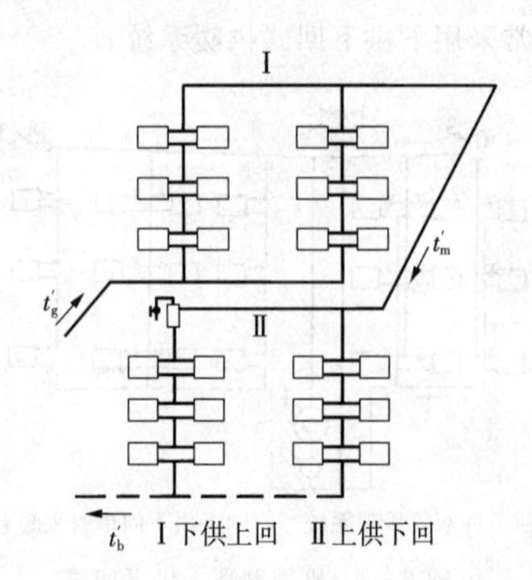

图 6-10　机械循环混合式热水供暖系统示意图

② 水平式热水供暖系统

按供水管与散热器的连接方式，可分为顺流式（图6－11）和跨越式（图6－12）两种方式。水平式供暖系统的排气方式要比垂直式供暖系统复杂，需在散热器上设置排气阀分散放气，或在同一层散热器上部串联一根空气管集中排气。水平供暖系统的管路简单，在每一水平管的起始端可安装总阀门进行调节和启闭控制，施工方便，膨胀水箱可设在最高层的辅助间（如楼梯间等），总造价一般要比垂直供暖系统低。

适用于单层大空间建筑如会展中心、家具城等，也适用于每个房间不能布置立管的多层建筑，以及对各层有不同使用功能或不同温度要求的建筑物，如旅游区的娱乐场所、宾馆、招待所，可以进行淡季和旺季的分层控制。

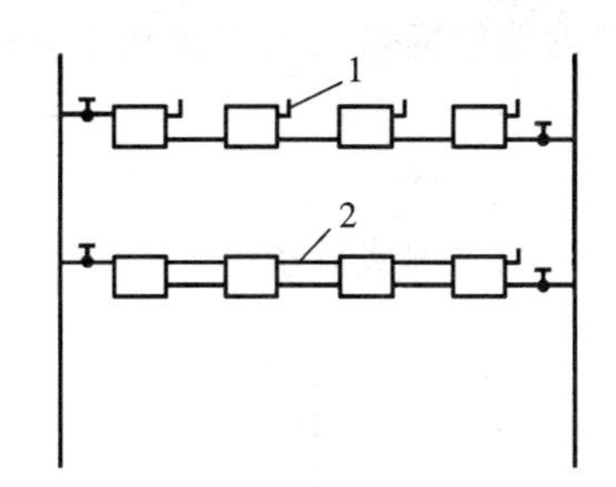

图6－11　单管水平串联方式示意图
1—放气阀；2—空气管

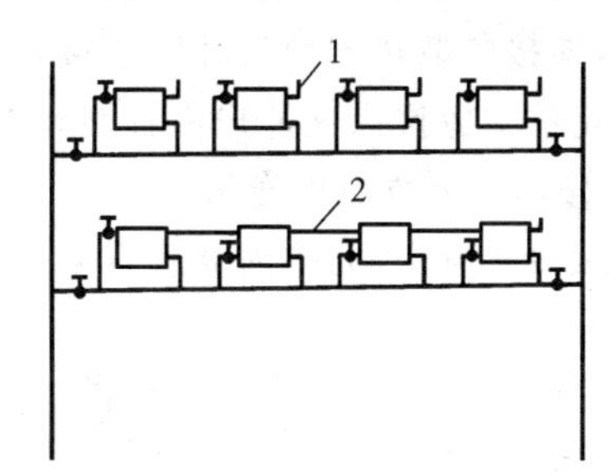

图6－12　单管水平跨越方式示意图
1—放气阀；2—空气管

2. 分户热水供暖系统

以具有独立产权的用户为服务对象，使该用户的供暖系统具备分户调节、控制与关断的功能。分户供暖工作包含两方面的工作内容：一是既有建筑供暖系统的分户改造；二是新建住宅的分户供暖设计。

(1)既有供暖系统改造

既有供暖系统的分户计量，即在既有供暖系统的基础上增设热计量功能。实践表明，如改造为分户独立循环系统，室内管道需重新布置，投资较大，且实施困难，影响居民。推荐改造为垂直双管或单管跨越式，同时在每组散热器上加装热量分配表、建筑单元热力入口处加装总热量表进行热计量，如图6－13、6－14所示。

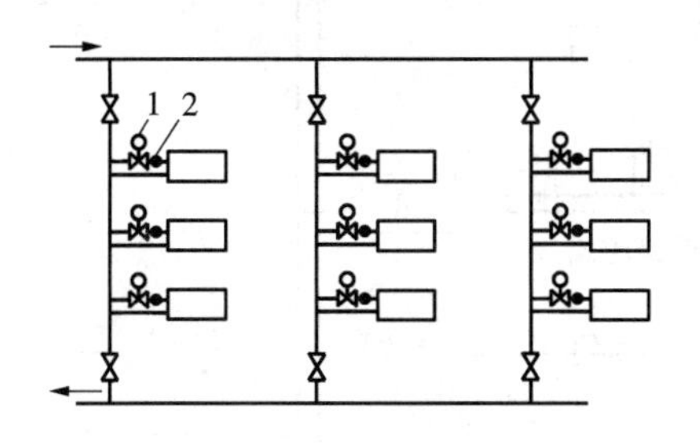

图6－13　楼内改造垂直单管跨越式系统示意图
1—温控阀；2—热量分配表

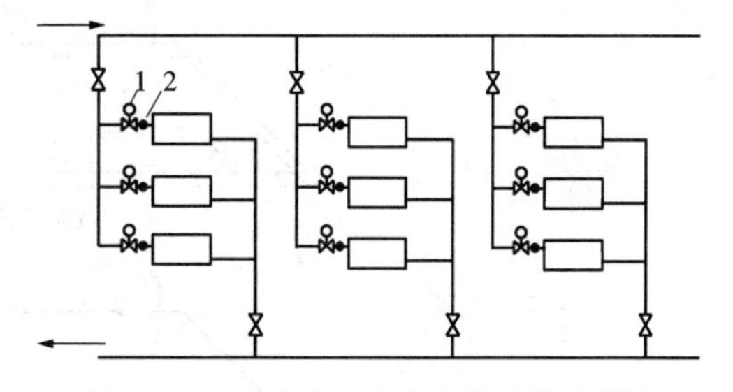

图6－14　楼内改造垂直双管系统示意图
1—温控阀；2—热量分配表

(2)新建住宅分户供暖系统

类似于自来水和城市燃气系统的计量功能，这种供暖系统设置热量表分户计量。分户热计量供暖系统由三部分组成:室外管网系统(外网)、楼内管道系统(垂直立管)和户内管网系统(连接各房间散热设备的水平管)。相应的室内供暖系统由户内管网系统和楼内管道系统两部分组成,常见布置形式图6-15~图6-17所示。

① 户内管网的布置

为满足在一幢建筑物内向每一热用户单独供暖,应在每一热用户的入口具有单独的供回水管路,用户内形成单独环路,户内管路适合采用水平式安装。

户内管网可以布置为:单管水平串联式、单管水平跨越式、双管水平上供下回(上供上回、下供下回)同程式、双管水平上供下回(上供上回、下供下回)异程式,放射式(章鱼式)等。户内放射式系统因其在室内设有分、集水器,散热器的供、回水管与分、集水器的供回水管一一对应,连接各散热器均为并联连接,独立控制;而且埋地管网可以做到无接头,终身安全享用。新建住宅应推广这种户内管网布置方式。

② 楼内单元立管的布置

为减少垂直失调,楼内立管宜采用垂直双管下供下回异程式系统。

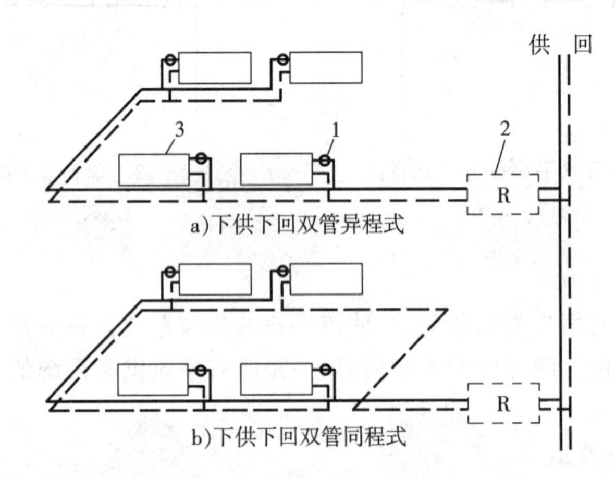

图6-15 楼内垂直双管异程式与户内水平双管下分式热水供暖系统示意图

1—温控阀;2—户内系统热力入口;3—散热器

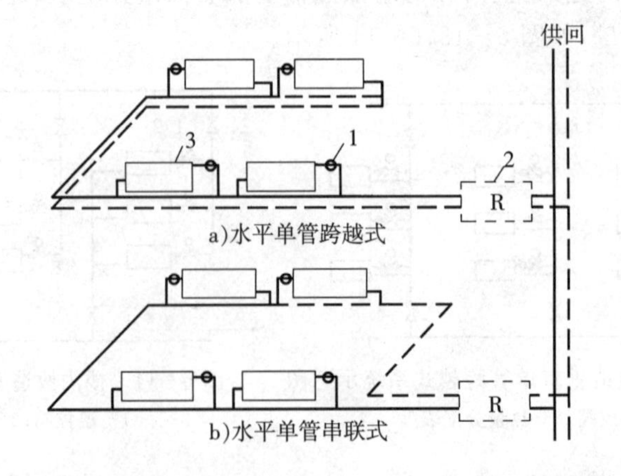

图6-16 楼内垂直双管异程式与户内水平单管式热水供暖系统示意图

1—温控阀;2—户内系统热力入口;3—散热器

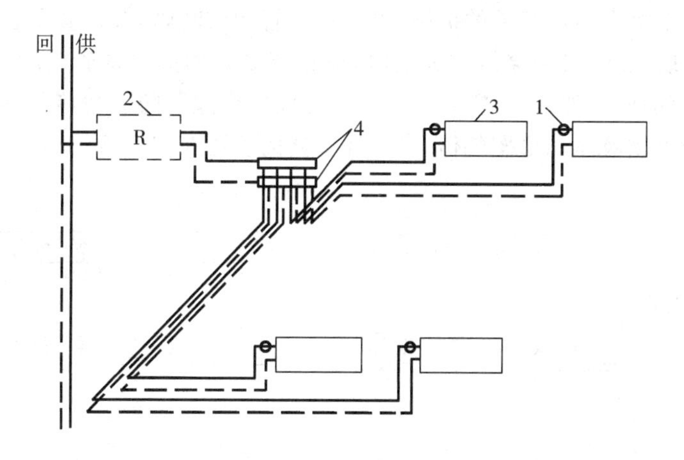

图6-17　楼内垂直双管异程式与户内水平放射式热水供暖系统示意图
1—温控阀;2—户内系统热力入口;3—散热器;4—分集水器

3. 高层建筑热水供暖系统简介

高层建筑热水供暖系统水静压力大,应根据散热器的承压能力、外网的压力状况等因素来确定系统形式和室内外管网的连接方式。高层建筑内的散热器热水供暖系统宜按照50m进行分区设置。

常见的高层建筑供暖系统如图6-18所示,通过热交换器将室外热网与高层建筑的高区供暖系统隔绝开来的连接方式。这种连接方式的特点是将高层建筑的供暖系统分成若干区,低区系统与室外热网直接相连,其水力工况直接受室外管网的影响;高区系统则通过水—水热交换器和外网连接,从而使高区部分的供暖系统和外网的水力工况互不影响。其目的在于降低高区系统压力,防止散热器、阀件被压坏,并有利于改善高层建筑供暖系统的垂直失调状况。

4. 热水供暖系统的管路敷设

(1)传统热水供暖系统的管路敷设

室内热水供暖系统的管路应根据设计选用的供暖方式和建筑物的造型进行合理敷设,要节省管材、便于调节、利于排气、易于平衡。供暖系统的引入口宜设置在建筑物热负荷对称分配的位置;条件许可时,供暖系统宜采用南北分向设置环路,解决“南热北冷”的问题。图6-19是两种常见的供回水干管的敷设形式。

供回水干管与立管连接要考虑热胀冷缩热应力变化的影响。常见的供暖立管与干管的连接方式如图6-20所示。

室内热水供暖系统的管路宜明装,尽可能将立管敷设在房间的角落或隐蔽处。穿越建筑基础、变形缝的供暖管道,应采取

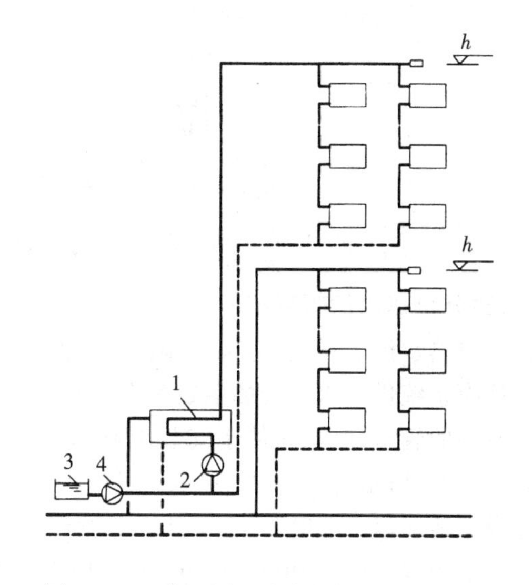

图6-18　分区隔绝式热水供暖系统示意图
1—换热器;2—高层循环水泵;
3—软化水箱;4—定压补水泵

预防由于建筑物下沉而损坏管道的措施,可设局部管沟或套管,并设置柔性连接。供暖水平干管应避免穿越防火墙;必须穿越防火墙时,应预留带止回圈的套管,在穿越处设置固定支架,使管道可向墙的两侧伸缩,并将管道与套管之间的余隙用防火封堵材料严密封堵。供暖管道不得与输送可燃液体和可燃气体、腐蚀性气体的管道在同一条管沟内平行或交叉敷设。

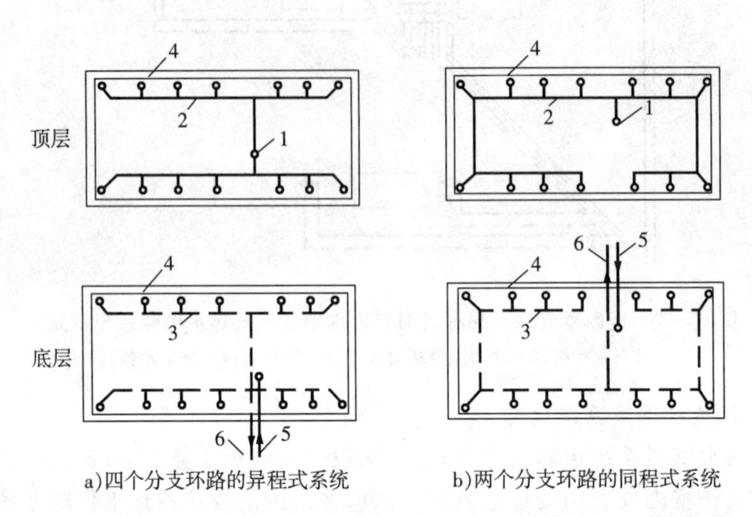

图 6-19 常见的供、回水干管的布置形式

1—供水总立管;2—供水干管;3—回水干管;4—立管;5—供水入口;6—回水出口

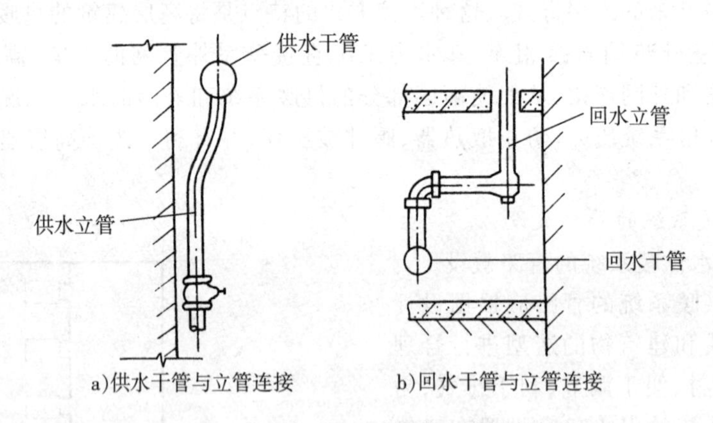

图 6-20 常见的供、回水干管与立管的连接

(2)分户热水供暖系统的管路敷设

分户热水供暖系统,应采用楼内立管共用、户内管道各户独立的敷设方式。建筑设计应考虑楼内系统供回水立管的敷设位置。楼内立管和入户计量装置、阀门、仪表、除污器等,宜设在单独的管道井内,为便于安装维修和抄表,管道井应布置在楼梯间、电梯间等户外空间(如图 6-21 所示)。分户安装热量表的入户水平管,过门处的过门管道在设计与施工中预先埋设在地面以下(如图 6-22 所示)。分户热计量供暖系统,户内管道应首选暗敷,在找平层开沟槽敷设,槽深 30mm～40mm;沟槽内铺垫绝热层,减少户间传热。暗埋管不应有连接口,且管道外露与散热器连接部分宜外加塑料套管。

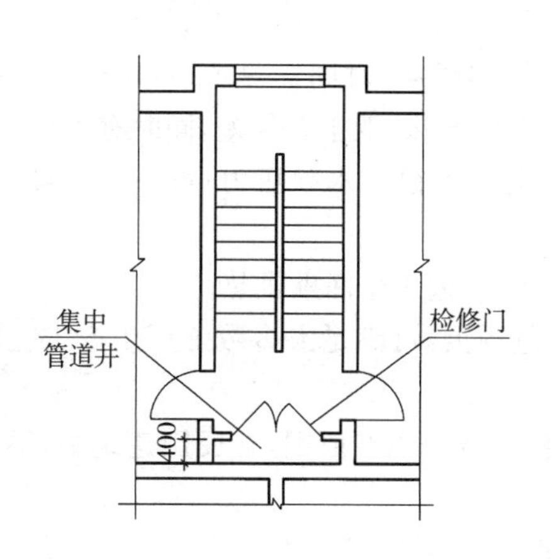

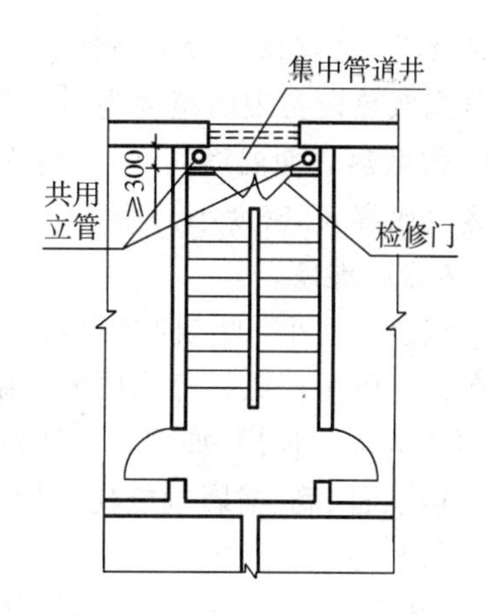

图6-21 热表管道井位置图

分户热计量供暖系统，应在建筑物热力入口处设置热量表、平衡阀、除污器、锁闭阀和过滤器等。设有单体建筑热量总表的户内分户计量供暖建筑，如有地下室时，其热力入口装置宜设在该建筑物地下室专用小室内，如无地下室时，其热力入口装置可设在建筑物单元入口楼梯下部（如图6-22所示）或室外热力入口小室等处。

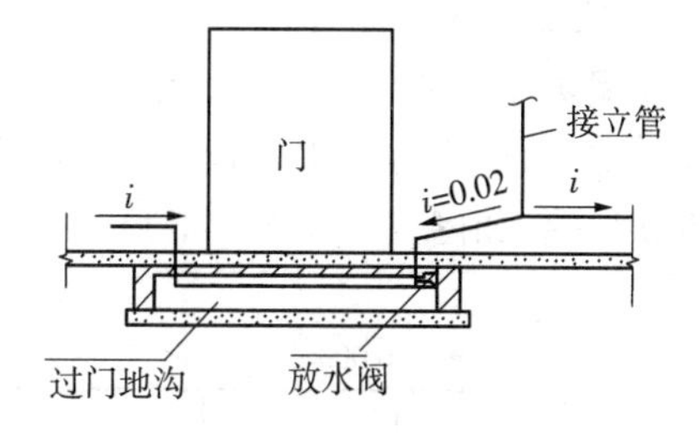

图6-22 热水管道过门沟槽图

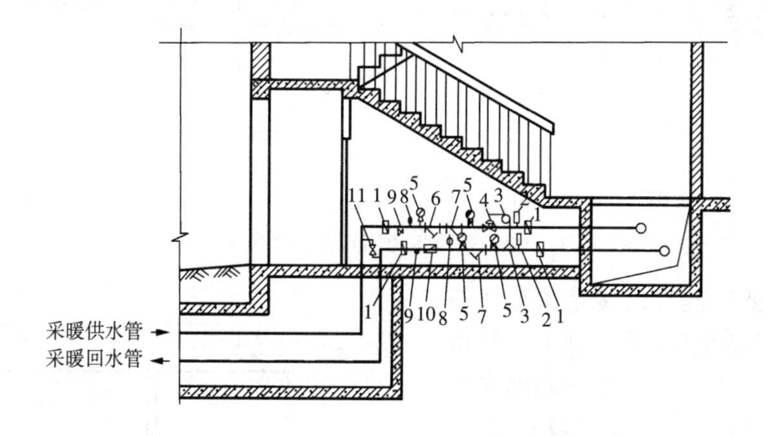

图6-23 建筑物单元热力入口装置示意图

1—碟阀；2—温度计；3—导压管；4—压差控制阀；5—压力表；6—水过滤器；7—水过滤器；8—温度传感器；9—泄水球阀；10—热量表；11—闸阀

6.4.2 蒸汽供暖系统

相对于热水供暖系统，蒸汽供暖系统具有如下特点：

◆ 靠水蒸气凝结释放热量，相态发生变化，单位质量流量释热量大。

◆ 蒸汽和凝水流动过程中，状态参数变化大，容易引起系统中出现所谓“跑、冒、滴、漏”

现象,解决不当,会降低系统经济性和适用性。

◆ 蒸汽散热设备表面温度为对应压力下的饱和温度,对同样热负荷,比热水供暖节约散热面积,但散热表面温度高,易烧烤积聚灰尘,产生异味,卫生条件差,同时有安全隐患。

◆ 蒸汽比容大、密度小。用于高层供暖,不会产生很大水静压力;可采用较高流速,减轻前后加热滞后现象。

◆ 蒸汽热惰性小,供汽时热得快、停汽时冷得快,适用于间歇供热。

◆ 在工厂应用广泛。蒸汽压力和温度供应范围大,可满足大多数工厂生产工艺用热要求,甚至可作为动力使用(如用在蒸汽锻锤上)。

鉴于其跑、冒、滴、漏影响能耗,以及卫生条件等两个主要原因,在民用建筑中,不宜使用蒸汽供暖系统。

按供气压力分为:高压蒸汽供暖系统(供气表压力>70kPa);低压蒸汽供暖系统(供气表压力≤70kPa,但高于当地大气压)。按回水动力可分为:重力回水式和机械回水式。

1. 低压蒸汽供暖系统

在锅炉压力的作用下,蒸汽克服阻力,沿室内管网输入散热器,在散热器内冷凝放热,加热周围空气,变成冷凝水后,经过疏水器(起阻汽排水作用),依靠重力或动力(机械)回至锅炉重新加热,如图 6-24、6-25 所示。

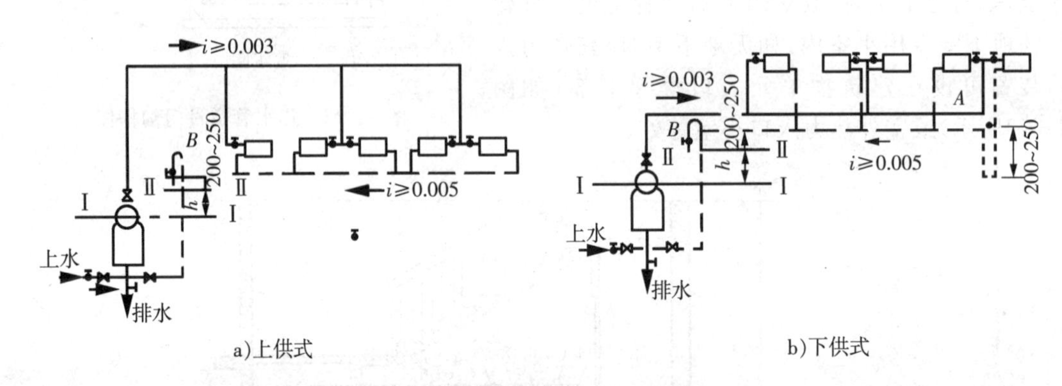

图 6-24 低压蒸汽重力回水供暖系统示意图

重力回水低压蒸汽供暖系统形式简单,无须设置凝结水泵,运行时不消耗电能,适用于小型供暖系统。机械回水系统适用于作用半径较长的大型供暖系统,供热范围大,应用广泛。

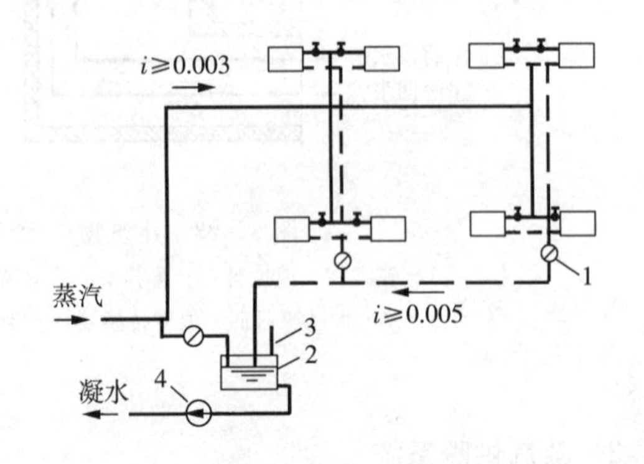

图 6-25 低压蒸汽机械回水中供式供暖系统示意图

1—低压恒温疏水器;2—凝水箱;3—空气管;4—凝水管

2. 高压蒸汽供暖系统

在工厂中,生产工艺用热往往需要使用较高压力蒸汽,因此,利用高压蒸汽作为热媒,向工厂车间及其辅助建筑物各种不同用途的热用户供热。

图 6-26 所示是一个用户入口和室内高压蒸汽供暖系统示意图。高压蒸汽通过

室外蒸汽管网进入高压分汽缸，根据不同热用户的使用功能分别输送至各处，通常供暖用汽压力小于工艺用汽压力，须进行减压送至专用分汽缸，由分汽缸通过室内管网将蒸汽输送至散热器，在散热器内冷凝放热，加热周围的空气，冷凝水经疏水器回至凝结水箱通过凝结水泵压送至锅炉重新加热。高压蒸汽供暖系统冷凝水均采用机械回水方式。

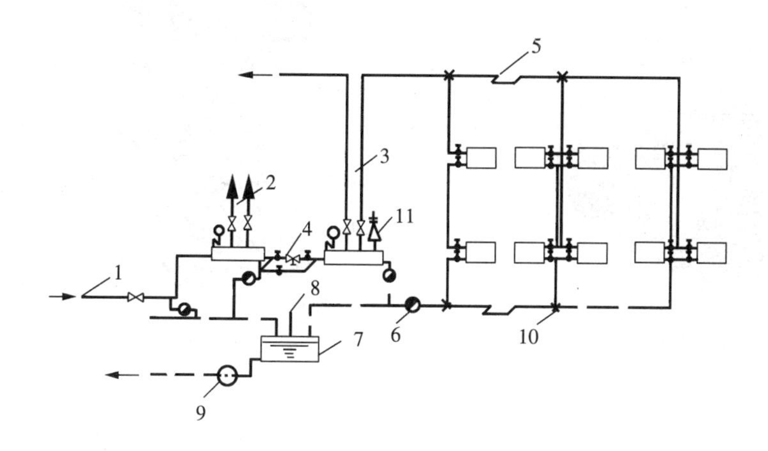

图6-26　高压蒸汽供暖系统示意图

1—室外蒸汽管；2—室内工艺供汽管；3—室内供暖供汽管；4—减压装置；5—补偿器；6—疏水器；7—开式凝水箱；8—空气管；9—凝水泵；10—固定支架；11—安全阀

6.4.3 热风供暖系统

热风供暖系统的热媒宜采用0.1MPa～0.3MPa的高压蒸汽或不低于90℃的热水，也可以采用燃气、燃油或电加热暖风机。热风供暖具有热惰性小，升温快，室内温度分布均匀，温度梯度小，设备简单和投资省等优点，因而适用于耗热量大的高大空间建筑和间歇供暖的建筑，以及由于防火防爆和卫生要求必须采用全新风的车间。根据送风方式的不同，热风供暖有如下几种形式：

1. 集中送风

集中送风热风供暖系统由空气加热器、送风机、风道、喷口（孔口）等组成。集中送风热风供暖是以大风量、高风速对室内送热风，大型孔口以高速喷射出的热射流带动室内空气按照一定的气流组织混合流动，因而温度场均匀，可以大大降低室内的温度梯度，减少房屋上部的无效热损失。该系统风道布置简单，风口布置稀疏。这种供暖形式适用于对噪音要求不高，室内空气允许再循环的车间或有局部排风需要补入加热新风的车间。对于散发大量有害气体或粉尘的车间，一般不宜采用集中送风热风供暖。

2. 暖风机送风

暖风机送风热风供暖系统属于分散式供暖。暖风机是一种集空气加热器、通风机、电动机、送风口为一体的供暖通风联合机组。暖风机结构如图6-27、图6-28所示，具有加热空气和输送空气两种功能，省去了敷设大型风管的空间。暖风机热风供暖可用于对噪声没有严格要求的车间，也可以用在单层地下汽车库。当空气中含有粉尘和易燃易爆气体时，只能加热新风供暖。另外，在房间比较大需散热器数量多而难以布置，同时对噪声无严格要求的情况下，可用暖风机来补充散热器不足部分的热负荷，也可利用散热器作为值班供暖，其余热负荷均由暖风机来承担。

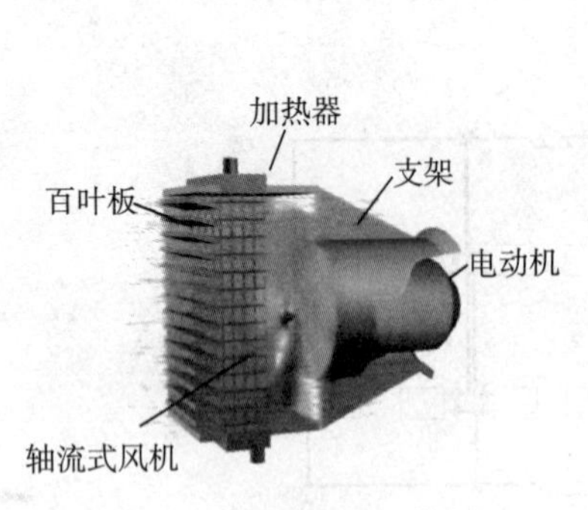

图 6-27 轴流(NC)暖风机

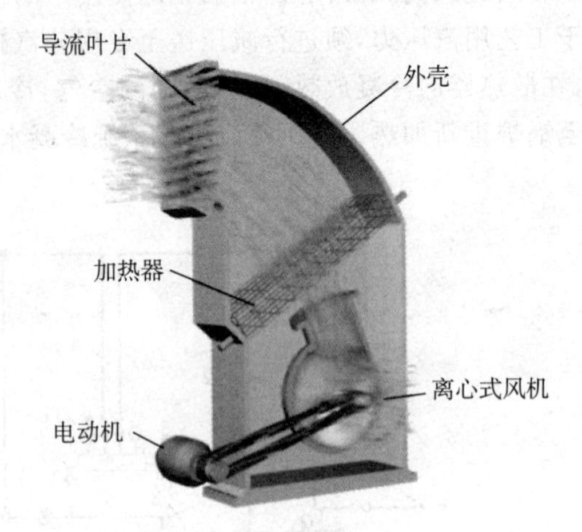

图 6-28 离心式(NBL)暖风机

6.4.4 散热器的分类、选择和布置

散热器是供暖系统最常用的末端设备,热媒(蒸汽或热水)通过散热器的壁面,主要以对流传热方式将热量传递给室内。

1. 散热器分类

散热器按材质可分为:金属材料散热器和非金属材料散热器。金属材料散热器又可分为:铸铁、钢、铝、钢(铜)铝复合散热器及全铜水道散热器等;非金属散热器分为:塑料散热器、陶瓷散热器等,非金属散热器散热效果并不理想。散热器按结构形式分为:柱形、翼形、钢串片形、钢制板形等。

(1)铸铁散热器

铸铁散热器具有结构简单,防腐性好,使用寿命长以及热稳定性好的优点,但金属耗量大,热强度低,运输、组装工作量大,承压能力低。不宜用于高层建筑供暖系统,广泛用于多层建筑热水供暖及低压蒸汽供暖系统。常用的铸铁散热器有:四柱型、M-132 型、长方翼型、圆翼型等,如图 6-29 所示。随着人们生活水平提高,居住条件的改善,这种散热器因外观粗糙,承压低,而很少选用。

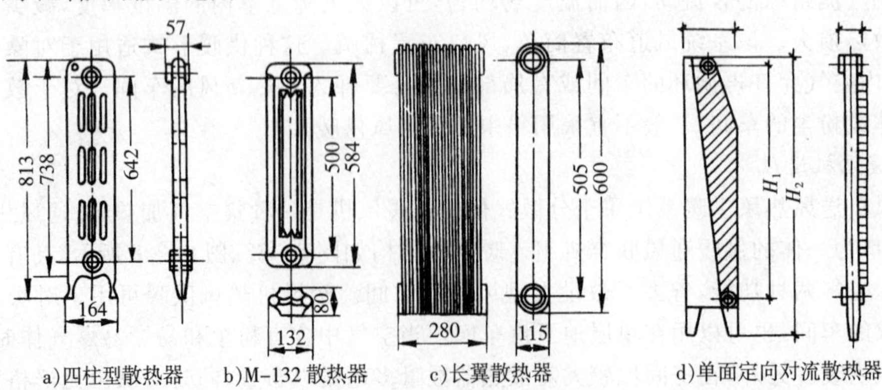

图 6-29 常用铸铁散热器示意图

(2)钢制散热器

钢制散热器存在易腐蚀、使用寿命短等缺点,应用范围受到一定限制。但它具有制造工艺简单,外形美观,金属耗量小,重量轻,运输、组装工作量小,承压能力高等特点。钢制散热器的金属强度比铸铁散热器的高,除钢制柱型散热器外,钢制散热器的水容量较少,热稳定性较差,耐腐蚀性差,在热水供暖系统中对热媒水质要求高,非供暖期仍须充满水保养,而且不适用于蒸汽供暖系统。常用的钢制散热器有:柱式、板式、扁管型、钢串片式、光排管式等,如图6-30所示。目前,新建多层或高层住宅多选用钢制板式散热器,其外形美观,易于与家装匹配。扁管式、光排管式钢制散热器其外形一般,多用于工厂车间和辅助用房,这种散热器可以根据散热量确定散热面积进行非标制作。

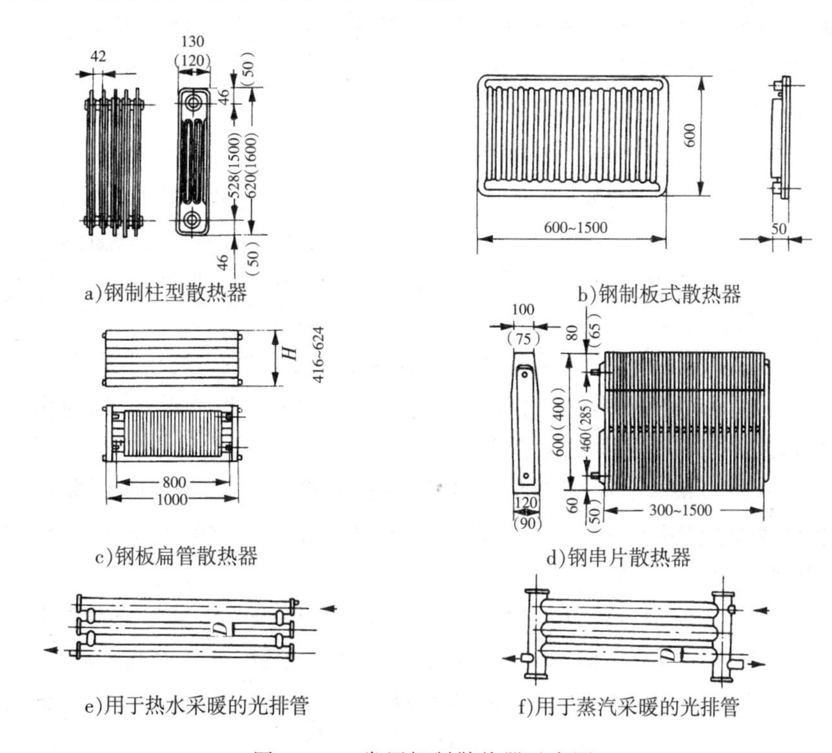

图6-30　常用钢制散热器示意图

(3)铝制及钢(铜)铝复合散热器

铝制散热器采用铝及铝合金型材挤压成型,有柱翼型、管翼型、板翼型等形式,管柱与上、下水道采用焊接或钢拉杆连接。铝制的散热器外形增加肋片以提高其对流散热量。铝制散热器结构紧凑、重量轻、造型美观、装饰性强、热工性能好、承压高。铝氧化后形成一层氧化铝薄膜,能避免进一步氧化,故可以用于开式系统以及卫生间、公共浴室等潮湿场所。铝制散热器的热媒应为热水,不能采用蒸汽。以钢管、不锈钢管、铜管等为内芯,以铝合金翼片为散热元件的钢铝、铜铝复合散热器,结合了钢管、铜管承压高、耐腐蚀、外表美观、散热效果好的优点,未来是住宅建设理想的散热器,其价格高于其他散热器。复合类散热器采用热水为热媒,工作压力可达到1.0MPa。

(4)全铜水道散热器

全铜水道散热器是指过水部件全为金属铜的散热器,耐腐蚀、适用于任何水质的热媒,导热性好、高效节能、强度好、承压高、不污染水质、加工容易、易做成各种美观的形式。全铜水道散热器采用热水为热媒,工作压力为1.0MPa,目前,这种散热器在工程中因价格贵应用不多。

(5)塑料散热器

塑料散热器重量轻,在金属资源匮乏的现阶段,是有发展前途的一种散热器。塑料散热器的基本构造有竖式(水道竖直设置)和横式两大类。其单位散热面积的散热量约比同类型钢制散热器低20%左右,因此,占用室内面积大于同类型的钢制散热器,塑料可以制作成各种颜色、各种造型的散热器,适用于低温热水供暖。

(6)卫生间专用散热器

目前市场上的卫生间专用散热器种类繁多,除散热外,兼顾装饰及烘干毛巾等功能。材质有钢管、不锈钢管、铝合金等多种类型,适用于低温热水供暖系统。安装时注意高度和温度适中,避免烫伤。

2. 散热器选择

散热器应根据供暖系统热媒参数、建筑物使用要求、建筑物的高度,从热工性能、经济、机械性能(机械强度、承压能力等)、卫生、美观、使用寿命等方面综合比较而选择。

(1)散热器的工作压力,应满足系统的工作压力和实验压力要求,并符合国家现行机械行业有关产品标准的规定。

(2)民用建筑宜采用外形美观易于清扫的钢制板式散热器;有腐蚀性气体的工业建筑和相对湿度较大的卫生间、洗衣房、厨房等应采用耐腐蚀的铸铁散热器;放散粉尘或防尘要求高的工业建筑,应采用易于清扫的光排管散热器。

(3)闭式热水供暖系统宜采用钢制散热器,水质要满足产品的要求,在非供暖期要充水保养;蒸汽供暖系统应选用铸铁式、排管式散热器,避免采用承压能力差的钢制柱型、板型和扁管型等散热器。

(4)散热器的散热面积应根据室内的耗热量与散热器的散热量相平衡来选择计算。不同材质的散热器其传热系数不同每平方米(或每片)的散热量不同,因此,应根据建筑物的功能和要求首先确定选用何种类型、材质的散热器,再进行散热器面积计算,并根据其连接方式、安装形式、组装片数等进行散热器散热量的修正计算。

3. 散热器布置

散热器布置时应符合下列规定:

(1)散热器宜安装在外墙的窗台下,散热器中心线与窗台中心线重合,散热器上升的热气流首先加热窗台渗透冷空气,然后与室内空气对流换热,保持室内人的热舒适。受条件影响也可安装在人流频繁对流散热较好的内门附近。公共建筑中当安装和布置管道困难时,散热器也可靠内墙布置。

(2)双层门的外室及两道外门之间的门斗不应设置散热器,以免冻裂影响整个供暖系统的运行。在楼梯间或其他有冻结危险的场所,散热器应有独立的供热立管和支管,且不得装设调节阀或关断阀。

(3)楼梯、扶梯、跑马廊等贯通的空间,形成了烟囱效应,散热器应尽量布置在底层;当散热器过多,底层无法布置时,可按比例分布在下部各层。

(4)散热器应尽量明装。但对内部装修要求高的房间和幼儿园的散热器必须暗装或加防护罩。暗装时装饰罩应有合理的气流通道、足够的流通面积，并方便维修。

(5)住宅建筑散热器布置时要避免暗装。分户热计量供暖系统的散热器布置时还要考虑在保证室内温度均匀的情况下，尽可能地缩短户内管线。与散热器配套的温度传感器必须安装在能正确地反映室内温度的地方。

6.4.5　供暖系统的主要附件

1. 膨胀水箱

膨胀水箱的作用是用来吸纳和补偿温度变化时管道系统中的水容量以及恒定供暖系统的压力。在重力循环上供下回式系统中，它还有排气的作用。自然循环膨胀水箱连接位置如图 6－31 所示，机械循环膨胀水箱连接位置如图 6－32 所示。

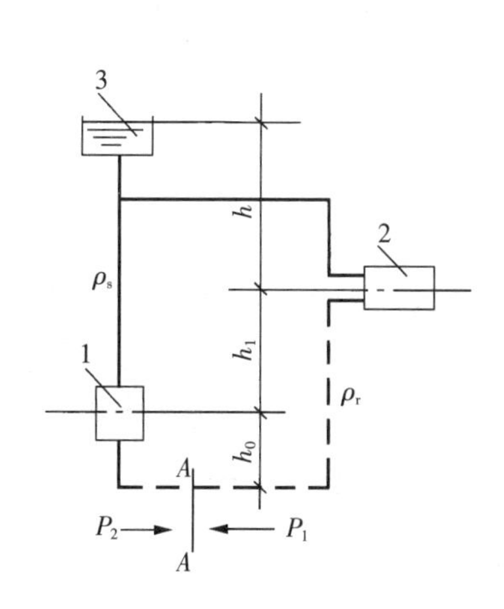

图 6－31　自然循环膨胀水箱连接位置

1—锅炉或换热器；2—散热器；3—膨胀水箱

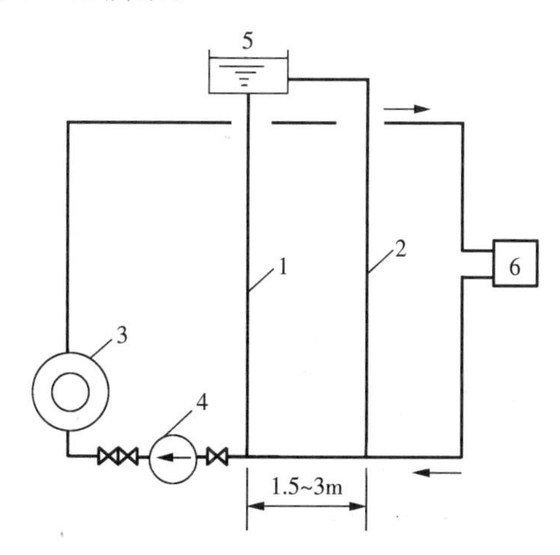

图 6－32　机械循环膨胀水箱连接位置

1—膨胀管；2—循环管；3—锅炉；4—循环水泵；

膨胀水箱用钢板或玻璃钢板制成圆柱体或长方体，配有膨胀管、循环管、溢流管、信号管、排水管和补水管。膨胀管上严禁安装阀门，使膨胀水能顺利地进入水箱，防止系统超压；循环管严禁安装阀门，防止水箱水冻结；溢流管上严禁安装阀门，防止水位过高从水箱人孔溢出。膨胀水箱的构造如图 6－33 所示。

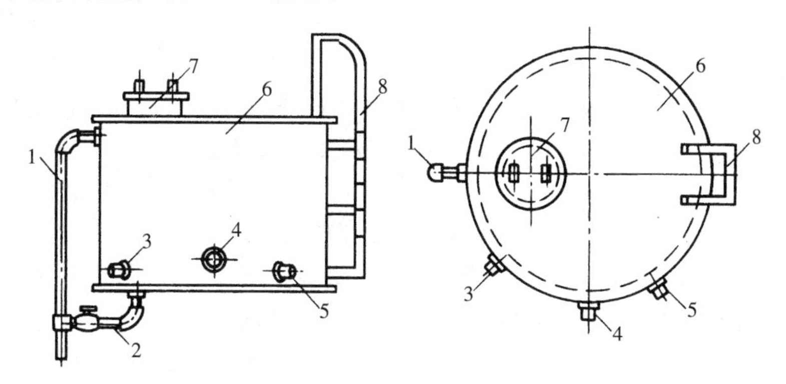

图 6－33　膨胀水箱的构造示意图

1—溢流管；2—排水管；3—循环管；4—膨胀管；5—信号管；6—箱体；7—人孔；8—人梯

2. 排气装置

与生活热水系统不同的是热水供暖系统属于闭式系统,在系统设计和运行管理过程中需要重视系统的排气问题。水被加热时,会分离出空气,在系统运行时,通过不严密处也会渗入空气,充水后,也会有空气残留在系统内,系统中如果积存空气,就会形成气塞,使水系统不能正常循环,导致供暖系统达不到设计要求。因此,系统中必须设置排除空气的装置。常见的排气装置主要有集气罐、自动排气阀和冷风阀等,集气罐、自动排气阀通常设置在管路系统的最顶端如图6-34所示,自动排气阀的构造如图6-35、6-36所示。

自动排气阀的工作原理:依靠水对阀体的浮力,通过杠杆机构的传动,使排气孔自动启闭,实现自动阻水排气的功能。

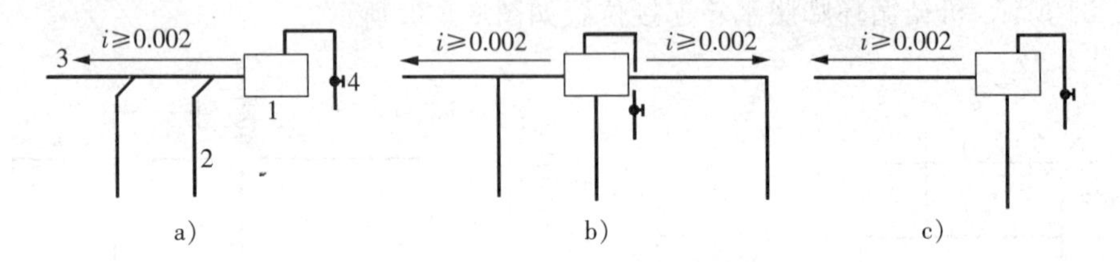

图6-34 集气罐安装方式

1—集气罐;2—立管;3—干管;4—放气阀

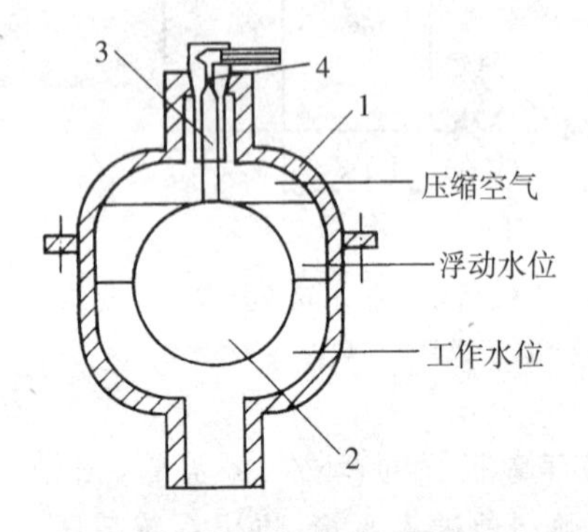

图6-35 立式自动排气阀

1—阀体;2—浮球;3—导向套管;4—排气孔

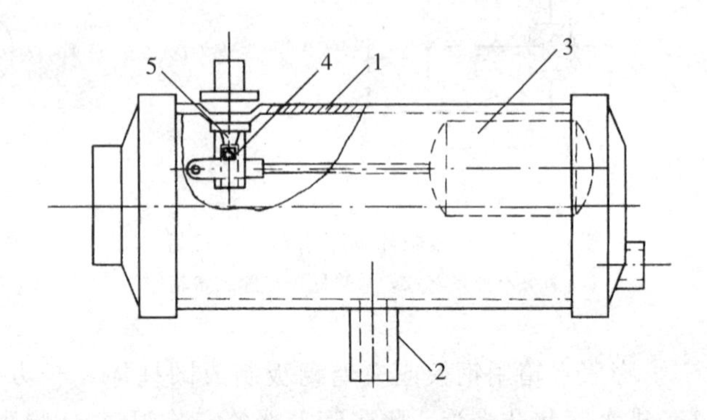

图6-36 卧式自动排气阀

1—外壳;2—接管;3—浮筒;4—阀座;5—排气孔

3. 温控阀和热量表

散热器温控阀是一种自动控制散热器散热量的设备,它由两部分组成:一部分为阀体部分,另一部分为感温元件控制部分。当室内温度高于给定的温度值时,感温元件受热,体积膨胀使顶杆压缩阀杆,将阀口关小,进入散热器的热媒流量减小,散热器散热量减小,室温下降。当室内温度下降到低于设定值时,感温元件开始收缩,其阀杆靠弹簧的作用,将阀杆抬起,阀孔开大,热媒流量增大,散热器散热量增加,室内温度开始升高,从而保证室温处在设定的温度上。温控阀控温范围在13℃~28℃之间,控制精度为±1℃。

分户热计量系统中常选用热量表用于热量的计量。热量表是通过测量水流量及供、回水温度并经运算和累计得出某一系统使用的热流量的。热量表由流量传感器即流量计,供、回水温度传感器,热表计量器(也称积分仪)等部分组成。

4. 疏水器

疏水器的作用是自动阻止蒸汽逸漏，并能迅速地排出用热设备及管道中的凝结水，同时能排除系统中积留的空气和其他不凝性气体。根据疏水器的工作原理可以分为：浮筒式疏水器、热动力式疏水器、温调式疏水器。浮筒式疏水器是利用浮筒重力和水对浮筒的浮力达到平衡时进行阻汽排水，通过改变浮筒的重力能适应不同凝结水压力和压差的工作要求。热动力式疏水器是利用水和蒸气比容的不同进行阻汽排水，热动力式疏水器有止回阀的功能，排水能力大，但有周期性漏汽现象。适用于前后压差较大的系统中，当疏水器前后压差 $P_1 - P_2 < 0.5P_1$ 时会发生连续漏气。温调式疏水器是利用弹性元件内的膨胀液受热后压力发生变化使弹性元件的长度发生变化来进行阻汽排水，常用于低压蒸汽系统。图6－37为温调式疏水器。

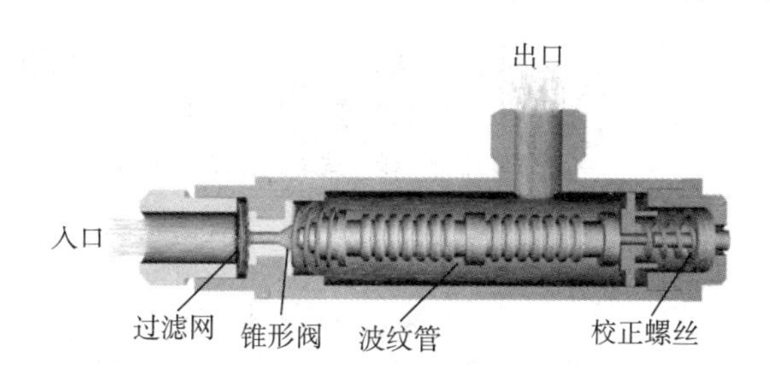

图6－37　温调式疏水器

6.5　辐射供暖系统

利用建筑物内部的顶面、墙面、地面或其他表面进行的以辐射传热为主的供暖方式为辐射供暖。

根据辐射散热设备(板)的表面温度不同，辐射供暖可分为：

低温辐射供暖系统(≤60℃)，热媒一般为低温热水，散热设备多为塑料加热盘管，现已广泛用于住宅、办公建筑供暖。

中温辐射供暖系统(80℃～200℃)，热媒为高压蒸汽(≥200kPa)或高温热水(≥110℃)，以钢制辐射板作为辐射表面，应用于厂房与车间。

高温辐射供暖系统(≥200℃)，采用电力或燃油、燃气、红外线供暖，应用于厂房与野外作业。

6.5.1　低温辐射供暖系统

1. 分类和构造

如图6－38所示，低温辐射供暖系统是把加热管(或其他发热体)直接埋设在建筑构件内而形成辐射散热面与建筑构件合为一体，根据其安装位置分为顶棚式、地板式、墙壁式、踢脚板式等。低温热水辐射供暖系统的分类、特点见表6－5所列。

与对流供暖相比，地板辐射供暖有如下优点：

舒适度高，节能。没有因为人离散热器较近时因热空气上升而引起的窒息感，室内温度场均匀，温度梯度合理，减少了人体的辐射热量，使人比较舒适，室内温度的设计标准可适当降低，辐射供暖的热负荷可在对流供暖热负荷计算基础上乘以0.9～0.95的修正系数，或将室内计算温度取值降低2℃。设计水温低，可采用电厂余热等低品位热源供暖。

节约建筑面积，无散热器片与外露的管道；不会导致室内空气的急剧流动，减少了尘埃飞扬的可能，有利于改善卫生条件。

表 6-5 低温辐射供暖系统分类及特点

分类根据	类别	特点
辐射板位置	顶棚式	以顶棚作为辐射表面，辐射热占 70%左右
	墙壁式	以墙壁作为辐射表面，辐射热占 65%左右
	地板式	以地面作为辐射表面，辐射热占 55%左右
	踢脚板式	以窗下或脚踢处墙面作为辐射表面，辐射热占 65%左右
辐射板构造	埋管式	直径为 15～32mm 的管道埋设与建筑表面内构成辐射表面
	风道式	利用建筑构件的空腔使其热空气循环流动构成辐射表面
	组合式	利用金属构建焊接金属板再焊金属管组成辐射板

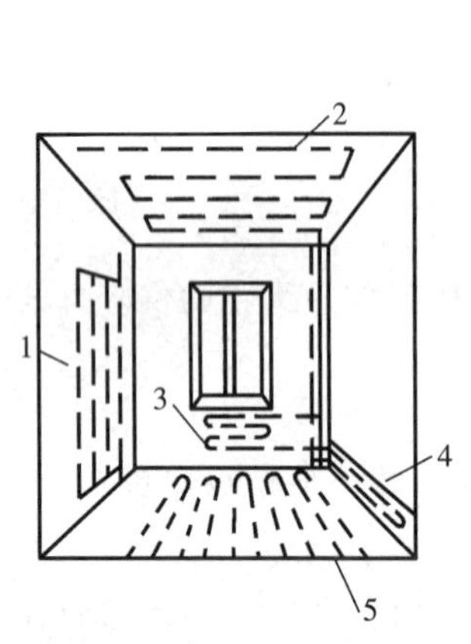

图 6-38 与建筑结构相结合的辐射板形式

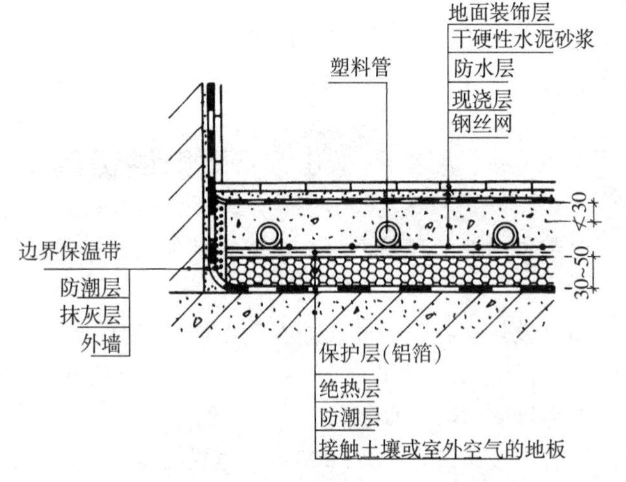

图 6-39 低温热水辐射供暖地面构造示意图

1—墙面式；2—顶棚式；3—窗下式；4—踢脚板式；5—地板式

如图 6-39 为低温热水地板辐射供暖的构造，鉴于加热盘管位于建筑构件内，其施工工艺与土木建筑专业联系紧密，构造要求：

(1)绝热层。采用聚苯乙烯泡沫塑料板属承受有限载荷型泡沫塑料，密度不宜小于 20kg/m^3，厚度不小于表 6-6 的规定值，可按热阻相当原则计算替代材料厚度；如允许地面双向散热，各楼层楼板可不设绝热层；潮湿房间，在现浇填充层上应设置防水层进行隔离。

表 6-6 聚苯乙烯泡沫塑料板绝热层厚度

绝热层	厚度(mm)
楼层之间楼板上的绝热层	20
与土壤或不采暖房间相邻的地板上的绝热层	30
与室外空气相邻的地板上的绝热层	40

(2)铝箔反射层。用来反射来自热源侧的辐射，增强隔热效果，若允许双向散热可不设。

(3)现浇(填充)层。地热盘管敷设、固定后，由土建专业人员协助填充浇筑完成。宜采用粒径5～12mm的C15豆石混凝土，厚度不宜小于50mm。当地面载荷较大，可在填充层内设置钢丝网加强；当地面采用带龙骨的架空木地板时，盘管可设置于木地板与龙骨层间的绝热层上，可不设置豆石混凝土现浇层。

(4)防水层一般设置于卫生间、厨房等潮湿房间。

(5)找平层采用较细的10～20mm厚的干硬性水泥砂浆进行处理，目的是使地表面层坚固，避免扬尘，为地面装饰层的敷设做准备。

(6)面层可采用地板、瓷砖、地毯以及塑料类砖装饰面材。

(7)墙边需设置边界保温带。

(8)各房间四周、房间面积超过40m^{2}或边长超过8m时，为防止混凝土开裂，填充层宜设置宽度不小于5mm的伸缩缝，缝中填充弹性膨胀材料，上面用密封膏密封。

(9)当盘管超过一定的长度应设伸缩节和固定管卡，防止热膨胀导致盘管位移胀裂地面；当管间距小于100mm时，管路应外包塑料波纹管，防止密集管路胀裂地面。

由以上地面构造可以看出，低温热水地板辐射供暖需占用一定层高，增加结构荷载与土建费用。

2. 管路布置与敷设

根据实际工程需要，低温热水地板辐射供暖加热盘管的敷设方式多种多样，敷设原则有两个：一是尽可能使室内温度场分布均匀；二是简单便于施工。如图6-40为常见布置方式。

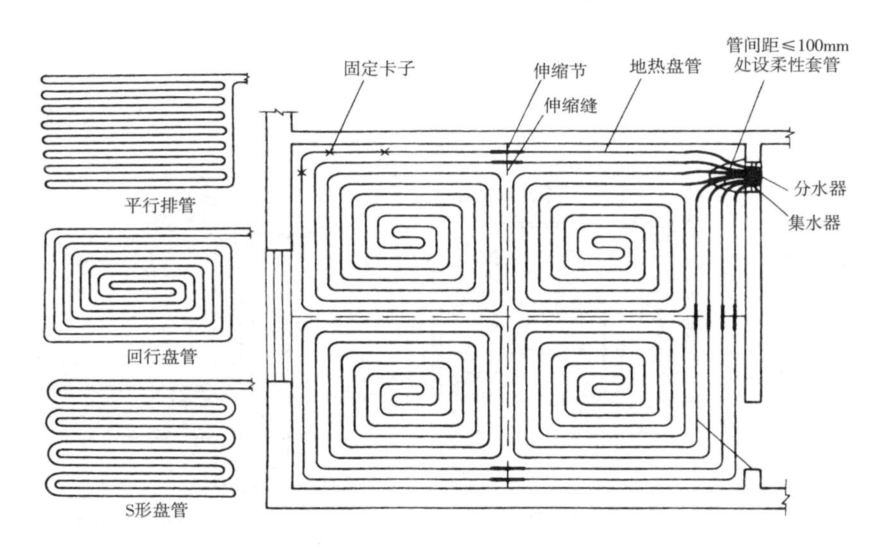

图6-40　低温热水地板辐射供暖环路布置示意图。

直径为15mm～32mm的管道埋设在地面内，构成辐射表面。户内每个房间均应设分支管，视房间面积的大小布置一个或多个环路，一般采取20m^2～30m^{2}为一个环路或者一个房间为一个环路，大房间、客厅视具体情况可布置多个环路。每个分支环路的盘管长度宜尽量接近，一般为60m～80m，最长不宜超过120m，每个环路的阻力不宜超过30kPa。埋地热盘管的每个环路宜采用整根管道，中间不宜有接头。热管的间距不宜大于300mm。PB和

PE－X管转弯半径不宜小于5倍管外径，其他管材不宜小于6倍管外径，以保证水路畅通。

早期的地板辐射供暖均采用钢管或铜管，现在地板辐射供暖采用改性共聚聚丙烯管(PP－C)、氯化聚氯乙烯管(CPVC)、交联聚乙烯管(PE－X)、乙烯-丁烯共聚耐高温聚乙烯管(PE－RT)等塑料管。这些塑料管均具有耐老化、耐腐蚀、不结垢、承受一定的压力、无污染、沿程阻力小、容易弯曲、埋管部分无接头、易于施工等优点。

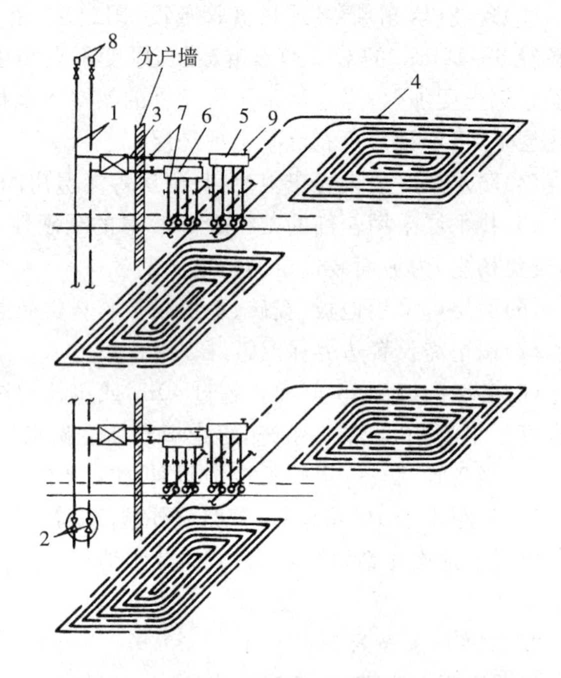

图6－41 低温热水地板辐射供暖系统示意图

1—楼内立管；2—立管调节装置；3—入户装置；4—加热盘管；5—分水器；6—集水器；7—球阀；8—自动排气阀；9—跑风门

图6－41是低温热水地板辐射供暖系统示意图。其构造形式与前述的分户热计量户内放射式系统基本相同。

低温地板辐射供暖的楼内立管通过设置在户内的集水器、分水器与户内管路系统连接。分、集水器常组装在一个箱体内如图6－42所示，每套分水器、集水器宜接3～5个回路，最多不超过8个回路。分、集水器宜布置在厨房、盥洗室、走廊两头等既不占用主要使用面积，又便于操作的部位，同时距任一环路距离为最短，节省管材和减少损失。在分、集水器周围留有一定的检修空间，且每层安装位置应相同。建筑设计时应给予考虑。

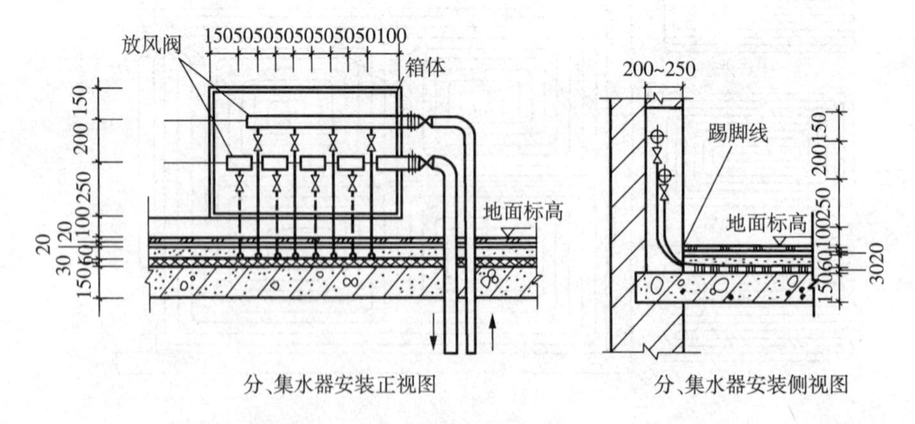

图6－42 低温热水地板辐射供暖系统分、集水器安装示意图

6.5.2 中温辐射供暖

中温辐射供暖使用的散热设备通常都是钢制辐射板，由钢板和小管径的钢管制成矩形块状或带状辐射散热板。块状辐射板通常用DN15～DN25与DN40的水煤气钢管焊成排管构成，把排管嵌在带槽的辐射板内，辐射板为长方形或方形，厚度为0.5mm～1mm。辐射

板的背面加设保温层以减少无效热损失。保温层外侧可用 0.5mm 厚钢板或纤维板包裹起来。块状辐射板的长度一般为 1m～2m，以不超过钢板的自然长度为原则。带状辐射板的结构与块状板完全相同，只是在长度方向上由几张钢板组装成形，也可将多块块状辐射板在长度方向上串联连接成形。钢制辐射板构造简单，制作维修方便，比普通散热器节省金属约 30%～70%。钢制辐射板供暖适用于高大的工业厂房、大空间的公共建筑，如商场、展厅、车站等建筑物的全面采暖或局部采暖。

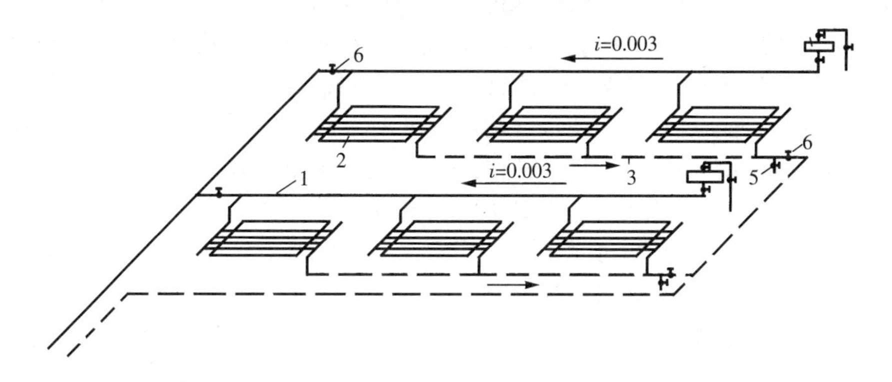

图 6-43　辐射板水平安装同程系统

1—供水管；2—辐射板；3—回水管；4—集气罐；5—放水阀；6—调节阀

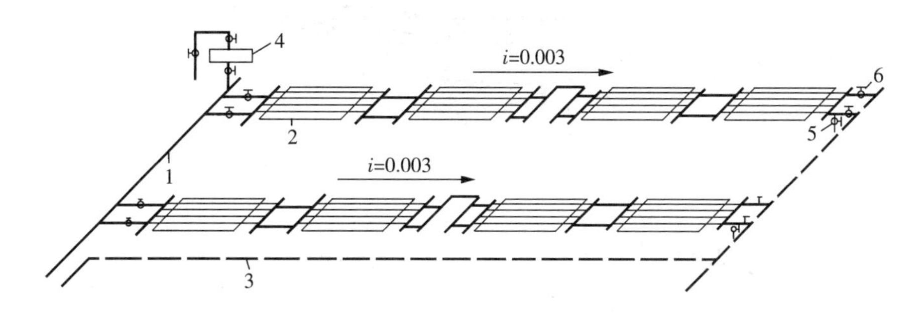

图 6-44　辐射板水平安装双管系统

1—供水管；2—辐射板；3—回水管；4—集气罐；5—放水阀；6—调节阀

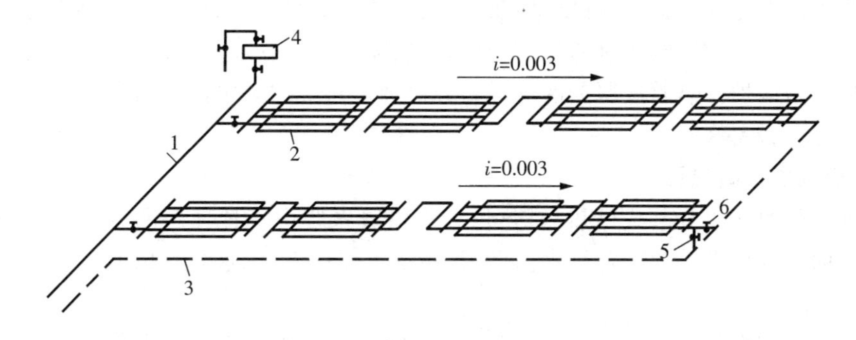

图 6-45　辐射板水平安装单管系统

1—供水管；2—辐射板；3—回水管；4—集气罐；5—放水阀；6—调节阀

6.5.3 高温辐射供暖

当辐射板表面的温度为500℃～900℃时,称为高温辐射供暖。燃气红外辐射器、电红外线辐射器属于高温辐射散热设备。电气红外线辐射供暖设备多采用石英管或辐射器。石英管红外线辐射器的辐射温度可达990℃,其中,辐射热占总散热量的78%。石英灯辐射器的辐射温度可达2232℃,其中,辐射热占总散热量的80%。燃气红外线辐射供暖是利用可燃气体或液体通过特殊的燃烧装置进行无焰燃烧,形成800℃～900℃的高温,向外界发射出波长2.7～2.47μm的红外线,在供暖空间或工作地点产生良好的热效应,其工作原理为:具有一定压力的燃气经喷嘴喷出,高速形成的负压将周围空气从侧面吸入,燃气和空气在渐缩管形的混合室内混合,再经过扩压管使混合物的部分动力能转化为压力能,最后,通过燃烧板的细孔流出,在燃烧板表面均匀燃烧,从而向外界放射出大量的辐射热。燃气红外线辐射器(如图6-46)适合于燃气丰富而廉价的地方。它具有构造简单、辐射强度高、外形尺寸小、操作简单等优点。如果条件允许,可用于工业厂房或一些局部工作地点的供暖。但使用中应注意采取相应的防火、防爆和通风换气等措施。

高温供暖因表面温度过高、室内空气干燥,所以适用于工艺性供暖,不适合舒适性供暖。

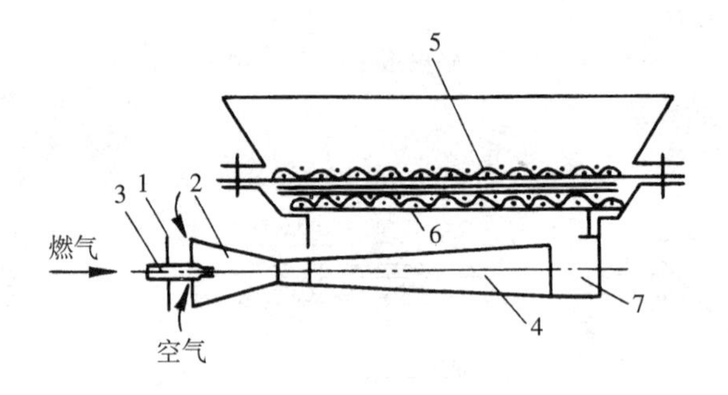

图6-46 燃气红外线辐射器构造图

1—调节板;2—混合室;3—喷嘴;4—扩压管;5—多孔陶瓷板;6—气流分配板;7—外壳2.

6.6 热 源

供暖热媒的来源即热源,它可以是:热电厂、区域锅炉房、分散锅炉房,也可以是核能、地热、太阳能等,凡能从中吸取热量的任何物质、天然能源都可以通过系统设计作为供暖热源,最常见的热源是锅炉。热源按服务区域分为分户独立热源和集中热源两大类。

6.6.1 分户独立供暖热源

分户独立热源属于分散式供热,是热量计量供暖系统中一种理想的方式。分户热源供暖可根据户内系统要求单独设定供水温度,且系统工作压力低,水质易保证。

1. 分户式热水炉

家用燃气炉按燃料不同可分为燃气型和燃油型,按加热方式不同可分为快速式和容积式两种。快速式燃气炉也称为壁挂式燃气炉,图6-47为一典型壁挂式燃气热水炉原理图。

图示锅炉具有供暖和供应卫生热水两种功能。机内装有水泵,可作为单户供暖系统热水循环的动力，而气压罐在供暖系统中起定压作用。生活热水由供暖系统的热水进行加热。供暖系统中的水并不与生活热水相混，互为独立。供暖系统热水在铜翅片管换热器中由燃气燃烧的烟气加热。燃气经燃气调节阀进入燃烧器，由脉冲电子点火电极点火燃烧。燃烧后的烟气由风机强制排到室外，在燃烧室中产生一定负压，从而吸入燃烧所需的空气。采用套筒结构的平衡式排烟/进气口，即烟气直接排到室外，而空气也由室外吸入，不消耗室内空气；并且空气吸取烟气热量而被预热，以改善燃烧过程。因此，该设备可以在密闭的房间中使用。供暖系统的供回水管之间设有自动旁通阀，以防止在供暖系统运行时由于外部阀门关闭或关小，导致水流停止或流量过小，换热器内局部过热，此时旁通阀自动打开以保持换热器内有足够的流量。

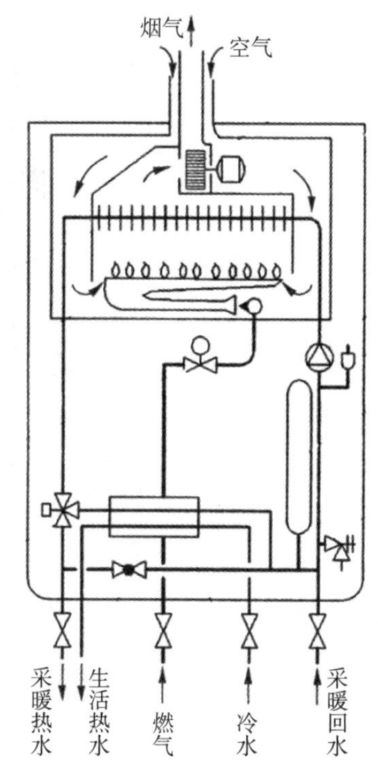

图6-47　家用壁挂式燃气热水锅炉

这种家用的燃气锅炉，自动化程度很高，且有多重保护，如水泵电机过载保护、防冻保护、漏气保护等。可使用燃气或液化气。热效率一般在85%～93%，冷凝式的可达96%。大部分产品的最大供热量不超过35kW，可满足建筑面积300多平方米家庭的供暖与热水供应使用。

2. 电热供暖炉

民用建筑不提倡电热供暖，只有在环保有特殊要求的区域，远离集中热源的独立建筑，采用热泵的场所以及能利用低谷电蓄热的地区才能使用电热供暖。模块式电热锅炉以一个建筑单元为单位，一栋建筑或者数栋性质相同的建筑共用一个供暖热源。利用模块式电热炉产生的热水供一栋建筑或性质相同的数栋建筑进行供暖。家用电热锅炉是以户为供热单位，利用电热炉产生的热水供散热器或低温热水地板辐射供暖，同时可以兼供生活热水。

6.6.2　集中供暖热源

集中供暖热源的核心设备主要是锅炉。锅炉是一种将能源（燃料）所储藏的化学能以及工业生产中的余热或其他热源，转化为一定温度和压力的水或蒸汽的设备。按其工作介质不同分为蒸汽锅炉和热水锅炉；根据燃料不同分燃煤锅炉、燃油锅炉、燃气锅炉。

1. 蒸汽锅炉房

顾名思义，锅炉最根本的组成是汽锅和炉子两大部分，加上蒸汽过热器、省煤器、空气预热器等选配附加受热面，统称为锅炉本体。汽锅是一个封闭的汽水系统，炉子即燃烧设备。图6-48为经典的SHL锅炉本体。为保证锅炉房能源源不断地持续运行，达到安全可靠、经济有效地供热，还需设置辅助设备，包括：燃料供应及排渣除尘设备、通风设备、给水供汽设备、监测仪表和自动控制设备。

锅炉本体和辅助设备，总称为锅炉房设备。图6-49即为SHL型锅炉房设备简图。

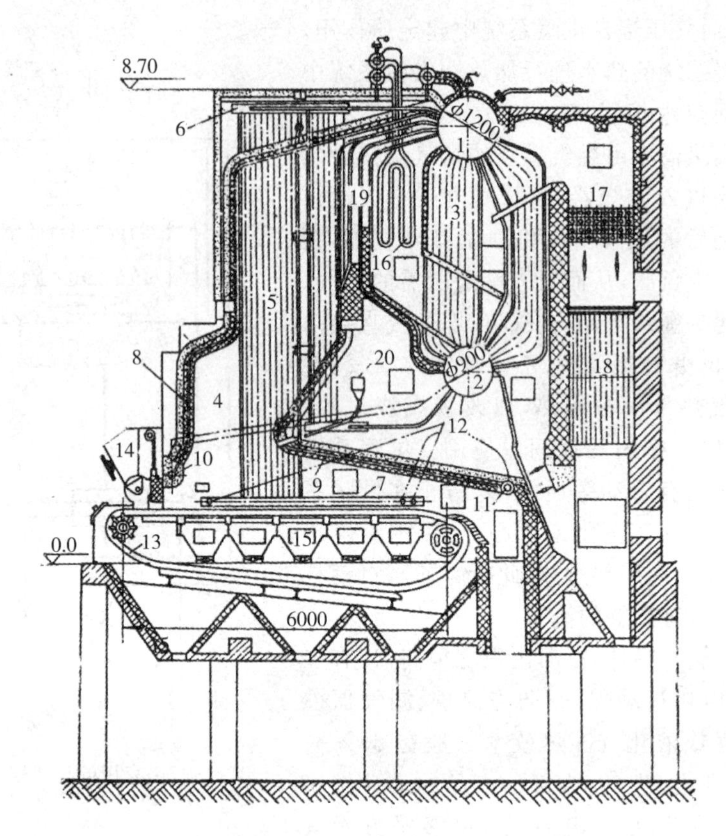

图6-48 双锅筒横置式链条炉(SHL)锅炉

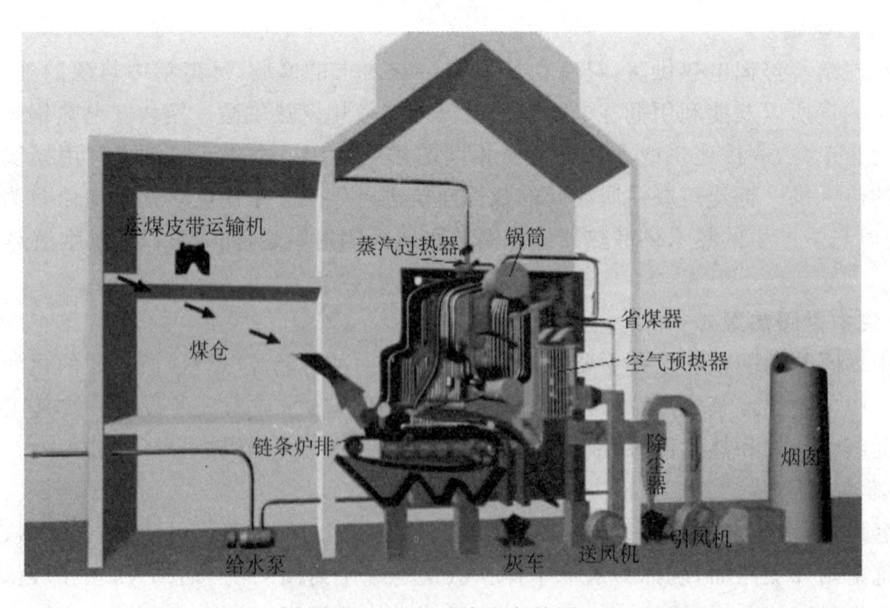

图6-49 锅炉房设备简图

蒸汽锅炉的工作过程包括三个同时进行着的过程:燃料的燃烧过程、烟气向水(汽等工质)的传热过程及水的受热和汽化过程。热水锅炉中没有水的汽化过程,第三个过程为水的受热过程(组织水循环)。燃料在炉子里燃烧,燃料的化学能转化为热能,高温的燃烧产物——火焰和烟气以辐射和对流两种方式将热量传递给汽锅里的水,水被加热,而蒸汽锅炉中则要达到沸腾汽化,生成蒸汽。

蒸汽锅炉的容量以蒸发量表征,指蒸汽锅炉每小时所产生的额定蒸汽量,即锅炉在额定参数(压力、温度)、额定给水温度和使用设计燃料,并保证一定效率下的最大连续蒸发量。用符号 D 表示,单位是 t/h,供热锅炉蒸发量一般是从 0.5~65t/h。

蒸汽锅炉提供的蒸汽除直接用于需要蒸汽的场合,同时可以通过换热站,将蒸汽转化为热水使用。

2. 热水锅炉房

与蒸汽锅炉相比,热水锅炉的最大特点是锅内介质不发生相变,始终都是水。为防止汽化,保证运行安全,其出口水温通常控制在比工作压力下的饱和温度低 25℃左右。正因如此,热水锅炉无须蒸发受热面和汽水分离装置,有的连锅筒也没有,结构相对简单。

热水锅炉的结构形式与蒸汽锅炉基本相同。

3. 锅炉房规划设计要点

(1)锅炉房的位置

锅炉房位置不当,会使占地面积大、室外管网长,影响环境卫生,维护运行不便等。在设计时应配合建筑总图在总体规划中合理安排,力求满足下列要求:

应靠近热负荷比较集中的地区,并应使引出热力管道和室外管网的布置在技术、经济上合理;应便于燃料贮运和灰渣的排送,并且使人流和燃料、灰渣运输的物流分开;扩建端宜留有扩建余地;应有利于自然通风和采光;应位于地质条件较好的地区;应有利于减少烟尘、有害气体、噪声和灰渣对居民区和主要环境保护区的影响,全年运行的锅炉房应设置于总体最小频率风向的上风侧,季节性运行的锅炉房应设置于该季节最大频率风向的下风侧,并应符合环境影响评价报告提出的各项要求;燃煤锅炉房和煤气发生站宜布置在同一区域内;应有利于凝结水的回收;区域锅炉房尚应符合城市总体规划、区域供热规划的要求;易燃、易爆物品生产企业锅炉房的位置,除应满足本条上述要求外,还应符合有关专业规范的规定;锅炉房宜设置在地上独立建筑物内,和其他建筑应考虑一定的防火距离,见表 6-7 所列的规定要求;当锅炉房单独设置困难时,才考虑与其他建筑物相连或设置在地下室,但其设计和使用参数必须符合现行防火规范等。

(2)锅炉房设计要点

◆ 锅炉房作为独立建筑物,内部布置有:锅炉间、水处理间、控制室、配电室、更衣室、化验室、值班室、卫生间和维修间等。大型锅炉房一般为三层全框架结构,底框结构。底层布置为出灰、出渣设备间、水处理间、热交换间、值班室、维修人员工作间;二层为锅炉本体设备间、锅炉控制室、化验室、管理人员办公室、会议室等;三层布置运煤、煤仓设备。锅炉房应留置设备搬运和检修安装孔,安装孔或门的大小应保证需检修更换的最大设备出入。锅炉房设备间的门应向外开。

◆ 锅炉房区域内各建筑物、构筑物以及燃料、灰渣场地的布置,应按工艺流程和规范的要求合理安排。

◆ 锅炉房的柱距、跨度和室内地坪至柱顶的高度,在满足工艺要求的前提下,应尽量符合现行国家标准规定的模数。

◆ 每个新建锅炉房只能设一根烟囱，烟囱的高度应根据锅炉房装机容量，按表6－8规定执行。当锅炉房装机容量大于28MW(40t/h)时，其烟囱高度应按批准的环境影响报告书(表)的要求确定，但不得低于45米，新建锅炉房烟囱周围半径200米距离内有建筑物时，其烟囱应高出最高建筑物3m以上。燃气及燃轻柴油、燃油锅炉烟囱高度应按批准的环境影响报告书(表)的要求确定，但不得低于8m。

◆ 锅炉房地面宜有坡度或采取措施保证管道或设备排出的水引向排水系统。排水不能直接排入室外管道时，应设集水坑和排水泵。并应有必要的起重设施和良好的照明与通风。锅炉房内应设集中检修场地，其面积应根据需检修设备的要求确定，并在周围留有宽度不小于0.7m的通道。

锅炉房为多层布置时，锅炉基础与楼板地面接缝处应采用能适应沉降的处理措施。

◆ 按蒸发量统计锅炉房的常用指标见表6－9所列。

◆ 按建筑功能估计锅炉房面积指标：旅馆、办公楼等公共建筑以建筑面积为1万m^2～3万m^2为例，燃煤锅炉房面积约为建筑面积的0.5%～1%，燃油燃气锅炉房约占建筑面积的0.2%～0.6%；居住建筑以建筑面积为10万m^2～30万m^2为例，燃煤锅炉房面积约为建筑面积的0.2%～6%，燃油燃气锅炉房约占建筑面积的0.1%～0.3%。

锅炉房楼板地面和屋面的荷载，应根据工艺设备安装和检修的荷载要求确定，也可参照表6－10选用。

表6－7　锅炉房和其他建筑的防火间距(m)

防火间距 / 其他建筑物类型 / 耐火等级			高层建筑(10层及10层以上居住建筑、建筑高度超过24米的公共建筑)				一般民用建筑耐火等级			工厂建筑耐火等级		
			一类		二类							
			高层建筑	裙楼	高层建筑	裙楼	1～2级	3级	4级	1～2级	3级	4级
燃煤锅炉	锅炉房总蒸汽量小于4t/h	1～2级	15	10	13	10	6	7	9	10	12	14
		3级	18	12	15	10	7	8	10	12	14	16
	单台蒸发量≤4t/h，且总蒸发量≤12t/h	1～2级	15	10	13	10	6	7	9	10	12	14
	单台蒸发量＞4t/h或总蒸发量大于12t/h	1～2级					10	12	14			
燃油、燃气锅炉房		1～2级	15	10	13	10	10	12	14	10	12	14

表6－8　燃煤、燃油(燃轻柴油、煤油除外)锅炉烟囱允许高度

锅炉房装机总容量	MW	＜0.7	0.7～1.4	1.4～2.8	2.8～7	7～14	14～28
	t/h	＜1	1～2	2～4	4～10	10～20	20～40
烟囱最低允许高度	m	20	25	30	35	40	45

表6-9　锅炉房设计常用估算指标

序号	锅炉单台容量(t/h) 项目	2	4	6(6.5)	10	20	35
1	锅炉房标准煤耗量(t/(h台)	0.30	0.58	0.81	1.23	2.30	3.80
2	锅炉房建筑面积(m^2/台)	150	280	450	600	800	1400
3	锅炉房区占地面积(m^2/台)	400	800	2500	3500	5000	7000
4	锅炉房耗电量(kW·h/台)	20～30	40～50	65～85	100～130	200～250	350～450
5	锅炉房高度(m)	5～5.5	5.5～6.5	7～12	8～15	12～18	15～20
6	锅炉房中心距(m)	5	6	6	7.5	9	12
7	锅炉房耗水量(t/(h·1台)	3	6	10	15	25	40
8	锅炉房运行人员(人/台)	5	9	15	25	30	32

表6-10　锅炉房楼板、地面、屋面荷载

名称	活荷载(kN/m^2)	备注
锅炉间楼面 辅助间楼面 运煤层楼面 除氧间楼面 锅炉间及辅助间屋面 锅炉间地面	6～12 4～8 4 4 0.5～1 10	1. 表中未列的其他荷载，按现行国家标准《建筑结构荷载规范》GB50009—2003的规定选用 2. 表中不包括集中荷载 3. 运煤层楼面在有皮带机头装置的部分，应由工艺提供荷载或按10kN/m^2计算 4. 锅炉间地面考虑运输通道时，通道部分地坪和地沟盖板可按20kN/m^2计算

思考题

1. 试对导热、对流换热及辐射换热各举一工程及生活中的实例。

2. 一般保温瓶胆为真空玻璃夹层，夹层内两侧镀银，为什么它能较长时间地保持热水的温度？并分析热水的热量是如何通过胆壁传到外界的？什么情况下保温性能会变得很差？

3. 试从建筑结构角度和建筑节能角度综合分析墙体围护结构材料的发展方向。

4. 一般民用建筑供暖热负荷计算的主要内容是什么？并估算自己宿舍的供暖热负荷。

5. 集中供暖系统由哪几部分组成？建筑物选择集中供暖的必要条件是什么？

6. 供暖系统的热媒有哪几类？如何确定供暖系统的热媒？

7. 谈谈你对传统供暖系统和分户供暖系统的认识，如何从技术上及观念上实现供暖节能？

8. 机械循环热水供暖系统主要布置方式有哪几种？分别适用于何类建筑？

9. 简述散热器的布置原则。

10. 简述低温热水地板辐射供暖的构造要求。

11. 供暖热源有哪几类？在区域规划中确定热源类型、位置应注意什么问题？

第7章 燃气供应

7.1 燃气种类及特性

城镇燃气是由几种气体所组成的混合气体,其中含有可燃气体和不可燃气体。可燃气体有碳氢化合物、氢气和一氧化碳,不可燃气体有二氧化碳、氮气和氧气等。燃气的种类很多,主要有天然气、人工煤气、液化石油气等。

1. 天然气

天然气是蕴藏在地层中的可燃性气体,主要是以甲烷为主的低分子量烷烃类混合物,还含有少量的二氧化碳、硫化氢、氮和微量的氦、氖、氩等气体。低热值在33494～41868 kJ/Nm^3,是一种高热量、低污染的优质清洁能源,是城镇燃气的理想气源。

2. 人工煤气

人工煤气是将矿物燃料(如煤、重油等)通过热加工而得到的。通常使用的有干馏煤气(如焦炉煤气)和重油裂解气。

将煤放在专用的工业炉中,隔绝空气,从外部加热,分解出来的气体经过处理后,可分别得到煤焦油、氨、粗萘、粗苯和干馏煤气。剩余的固体残渣即为焦炭。

将重油在压力、温度和催化剂的作用下,使分子裂变而形成可燃气体。这种气体经过处理后,可分别得到煤气、粗苯和残渣油。重油裂解气也叫油煤气或油制气。

将煤或焦炭放入煤气发生炉,通入空气、水蒸气或两者的混合物,使其吹过炽热的煤层,在空气供应不足的情况下进行氧化和还原作用,生成以一氧化碳和氢气为主的可燃气体,称为发生炉煤气。由于它的热值低,一氧化碳含量高,因此不适合作为民用燃气,多在工业上使用。

此外还有从冶金生产或煤矿矿井得到的煤气副产物,称为副产煤气或矿井气。

人工煤气具有强烈的气味及毒性,含有硫化氢、萘、苯、氨、焦油等杂质,容易腐蚀及堵塞管道,因此人工煤气需加以净化才能供城市使用。一般焦炉煤气的低热值为17585～18422kJ/Nm^3,重油裂解气的低热值为16747～20515kJ/Nm^3。

3. 液化石油气

液化石油气由丙烷、丙烯、丁烷、丁烯、甲烷等成分组成,其中主要成分是丙烷、丙烯和丁烷。它们在常温常压下呈气态,而常温加压或常压低温时呈液态。液化石油气的低热值约在83763～113044kJ/Nm^3。

液化石油气主要从以下几个方面获取:

(1)石油伴生气中获取。指在石油开采过程中,油田伴生气随着原油一起喷出,通过装在油井的油气分离装置,把油田伴生气分离出来,经加工处理就可获取液化石油气。

(2)炼油厂中获取。指在生产汽油、柴油的同时产生的副产品——石油气。它可分为蒸馏气、热裂化气、催化裂化气、催化重整气等多种气体。这些石油气都含有C1～C5组分,通过分离装置把C3、C4组分分离提取出来,就可获取液化石油气。

(3)天然气中获取。天然气可分为干气和湿气两种，甲烷含量90%以上的称为干气；甲烷含量低于90%，乙烷、丙烷、丁烷等超过10%的则称为湿气；从湿气中把乙烷、丙烷、丁烷等分离出来，就可获取液化石油气。

7.2　燃气供应方式

7.2.1　管道供应

天然气、人工煤气、液化石油气混空气可输入城镇燃气管网供气，城镇燃气输配系统一般由门站、燃气管网、储气设施、调压设施、管理设施、监控系统等组成。城镇燃气输配系统的设计，应符合城镇燃气总体规划，在可行性研究的基础上，做到近、远期结合，以近期为主，经技术经济比较后确定合理的方案。

城镇燃气管道供应应按燃气设计压力 P 分为7级，并应符合下表7-1要求：

表7-1　城镇燃气设计压力等级

名　称		压力(MPa)
高压燃气管道	A	$2.5<P\leqslant4.0$
	B	$1.6<P\leqslant2.5$
次高压燃气管道	A	$0.8<P\leqslant1.6$
	B	$0.4<P\leqslant0.8$
中压燃气管道	A	$0.2<P\leqslant0.4$
	B	$0.01\leqslant P\leqslant0.2$
低压燃气管道		$P<0.01$

城镇燃气管网一般采用单级系统、两级系统或三级系统，一般大型城市采用高中低三级系统，中小型城市采用中低压两级或者中压单级系统，各级之间用调压站连接。城镇燃气干管的布置，应根据用户用量及其分布，全面规划，宜按逐步形成环状管网供气进行设计。

中压和低压燃气管道宜采用聚乙烯管、机械接口球墨铸铁管、钢管或钢骨架聚乙烯塑料复合管，高压燃气管道宜采用钢制燃气管道。

地下燃气管道不得从建筑物和大型结构物的下面穿越，埋设的最小覆土厚度(路面至管顶)应符合下列要求：

(1)埋设在车行道下时，不得小于0.9m；

(2)埋设在非车行道(含人行道)下时，不得小于0.6m；

(3)埋设在庭院(指绿化地及载货汽车不能进入之地)内时，不得小于0.3m；

(4)埋设在水田下时，不得小于0.8m。

7.2.2　非管输供气

液态液化石油气在石油炼厂产生后，可用管道、汽车或火车槽车、槽船运输到灌瓶站后再用管道或钢瓶灌装，经供应站供应用户。

供应站到用户根据供应范围、户数、燃烧设备的需用量大小等因素可采用单瓶、瓶组和管道系统,其中单瓶供应常用15kg钢瓶供居民用。瓶组供应常采用钢瓶并联来供应公共建筑或小型工业用户。管道供应方式适用于居民小区、大型工厂职工住宅区或锅炉房。

钢瓶内液态液化石油气的饱和蒸汽压按绝对压力计,一般为70～800kPa,靠室内温度自然汽化。但供燃气燃具燃烧时,还要经过钢瓶上调压器减压到2.8±0.5kPa(280±50mmH_2O)。单瓶系统一般钢瓶置于厨房,而瓶组并联系统的钢瓶、集气管及调压阀等应设置在单独房间。

另外CNG(压缩天然气)和LNG(液化天然气)供气技术在国际上已经非常成熟,CNG和LNG供应城镇燃气方式源自天然气汽车加气的母子站系统。母站为固定式加气站,子站离输气管道有一定距离,专门敷设管道不经济,用CNG或LNG瓶组汽车将CNG和LNG从母站运输到子站,供用户加气。由于母子站系统技术成熟、灵活方便,而且造价比建设独立加气站低,所以借鉴母子站系统的供应方式,采用CNG和LNG供应城镇燃气是可行的,并且在小城镇天然气供应系统中,CNG释放站和LNG气化站的建设,在近年得到了大量的应用,尤其在供气系统建设储气,起到了代替管输气的作用,在管输气到达城镇后,又可作为调峰气源,保障城镇供气。

7.3 室内燃气供应系统

室内燃气供应系统的构成,随城镇燃气系统的供气方式不同而有所变化,如图7-1所示的系统,由用户引入管、立管、水平干管、用户支管、燃气计量表、用户连接管、燃气泄漏报警系统和燃气用具所组成。这样的系统构成是因为用气建筑直接连接在城市低压管道上。目前,也有一些城市采用中压到楼栋,用楼栋调压或者中压进户表前调压的系统。

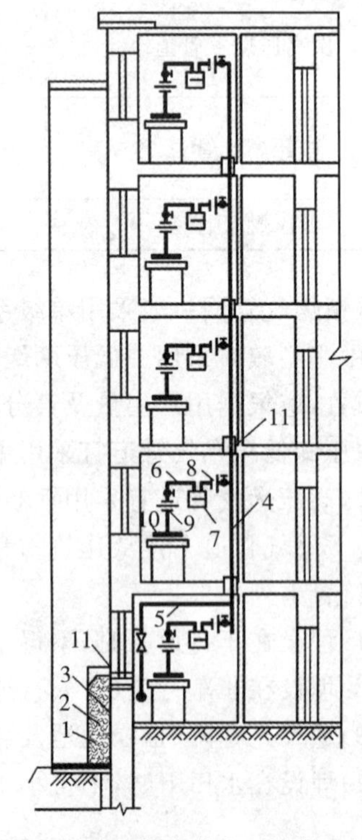

图7-1 建筑燃气供应系统剖面图

1—用户引入管;2—砖台;3—保温层;4—立管;5—水平干管;6—用户支管;7—燃气计量表;8—表前阀;9—灶具连接管;10—燃气灶;11—套管

7.3.1 管道系统

用户引入管与城市或庭院低压分配管道连接,在分支管处设阀门。输送湿燃气的引入管一般由地下引入室内,当采取防冻措施时也可由地上引入。在非采暖地区或采用管径不大于75mm的管道输送干燃气时,则可由地上直接引入室内。输送湿燃气的引入管应有不小于0.01的坡度,坡向城市燃气分配管道。引入管穿过承重墙、基础或管沟时,均应设在套管内(如图7-2所示,图7-3为用户引入管的做法),并应考虑沉降的影响,必要时采取补偿措施。引入管上既可连一根燃气立管,也可连若干根立管,后者则应设置水平干管。

管道经过的楼梯间和房间应有良好的通风。

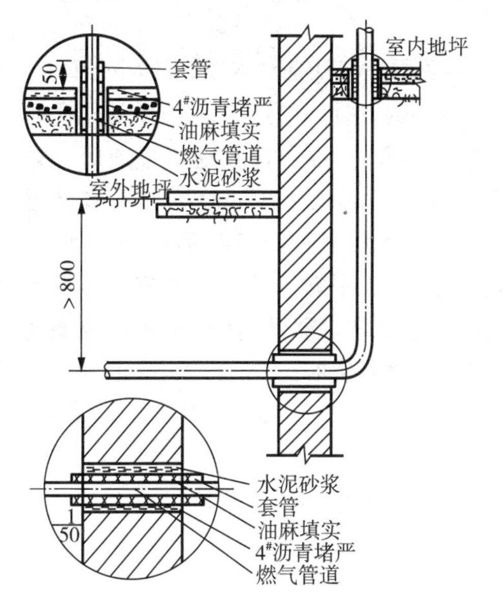

图7-2 引入管穿越基础或外墙

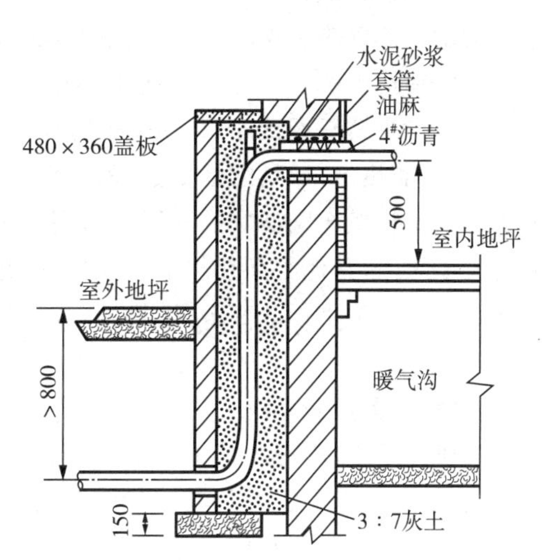

图7-3 引入管沿外墙翻身引入

室内燃气立管宜设在厨房、开水间、走廊、对外敞开或通风良好的楼梯间、阳台(寒冷地区输送湿燃气时阳台应封闭)等处。立管不得敷设在卧室、浴室或厕所中。

由立管引出的用户支管,在厨房的高度不得低于1.7米。支管穿过墙壁时也应安装在套管内。

燃气用具连接部位或移动式用具等处可采用软管连接,软管最高允许工作压力应大于设计压力4倍,与家用燃具连接时,其长度不应超过2米,并不得有接口,与移动式的工业燃具连接时,其长度不应超过30米,接口不应超过2个。软管与管道、燃具的连接处应采用压紧螺帽或管卡固定,在软管的上游与硬管的连接处应设阀门。

室内燃气干管宜明设,当建筑物或工艺有特殊要求时,也可采用暗埋或暗封敷设,暗埋部分不宜有接头,应与其他金属管道或部件绝缘。也可设在便于安装和检修的管道竖井内,但应注意可与空气、惰性气体、上下水、热力管道等设在一个公用竖井内,且不得与电线、电气设备或氧气管、进风管、回风管、排气管、排烟管、垃圾道等共用一个竖井。

室内燃气管道的管材宜选用镀锌钢管,也可选用铜管、不锈钢管、铝塑复合管和连接用软管。

7.3.2 燃气计量表

燃气表应根据燃气的工作压力、温度、流量和允许的压力降等条件选择,宜安装在不燃或难燃结构的室内通风良好和便于查表、检修的地方。住宅内燃气表可安装在厨房内,有条件时也可设置在户门外。住宅内高位安装燃气表时,表底距地面不宜小于1.4米;当燃气表装在燃气灶具上方时,燃气表与燃气灶的水平净距不得小于30cm;低位安装时,表底距地面不得小于10cm。商业和工业企业的燃气表宜集中布置在单独房间内,当设有专用调压室时与调压器同室布置。

7.3.3 燃气用具

常用的民用灶具有厨房燃气灶和燃气热水器。常见的燃气灶是双眼燃气灶,由灶体、工作面及燃烧器组成;燃气热水器是一种局部热水加热设备,按其构造可分为容积式和直流式两类。

燃气燃具具应安装在有自然通风和自然采光的厨房内,不得设在地下室或卧室内。安装灶具的房间净高不得低于2.2m,灶具与墙面的净距不得低于10cm,当墙面有易燃材料时,应加防火隔热板,灶具的灶面边缘的烤箱的侧壁距木质家具的净距不得小于20cm。燃气热水器应安装在通风良好的非居住房间、过道或阳台内;平衡式热水器可安装在有外墙的浴室或卫生间内,其他类型热水器严禁安装;装有烟道式热水器的房间,房间门或墙的下部应设有效截面积不小于0.02m^{2}的格栅,或在门与地面之间留有不小于30mm的间隙。

7.3.4 燃气泄漏报警系统

对于居民用户,厨房为地上暗厨房(无直通室外的门和窗)时,应选用带有自动熄火保护装置的燃气灶,并应设置燃气浓度检测报警器、自动切断阀和机械通风设施,燃气浓度检测报警器应与自动切断阀和机械通风设施连锁。

对于商业用户,商业用气设备应安装在通风良好的专用房间内;商业用气设备不得安装在易燃易爆物品的堆存处,亦不应设置在兼做卧室的警卫室、值班室、人防工程等处。商业用气设备设置在地下室、半地下室(液化石油气除外)或地上密闭房间内时,应符合下列要求:(1)燃气引入管应设手动快速切断阀和紧急自动切断阀;紧急自动切断阀停电时必须处于关闭状态(常开型);(2)用气设备应有熄火保护装置;(3)用气房间应设置燃气浓度检测报警器,并由管理室集中监视和控制;(4)宜设烟气一氧化碳浓度检测报警器;(5)应设置独立的机械送排风系统,通风量应满足下列要求:①正常工作时,换气次数不应小于6次/h;事故通风时,换气次数不应小于12次/h;不工作时换气次数不应小于3次/h;②当燃烧所需的空气由室内吸取时,应满足燃烧所需的空气量;③应满足排除房间热力设备散失的多余热量所需的空气量。因此,商业用户的厨房若为暗厨房、地下室、半地下室的时候,需加装燃气泄漏报警系统并且燃气浓度检测报警器应与自动切断阀和机械通风设施连锁。对于通风条件不好的的商业用户厨房,可要求业主增大开窗面积,以改善用气环境的通风条件。

对于工业用户,工业企业生产用气,燃气管道上应安装低压和超压报警以及紧急自动切断阀,并且大流量用户应设置燃气报警器和排风系统。

此外燃气调压间、燃气锅炉间可燃气体浓度报警装置,应与燃气供气母管总切断阀和排风扇联动。在引入锅炉房的室外燃气母管上,在安全和便于操作的地点,应装设与锅炉房燃气浓度报警装置联动的总切断阀,阀后应装设气体压力表。

7.3.5 室内燃气管道计算

室内燃气管道计算包括:确定燃气用气量,确定管道计算流量、管径和管道压力损失。

民用建筑室内燃气管道的计算流量应按同时工作系数法进行计算,是根据燃气用具的种类、数量及其相应的燃气用量标准乘以同时工作系数而得到。

$$Q=\sum KQ_nN$$

式中：Q—— 室内燃气管道计算流量（Nm^3/h）；

Q_n—— 同类型燃具的额定流量（Nm^3/h）；

K—— 燃具同时工作系数，反映燃气集中使用的程度，见表7-2所列。

表7-2 居民生活用燃具的同时工作系数 K

同类型燃具数目 N	燃气双眼灶	燃气双眼灶和快速热水器	同类型燃具数目 N	燃气双眼灶	燃气双眼灶和快速热水器
1	1.00	1.00	40	0.39	0.18
2	1.00	0.56	50	0.38	0.178
3	0.85	0.44	60	0.37	0.176
4	0.75	0.38	70	0.36	0.174
5	0.68	0.35	80	0.35	0.172
6	0.64	0.31	90	0.345	0.171
7	0.60	0.29	100	0.34	0.17
8	0.58	0.27	200	0.31	0.16
9	0.56	0.26	300	0.30	0.15
10	0.54	0.25	400	0.29	0.14
15	0.48	0.22	500	0.28	0.138
20	0.45	0.21	700	0.26	0.134
25	0.43	0.20	1000	0.25	0.13
30	0.40	0.19	2000	0.24	0.12

得到计算流量后，我们可以根据允许压力损失来确定管径，低压燃气管道允许总压降分配见表7-3所列。

表7-3 低压燃气管道允许总压降分配

燃气种类及灶具额定压力		允许总压降 ΔP_d(Pa)	街区	单层建筑		多层建筑	
				庭院	室内	庭院	室内
人工煤气	800Pa	750	400	200	150	100	250
	1000Pa	900	550	200	150	100	250
天然气 2000Pa		1650	1050	350	250	250	350

思考题

1. 燃气供应方式有哪几种？分别简单介绍一下。
2. 室内燃气管道系统由哪几部分组成？安装时应注意哪些问题？
3. 简述燃气利用环境中，什么情况下需要设置燃气泄漏报警系统？

第8章 建筑通风

8.1 建筑通风概述

建筑通风工程,就是把室内被污染的空气排到室外,同时把室外新鲜的空气输送到室内的换气技术。

8.1.1 建筑空间空气的卫生条件

1. 影响人体热舒适的基本参数

(1)空气温度

热微气候中最重要的因素是空气温度。人体对温度较为敏感,且热感觉比冷感觉要相对滞后。人体温度的生理调节很有限,如果体温调节系统长期处于紧张的工作状态,会影响人的神经、消化、呼吸和循环等多系统的稳定,降低抵抗力,增高患病率。空气温度在25℃左右时,脑力劳动的工作效率最高;低于18℃或高于28℃,工作效率急剧下降。根据对夏热冬冷地区的调查表明,夏季空气温度不超过28℃时,人们对热环境均表示满意;超过34℃时,100%的人感到热,其中42%的人会感到难以忍受,室内不能居住。

冬季室内空气温度为18℃时,50%坐着的人感到冷;温度低于12℃时,80%坐着的人感到冷,而且有人冷得难受,不能坚持久坐,活动着的人也有20%以上感到冷,因此卫生学将12℃作为建筑热环境的下限。由于我国幅员辽阔,南北方气温相差很大,情况复杂,因此,该标准只对夏季有空调和冬季有采暖场所的室内温度做了规定,对于其他场所的空气温度标准,建议为:冬季12℃～21℃,夏季低于28℃。

(2)空气湿度

室内湿度过高会阻碍汗液蒸发,影响散热和皮肤表面温度,从而影响人的舒适感。另外,湿度高还会促进室内环境中细菌和其他微生物的生长繁殖,加剧室内微生物的污染,这些微生物可通过呼吸进入人体,导致呼吸系统或消化系统等多种疾病的发生。最宜人的室内湿度与温度相关联;冬天温度为18℃～25℃,湿度为30%～80%;夏天温度一般为23℃～28℃,湿度为30%～60%。在此范围内感到舒适的人占95%以上。空调房间中,以室温为19℃～24℃、湿度为40%～50%最感舒适。一般来说,空调场所夏季湿度为40%～80%,冬季湿度为30%～60%。

(3)空气流速

室内空气的流动对人体有着不同的影响。夏季空气流动可以促进人体散热,冬季空气流速过大会使人体感到寒冷。当室内空气流动性较差得不到有效换气时,各种有害化学物质不能及时排到室外,造成室内空气品质恶化;由于室内气流流动速度小、气流组织形式不理想,人们在室内活动中所排出的有害物聚集于室内,致使室内空气质量进一步恶化,可见保持一定室内空气流速的重要。一般来说,夏季室内空气流速一般以0.3m/s左右为宜,冬季室内空气流速以0.2m/s左右为宜。

(4)新风量

一般而言,新风量获取越多,对健康越有利。在室外气候适宜条件下,利用自然通风技术,可尽量多地引入室外新风。国内许多实验表明,产生“病态建筑物综合症”的一个重要原因就是新风量不足。新鲜空气可以改善人体新陈代谢、调节室温、除去过量的湿气,并可稀释室内污染物。但在炎热夏季或寒冷冬季,新风需要进行空气热湿处理时,房间新风量取值应符合《民用建筑供暖通风与空气调节设计规范》GB50736—2012中的相关规定,且在人员密度相对较大且变化较大的房间,宜根据室内二氧化碳的浓度来控制新风需求。

(5)其他因素

影响热舒适还有许多其他因素,如热辐射、气流组织的合理性、吹风感、着衣程度、活动量等。另外,最新的研究表明气流的脉动频率也可能会造成人体不适,气流脉动频率在$0.2s^{-1}$～$0.6s^{-1}$范围内波动时,冷气流对人体造成的不舒适度最大。

2. 空气中有害物浓度、卫生标准及排放标准

有害物对人体的危害程度,主要取决于有害物本身的物理化学性质及其在空气中的含量。

(1)有害物浓度

单位体积空气中有害物含量,叫作有害物浓度。有害物含量可以用质量或体积两种表示方法,故对应浓度为质量浓度或体积浓度。质量浓度是指每立方米空气中所含有害物的毫克数,以mg/m^3表示;体积浓度是指每立方米空气中所含有害物的毫升数,以mL/m^3或(ppm)表示。

空气中的有害气体与蒸气的含量既可用质量浓度表示也可用体积浓度表示。空气中粉尘的含量一般用质量浓度表示;有时也用颗粒浓度表示,即每立方米空气中所含粉尘的颗粒数。在工业通风技术中一般采用质量浓度,颗粒浓度主要用于洁净车间。

(2)卫生标准

为了保护工人、居民的安全和健康,必须使工业企业的设计符合卫生要求。我国在总结职业病防治工作经验、开展生产环境和工人健康状况卫生学调查的基础上,结合我国技术和经济发展的实际,制定了《工业企业设计卫生标准》。最早颁布于1962年,后来又经过多次修订,其中有1979年11月1日起实行的《工业企业设计卫生标准》(TJ36—79),2002年4月8日国家卫生部发布并于2002年6月1日开始实施的《工业企业设计卫生标准》(GBZ1—2002),2010年1月22日国家卫生部发布并于2010年8月1日实施的《工业企业设计卫生标准》(GBZ1—2010)。新标准GBZ1—2010比旧标准更科学、更全面、更趋于合理,主要增加了工作场所粉尘、防毒的具体卫生设计要求,以及除尘、排毒和空气调节设计的卫生学要求、细化了事故排风的卫生学设计,是工业通风设计和验收的重要依据,对各工业企业车间空气中有害物的最高容许浓度、空气的温度、相对湿度和流速,以及居住区大气中有害物质的最高容许浓度等都做了规定。

卫生标准中,车间空气中有害物的最高容许浓度,即工人在此浓度下长期进行生产劳动而不会引起急性或慢性职业病的浓度,亦即车间空气中有害物不应超过的浓度。居住区大气中有害物质的一次最高容许浓度,一般是根据不引起黏膜刺激和恶臭而制订的;日平均最高容许浓度是根据有害物不引起慢性中毒制订的。

(3)排放标准

工业生产中产生的有害物质是造成大气环境恶化的主要原因,因而,从这些生产车间排出的空气不经过净化或净化不够都会对大气造成污染。《环境空气质量标准》(GB3095—2012),于2016年1月1日起在全国全面实施。该标准较原标准增加了污染物监测项目,加严部分污染物限值。《大气污染物综合排放标准》(GB16297—1996)规定了33种大气污染物的排放限值,其指标体系为最高允许排放浓度、最高允许排放速率和无组织排放监控浓度限值。不同行业的相应标准的要求比《大气污染物综合排放标准》中的规定更为严格。

在实际工作中,对已制定行业标准的生产部门,应以行业标准为准。

8.1.2 通风系统分类

为排风和送风设置的管道及设备等装置分别称为排风系统和送风系统,统称为通风系统。通风方法按照空气流动的作用动力来分有自然通风和机械通风。

1. 自然通风

自然通风是依靠风压、热压的作用使室内外空气通过建筑物围护结构的孔口进行交换的。自然通风按建筑构造的设置情况又分为有组织自然通风和无组织自然通风。有组织自然通风是指具有一定程度调节风量能力的自然通风。

无组织自然通风是指经过围护结构缝隙所进行的不可进行风量调节的自然通风。自然通风在一般工业厂房中应采用有组织的自然通风方式用以改善工作区的劳动环境;在民用和公共建筑中多采用窗扇作为有组织或无组织自然通风的设施。

自然通风具有经济、节能、简便易行、不需专人管理、无噪声等优点,在选择通风措施时应优先采用。但因自然通风作用压力有限,除了管道式自然通风尚能对送风进行加热处理外,一般情况下不能进行任何预处理,因此不能保证用户对送风温度、湿度及洁净度等方面的要求;另外从污染房间排出的污浊空气也不能进行净化处理;由于风压和热压均受自然条件的影响,通风量不易控制,通风效果不稳定。

2. 机械通风

机械通风是依靠通风机产生的作用力强制室内外空气交换流动。机械通风包括机械送风和机械排风。机械通风与自然通风相比较有很多优点:机械通风作用压力可根据设计计算结果而确定,通风效果不会因此受到影响;可以根据需要对进风和排风进行各种处理,满足通风房间对进风的要求,也可以对排风进行净化处理满足环保部门有关规定和要求;均可以通过管道输送,还可以利用风管上的调节装置来改变通风量的大小。但是机械通风系统中需设置各种空气处理设备、动力设备(通风机)、各类风道、控制附件和器材,故而初次投资和日常运行维护管理费用远大于自然通风系统;另外各种设备需要占用建筑空间和面积,并需要专门人员管理,通风机还将产生噪声。

通风方法按照系统作用范围大小分为全面通风和局部通风。

3. 全面通风

全面通风是整个房间进行通风换气,使室内有害物浓度降低到最高容许值以下,同时把污浊空气不断排至室外,因此全面通风也称稀释通风。

全面通风有自然通风、机械通风、自然和机械联合等多种方式。全面通风包括全面送风和全面排风。

全面通风的使用效果与通风房间的气流组织形式有关，合理的气流组织应该是正确地选择送、排风口形式、数量及位置，使送风和排风均能以最短的流程进入工作区或排至大气。

4. *局部通风*

局部通风是利用局部气流改善室内某一污染程度严重或工作人员经常活动的局部空间的空气状态。局部通风分为局部送风和局部排风两类。

8.2　自然通风

自然通风是指利用建筑物内外空气的密度差引起的热压或室外大气运动引起的风压来引进室外新鲜空气达到通风换气作用的一种通风方式。它不消耗机械动力，同时，在适宜的条件下又能获得巨大的通风换气量，是一种节能的通风方式。自然通风在一般的居住建筑、普通办公楼、工业厂房（尤其是高温车间）中有广泛的应用，能经济有效地满足工作人员对室内空气品质的要求及生产工艺的一般要求。

8.2.1　自然通风作用原理

虽然自然通风在大部分情况下是一种经济有效的通风方式，但是，它同时又是一种难以进行有效控制的通风方式。我们只有在对自然通风作用原理了解的基础上，才能采取一定的技术措施，使自然通风基本上按预想的模式运行。

如果建筑物外墙上的窗孔两侧存在压差 ΔP，空气就会流过该窗孔，空气流过窗孔时产生的局部阻力就等于：

$$\Delta P = \xi \frac{\rho v^2}{2} \tag{8-1}$$

式中：ΔP—— 窗孔两侧的压力差，Pa；

v—— 空气流过窗孔时的流速，m/s；

ρ—— 通过窗孔空气的密度，kg/m^3；

ξ—— 窗孔的局部阻力系数。

上式(8－1)也可改写为

$$v = \sqrt{\frac{2\Delta P}{\xi\rho}} = \mu\sqrt{\frac{2\Delta P}{\rho}} \tag{8-2}$$

式中：μ—— 窗孔的流量系数，$\mu = \sqrt{\frac{1}{\xi}}$，$\mu$ 值的大小与窗孔的构造有关，一般不大于 1。

通过窗孔的空气量按下式计算

$$G = L\rho = vF\rho = \mu F\sqrt{2\Delta P\rho} \tag{8-3}$$

式中：G—— 通过窗孔的空气量，kg/s；

L—— 通过窗孔的空气流量，m^3/s；

F—— 窗孔的面积，m^2。

由式(8－3)可以看出，如果窗孔两侧的压力差 ΔP 和窗孔的面积 F 已知，就可以求得通

过该孔的空气量 G。要实现自然通风,窗孔两侧必须有压力差 ΔP。下面分析在自然通风条件下,自然通风压差 ΔP 是如何产生的。

1. 热压作用下的自然通风

(1) 单层建筑

有一建筑物如图 8-1 所示,在外墙一侧的不同标高处开设窗孔 a 和 b,高差为 h;假设窗孔外的空气静压力分别为 P_a、P_b,窗孔内的空气静压力分别为 P'_a、P'_b。下面用 ΔP_a 和 ΔP_b 分别表示窗孔 a 和 b 的内外压差;室内外空气的密度和温度分别表示为 ρ_n、t_n 和 ρ_w、t_w,且 $t_n > t_w$,$\rho_n < \rho_w$。若先将上窗孔 b 关闭、下窗孔 a 开启:下窗孔 a 两侧空气在压力差 ΔP_a 作用下流动,最终将使得 P_a 等于 P'_a,即室内外压差 ΔP_a 为零,空气便停止流动。这时上窗孔 b 两侧则必然存在压力差 ΔP_b,按流体静压强分布规律可以求得 ΔP_b:

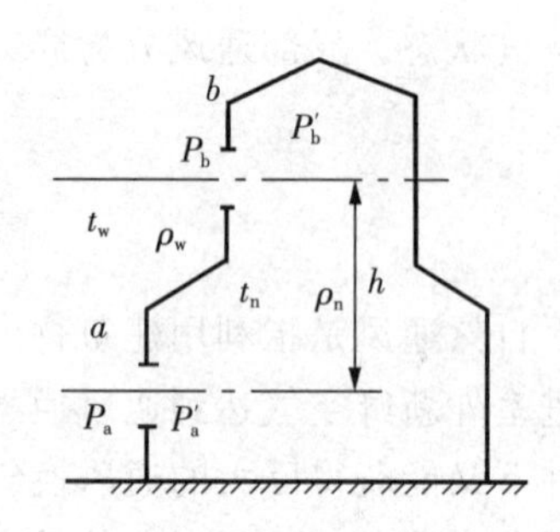

图 8-1　单层建筑热压作用的自然通风工作原理

$$
\begin{aligned}
\Delta P_b = P'_b - P_b &= (P'_a - \rho_n gh) - (P_a - \rho_w gh) \\
&= (P'_a - P_a) + gh(\rho_w - \rho_n) \\
&= \Delta P_a + gh(\rho_w - \rho_n) \qquad (8-4)
\end{aligned}
$$

分析上式,当 $\Delta P_a = 0$ 时,$\Delta P_b = gh(\rho_w - \rho_n)$,说明当室内外空气存在温差($t_w < t_n$)时,只要开启窗孔 b 空气便会从内向外排出。随着空气向外流动,室内静压逐渐降低,使得 $P_a' < P_a$,即 $\Delta P_a < 0$。这时室外空气便由下窗孔 a 进入室内,直至窗孔 a 的进风量与窗孔 b 的排风量相等为止,形成正常的自然通风。

把公式(8-4)移项整理后可得到:

$$
\Delta P_b + (-\Delta P_a) = \Delta P_b + |\Delta P_a| = gh(\rho_w - \rho_n)
$$

把 $gh(\rho_w - \rho_n)$ 称为热压。热压的大小与室内外空气的温度差(密度差)和进、排风窗孔之间的高差有关。在室内外温差一定的情况下,提高热压作用动力的唯一途径是增大进、排风窗孔之间的垂直高度。

(2) 多层建筑

如果是一多层建筑物,仍设室内温度高于室外温度,则室外空气从下层房间的外门窗缝隙或开启的洞口进入室内,经内门窗缝隙或开启的洞口进入楼内的垂直通道(如楼梯间、电梯井、上下连通的中庭等)向上流动,最后经上层的内门窗缝隙或开启的洞口和外墙的窗、阳台门缝排至室外。这就形成了多层建筑物在热压作用下的自然通风(如图 8-2 所示),也就是所谓的"烟囱效应"。

在多层建筑的自然通风中,其中和面的位置与上、下的流动阻力(包括外门窗和内门窗的阻力)有关,一般情况下,中和面可能在建筑高度$(0.3 \sim 0.7)H$ 之间变化。当上、下空气流通面积基本相等时,中和面基本上在建筑物的中间高度附近。图 8-2 中表示了楼梯间内的压力线 P_S 与室外的压力线 P_w 之间的关系;每层楼的压差,是指室外与楼梯间之间的压力差。

多层建筑"烟囱效应"的强度与建筑物高度和室内外温差有关。一般情况下建筑物越高,"烟囱效应"就越强烈。

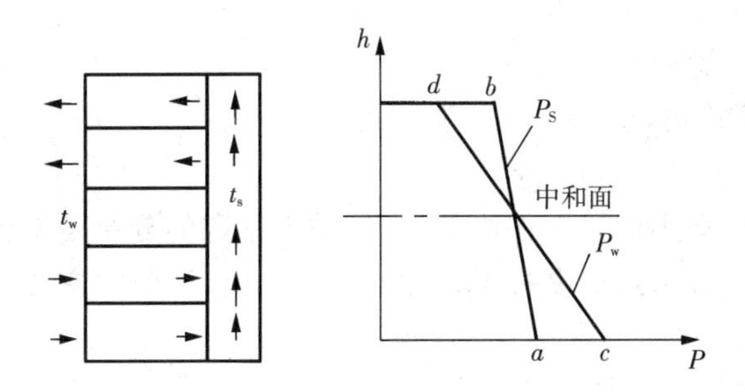

图 8-2　多层建筑在热压作用下的自然通风

t_s— 楼梯间温度;P_S— 楼梯间内的压力线;P_w— 室外压力线

2. 风压作用下的自然通风

室外气流吹过建筑物时,气流将发生绕流,经过一段距离后气流才能恢复原有的流动状态。建筑物四周的空气静压由于受到室外气流的作用而有所变化,即风的作用在建筑物表面所形成的空气静压力变化称为风压。在建筑物附近的平均风速随建筑物高度的增加而增加。迎风面的风速和风的紊流度对气流的流动状况和建筑物表面及周围的压力分布影响很大。

从图 8-3 可以看出,由于气流的撞击作用,迎风面静压力高于大气压力,处于正压状态。在一般情况下,风向与该平面的夹角大于 30° 时,会形成正压区。

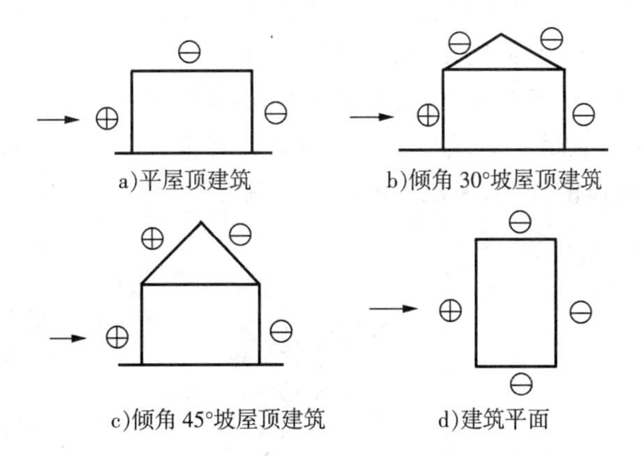

图 8-3　建筑物在风力作用下的压力分布

⊕— 附加压力为正;⊖— 附加压力为负

室外气流发生建筑绕流时,在建筑物的顶部和后侧形成旋涡。根据流体力学原理这两个区域的静压力均低于大气压力,形成负压区,我们把它们统称为空气动力阴影区。空气动力阴影区覆盖着建筑物下风向各表面,并延伸一定距离,直至恢复到原有的流动状态。

建筑物周围的风压分布与建筑物本身的几何造型和室外风向有关。当风向一定时,建筑物外围护结构上各点的风压值可用下式表示:

$$P_f = K\frac{v_w^2}{2}\rho_w \tag{8-5}$$

式中：P_f—— 风压，Pa；

K—— 空气动力系数；

v_w—— 室外空气流速，m/s；

ρ_w—— 室外空气密度，kg/m³。

不同形状的建筑物在不同风向作用下，空气动力系数的分布是不相同的。K 值一般是通过模型实验得到的，K 值为正，说明该点的风压为正压，该处的窗孔为进风窗；K 值为负，说明该点的风压为负压，该处的窗孔为排风窗。

3. 热压、风压同时作用下的自然通风

热压、风压同时作用下的自然通风可以认为是它们的代数叠加。也就是说，某一建筑物受到风压、热压同时作用时，外围护结构各窗孔的内、外压差就等于风压、热压单独作用时窗孔内外压差之和。

设有一建筑，室内温度高于室外温度。当只有热压作用时，室内外的压力分布如图 8-4a 所示；只有风压作用时，迎风侧与背风侧的室外压力的分布如图 8-4b 所示，其中虚线为未考虑温度影响的室内压力线。图 8-4c 考虑了风压和热压共同作用的压力分布。由此可以看到，当 $t_n > t_w$ 时，在下层迎风侧进风量增加，下层的背风侧进风量减少，甚至可能出现排风；上层的迎风侧排风量减少，甚至可能出现进风，上层的背风侧排风量加大；在中和面附近迎风面进风，而背风面排风。

那么，在热压、风压同时作用下的自然通风究竟谁起主导作用呢？实测和原理分析表明：对于高层建筑，在冬季(室外温度低)时，即使风速很大，上层的迎风面房间仍然是排风的，说明热压起了主导作用；而低层建筑其周围，风速通常较小(大气流动边界层的影响使近地面风速降低)，且风速受邻近建筑(或其他障碍物)的影响很大，因此，也影响了风压对建筑物的作用。所以《民用建筑供暖通风与空气调节设计规范》GB50736—2012 规定：在实际工程设计计算时仅考虑热压的作用，风压一般不予考虑。

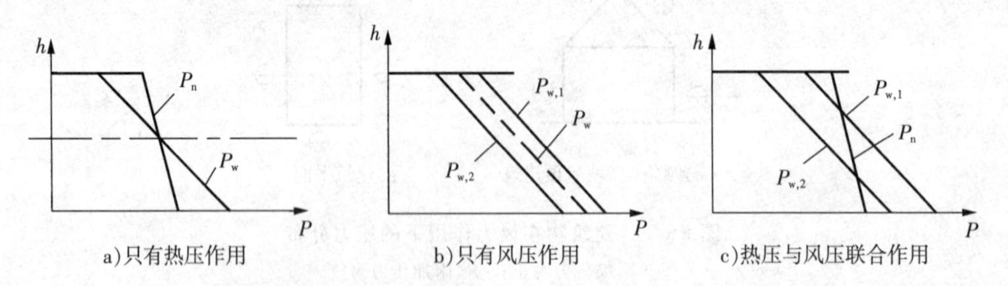

图 8-4　热压、风压作用下建筑内外压力分布

设计计算时不考虑风压的作用的另外一个原因是：风压作用下的自然通风与风向有着密切的关系。由于风向的改变，原来的正压区可能变为负压区，而原来的负压区也可能变为正压区。而且，规范列出的城市中，有很多城市只有静风的出现频率超过了 50%；而其他任一风向的频率不超过 25%；大部分城市主导风向的频率也就在 15%～20%之间，并且大部分城市的平均风速较低。由风压引起的自然通风的不确定因素过

多，且无法人为地加以控制，因此无法真正应用风压的作用原理来设计可靠性较高的有组织自然通风。

如上所述，虽然我们无法准确、定量地在设计中计算风压的影响，但是我们仍然应该了解风压的作用原理，定性地考虑它对通风系统运行和热压作用下自然通风的影响。

8.2.2　自然通风与建筑设计

如前所述，虽然自然通风在大部分情况下是一种经济有效的通风方式，但是，它同时又是一种难以进行有效控制的通风方式。由于它受到气象条件、建筑平面规划、建筑结构形式、室内工艺设备布置、窗户形式与开窗面积、其他机械通风设备等许多因素的影响，因此在确定通风车间的设计方案时，规划、建筑、工艺及其他各专业密切配合、相互协调、综合考虑、统筹布置。下面介绍一些基本的设计原则和经验，可供设计者在通风方案设计中参考。

1. 建筑总平面规划

建筑群的布局可从平面和空间两个方面考虑。一般建筑群的平面布局可分为：行列式、错列式、斜列式及周边式等，从通风的角度来看，错列式和斜列式较行列式和周边式好。当用行列式布置时，建筑群内部气流场因风向不同而有很大变化。错列式和斜列式可使风从斜向导入建筑群内部。有时亦可结合地形采用自由排列的方式。周边式很难将风导入，这种布置方式只适于冬季寒冷地区。

为了保证建筑的自然通风效果，建筑主要进风面一般应与夏季主导风向成60°～90°，且不宜小于45°，同时，应避免大面积外墙和玻璃窗受到西晒。南方炎热地区的冷加工车间应以避免西晒为主。为了保证厂房有足够的进风窗孔，不宜将过多的附属建筑布置在厂房四周，特别是厂房的迎风面。

室外风吹过建筑物时，迎风面的正压区和背风面的负压区都会延伸一定的距离，距离的大小与建筑物的形状和高度有关。在这个距离内，如果有其他较低矮的建筑物存在，就会受到高大建筑所形成的正压区或负压区的影响。为了保证较低矮的建筑物能正常进风和排风，各建筑物之间有关的尺寸应保持适当的比例。

2. 建筑形式的选择

建筑物高度对自然通风有很大的影响。随着建筑物高度的增加，室外风速随之增大。而门窗两侧的风压差与风速的平方成正比。另一方面，热压与建筑物的高度也成正比。因此，自然通风的风压作用和热压作用都随着建筑物的高度的增加而增强。这对高层建筑物的室内通风是有利的。但是，高层建筑能把城市上空的高速风引向地面，产生"楼房风"的危害，这对周边地区自然通风的稳定性和控制是不利的。

如果迎风面和背风面的外墙开孔面积占外墙总面积1/4以上，且建筑内部阻挡较少时，室外气流就能横贯整个车间，形成所谓的"穿堂风"。穿堂风的风速较大，有利于人体散热。在我国南方，冷加工车间和一般的民用建筑广泛采用穿堂风，有些热车间也把穿堂风作为车间的主要降温措施，如图8－5所示。应用穿堂风时，应将主要热源布置在夏季主导风向的下风侧。

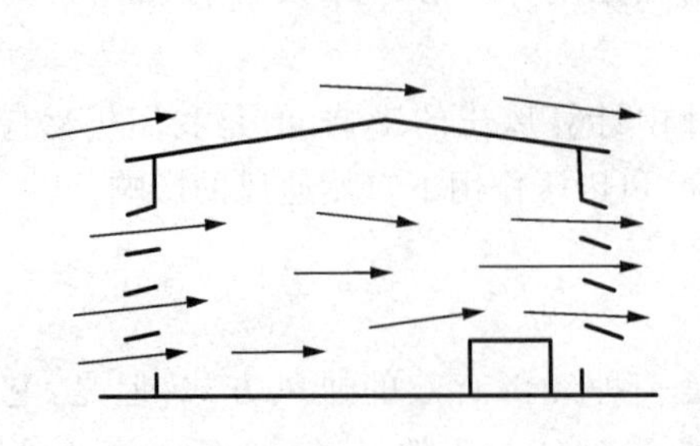

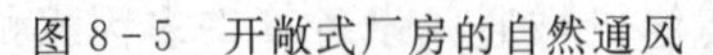

图8-5 开敞式厂房的自然通风

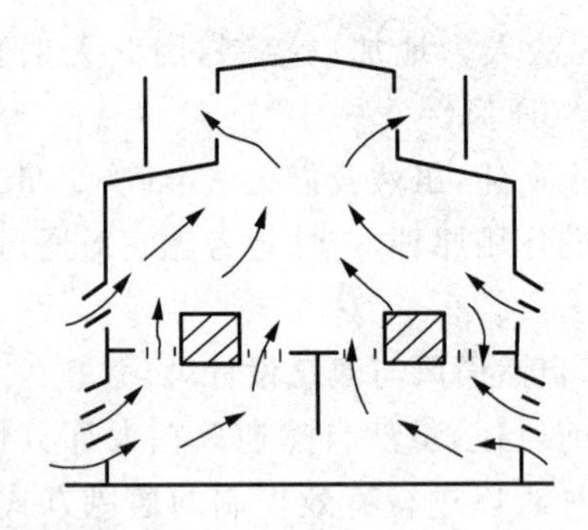

图8-6 双层厂房的自然通风

若为多层车间,在工艺条件允许下热源尽量设置在上层,下层用于进风。如图8-6所示,某铝电解车间,为了降低工作区温度,冲淡有害物浓度,厂房采用双层结构。车间的主要放热设备电解槽布置在二层,电解槽两侧的地板上设置四排连续的进风格子板。室外新鲜空气由侧窗和地板的送风格子板直接进入工作区。这种双层建筑自然通风量大,工作区温升小,能较好地改善工作区的劳动条件。

为了提高夏季自然通风的降温效果,应尽量降低进风侧窗下缘离地面的高度,一般不宜大于1.2m。进风窗采用阻力小的立式中轴窗或对开窗,把气流直接导入工作区。集中采暖地区,冬季自然通风的进风窗下缘应设在4m以上,以便室外气流到达工作区前能和室内空气充分混合,以免影响工作区的温度分布。

利用天窗排风的生产厂房,符合下列情况之一者应采用避风天窗:

(1)炎热地区,室内散热量大于23W/m^{2}时。

(2)其他地区,室内散热量大于35W/m^{2}时。

(3)不允许气流倒灌时。

为了增大进风面积,以自然通风为主的热车间应尽量采用单跨厂房。在多跨厂房中应将冷、热跨间隔布置,尽量避免热跨相邻。

3. 工艺布置

(1)以热压为主进行自然通风的厂房,应将散热设备尽量布置在天窗下方。

(2)散热量大的热源(如加热炉、热料等)应尽量布置在厂房外面,且布置在夏季主导风向的下风侧。布置在室内的热源,应采取有效的隔热降温措施。

(3)当热源靠近生产厂房一侧的的外墙布置,而且外墙与热源间无工作点时,应尽量将热源布置在该侧外墙的两个进风口之间,如图8-7所示,这样可使工作区温度降低。

4. 进风窗、避风天窗与风帽

(1)进风窗的布置与选择

① 对于单跨厂房进风窗应设在外墙上,在集中供暖地区最好设上、下两排。

② 自然通风进风窗的标高应根据其使用的季节来确定:夏季通常使用房间下部的进风窗,其下缘距室内地坪的高度一般为0.3~1.2m,这样可使室外新鲜空气直接进入工作区;冬季通常使用车间上部的进风窗,其下缘距地面不宜小于4m,以防止冷风直接吹向工作区。

③ 夏季车间余热量大,因此下部进风窗面积应开设得大一些,宜用门、洞、平开窗或垂直转动窗板等;冬季使用的上部进风窗面积应小一些,宜采用下悬窗扇,向室内开启。

(2)避风天窗

由于风的作用,普通排风天窗迎风面窗孔会发生倒灌。为了不发生倒灌,可以在天窗上增设如图 8－8 所示的挡风板,保证排风天窗在任何风向下都处于负压区以利于排风,这种天窗称为避风天窗。

常用的避风天窗有以下几种。

① 矩形天窗　矩形天窗如图 8－8 所示,过去应用较多。这种天窗采光面积大,当热源集中布置在车间中部时,便于热气流迅速排除。其缺点是建筑结构复杂、造价高。

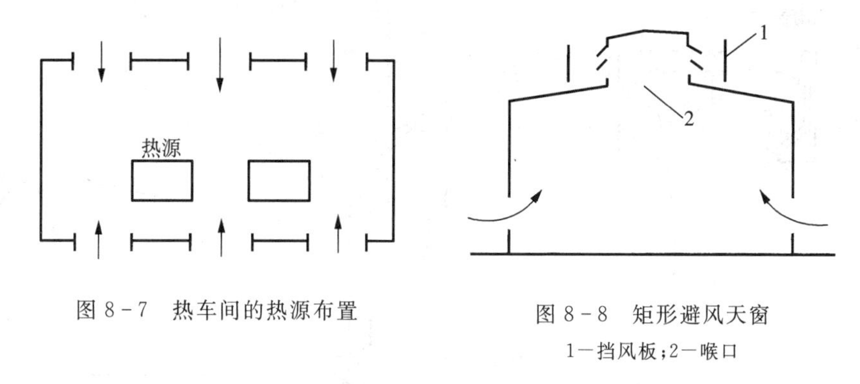

图 8－7　热车间的热源布置

图 8－8　矩形避风天窗

1—挡风板;2—喉口

② 下沉式天窗　下沉式天窗如图 8－9 所示,下沉式天窗把部分屋面下移,放在屋架的下弦上,利用屋架本身的高度(即上、下弦之间空间)形成天窗。它不像矩形天窗那样凸出在屋面之上,而是凹入屋盖里面。下沉式天窗又可分为纵向下沉式、横向下沉式和天井式三种,下沉式天窗比矩形天窗降低厂房高度 2～5m,因而比较经济。其缺点是天窗高度受屋架高度限制,清灰、排水比较困难。

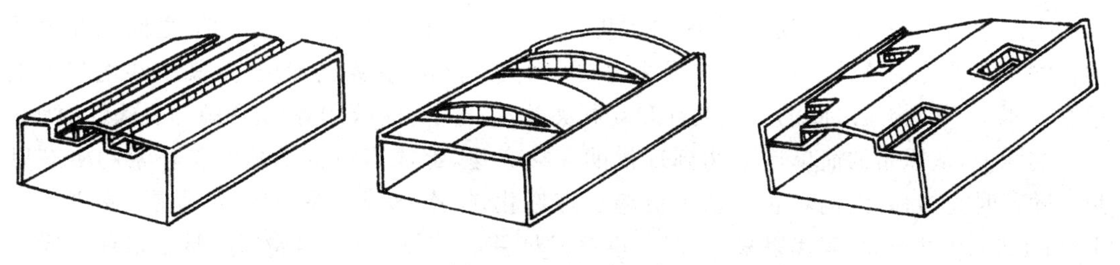

图 8－9　下沉式天窗

③ 曲(折)线型天窗是一种新型的轻型天窗,如图 8－10 所示。挡风板的形状为折线或曲线型。与矩形天窗相比,其排风能力强、阻力小、重量轻、造价低。

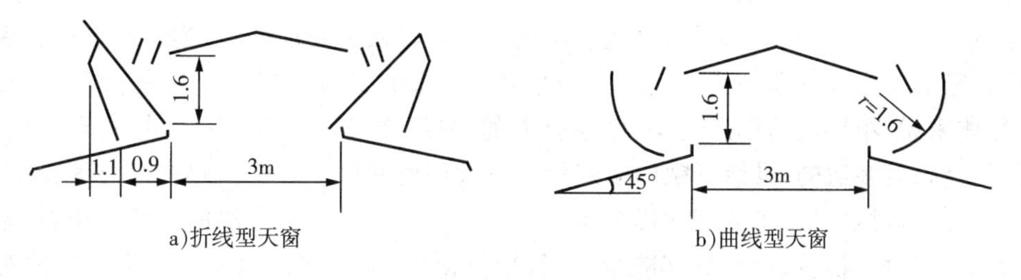

a)折线型天窗　　b)曲线型天窗

图 8－10　曲、折线型天窗

(3)避风风帽

避风风帽就是在普通风帽的外围增设一圈挡风圈。挡风圈的功能同挡风板,即当室外气流经过风帽时,在排风口四周形成负压区。风帽多用于局部自然通风和设有排风天窗的全面自然通风系统中,一般安装在局部自然排风道出口的末端和全面自然通风的建筑物屋顶上,如图8-11、8-12、8-13所示。风帽的作用在于:可以使排风口处和风道内产生负压,防止室外风倒灌和防止雨水或污物进入风道或室内。

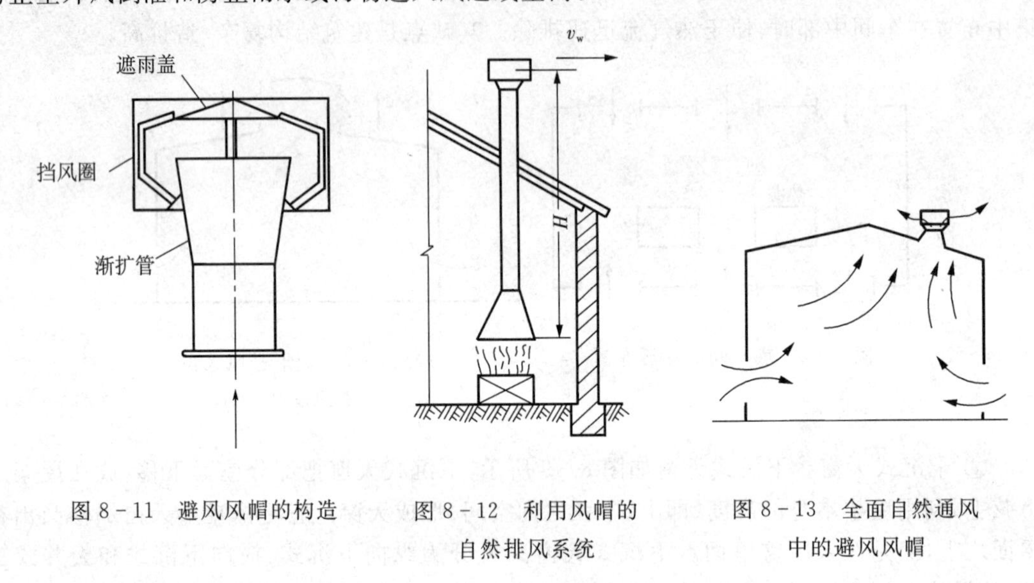

图8-11 避风风帽的构造　图8-12 利用风帽的自然排风系统　图8-13 全面自然通风中的避风风帽

5. 生态建筑的自然通风

(1)生态建筑

生态学是1869年由德国学者海格尔提出的一门关于研究有机体与环境之间相互关系的科学。它把传统的动植物研究扩展为人与环境之间相互关系的研究,这其中共生与再生原则表明了不同物质之间的合作共存和互利关系,提出了自然界中物质资源的有限性问题。

实际上,从原始的简单遮蔽物到现代的高楼大厦,都或多或少地蕴藏着朴素的生态思想。随着时光推移,人们对它的认识更趋于理性化,层次更深。在"可持续发展"原则指导下,特别是20世纪60年代以来,生态学迅速发展并与其他学科相互渗透,形成多种边缘学科。其中生态建筑学就是生态学概念在规划和建筑领域的体现。生态建筑也被称作:绿色建筑、可持续建筑,它们从不同角度描述了共同的概念,只是各自的侧重点有所不同。生态建筑学致力于运用生态学中的共生与再生原则,在营造结合自然并具有良好生态循环的人居环境方面进行研究和实践。

生态是指人与自然的关系,研究生态建筑的目的就在于处理好人、建筑和自然三者之间的关系。它既要为人创造一个舒适的空间小环境,同时,又要保护好周围的大环境(自然环境)。具体来说,小环境的创造包括:健康宜人的温度、湿度,清洁的空气,好的光环境、声环境以及具有长效多适的、灵活开敞的空间等。对大环境的保护主要反映在两方面:即对自然界的索取要少,对自然环境的负面影响要小。前者主要指对自然资源的少耗多用,包括节约土地,在能源和材料的选择上贯彻减少使用、重复使用、循环使用以及用可再生资源替代不可再生资源等原则;后者主要指减少排放和妥善处理有害废弃物(包括固体垃圾、污水、有害气体等),以及减少光污染、声污染等。

(2)自然通风在生态建筑中的应用

自然通风是当今生态建筑中广泛采用的一项技术措施。我国传统建筑平面布局坐北朝南、讲究穿堂风等,都是通过自然通风节省能源的朴素运用。

采用自然通风方式的根本目的就是取代(或部分取代)传统空调制冷系统的使用,从而减少能耗、降低污染。而这一取代过程在建筑环境方面有以下意义:一是实现有效被动式冷却。通常自然通风可以在不消耗不可再生能源的情况下降低室内温度、湿度,使室内环境达到人体热舒适度。这有利于减少能耗、降低污染,符合可持续发展的思想。二是可以提供新鲜、清洁的自然空气(新风),有利于人们的生理和心理健康。自然通风避免了由于空调所维持的温湿环境而容易造成人体抵抗力下降引起各种“空调病”的现象,同时有利于满足人们与大自然交往的心理需求。

① 利用风压实现自然通风　自然通风最基本的动力是热压和风压,其中人们所常说的“穿堂风”就是利用风压在建筑物内部产生空气流动。如果希望利用风压来实现建筑物自然通风,首先要求建筑物有外部风环境(平均风速一般不小于4m/s)。其次,建筑应朝向夏季主导风向,房间进深要适宜,以便易于形成穿堂风。在不同季节、不同风速、不同风向的情况下,建筑物应采取相应措施(如适宜的构造形式,可开合的气窗、百叶窗等)来调节室内空气流动状况。

② 利用热压实现自然通风　自然通风的另一种机理是利用建筑物内部的热压:热空气上升,从建筑上部风口排出;室外新鲜的冷空气从建筑底部被吸入。一般来说,室内外空气温度差愈大,进出风口高度差愈大,则热压作用愈强。由于自然风的不稳定性,或由于周围高大建筑、植被的影响,许多情况下在建筑物周围形不成足够的风压,这时就需要利用热压来增强建筑物的自然通风。

③ 风压与热压结合实现自然通风　利用风压和热压结合来进行自然通风往往希望两者能互为补充,但到目前为止,在热压和风压综合作用下的自然通风机理还在探索之中。风压和热压什么时候相互加强、什么时候相互削弱还不能完全预知。一般来说,建筑进深小的部位多利用风压来直接自然通风,而进深较大的部位多利用热压来达到自然通风的效果。

④ 机械辅助式自然通风　对于一些大型体育场馆、展览馆、商场等由于通风路径(或管道)较长、流动阻力较大,单纯依靠自然的风压、热压往往不足以实现自然通风。而对于空气和噪声污染比较严重的大城市,直接自然通风会将室外污浊的空气和噪声带入室内,不利于人体健康。在以上情况下,常常采用一种机械辅助式自然通风系统。该系统一般有一套完整的空气循环通道,辅以符合生态思想的空气处理手段,如利用地源、水源进行预冷、预热空气等太阳能诱导通风等,并借助一定的机械方式来加速室内通风。

8.3　机械通风

8.3.1　局部通风

局部通风是利用局部气流,使局部工作地点不受有害物的污染,造成良好的空气环境。这种通风方法所需的风量小、效果好,是防止工业有害物污染室内空气和改善作业环境最有效的通风方法、设计时应优先考虑。局部通风又分为局部排风和局部送风两大类。

1. 局部排风

局部排风就是在有害物产生地点直接把它们捕集起来,经过净化处理,排至室外。其指导思想是有害物在哪里产生,就在哪里排走。

局部排风系统的结构如图8-14所示,它由以下几部分组成:

① 局部排风罩　局部排风罩是用来捕集有害物的。它的性能对局部排风系统的技术经济指标有直接影响。性能好的局部排风罩,如密闭罩,只需较小的风量就可以获得良好的工作效果。由于生产设备和操作的不同,排风罩的形式多种多样。

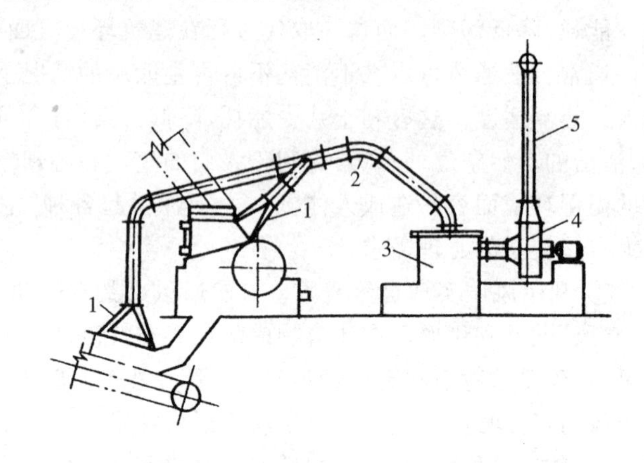

图8-14　局部排风系统示意图

1—局部排风罩;2—风管;3—净化设备;4—风机;5—排气管

② 风管　输送含尘气体或有害气体,并把通风系统中的各种设备或部件连成了一个整体。为了提高系统的经济性,应合理选定风管中的气体流速,管路应力求短、直。风管通常用表面光滑的材料制作,如:薄钢板、聚氯乙烯板,有时也用混凝土、砖等材料。

③ 净化设备　为了防止大气污染,当排出空气中有害物的量超过排放标准时,必须用除尘或净化设备处理,达到排放标准后,排入大气。净化设备分除尘器和有害气体净化装置两类。

④ 风机　向机械排风系统提供空气流动的动力。为了防止风机的磨损和腐蚀,一般把它放在净化设备的后面。

⑤ 排气筒或烟囱　使有害物排入高空稀释扩散,避免在不利地形、气象条件下有害物对厂区或车间造成二次污染,并保护居住区环境卫生。

局部排风系统各个组成部分虽功能不同,但却互相联系,必须每个组成部分设计合理,才能使局部排风系统发挥应有的作用。

2. 局部送风

对于面积很大、操作人员较少的生产车间,用全面通风的方式改善整个车间的空气环境,既困难又不经济。例如,某些高温车间,没有必要对整个车间进行降温,只需向个别的局部工作地点送风,在局部地点造成良好的空气环境,这种通风方法称为局部送风。其指导思想是哪里需要,就送到哪里。

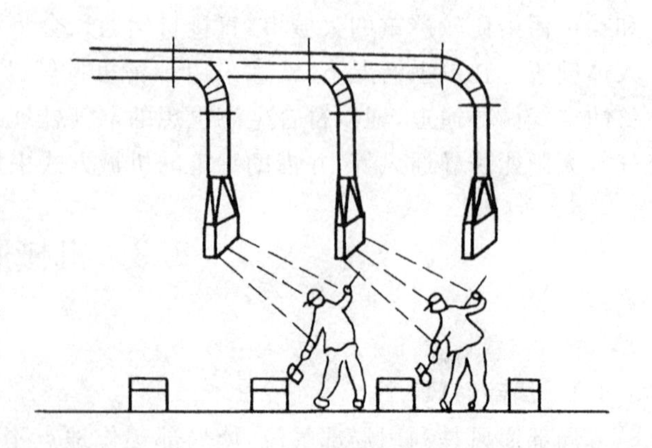
图8-15　系统式局部送风系统示意图

局部送风系统有系统式和分散式两种。图8-15是铸造车间浇注工段系统式局部送风示意图。空气经集中处理后送入局部工作区。分散式局部送风一般使用轴流风扇或喷雾风扇，空气在室内循环使用。

8.3.2　全面通风

1. 概述

全面通风是对整个房间进行通风换气，其基本原理是：用清洁空气稀释（冲淡）室内空气中的有害物浓度，同时不断地把污染空气排至室外，保证室内空气环境达到卫生标准。全面通风又叫稀释通风。

全面通风可以采用自然通风或机械通风。

全面通风的效果不但与通风量有关，还与通风气流的组织有关。

在解决实际问题时，应根据具体情况选择合理的通风方法，有时需要几种方法联合使用才能达到良好的效果。例如，用局部通风措施仍不能有效地控制有害物，部分有害物还散发到车间时，应辅助采用全面通风方式。

2. 全面通风量的确定

工业建筑物中的有害物质一般是来源于各种生产设备和工艺过程中，由于生产过程各不相同且极其复杂，有害物散发量难以用理论公式计算，多是通过现场测定或是依照类似生产工艺的调查资料确定。全面通风系统除了承担降低室内有害物浓度的任务外，还具有消除房间内多余热量和湿量的作用。工业厂房产热源主要有：工业炉及其他加热设备散热量、热物料冷却散热量和动力设备运行的散热量等；室内多余的湿量来源于水体表面的水蒸发量、物料的散湿量、生产过程中化学反应散发的水蒸气量等。余热、余湿的数量取决于车间性质、规模和工艺条件。计算方法可参阅有关供热通风设计手册。

在民用和公共建筑物中一般不存在有害物生产源，全面通风多用于冬季热风供暖和夏季冷风降温。某些建筑或房间由于人员密集（如剧场、会议室等）或是电气照明设备及其他动力设备较多时，可能产生过多的热量和湿量，这种情况下也可以用全面通风来改善室内的空气环境。

（1）消除余热、余湿的全面通风量可按下列公式计算：

消除室内余热所需的全面通风量 G_r 的计算式为

$$G_r = \frac{Q}{c(t_p - t_s)} \tag{8-6}$$

式中：G_r—— 全面通风量，kg/s；

Q—— 室内余热量，kJ/s；

c—— 空气的质量比热，取为 1.01kJ/(kg・℃)；

t_p—— 排风温度，℃；

t_s—— 送风温度，℃。

也可以写成体积流量的形式，即

$$L_r = \frac{Q}{c\rho(t_p - t_s)} = \frac{G_r}{\rho} \tag{8-7}$$

式中：ρ—— 送风密度，kg/m³。

消除余湿所需的全面通风量 G_s 的计算式为:

$$G_s = \frac{W}{d_p - d_s} \tag{8-8}$$

式中:G_s—— 全面通风量,kg/s;

W—— 室内余湿量,g/s;

d_p—— 排出空气的含湿量,g/kg 干空气;

d_s—— 进入空气的含湿量,g/kg 干空气。

(2) 降低室内有害物浓度并使其达到要求值所需的全面通风量 L 的计算式为:

$$L_s = \frac{Kx}{y_o - y_s} \tag{8-9}$$

式中:L_s—— 全面通风量,m^3/s;

x—— 室内某种有害物散发量,g/s;

y_o—— 室内卫生标准中规定的最高容许浓度,g/m^3,即排风中含有该种有害物的浓度;

y_s—— 送风中含有该种有害物的浓度,g/m^3;

K—— 安全系数,一般在 3 ~ 10 范围内。

当散布在室内的有害物无法具体计量时,公式(8-9) 无法应用。这时全面通风量可根据类似房间的实测资料和经验数据,按房间的换气次数确定。计算式为:

$$L = nV \tag{8-10}$$

式中:L—— 全面通风量,m^3/h;

n—— 房间换气次数,次 /h;

V—— 房间容积,m^3。

全面通风量的确定如果仅是消除余热、余湿或有害气体时,则其各个通风量值就是建筑全面通风量数值。但当室内有多种有机溶剂(如苯及其同系物、醇类、醋酸酯类)的蒸气或是有刺激性有味气体(如三氧化硫,二氧化硫、氟化氢及其盐类)同时存在时,全面通风量应按各类气体分别稀释至容许值时所需要的换气量之和计算。除上述有害物质外,对于其他有害气体同时散发于室内空气中的情况,其全面通风量只需按换气量最大者计算即可。对于室内要求同时消除余热、余湿及有害物质的车间,全面通风量应按其中所需最大的换气量计算,即:$L_f = \max\{L_r, L_s, L\}$,其中:$L_f$ 表示车间的全面通风量。

3. 全面通风气流组织

全面通风量不仅取决于通风量的大小,还与通风气流的组织有关。在不少情况下,尽管通风量相当大,但因气流组织不合理,仍然不能全面而有效地把有害物稀释;在局部地点的有害物质因积聚,浓度增加。因此,合理设计气流组织是通风设计的重要一环,应当重视。

在设计气流组织时,考虑的主要方面有:有害物源的分布、送回风口的位置及其形式等。

(1)气流组织和有害物源的关系

全面通风气流组织设计的最基本原则是:将新鲜空气送到作业地带或操作人员经常停留的工作地点,应避免将有害物吹向工作区;同时,有效地从有害物源附近或者有害物浓度最大的部位排走污染空气。

在图 8 - 16 中,"×"表示有害物源,"○"表示人员的工作位置,箭头表示进、排风方向。方案 1 是将清洁空气先送到人员的工作位置,再经有害物源排之室外。这个方案中,人员工作地点空气新鲜,显然是合理的。方案 2 的气流组织是不合理的,因为送风空气先经过有害物源,再到达人员工作位置,人员吸入的空气被污染。同样,方案 3 也是不合理的。

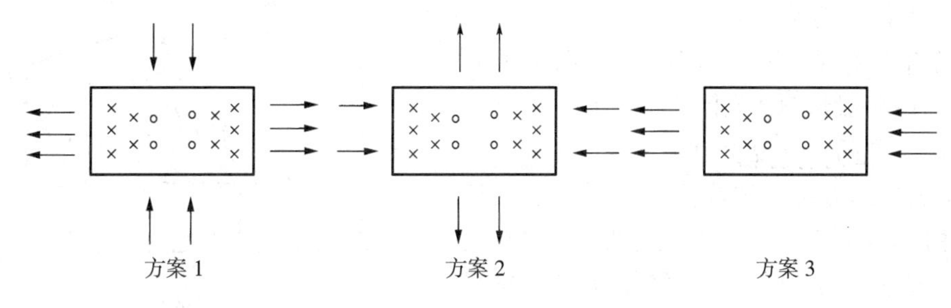

图 8 - 16　气流组织平面示意图

(2)送排风方式

通风房间气流组织的主要方式有:上送上排、下送上排和中间送上下排等。具体工程采用哪种方式,则根据操作人员位置、有害物源分布情况、有害物性质及其浓度分布、有害物运动趋向等因素综合考虑,按以下原则确定:

① 送风口应接近人员操作的地点,或者送风要沿着最短的线路到达人员作业地带,保证送风先经过人员操作地点,后经污染区排至室外。

② 排风口应尽可能靠近有害物源或有害物浓度高的区域,把有害物迅速排至室外,必要时进行净化处理。

③ 在整个房间内,应使进风气流均匀分布,尽量减少涡流区。

通风房间内应当避免出现涡流区的原因是,空气在涡流区内再循环的结果,会使有害物浓度不断积聚造成局部空气环境恶化。如果在涡流区积聚的是易燃烧或爆炸性有害物,则在达到一定浓度时就会引起燃烧或爆炸。

图 8 - 17 表示了几种不同的气流组织方式。其中 a、b、c 所示的气流组织方式通风效果差,d、e、f 所示的气流组织方式通风效果好。

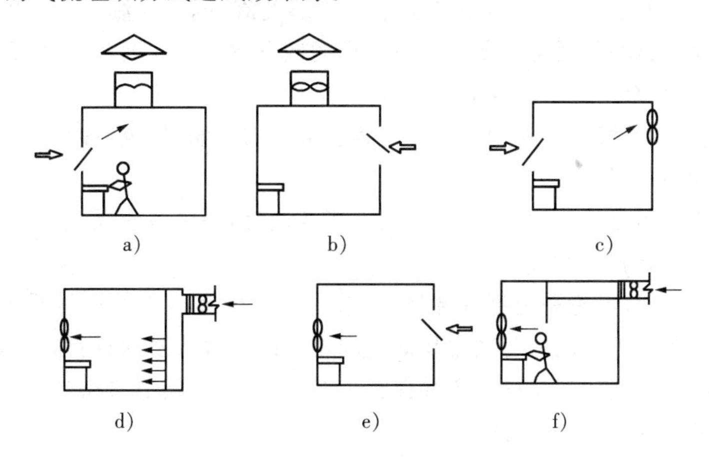

图 8 - 17　气流组织方式示意图

对于同时散发有害气体和余热的车间，一般采用如图8－18所示的下送上排的方式。清洁的空气从车间下部送入，在工作区散开，带着有害气体或余热流至车间上部，最后经设在上部的排风口排出。这样的气流组织有以下特点：

a. 新鲜空气能以最短的路线到达人员作业地带，避免在途中受污染。

b. 工人首先接触新鲜空气。

c. 符合热车间内有害气体、蒸气和热量的分布规律，即一般情况下，上部的有害气体或蒸气浓度高，上部的空气温度也是高的。

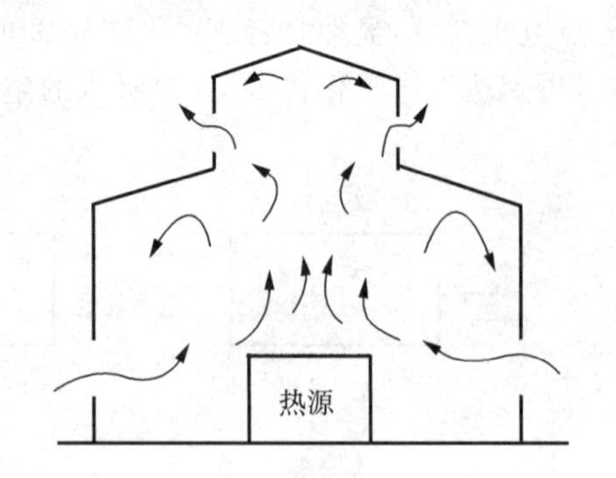

图8－18　热车间的气流组织示意图

密度较大的有害气体或蒸气并不一定沉积在车间底部，因为它们不是单独存在，是和空气混合在一起的，所以决定有害气体在车间空间的分布不是它们自身的密度，而是混合气体的密度。在车间空气中，有害气体的浓度通常是很低的，一般在0.5g/m³以下，它引起空气密度的变化很小。但是，当温度变化1℃时，例如，由15℃升高到16℃，空气密度由1.226 kg/m³减少到1.222kg/m³，即空气密度变化达4g/m³。由此可见，只要室内空气温度分布稍不均匀，有害气体就会随室内空气一起运动。在室内没有对流气流时，密度较大的有害气体才会积聚在车间下部。另外，有些比较轻的挥发物(如汽油、醛等)由于蒸发吸热，使周围空气冷却，并随之一起下降。如果不问具体情况，只看到有害气体密度大于空气密度一个方面，将会得出有害气体浓度分布的错误结论。

在工程设计中，一般采用以下的气流组织方式：

a. 有害物源散发的有害气体温度比周围空气温度高，或者车间存在上升气流，不论有害气体密度大小，均应采用下送上排的方式。

b. 如果没有热气流的影响，当散发的有害气体密度比空气小时，则应采用下送上排的方式；比空气密度大时，应当采用上下两个部位同时排出的方式，并在中间部位将清洁空气直接送到工作地带。

通风房间内有害气体浓度分布除了受对流气流影响外，还受局部气流影响。局部气流包括经窗孔进入的室外空气流、机械设备引起的局部气流、通风气流等。由此可见，车间内影响有害气体浓度分布的因素是复杂的。对大型的或重要的车间通常先进行模型实验或数值仿真，以正确确定复杂情况下的气流组织方式。

应当指出，室内通风气流主要受送风口位置和形式的影响，排风口的影响是次要的。

4. 空气量平衡和热平衡

在用通风方法控制有害物污染、改善房间空气环境时，必须考虑通风房间的空气量平衡和热平衡，这样才能达到设计要求。

对于任何通风房间，不论采用哪种通风方式，必须保证室内空气质量平衡，使单位时间内进入室内的空气质量等于同一时间内从此房间排走的空气质量，我们称此为空气量平衡。

要使通风房间的温度达到设计要求并保持不变，必须使房间的总得热量等于总失热量，即保持房间热量平衡，我们称此为热平衡。

(1)空气量平衡

如前所述，通风方式有机械通风和自然通风两类，因此，空气量平衡的数学表达式为

$$G_{jj}+G_{zj}=G_{jp}+G_{zp} \tag{8-11}$$

式中：G_{jj}—— 机械进风量(kg/s)；

G_{zj}—— 自然进风量(kg/s)；

G_{jp}—— 机械排风量(kg/s)；

G_{zp}—— 自然排风量(kg/s)。

在没有自然通风的房间中，若机械进、排风量相等(即 $G_{jj}=G_{jp}$)，此时室内压力等于室外大气压力，即室内外压差为零。若机械进风量大于机械排风量(即 $G_{jj}>G_{jp}$)，此时，室内压力升高并大于室外压力，房间处于正压状态。反之房间压力降低，处于负压状态。在通风房间处于正压状态时，室内一部分空气总会通过房间的窗户、门洞或不严密的缝隙流到室外。我们把渗透到室外的这部分空气量称为无组织排风量。与之相反，当通风房间处于负压状态时，总会有室外空气渗透到室内，这部分空气量称为无组织进风量。上述分析表明，不论通风房间处于正压还是负压，空气量平衡原理总是适用的。

(2) 热平衡

对于采用机械通风，又使用再循环空气补偿部分热损失的车间，热平衡的表达式为

$$\sum Q_h+cL_p\rho_n t_n=\sum Q_f+cL_{jj}\rho_{jj}t_{jj}+cL_{zj}\rho_w t_w+cL_{hx}\rho_n(t_s-t_n) \tag{8-12}$$

式中：$\sum Q_h$—— 维护结构、材料吸热造成的总失热量(kW)；

$\sum Q_f$—— 车间内的生产设备、产品、半成品、热力管道及采暖散热器等总放热量(kW)；

L_P—— 房间的总排风量，包括局部和全面排风量(m^3/s)；

L_{jj}—— 机械进风量(m^3/s)；

L_{zj}—— 自然通风量(m^3/s)；

L_{hx}—— 再循环空气量(m^3/s)；

c—— 空气质量比热，且 c＝1.01kJ/(kg·℃)；

ρ_n—— 房间空气密度(kg/m^3)；

ρ_w—— 室外空气密度(kg/m^3)；

t_{jj}—— 机械进风温度(℃)；

t_n—— 室内空气温度(℃)；

t_w—— 室外空气计算温度(℃)；

t_s—— 再循环空气温度(℃)。

8.3.3 事故通风

工厂中有一些工艺过程，由于操作事故和设备故障而突然散发大量有毒害气体或有燃烧、爆炸危险的气体。为了防止对工作人员造成伤害和防止进一步扩大事故，必须设有排风系统——事故通风系统。

事故通风的排风量应根据工艺精确计算确定。当缺乏资料时，按房间容积每小时8次换气量确定。事故排风量可以由房间中设置的排风系统和专门的事故通风系统共同承担。

事故通风的吸风口应设在有毒害或燃烧、爆炸危险的气体或蒸气散发量可能最大的地点。当气体或蒸气密度比空气大时,吸气口应设在离地0.3～1.0m处;气体或蒸气密度小于空气时,吸气口应设在上部;如果气体或蒸气有燃烧、爆炸危害,吸入口应尽量紧贴顶棚布置,风口上缘与顶棚距离不得大于0.4m。

事故通风只是在紧急的事故情况下应用。因此可以不经净化处理直接向室外排放。而且也不必设机械补风系统,可由门、窗自然补入空气。但应注意留有空气自然补入的通道。

事故通风的室外排风口应避开人员经常停留或经常通行的地点,以及邻近窗户、天窗、室门等设施的位置。当20m内有机械进风系统的进风口时,排风口应高出进风口并不得小于6m。如果排放的是可燃气体或蒸气,排风口应远离火源30m以上,距可能火花溅落地点应大于20m。排风口不得朝向室外空气动力阴影区或正压区。

事故通风的风机可以是离心式或轴流式风机。其开关应分别设在室内外便于操作的位置。如果条件许可,也可直接在墙上或窗上安装轴流风机。排放有燃烧、爆炸危险气体的风机应选用防爆型风机。

8.3.4 空气幕

空气幕是利用条状喷口送出一定速度、一定温度和一定厚度的幕状气流,用于隔断另一气流。主要用于公共建筑、工厂中经常开启的外门,以阻挡室外空气侵入;或用于防止建筑发生火灾时烟气向无烟区侵入;或用于阻挡不干净空气、昆虫等进入控制区域。在寒冷的北方地区,大门空气幕使用很普遍。在空调建筑中,大门空气幕可以减少冷量损失。空气幕也经常简称为风幕。本节主要讨论大门用的空气幕。

空气幕按系统形式可分为吹吸式和单吹式两种。图8-16中a为吹吸式空气幕;其余三种均为单吹式空气幕。吹吸式空气幕封闭效果好,人员通过时对它的影响也较少。但系统较复杂,费用较高,在大门空气幕中较少使用。单吹式空气幕按送风口的位置又可分:上送式、侧送式和下送式。上送式(图8-16b),单侧送风(8-16c),双侧送风(图8-16d)。上送式送出气流卫生条件好,安装方便,不占建筑面积,也不影响建筑美观,因此在民用建筑中应用很普遍。下送式的送风喷口和空气分配管装在地面下,虽然阻挡冷风的效果好,但送风管和喷口易被灰尘和垃圾堵塞,送出空气的卫生条件差,维修困难,因此目前基本上没有应用。侧送空气幕隔断效果好,但双侧的效果不如单侧。侧送空气幕占有一定建筑面积,而且影响建筑美观,因此很少在民用建筑中应用,主要用于工业厂房、车库等的大门。

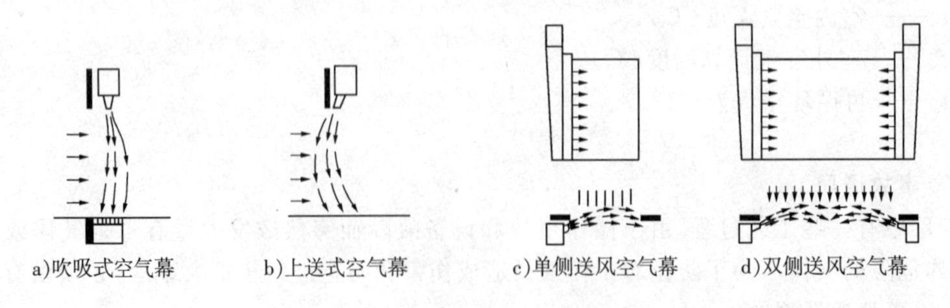

图8-16 各种形式空气幕

空气幕按气流温度不同分为热空气幕和非热空气幕。热空气幕分蒸汽(装有蒸汽加热盘管)、热水(装有热水加热盘管)和电热(装有电加热器)三种类型。热空气幕适用于寒冷地区冬季使用。非热空气幕就地抽取空气,不做加热处理。这类空气幕可用于空调建筑的大门,或在餐厅、食品加工厂等门洞阻挡灰尘、蚊蝇等进入。

目前市场上空气幕产品所用的风机有三种类型:离心风机、轴流风机和贯流风机。其中贯流风机主要应用于上送式非热空气幕。

大门空气幕通常根据门的尺寸、空气幕喷口宽度、要求的送风量等从空气幕样本中进行选择。

8.4 复合通风

复合通风系统是指自然通风和机械通风在一天的不同时刻或一年的不同季节里,在满足热舒适和室内空气质量的前提下交替或联合运行的通风系统。复合通风系统设置的目的是增加自然通风系统的可靠运行和保险系数,并提高机械通风系统的节能率。

复合通风适用场合包括净高大于5m且体积大于1万m^3的大空间建筑及住宅、办公室、教室等易于在外墙上开窗并通过室内人员自行调节实现自然通风的房间。研究表明:复合通风系统通风效率高,通过自然通风与机械通风手段的结合,可节约风机、制冷能耗约10%~50%,既带来较高的空气品质又有利于节能。复合通风在欧洲已经普遍采用,主要用于办公建筑、住宅、图书馆等建筑,目前在我国一些建筑中已有应用。

1. 复合通风系统形成

复合通风系统的主要形式包括三种:自然通风与机械通风交替运行、带辅助风机的自然通风和热压/风压强化的机械通风。三种系统简介如下:

(1)自然通风与机械通风交替运行

该系统是指自然通风系统与机械通风系统并存,由控制策略实现自然通风与机械通风之间的切换。比如:在过渡时间启用自然通风,冬夏季则启用机械通风;或者在白天开启机械通风而夜晚开启自然通风。

(2)带辅助风机的自然通风

该系统是指以自然通风为主,且带有辅助送风机或排风机的系统。比如,当自然通风驱动力较小或室内负荷增加时,开启辅助送排风机。

(3)热压/风压强化的机械通风

该系统是指以机械通风为主,并利用自然通风辅助机械通风系统。比如,可选择压差较小的风机,而由自然通风的热压/风压驱动来承担一部分压差。

2. 复合通风工程设计要求

复合通风系统在机械通风和自然通风系统联合运行下,及在自然通风系统单独运行下的通风换气量,按常规方法难以计算,需要采用计算流体力学或多区域网络法进行数值模拟确定。自然通风和机械通风所占比重需要通过技术经济及节能综合分析确定,并由此制订对应的运行控制方案。为充分利用可再生能源,自然通风的通风量在复合通风系统中应占一定比重,自然通风量不宜低于复合通风联合运行时风量的30%,并根据所需自然通风量确定建筑物的自然通风开口面积。

复合通风系统应根据控制目标设置控制必要的监测传感器和相应的系统切换启闭执行

机构。复合通风系统通常的控制目标包括消除室内余热余湿和满足卫生要求,所对应的监测传感器包括温湿度传感器及CO_2、CO等。自然通风、机械通风系统设置切换启闭的执行机构,依据传感器监测值进行控制,可以作为楼宇自控系统(BAS)的一部分。复合通风值应首先利用自然通风,根据传感器的监测结果判断是否开启机械通风系统。控制参数不能满足要求即室内污染物浓度超过卫生标准限值,或室内温湿度高于设定值。例如当室外温湿度适宜时,通过执行机构开启建筑外围护结构的通风开口,引入室外新风带走室内的余热余湿及有害污染物,当传感器监测到室内CO_2浓度超过规定容许值,或室内温湿度超过舒适范围时,开启机械通风系统,此时系统处于自然通风和机械通风联合运行状态。当室外参数进一步恶化,如温湿度升高导致复合通风系统也不能满足消除室内余热余湿要求时,应关闭复合通风系统,开启空调系统。

8.5 通风系统的主要设备和构件

机械排风系统一般由有害污染物收集设施、净化设备、排风管、风机、排风口及风帽等组成;而机械送风系统一般由进风室、风管、空气处理设备、风机和送风口等组成。此外,在机械通风系统中还应设置必要的调节通风量和启闭系统运行的各种控制部件,即各种阀门。现将通风系统主要设备及构件简述如下。

8.5.1 通风机

通风机是用于为空气流动提供必需的动力以克服输送过程中的阻力损失。在通风工程中,根据通风机的作用原理,有离心式、轴流式和贯流式三种类型,大量使用的是离心式和轴流式通风机。此外,在特殊场所使用的还有高温通风机、防爆通风机、防腐通风机和耐磨通风机等。

1. 离心式通风机

离心风机种类如按风机产生的压力高低来划分有:

(1)高压通风机——压力$P>3000$Pa,一般用于气体输送系统;

(2)中压通风机——$3000\text{Pa}>P>1000$Pa,一般用于除尘排风系统;

(3)低压通风机——$P<1000$Pa,多用于通风及空气调节系统。

表达离心风机性能的主要参数有:

(1)风量(L)——风机在单位时间内输送的空气量,m^3/s或m^3/h;

(2)全压(或风压P)——每m^3空气通过风机所获得的动压和静压之和,Pa;

(3)轴功率(N)——电动机施加在风机轴上的功率,kW;

(4)有效功率(N_x)——空气通过风机后实际获得的功率,kW;

(5)效率(η)——风机的有效功率与轴功率的比值,$\eta=N_x/N\times100\%$;

(6)转数(n)——风机叶轮每分钟的旋转数,r/min。

2. 轴流式通风机

离心风机的全称包括有:名称、型号、机号、传动方式、旋转方向和出风口位置等内容。

轴流风机叶轮安装在圆筒形外壳中,当叶轮由电动机带动旋转时,空气从吸风口进入,在风机中沿轴向流动经过叶轮的扩压器时压头增大,从出风口排出。通常电动机就安装在机壳内部。

轴流风机产生的风压低于离心风机，以500Pa为界分为低压轴流风机和高压轴流风机。

轴流风机的参数和离心机相同。

轴流风机与离心风机相比较，产生风压较小，单级式轴流风机的风压一般低于300Pa；风机自身体积小、占地少；可以在低压下输送大流量空气；噪声大；允许调节范围很小等特点。轴流风机一般多用于无须设置管道以及风道阻力较小的通风系统。

3. 通风机的选择

通风机的选择可按下列步骤进行：

(1)根据被输送气体(空气)的成分和性质以及阻力损失大小，首先选择不同用途和类型的风机。例如：用于输送含有爆炸、腐蚀性气体的空气时，需选用防爆防腐型风机；用于输送含有强酸或强碱类气体的空气时，可选用塑料通风机；对于一般工厂、仓库和公共民用建筑的通风换气，可选用离心风机；对于通风量大而所需压力小的通风系统以及用于车间内防暑散热的通风系统，多选用轴流风机。

(2)根据通风系统的通风量和风道系统的阻力损失，按照风机产品样本确定风机型号。一般情况下，应对通风系统计算所得的风量和风压附加安全系数，风量的安全系数为1.05～1.10，风压的安全系数为1.10～1.15。

风机选型还应注意使所选用风机正常运行工况处于高效率范围；另外，样本中所提供的性能选择表或性能曲线，是指标准状态下的空气，所以，当实际通风系统中空气条件与标准状态相差较大时应进行换算。

4. 通风机的安装

轴流风机通常是安装在风道中间或墙洞中。风机可以固定在墙上、柱上或混凝土楼板下的角钢支架上，如图8-17所示。小型直联传动离心风机可以采用图8-18a所示的安装方法；对于中、大型离心风机一般应安装在混凝土基础上，如图8-18b所示。此外，安装通风机时，应尽量使吸风口和出风口处的气流均匀一致，不要出现流速急剧变化的现象。对隔振有特殊要求的情况，应将风机装置在减振台座上。

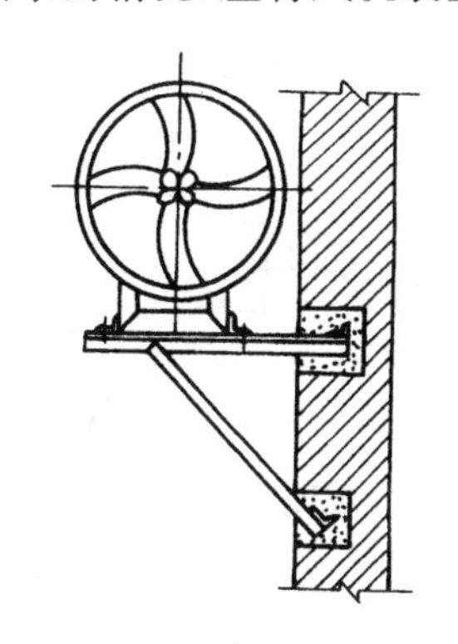

图8-17 轴流风机在墙上安装

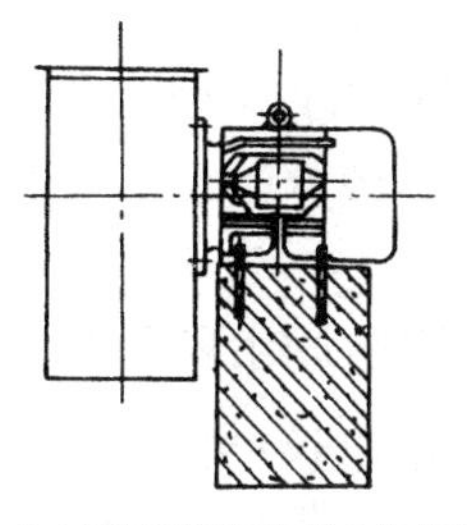

a)小型直联传动离心机安装

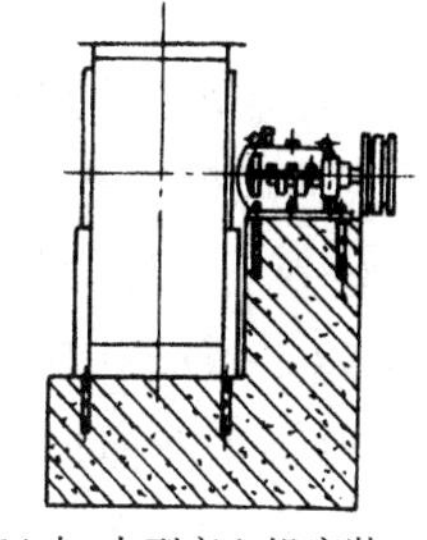

b)中、大型离心机安装

图8-18 离心风机在混凝土基础上安装

8.5.2 风管

1. 风管布置

通风管道的合理布置，不仅对通风、空调工程本身有重要意义，而且对建筑、生产工艺的总体布置也很重要,它与工艺、土建、电气、给排水等专业关系密切,应相互配合,协调一致。在布置风管时,首先要选定进风、送风、排风口和空气处理设备、风机的位置,同时对风管安装的可能条件做出估计;其次要求主风道走向要短,支风道要少,力求少占有空间,与室内布置密切配合,不影响工艺操作;还要便于安装、调节和维修。除尘风管应尽可能垂直或倾斜敷设,倾斜敷设时与水平面夹角最好大于45°。如必需水平敷设或倾角小于30°时,应采取措施,如加大流速、设清扫口等,而且支管应从主管的上面或侧面连接,以防止管道被积尘堵塞。输送含有蒸汽、雾滴的气体时,如表面处理车间的排风管道,应布设不小于0.005的坡度,以排除积液,并应在风管的最低点和风机底部装设水封泄液管。当排除有氢气或其他比空气密度小的可燃气体混合物时,排风系统的风管应沿气体流动方向具有上倾的坡度,其值不小于0.005。风管的布置应力求顺直,局部管件避免复杂,避免突然扩大或突然缩小,要保持扩大角在20°以内,缩小角在60°以内。弯头、三通等管件要安排得当,与风管的连接要合理,以减少阻力和噪声。风管穿越火灾危险较大房间的隔墙、楼板处以及垂直和水平风管的交接处,均应符合防火设计规范的规定。

2. 风管选型

风管选型包括断面形状的选取,材料的选择和风道规格。

(1)风管断面形状的选择　风管断面形状主要有圆形和矩形两种。断面积相同时,圆形风管的阻力最小、强度大、材料省、保温亦方便。一般通风除尘系统宜采用圆形风管。但是圆形风管管件的制作较矩形风管困难,布置时与建筑、结构配合比较困难,明装时不易布置得美观。

对于公共、民用建筑,为了充分利用建筑空间,降低建筑高度,使建筑空间既协调美观又有明快之感,通常采用矩形断面。

矩形风管的宽高比一般可达8∶1,设计风管时,宽高比愈接近1愈好,可以节省动力及制造和安装费用。适宜的宽高比在3.0以下。

(2)管道定型比　为了根据我国的材料规格能最大限度地利用板材,风管制作和安装必须尽可能实现机械化和工业化,保证规模效益。在1975年我国确定了《通风管道统一规格》,这是我国自己制定的第一个通风管道统一规格,对通风管道设计、制作和施工的标准化、机械化和工业化起了推动和促进的作用。

《通风管道统一规格》中规定风管有圆形和矩形两类。这里必须指出:

①《通风管道统一规格》中,圆管的直径是指外径,矩形的断面尺寸是指外边长,即尺寸中都已计入了相应的材料厚度。

② 为了满足阻力平衡的需要,除尘风管和气密性风管的管径规格比较多。

③ 管道的断面尺寸(直径或边长)是以$\sqrt[20]{10}\approx1.12$的倍数编制的。

(3)风管材料的选定　制作风管的材料有薄钢板、硬聚氯乙烯塑料板、玻璃钢、胶合板、纤维板,以及铝板和不锈钢板。利用建筑空间兼作风道的,有混凝土、砖砌风道。需要经常移动的风管,则大多用柔性材料制成各种软管,如塑料软管、橡胶管和金属软管。

最常用的风管材料是薄钢板,它有普通薄钢板和镀锌薄钢板两种。两者的优点是易于工业化制作、安装方便、能承受较高的温度。镀锌钢板还具有一定的防腐性能,适用于空气湿度较高或室内比较潮湿的通风、空调系统。

玻璃钢、硬聚氯乙烯塑料风管适用于有酸性腐蚀作用的通风系统。它们表面光滑,制作也比较方便，因而得到了较广泛的应用。

砖、混凝土等材料制作的风管主要用于需要与建筑、结构配合的场合。它节省钢材，经久耐用，但阻力较大。在体育馆、影剧院等公共建筑和纺织厂的空调工程中，常利用建筑空间组合成通风管道。这种管道的断面较大，使之降低流速，减小阻力。还可以往风管内壁衬贴吸声材料，降低噪声。

3. 风管的保温

当风管在输送空气过程中冷、热量损耗大，在空气温度保持恒定，或者要防止风管穿越房间时对室内空气参数产生影响及低温风管表面结露，需要对风管进行保温。

保温材料主要有聚苯乙烯泡沫塑料、超细玻璃棉、玻璃纤维保温板、聚氨酯泡沫塑料和蛭石板等，它们的导热系数大多在 0.12W/(m・℃)以内，管壁保温层的传热系数一般控制在 1.84W/(m・℃)以内。保温材料一般要求做防火处理。

保温层厚度经过技术经济比较后确定，即按照保温要求计算出经济厚度，再按其他要求进行校核。

保温层结构在国家标准图集中均有规定，有特殊需要的则需另行设计计算。保温层结构通常有四层：①防护层；②保温层；③防潮层；④保护层。

8.5.3　进、排风装置

进风口、排风口按其使用的场合和作用的不同有室外进、排风装置和室内进、排风装置之分。

1. 室外进、排风装置

(1)室外进风装置

室外进风口是通风和空调系统采集新鲜空气的入口。根据进风室的位置不同，室外进风口可采用竖直风道塔式进风口，也可以采用设在建筑物外围结构上的墙壁式或屋顶式进风口，如图 8－19、图 8－20 所示。

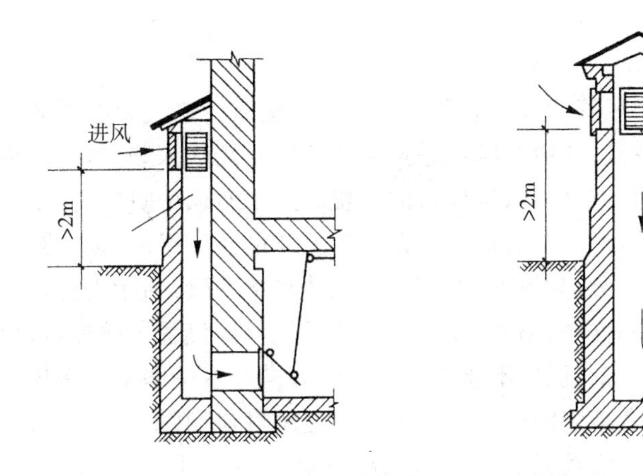

图 8－19　塔式室外进风装置

室外进风口的位置应满足以下要求：

① 设置在室外空气较为洁净的地点，在水平和垂直方向上都应远离污染源；

② 室外进风口下缘距室外地坪的高度不宜小于 2m，当布置在绿化带时不宜低于 1m，

并须装设百叶窗,以免吸入地面上的粉尘和污物,同时可避免雨、雪的侵入;

③ 用于降温的通风系统,其室外进风口宜设在背阴的外墙侧;

④ 室外进风口的标高应低于周围的排风口,且宜设在排风口的上风侧,以防吸入排风口排出的污浊空气;具体地说,当进风口、排风口的相距水平间距小于20m时,进风口应比排风口至少低6m;

⑤ 屋顶式进风口应高出屋面0.5~1.0m,以免吸进屋面上的积灰或被积雪埋没。

室外新鲜空气由进风装置采集后直接送入室内通风房间或送入进风室,根据用户对送风的要求进行预处理。机械送风系统的进风室多设在建筑物的地下层或底层,也可以设在室外进风口内侧的平台上。

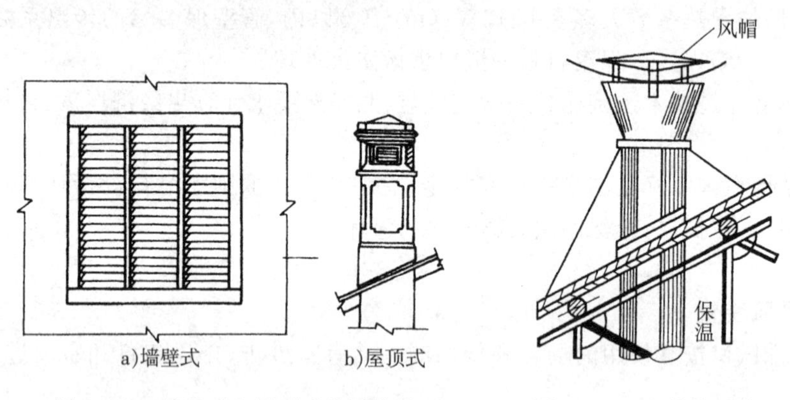

图8-20 墙壁式和屋顶式进风装置

图8-21 室外排风装置

(2)室外排风装置

室外排风装置的任务是将室内被污染的空气直接排到大气中去。管道式自然排风系统和机械排风系统向室外排风通常是由屋面排出,如图8-21所示;也有由侧墙排出的,但排风口应高出屋面。一般地,室外排风应设在屋面以上1m的位置,出口处应设置风帽或百叶风格。

2. 室内送、排风口

室内送风口是送风系统中风管的末端装置。由送风管输入的空气通过送风口以一定速度均匀地分配到指定的送风地点;室内排风口是排风系统的始端吸入装置,车间内被污染的空气经过排风口进入排风管内。室内送、排风口的位置决定了通风房间的气流组织形式。

室内送风口的形式有多种,最简单的形式是在风管上开设孔口送风,根据孔口开设的位置有侧向送风口、下部送风口之分,如图8-22所示,其中图8-22a所示的送风口无任何调节装置,无法调节送风的流量和方向;图8-22b所示的送风口处设置了插板,可以调节送风口截面积的大小,便于调节送风量,但仍不能改变气流的方向。常用的室内送风口还有百叶式送风口,对于布置在墙内或者暗装的风管可采用这种送风口,将其安装在风管末端或墙壁上。百叶式送风口有单、双层和活动式、固定式之分,双层式不但可以调节风向也可以控制送风速度。为了美观还可以用各种花纹图案式送风口。

在工业车间中往往需要大量的空气从较高的上部风管向工作区送风,而且为了避免工作地点有“吹风”的感觉,要求送风口附近的风速迅速降低。在这种情况下常用的室内送风口形式有空气分布器,如图8-23所示。

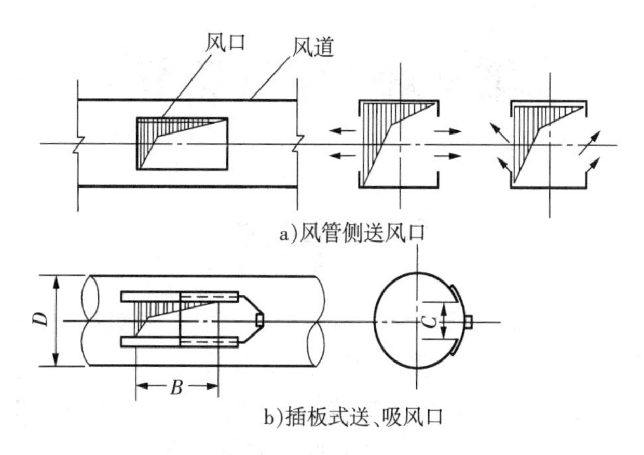

图8-22　两种最简单的送风口

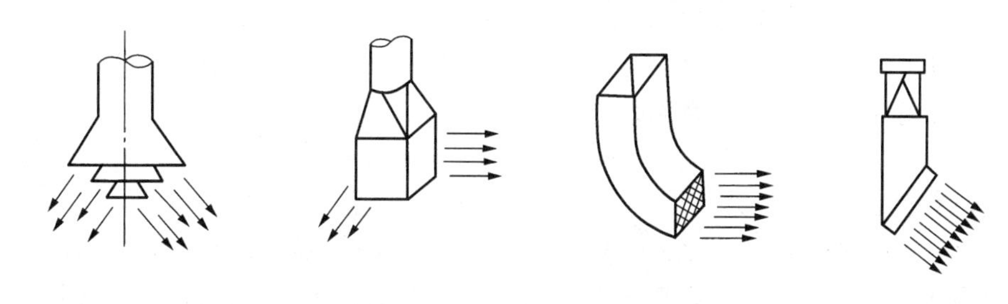

图8-23　空气分布器

送风口的形式可根据具体情况参照采暖通风国家标准图集选用。

室内排风口一般没有特殊要求，其形式种类也较少。通常多采用单层百叶式排风口，有时也采用在水平排风管上开孔的孔口排风形式。

8.5.4　阀门

通风系统中的阀门主要用于启动风机，关闭风管、风口，调节管道内空气量，平衡阻力等。阀门安装于风机出口的风管上、主干风管上、分支风管上或空气分布器之前等位置。常用的阀门有插板阀、蝶阀。

插板阀多用于风机出口或主干风管处作开关。通过拉动手柄来调整插板的位置即可改变风管的空气流量。其调节效果好，但占用空间大。

蝶阀多用于风管分支处或空气分布器前端。转动阀板的角度即可调节空气流量。蝶阀使用较为方便，但严密性较差。

思考题

1. 简述建筑通风系统的分类，各种类型通风系统的特点和组成。
2. 简述自然通风设计原则。
3. 简述机械通风系统的组成。
4. 简述全面通风量的计算方法。

第9章 空气调节

9.1 概 述

空气调节(简称空调),是指对室内空气的各种处理和控制过程,使房间或封闭空间的空气温度、湿度、洁净度和气流速度等参数达到给定要求的技术。

空气调节根据服务对象的不同,分为舒适性空调和工艺性空调两类。舒适性空调是应用于以人为主的空气环境调节,其作用是维持良好的室内空气状态,为人们提供适宜的工作或生活环境,以利于保证工作质量和提高工作效率,以及维持良好的健康水平。工艺性空调主要应用于工业及科学实验过程,其作用是维持生产工艺过程要求的室内空气状态,以保证生产的正常进行和产品的质量。它是以满足设备工艺为主、室内人员舒适为辅的具有较高温度、湿度、洁净度等级要求的空调系统。

9.1.1 描述空气状态的参数

空调系统所控制处理的对象是一定状态条件下的空气,描述这些状态的物理量即称为空气状态参数。与空气调节有密切关系的主要参数有空气压力、温度、湿度、能量等。下面主要介绍这几种参数。

1. 大气压力 B

地球表面单位面积上所受的空气层的压力叫作大气压力,常用 B 表示,它的单位以帕(Pa)或千帕(kPa)表示。

2. 水蒸气分压力 P_q

湿空气中水蒸气分压力是指在某一温度下,水蒸气独占湿空气的体积时所产生的压力。湿空气温度越高,空气中饱和水蒸气分压力也就越大,说明该空气能容纳的水汽数量越多,反之亦然。水蒸气分压力是衡量湿空气干燥与潮湿的基本指标,是一个重要的参数。

3. 含湿量 d

含湿量 d 是指对应于1kg干空气的湿空气中所含有的水蒸气量,单位是kg/kg。

空气湿度的表示方法除含湿量以外,还可用绝对湿度(湿空气中水蒸气的密度),即每 m^3 空气中所含有的水蒸气量(kg/m^3 湿空气)来表示。考虑到在近似等压的条件下,湿空气体积随温度变化而改变,而空调过程经常涉及湿空气的温度变化,因此,空调中常用含湿量代替绝对湿度来确切表示湿空气中水蒸气的绝对含量。

4. 相对湿度 Φ

相对湿度就是在某一温度下,空气的水蒸气分压力与同温度下饱和湿空气的水蒸气分压力的比值。其值的大小反映了空气的潮湿程度。当相对湿度 $\Phi=0$ 时,是干空气;当相对湿度 $\Phi=100\%$时,为饱和湿空气。

5. 湿空气的比焓 h

湿空气的比焓是以1kg干空气为计算基础。1kg干空气的比焓和 $d$kg水蒸气的比焓的总和，称为(1+d)kg 湿空气的比焓。如取 0℃的干空气和 0℃的水比焓值为零，则湿空气的比焓(kJ/kg)表达为

$$h=h_g+dh_q \quad (9-1)$$

$$h=1.01t+d(2500+1.84t) \quad (9-2)$$

$$h=(1.01+1.84d)t+2500d \quad (9-3)$$

从式(9-3)可以看出，$(1.01+1.84d)t$ 是与温度有关的热量，称为“显热”；而 $2500d$ 是 0℃时 $d$kg 水的汽化热，它仅随含湿量的变化而变化，与温度无关，故称为“潜热”。当温度和含湿量升高时，比焓值增加；反之，比焓值降低。而在温度升高，含湿量减少时，由于 2500 比 1.84 和 1.01 大得多，比焓值不一定会增加。

6. 露点温度和湿球温度

(1)露点温度 t_l

湿空气的露点温度定义是在含湿量不变的条件下，湿空气达到饱和时的温度。

空调技术中利用露点温度来判断保温材料的选择是否合适，如冬季围护结构的内表面是否结露，夏季送风管道和制冷设备保温材料外表面是否结露；利用低于空气露点温度的水去喷淋热湿空气，或者让热湿空气流过其表面温度低于露点温度的表面冷却器，从而使该空气达到冷却减湿的处理效果。

(2)湿球温度 t_s

湿球温度的定义是指某一状态的空气，同湿球温度表的湿润温包接触，发生绝热热湿交换，使其达到饱和状态时的温度。空调技术中可以利用湿球温度来衡量使用喷水室、蒸发冷却器、冷却塔、蒸发式冷凝器等设备的冷却和散热效果，并判断它们的使用范围。

以上介绍了描述空气状态的参数。空气调节就是采用一定的技术措施，将这些温度、相对湿度等参数控制在人体舒适的范围内。

9.1.2　空调室内外计算参数

建筑物为自然环境所包围，其内部环境必然处于外界大气压力、温度、湿度、日照、风向、风速等气象参数的影响之中。空调设计与运行中所涉及的最密切的基本参数是温度和湿度。这些计算参数的取值大小直接影响设计结果，因而直接影响所涉及的暖通空调系统的造价、运行效果及运行能耗。因此在选取计算参数时，首先应严格执行有关设计规范和标准。

1. 空调室外计算参数

我国确定室外空气计算参数的基本原则：按不保证天数法即全年允许有少数时间不保证室内温湿度标准，若必须全年保证时，参数需另行确定。现行《民用建筑供暖通风与空气调节设计规范》(GB50736—2012)中规定选择下列统计值作为空调室外空气计算参数：

(1)夏季空调室外计算干球温度：取室外空气历年平均不保证 50 小时的干球温度。

(2)夏季空调室外计算湿球温度：采用历年平均不保证 50 小时的湿球温度。

(3)夏季空调室外计算日平均温度：历年平均不保证 5 天的日平均温度。

(4)冬季空调室外计算温度：历年平均不保证 1 天的日平均温度。

(5)冬季空调室外计算相对湿度：应采用累年最冷月平均相对湿度。

2. 空调室内计算参数

室内空气计算参数的选择主要取决于建筑房间使用功能对舒适性的要求。包括室内温湿度基数及其波动范围,室内空气的流速、洁净度、噪声、压力以及振动等。民用建筑舒适性空气调节室内计算参数按现行的《民用建筑供暖通风与空气调节设计规范》(GB50736—2012)中规定,应符合表9-1规定。

表9-1 长期逗留区域空气调节室内计算参数

参数 季节	热舒适等级	室内温度 t(℃)	相对湿度 Φ(%)	室内空气流速 V(m/s)
冬季	Ⅰ级	22~24	≥30	≤0.2
	Ⅱ级	18~22	—	≤0.2
夏季	Ⅰ级	24~26	40~60	≤0.25
	Ⅱ级	26~28	≤70	≤0.3

注:Ⅰ级热舒适度较高,Ⅱ级热舒适度一般;热舒适度等级划分参看暖通规范第3.0.4条确定。

短期逗留区域空气调节室内计算参数,可在长期逗留区域参数基础上适当放低要求。夏季空调室内计算温度宜在长期逗留区域基础上提高1℃~2℃,冬季空调室内计算温度宜在长期逗留区域基础上降低1℃~2℃。工艺性空气调节室内温湿度基数及其波动范围,应根据工艺需要及卫生要求而定,另外参考《空气调节设计手册》或相关行业规范。

空调系统的设计室内、外计算参数选取,应严格执行有关设计规范和标准,并遵照可用、可行、经济的原则,在能够保证需要的前提下,尽量降低设计标准。

9.2 空调负荷与空调房间

空调负荷是空气调节系统设计中的最基本依据,它也是确定空调系统的风量和空调设备装置容量的基本依据,并直接影响空调系统的经济性和建筑节能。

9.2.1 冷负荷

在空调技术中,为保持房间空气温度恒定,在某一时刻需要除去的热量称为房间冷负荷。影响房间冷、热负荷的内外扰主要因素有:

(1)通过围护结构传入的热量;

(2)通过外窗进入的太阳辐射热量;

(3)人体散热量;

(4)照明散热量;

(5)设备、器具、管道及其他内部热源的散热量;

(6)食品或物料的散热量;

(7)渗透空气带入的热量;

(8)伴随各种散湿过程产生的潜热量。

以上各种途径传入室内的房间得热,由于建筑的围护结构、室内家具等对热量具有吸收和贮存的能力,这些得热量在转化为房间冷负荷的过程中,存在着衰减和延迟现象,如图

9－1所示。衰减度和滞后量取决于房间的构造、围护结构的热工特性和热源特性。

空调制冷系统冷负荷除了室内冷负荷外，还有新风负荷(是制冷系统冷负荷中的主要部分)、制冷量输送过程的传热和输送设备(风机、泵)的机械能所转变的得热量，另外应考虑某些空调系统在空气处理过程产生冷、热抵消现象时，引起的附加冷负荷。空调房间的夏季冷负荷，应按各项逐时冷负荷的综合最大值确定。

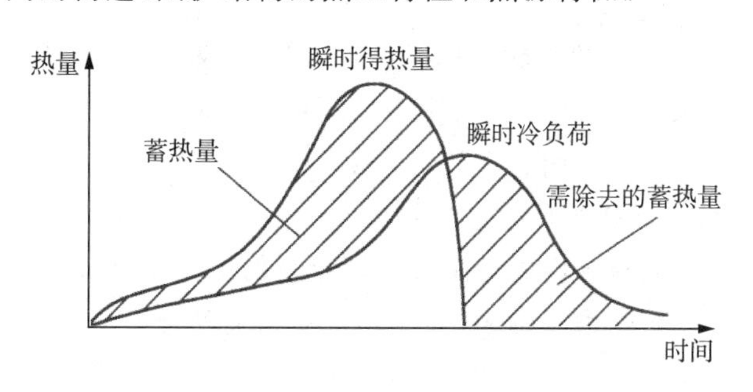

图9－1 瞬时太阳辐射得热与房间实际冷负荷之间的关系

9.2.2 热负荷

空调房间的热负荷是指空调系统为了保持室内的空调温度，在某一时刻需要向房间提供的热量。热负荷的计算通常按稳定传热方法计算传热量，其计算方法与采暖耗热量计算方法相同，参见本书6.2.1节。不同之处主要有两点：

(1)在选取室外计算温度时，规定采用平均每年不保证一天的温度值，即应采用冬季空气调节室外计算温度。

(2)当空调区有足够的正压时，不必计算经由门窗缝隙渗入室内冷空气的耗热量。

9.2.3 湿负荷

为保持空调房间内一定的相对湿度所需要除去或加入的湿量称为空调系统的湿负荷。空调房间夏季计算散湿量，应根据人体、散湿设备、各种潮湿表面、敞开水槽表面、食品或气体物料散湿量、通过围护结构的散湿量等确定。

从上述空调系统的负荷构成可知，空调冷(热)、湿负荷与建筑物外围护结构材料的选用、外窗面积的大小、太阳辐射强度与时间以及建筑的周围环境、所处的位置、外界的气候条件都有直接的关系，需要逐时逐项详细计算，具体计算方法与过程比较复杂。下面仅介绍冷(热)负荷指标估算方法。

9.2.4 空调负荷估算

在方案设计阶段，由于建筑专业的设计深度有限，对冷负荷计算中的热工计算的基础数据、人体、照明及其他发热设备等没有完整的资料，不能得到精确的参数，无法进行详细计算。因此，为了建筑师预留机房面积及估算设备用电容量和投资费用，一般可采用负荷估算指标来估算系统的冷负荷，而空调热负荷可根据不同地区由相应的冷负荷乘系数估算。

空调冷负荷估算方法有许多种，下面给出常用的两种：

1. 计算式估算法

把空调冷负荷分为外围护结构和室内人员两部分，把整个建筑物看成一个大空间，按各朝向计算其冷负荷，再加上每个室内人员按116.3W估算的全部人员散热量，然后将该结果乘以新风负荷系数1.5，即为估算建筑物的总负荷。

$$Q=(Q_w+116.3n)\times 1.5 \tag{9-4}$$

式中:Q——建筑物空调系统总冷负荷,W;

Q_w——整个建筑物围护的总冷负荷;

n——室内总人数。

2. 单位面积冷负荷指标法

根据对国内类似工程空调负荷的统计,提供的冷负荷指标(按建筑面积的冷负荷指标):以旅馆为基础,对其他建筑物则乘以修正系数β。

旅馆	70~80W/m^2
办公楼	β=1.2
图书馆	β=0.5
商店	β=0.8(仅营业厅空气调节)
	β=1.5(全部空气调节)
体育馆	β=3.0(按比赛馆面积)
	β=1.5(按总建筑面积)
大会堂	β=2~2.5
影剧院	β=1.2(电影厅空气调节)
	β=1.5~1.6(大剧院)
商店	β=0.8~1.0

注:(1)建筑物的总建筑面积小于5000m^{2}时,取上限值;大于10000m^{2}时,取下限值。

(2)按上述指标确定的冷负荷,即是制冷机的容量,不必再加系数。

(3)博物馆可参考图书馆,展览馆可参考商店,其他建筑物可参考相近类别的建筑。

9.2.5 空调系统风量的确定

(1)空调系统送风量是确定空气处理设备大小、选择输送设备和气流组织的主要依据。

对于舒适性空调和温湿度控制要求不严格的工艺性空调,可以选用较大温差。显然对于一定的房间负荷,空调送风温差大,系统的送风量即可减小,但是,风量小会影响室内温湿度分布的均匀性与稳定性。因此,对于温湿度需严格控制的场合,送风温差应小些。对于舒适性的空调,《民用建筑供暖通风与空气调节设计规范》GB50736—2012中的规定:当空调房间送风口高度小于或等于5m时,空调送风温差不宜大于10℃;当空调房间送风口高度大于5m时,空调送风温差不宜大于15℃。冬季空调送风量一般可采取与夏季相同风量,也可少于夏季风量。

(2)新风量确定。

空调系统除了满足对室内环境的温、湿度控制外,还须给环境提供足够的室外新鲜空气。新风量不足,会导致房间空气质量下降,长期处于新风量不足的室内易患"室内空调综合症",表现为胸闷、头痛头晕、浑身无力、精神萎靡、睡眠不足、免疫力下降等;但新风量的增加又将会带来较大的新风负荷,从而增加空调系统的运行费用,因此也不能无限制增加新风在送风量中的占比。《民用建筑供暖通风与空气调节设计规范》GB50736—2012相关条文对建筑物的主要空间设计新风量,给出了详细的规定值,见表9-2、表9-3所列。

表 9－2　公共建筑主要房间每人所需最小新风量[m^3/(h·人)]

建筑房间类型	新风量
办公室	30
客房	30
大堂、四季厅	10

表 9－3　高密人群建筑每人所需最小新风量[m^3/(h·人)]

建筑类型	人员密度 P_F(人/m^2)		
	$P_F \leqslant 0.4$	$0.4 < P_F \leqslant 1.0$	$P_F > 1.0$
影剧院、音乐厅、大会厅、多功能厅、会议室	14	12	11
商场、超市	19	16	15
博物馆、展览厅	19	16	15
公共交通等候室	19	16	15
歌厅	23	20	19
酒吧、咖啡厅、宴会厅、餐厅	30	25	23
游艺厅、保龄球房	30	25	23
体育馆	19	15	15
健身房	40	38	37
教室	28	24	22
图书馆	20	17	16
幼儿园	30	25	23

9.2.6　空调房间的建筑布置和热工要求

9.2.1 节中论述了建筑的空调室内负荷大小与建筑的围护结构及其蓄热性能有较大的关系。因此在建筑专业设计时，必须重视空调房间的建筑布置与围护结构的热工性能合理设计。《公共建筑节能设计标准》(GB50189—2015)中对全国城市按五个气候进行分区，按照建筑物所属不同的气候分区及公共建筑类别，分别对建筑的热工性能做出了严格的规定，包括对建筑围护结构的传热系数和遮阳系数都有了具体限值，设计时必须严格遵循。建筑设计应遵循被动节能措施优先的原则，结合围护结构保温隔热和遮阳措施，降低建筑的用能需求，建筑总平面设计应合理确定冷热源机房位置，通常宜位于或靠近冷热负荷中心位置。

同时，为了减少建筑外围护结构的负荷，建筑设计时可采取以下措施：

(1)空调建筑物平面与体形宜规整紧凑，避免狭长、细高和过多的凹凸，建筑外墙宜采用浅色饰面。

(2)外窗的传热量和太阳辐射热占围护结构总传热量中比例很大，也是室温波动的主要因素之一。对建筑的窗墙比及其对应的传热系数限值以及外窗的气密性应严格遵循《公共建筑节能设计标准》GB50189—2015 中限值规定。

(3)空调房间的层高,在满足功能、建筑、气流组织、管道及设备布置和人体舒适等要求的条件下,尽可能降低高度。对洁净度或美观要求较高的空调房间,可设技术夹层。

(4)为了减少能量损失和降低空调系统的造价及建筑节能,空调房间尽量集中布置。室内温、湿度基数、使用班次和消声等要求相近的空调房间,应相邻布置或上、下布置。多房间空调时,宜将其集中在一起,成一区域。

(5)空调房间不要靠近产生大量灰尘或腐蚀性气体的房间,也不要靠近振动和噪声大的场所,无有害物产生的车间要布置在散发有害气体产生的车间的上风向。

9.3 空调系统的组成和分类

9.3.1 空调系统的组成

空调系统通常由以下几部分组成:

1. 空气调节区

在房间或封闭空间中,保持空气参数在给定范围之内的区域。例如,在舒适性空调系统中,通常指距地面 2m,离墙 0.5m 以内的空间,在此空间内,应保持所要求的室内空气参数。空调房间的温度和湿度要求,通常用空调基数和空调精度两组指标来规定。温湿度基数是指室内空气所要求的基准温度和基准相对湿度;空调精度是指在空调区域内温度和相对湿度允许的波动范围。如:$t_N=26\pm1$℃和 $\varphi_N=60\pm5\%$ 中,26℃和 60%是空调基数,±1℃和±5%是空调精度。

2. 空调风、水介质的输配系统

主要由风机、水泵、风管、水管和风口等设备组成。

3. 空气的处理设备

由各种对空气进行加热、冷却、加湿、减湿、净化等处理的设备组成。

4. 空调冷热源

指为空气处理提供冷量和热量的设备,如锅炉、压缩式冷水机组、溴化锂机组、热泵等。

5. 自动控制和调节装置

主要由风阀、水阀、压差控制器和温、湿度控制器等设备组成。

9.3.2 空调系统的分类

随着空调技术的发展和新型空调设备的不断推出,空调系统的种类也在日益增多,设计人员可根据空调对象的性质、用途、室内设计参数要求、运行能耗以及冷热源和建筑设计等方面的条件合理选用。

1. 按空气处理设备的设置位置分类

(1)集中式空气调节系统

集中式空气调节系统的特点是空气处理设备,包括风机、冷却器、加湿器、过滤器等设置在一个集中的空调机房里,处理后的空气通过送风管道、送风口送入空调房间来维持房间所需要的温度和湿度,室内空气再通过回风口、回风管道,根据需要可再循环,部分排至室外。

空气处理需要的冷源、热源可以集中在冷冻机房或锅炉房内，其组成如图9-2所示。

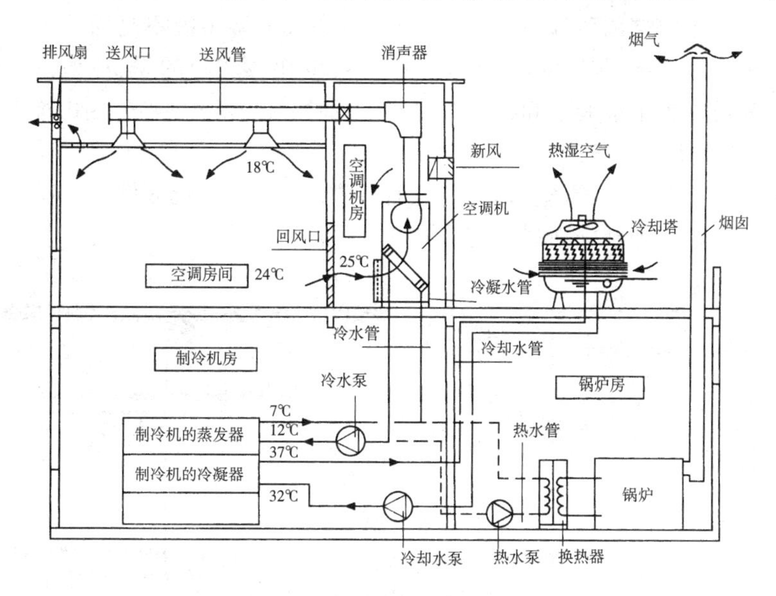

图9-2　集中式空气调节系统

根据集中式空调系统的送风量是否有变化又分为定风量与变风量系统。定风量系统的总风量不随室内热湿负荷的变化而变化，其送风量是根据房间最大热湿负荷确定的。当某个房间的室内负荷减少时，只有靠调节该房间的空调送风温差。这是出现最早的，到目前为止使用最广泛的空调系统。变风量系统称作VAV(Variable Air Volume)系统，其送风量随室内热湿负荷的变化而变化，热湿负荷大时送风量就大，热湿负荷小时送风量就小。变风量系统的优点是在大多数非高峰负荷期间不仅节约了再热热量与被再热器抵消了的冷量，还由于处理风量的减小，降低了风机消耗。

根据集中式空调系统处理的空气来源，又可分为一次回风系统和二次回风系统及直流系统或全新风系统。所谓一次回风系统是指回风和新风在空气处理设备中只混合一次，该形式是目前使用较为广泛的一种全空气系统；不利用回风而把室内空气全部排到室外的叫作直流系统或全新风系统，考虑到节能要求，该系统主要用于污染严重的场合，如：喷漆车间、镀膜车间等工业建筑。

集中式空调系统的优点是主要空气处理设备集中于空调机房，易于维护管理；在室外空气温度接近室内空气控制参数的过渡季(如春季和秋季)，可以采用改变送风的百分比或利用全新风来达到降低空气处理能耗的目的，同时还能为室内提供较多的新鲜空气来提高房间的空气品质。

由于集中空调系统的管道内能源输送介质是空气，当负荷较大时，送风量会较大，风道的截面积也相应较大，所以该系统所占建筑的空间相应较大。集中式空调系统适用于处理空气量多、服务面积比较大的建筑。如纺织厂、造纸厂、百货商场、影剧院等工业和民用建筑。

(2)半集中式空气调节系统

集中式空气调节系统由于风道截面积大、占用建筑面积和空间较多以及系统的灵活性较差等缺点，在应用上受到一定的限制。如在高层建筑中，通常层高较低，房间数量多，使用者往往需要选择一种控制灵活且占空间较小的空调形式。风机盘管或辐射板加独立新风空调系统、空气-水诱导器空调系统等,即是克服了集中式空调系统不足而发展起来的一种半集中式空调系统。该系统对室内空气处理(加热或冷却、去湿)的设备,如:风机盘管、辐射板、诱导器等,分设在各个被调节和控制的房间内;而系统的冷、热媒分别由冷源和热源集中供给,冷冻水或热水集中制备或新风集中处理等。

在这个系统中既有水,又有空气,因此又称作“空气-水”系统。图9-3、9-4所示的是一种最常见的风机盘管加独立新风系统形式。

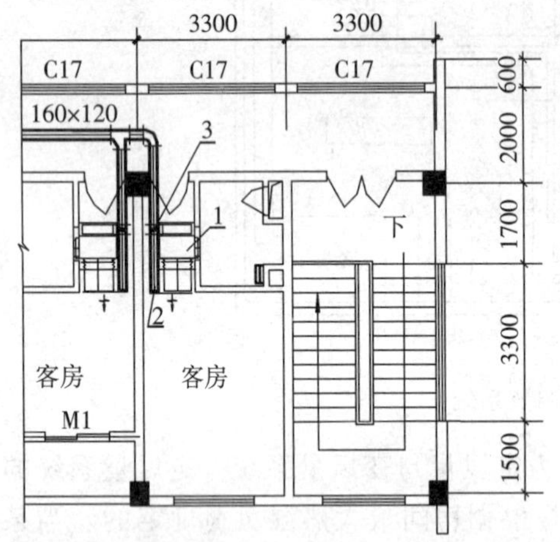

图9-3 风机盘管加独立新风系统平面图

1—风机盘管;2—新风口;3—蝶阀

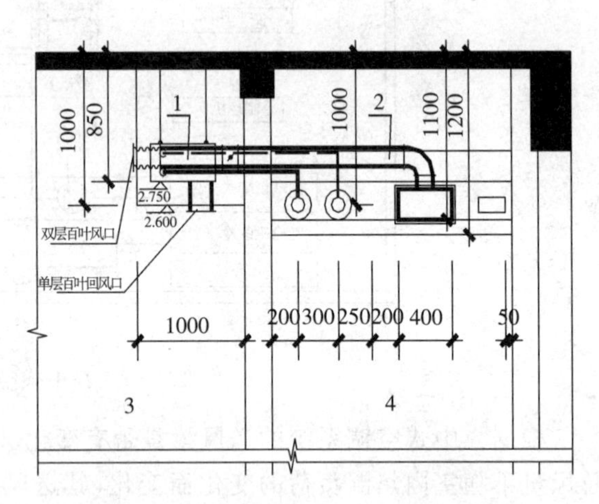

图9-4 风机盘管加独立新风系统剖面图

1—风机盘管;2—新风管;3—客房;4—走廊

常用的末端设备风机盘管机组由风机、表面式热交换器(盘管)、过滤器组成。其型式有卧式和立式机组,如图9-5所示。风机盘管机组采用的电动机多位单向电容调速电机,可通过调节输入电压,通过改变风机转速来调节冷、热量。辐射板、诱导器等末端设备不另赘述。

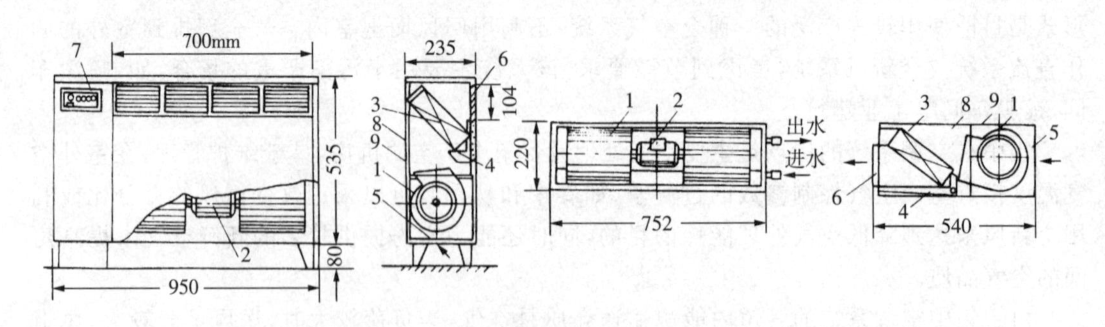

图9-5 风机盘管构造示意图

1—双进风多叶离心式风机;2—低噪声电动机;3—盘管;4—凝水盘;
5—空气过滤器;6—出风格栅;7—控制器(电动阀);8—保温材料;9—箱体

(3)分散式空调系统(空调机组)

分散式空调系统又称为局部空调系统。它是把空气处理所需的冷热源、空气处理和输送设备、控制设备等集中设置在一个箱体内,组成一个紧凑的空调机组。这类系统一般可按照需要，灵活地设置在需要空调的地方。空调房间通常所使用的窗式和柜式空调器就属于这类系统。工程上，把空调机组安装在空调房间的邻室，使用少量风道与空调房间相连的系统也称为局部空调系统，如图9-6所示。

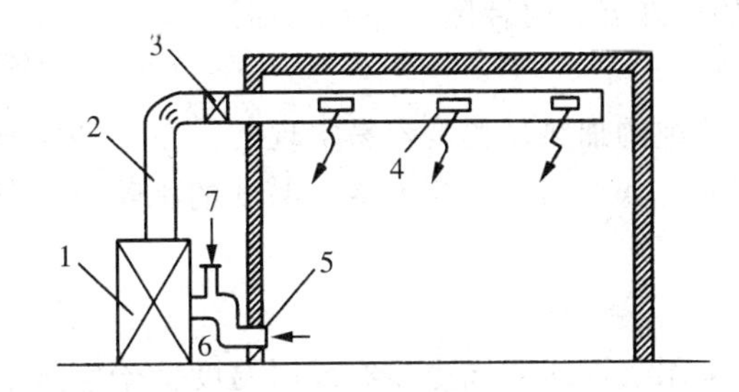

图9-6　分散式空调系统

1—空调机组；2—送风管道；3—电加热器；4—送风口；5—回风口；6—回风管道；7—新风管道

分散式空调系统具有使用方便、灵活，不需要专人管理的特点，因此广泛应用于面积小、房间分散的中小型空调工程，如住宅、办公楼、小型恒温、恒湿空调等。

2. 按承担建筑环境中的冷（热）负荷和湿负荷的介质分类

(1)全空气系统

全空气系统是指以空气为介质，向室内提供冷（热）量。例如全空气空调系统，它向室内提供经处理的冷空气以除去室内显热冷负荷和潜热冷负荷。由于空气的比热容较小，需要用较多的空气才能达到消除余热、余湿的目的。单风道系统、双风道系统、全空气诱导系统及变风量系统都属于全空气系统。

(2)全水系统

空调房间的冷（热）负荷全部由水来承担。由于水的比热容比空气大得多，在相同负荷下只需要较少的水量，因而可克服全空气系统因风道占用建筑空间较多的缺点。但由于系统全部采用室内空气循环，不能保证室内的空气品质，所以一般不采用。

(3)空气-水系统

空调房间的冷（热）负荷由空气和水共同承担。例如以水为媒介的风机盘管向室内提供冷、热量，承担室内的部分负荷，同时由新风系统向室内提供经处理的新鲜空气，从而满足室内空气品质的需要。风机盘管加上独立新风的空调系统、置换通风加冷辐射板系统及再热系统加诱导器系统均属于这类系统。

(4)冷剂系统

以制冷剂为介质，直接用于对室内空气进行冷却、去湿。一般这种系统是用带制冷机的空调器来处理室内的负荷，所以又称机组式系统；另外还有VRV系统，室内盘管的媒介是制冷剂液体，并设置新风系统，则称之为空气-冷剂盘管系统。

9.4　空调处理设备

9.4.1　基本的空气处理手段

空气调节对空气的主要处理手段包括热湿处理与净化处理两大类方式。最简单的空气热湿处理过程可分为四种：加热、冷却、加湿、除湿。所有实际的空气处理过程都是上述几种单过程的组合，如夏季最常用的冷却除湿过程就是降温与除湿过程的组合，喷水室内的等焓加湿过程就是加湿与降温过程的组合。在实际空气处理过程中有些过程往往不能单独实现,例如降温有时伴随着除湿或加湿。

1. 加热

单纯的加热过程是容易实现的。主要的实现途径是用表面式空气加热器、电加热器加热空气。如果用温度高于空气温度的水喷淋空气,则会在加热空气的同时又使空气的湿度升高。

2. 冷却

采用表面式空气冷却器或用温度低于空气温度的水喷淋空气均可使空气温度下降,如果表面式空气冷却器的表面温度高于空气的露点温度,或喷淋水的水温等于空气的露点温度,则可实现单纯的降温过程。如果表面式空气冷却器的表面温度或喷淋水的水温低于空气的露点温度,则空气在冷却过程中同时还会被除湿。如果喷淋水的水温高于空气的露点温度,则空气在被冷却的同时还会被加湿。

3. 加湿

单纯的加湿过程可通过向空气加入干蒸汽来实现。此外利用喷水室喷循环水也是常用的加湿方法。通过直接向空气喷入水雾(高压喷雾、超声波雾化)可实现等焓加湿过程。

4. 除湿

除了可用表冷器与喷冷水对空气进行减湿处理外,还可以使用液体或固体吸湿剂来进行除湿。液体吸湿是利用某些盐类水溶液对空气中的水蒸气的强烈吸收作用来对空气进行除湿的,方法是根据要求的空气处理过程的不同(降温、加热还是等温)用一定浓度和温度的盐水喷淋空气。固体吸湿是利用有大量孔隙的固体吸附剂如硅胶对空气中的水蒸气的表面吸附作用来除湿的。由于吸附过程近似为等焓过程,故空气在干燥过程中温度会升高。

5. 空气过滤

由于空调系统处理的空气来源于室外新风和室内回风两者混合物。新风中室外环境有尘埃的污染,而室内空气则因人的生活、工作和工艺发生污染。空气中所含的灰尘除对人体危害外,对空气处理设备(如加热、冷却器等设备)的传热也不利,所以要在对空气进行热、湿处理前,用过滤器除去空气中的悬浮尘埃。而对于某些生产工艺,如电子生产车间等特殊工艺厂房,会对空气洁净度的要求更高,对空气环境的要求已远远超过从卫生角度出发的尘埃要求,即可谓“洁净室”或“超净车间”,有这种要求的生产车间,还必须进行过滤效率的计算。

9.4.2 典型的空气处理设备

1. 表面式换热器

表面式换热器是空调工程中最常用的空气处理设备,它的优点是构造简单、占地少、水质要求不高,在空气处理室中所占长度一般不超过0.6m。表面式换热器多用肋片管,外形如图9-7所示。管内流通冷、热水、蒸汽或制冷剂,空气掠过管外与管内介质换热。制作材料有铜、钢和铝,使用时一般用多排串联,以便同空气进行充分热质交换;如果通过的空气量多,也可以多个并联,以避免迎面风速太大。

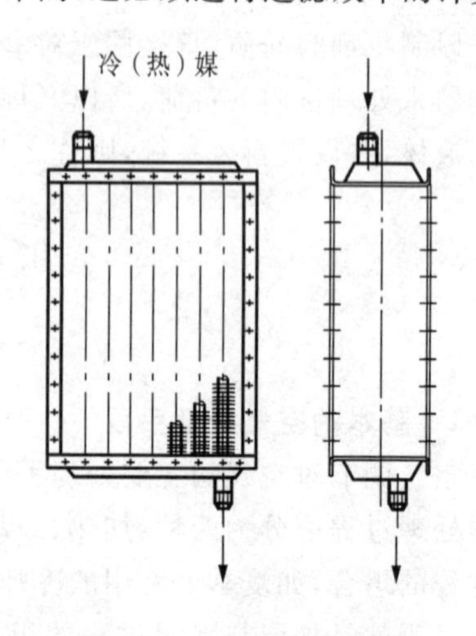

图9-7 肋管式空气换热器

风机盘管、新风机组中的盘管就是一种表面式换热器、多联式空调机组中的空气冷却器是直接蒸发式空气冷却器。

2. 喷水室

喷水室的空气处理方法是向流过的空气直接喷淋大量的水滴，被处理的空气与水滴接触，进行热湿交换，达到要求的状态。喷水室由喷嘴、水池、喷水管路、挡水板、外壳等组成(如图9-8所示)。它的优点是能够实现多种空气处理过程、具有一定的空气净化能力、耗费金属最少、容易加工等，缺点是占地面积大、对水质要求高、水系统复杂和水泵电耗大等，而且要定期更换水池中的水，清洗水池，耗水量比较大。因此目前在一般建筑中已不常使用，但在纺织厂、卷烟厂等以调节湿度为主要任务的场合仍大量使用。

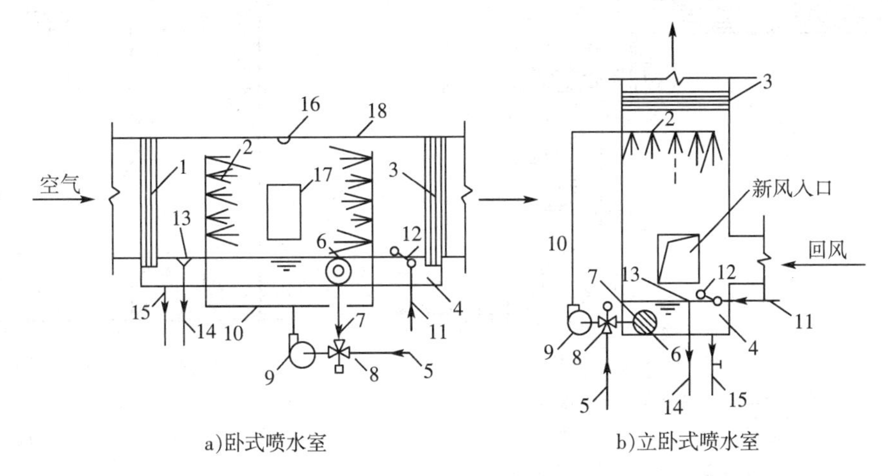

a)卧式喷水室　　b)立卧式喷水室

图9-8　喷水室的构造

1—前挡水板；2—喷嘴与排管；3—后挡水板；4—底池；5—冷水管；6—滤水器；7—循环水管；8—三通混合阀；9—水泵；10—供水管；11—补水管；12—浮球阀；13—溢水器；14—溢水管；15—泄水管；16—防水灯；17—检查门；18—外壳

3. 加湿与除湿设备

(1)空气加湿设备

空气加湿的方式有两种：一种是在空气处理室或空调机组中进行，称为"集中加湿"；另一种是在房间内直接加湿空气，称为"局部补充加湿"。

用喷水室加湿空气，是一种常用的集中加湿法。对于全年运行的空调系统，如夏季用喷水室对空气进行减湿冷却处理，而其他季节需要对空气进行加湿处理时，仍使用该喷水室，只需相应地改变喷水温度或喷淋循环水，而不必变更喷水室的结构。喷蒸汽加湿和水蒸发加湿也是常用的集中加湿法。喷蒸汽加湿是利用蒸汽喷管(多孔管)或干蒸汽加湿器将蒸汽在管网压力作用下由小孔喷出混入空气，如图9-9所示。它的优点是节省动力用电，加湿迅速、稳定，设备简单，运行费低，因此在空调工程中得到广泛的使用。当无集中热源提供蒸汽时，还可以采用电加湿器加湿方法，由电加湿器加热水以产生蒸汽，使其在常压下蒸发到空气中去。它的缺点是耗电量大，电热元件与电极上易结垢，优点是结构紧凑，加湿量易于控制，常用于小型空调系统中。

(2)空气除湿设备

对于空气湿度比较大的场合，往往需对空气进行减湿处理，可以用空气除湿设备降低湿度，使空气干燥。空气的减湿方法有多种，如：加热通风法、冷却减湿法、液体吸湿剂减湿和固体吸湿剂减湿等。

冷冻除湿机是民用建筑中常用的空气除湿设备,它由制冷系统与送风装置组成,如图9-10所示。其中制冷系统的蒸发器能够吸收空气中的热量,并通过压缩机的作用,把所吸收的热量从冷凝器排到外部环境中去。冷冻除湿机的工作原理是由制冷系统的蒸发器将要处理的空气冷却除湿,再由制冷系统的冷凝器把冷却除湿后的空气加热。这样处理后的空气虽然温度较高,但湿度很低,适用于只需要除湿,而不需要降温的场合。

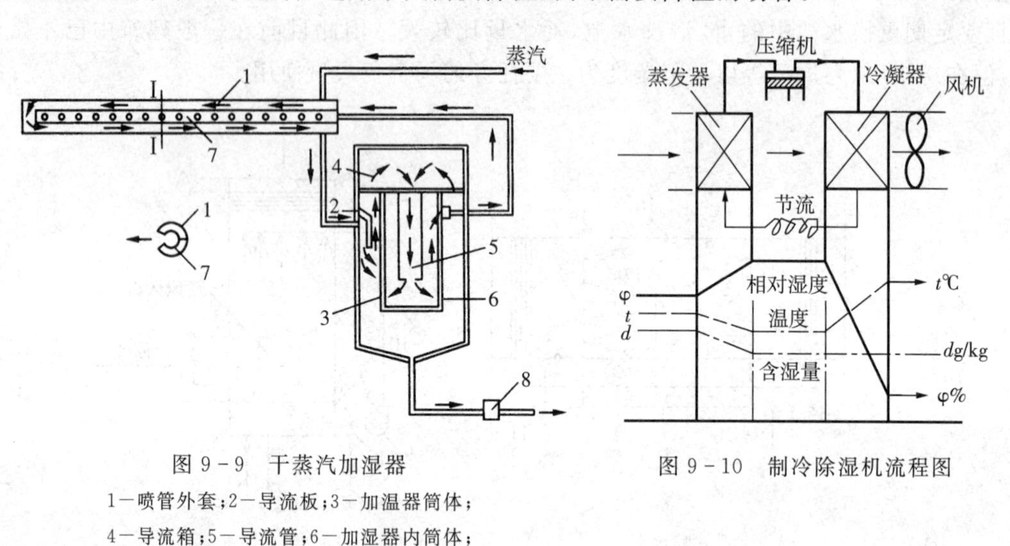

图9-9 干蒸汽加湿器

1—喷管外套;2—导流板;3—加温器筒体;4—导流箱;5—导流管;6—加湿器内筒体;7—加湿器喷管;8—疏水器

图9-10 制冷除湿机流程图

氯化锂转轮除湿机是一种固体吸湿剂除湿设备,是由除湿转轮、传动机构、外壳、风机与再生电加热器组成的,如图9-11所示。由于这种设备吸湿能力较强,维护、管理简单,近年来得到较快发展。它利用含有氯化锂和氯化锰晶体的石棉纸来吸收空气中的水分。吸湿纸做的转轮缓慢转动,要处理的空气流过3/4面积的蜂窝状通道被除湿,再生空气经过滤器与加热器进入另1/4面积通道,带走吸湿纸中的水分排出室外。

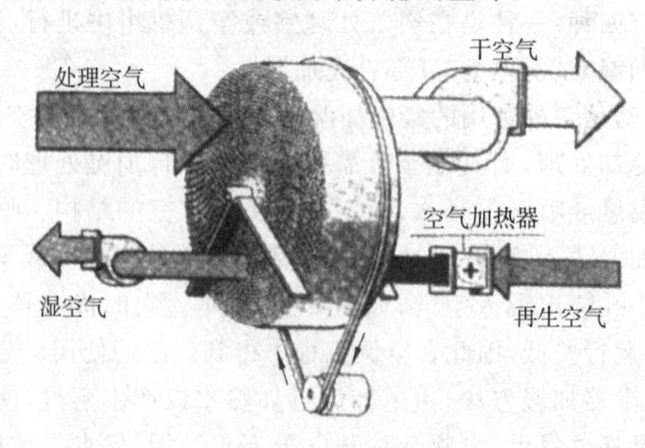

图9-11 氯化锂转轮除湿机

4. 空气过滤器

空气过滤器通常按过滤灰尘颗粒直径的大小可分为初效、中效和高效过滤器三种类型。为了便于更换,一般做成块状,如图9-12所示。

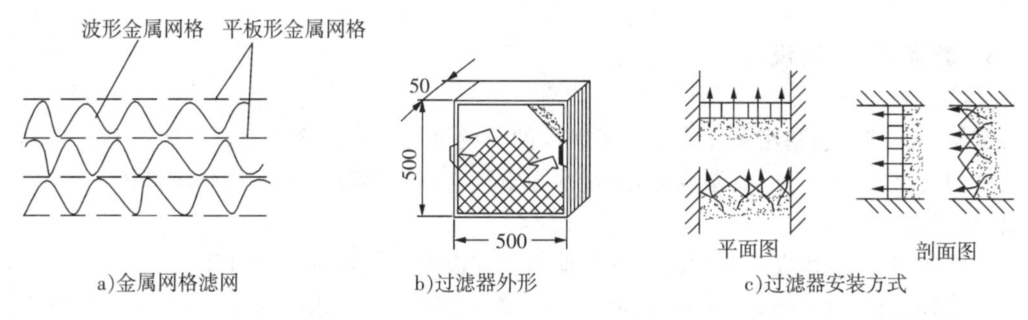

a)金属网格滤网　b)过滤器外形　c)过滤器安装方式

图 9－12　块状除效过滤器

初效过滤器主要用于过滤粒径大于 5.0μm 的大颗粒灰尘；中效过滤器主要用于过滤粒径大于 1.0μm 的中等粒子灰尘；高效过滤器主要用于过滤粒径小于 1.0μm 的粒子灰尘。实践表明，过滤器不仅能过滤掉空气中的灰尘，还可以过滤掉细菌。

过滤器材料多数采用化纤无纺布滤料，亚高效过滤器多数采用聚丙烯超细纤维滤料，高效过滤器采用超细玻璃纤维滤纸。对大多数舒适性空调系统来说，设置一道粗效过滤器，将空气中大颗粒灰尘过滤掉即可。对某些空调，有一定的洁净要求，但洁净度指标还达不到最低级别洁净室的洁净度要求，在这种系统中需设置两道过滤器，即第一道为粗效过滤器，第二道为中效过滤器。对于空气洁净度要求较高的净化车间，应从工艺的特殊要求出发，除了设置上述两道空气过滤器外，在空调送风口前需再设置第三道过滤器，即高中效、亚高效或高效过滤器。

5. 组合式空调箱

组合式空调箱是把各种空气处理设备、风机、消声装置、能量回收装置等分别做成箱式的单元，按空气处理过程需要进行选择和组合成的空调器。空调箱的标准分段主要有回风机段、混合段、预热段、过滤段、表冷段、喷水段、蒸汽加湿段、再热段、送风机段、能量回收段、消声器段和中间段等。分段越多，设计选配就越灵活。图 9－13 是一种组合式空调箱的示意图。

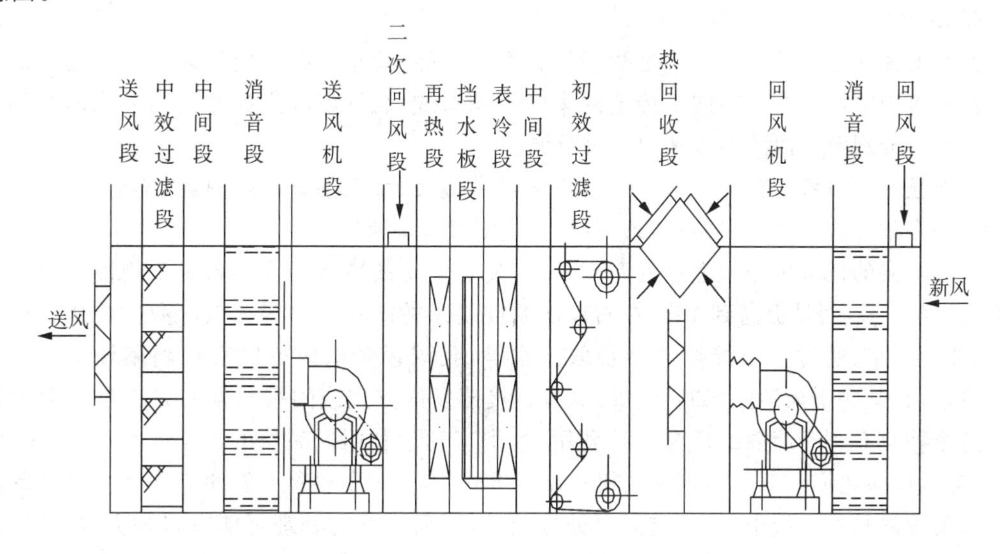

图 9－13　组合式空调箱

9.4.3 新型空气处理设备

1. 蒸发冷却器

蒸发式冷却器是利用蒸发冷却技术制冷的空调设备。蒸发冷却空调技术是利用自然环境空气中的干球温度与露点温度差,通过水与空气之间的热湿交换来获取冷量的一种环保、高效、经济的冷却方式。

蒸发冷却原理:水在空气中具有蒸发能力。在没有其他热源的条件下,水与空气间的热湿交换过程是空气将显热传递给水,使空气的温度下降。由于水的蒸发,空气的含湿量不但要增加,而且进入空气的水蒸气带回一些汽化潜热。只要空气不是饱和的,利用循环水直接(或通过填料层)喷淋空气就可获得降温的效果。在条件允许时,可以将降温后的空气作为送风以降低室温,这种处理空气的方法称为蒸发冷却空气调节。

显然,干湿球温度之差越大其蒸发冷却效果越好,即在炎热干燥的气候地区(如我国西北地区夏季)可获得较好的效果;在高湿度地区,不能直接用蒸发冷却来降温。

蒸发冷却式空调系统的关键设备是空气蒸发冷却器,一般分为直接蒸发冷却器和间接蒸发冷却器两种形式。直接蒸发冷却器是利用淋水填料层直接与待处理的空气接触来冷却空气(如图9-14所示)。间接蒸发冷却技术是利用一股辅助气流先经喷淋水(循环水)直接蒸发冷却,温度降低后,再通过空气-空气换热器来冷却待处理空气(即准备进入室内的空气),并使之降低温度。

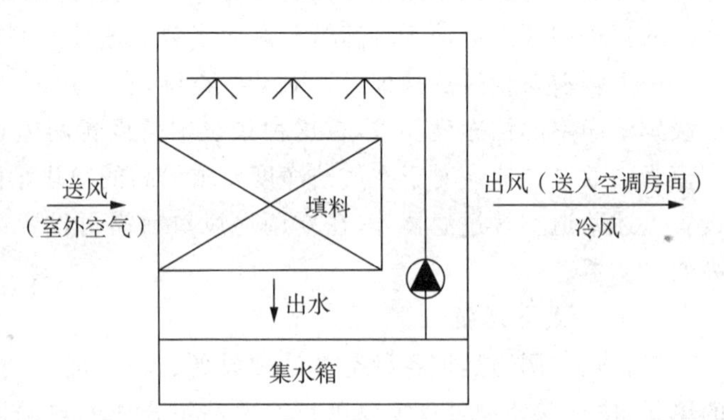

图9-14 蒸发冷却空调机工作原理示意图

2. 温湿度独立控制设备

温湿度独立控制的空调方式是我国学者率先倡导,近年来在国内外逐渐发展起来的一种全新的集中空调方式。不同于传统的集中空调形式,温湿度独立控制空调采用两个相互独立的系统分别对室内的温度和湿度进行调控。

处理显热的系统包括:高温冷源、余热消除末端装置(毛细管网换热器、辐射板、干式风机盘管等多种形式)。处理潜热的系统:热泵式溶液调湿机组等。

由于除湿的任务由处理潜热的系统承担,显热系统的冷水温度不再是常规冷凝除湿空调系统中的7℃,而是提高到18℃左右。此温度要求的冷水为很多天然冷源的使用提供了条件,如深井水、通过土壤源换热器获取冷水等,我国很多地区可以直接利用该方式提供18℃冷水,在某些干燥地区(如新疆等)通过直接蒸发的方式或间接蒸发的方法获取18℃冷水。这个特点有利于能源的广泛选择利用,特别有利于利用低品位的再生能源:如太阳能、地能、热电厂余热回收等。即使采用机械制冷方式,制冷机的性能系数也有大幅度的提高。

在处理潜热的系统中,不一定需要处理温度,因而湿度的处理可能有多种方法,如冷凝除湿、吸附除湿等。目前多采用溶液除湿方式处理新风,溶液采用低温热量(60℃)驱动,这

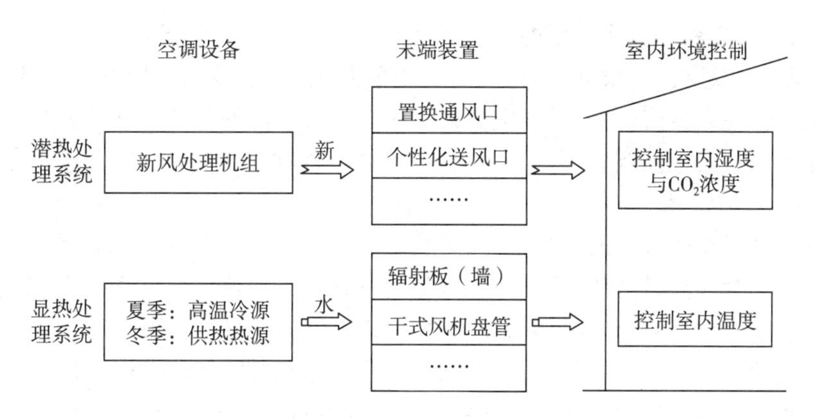

图9-15　温湿度独立控制空调系统组成图

也使得可利用城市热网夏季供应热量驱动空调，也可利用制冷用热泵的热端排热驱动。同时，浓溶液还可以高密度蓄存，从而使热量的使用与空调的使用不必同时发生。这对降低空调电耗，改善城市能源供需结构，解决热电联产系统的负荷匹配问题都可起到重要作用。

9.4.4　空调机房

空调机房是用来布置空气处理室、风机、自动控制屏以及其他一些附属设备，并在其中进行运行管理的专用房间。对空调处理机房的布置，应以管理方便、占地面积小、不影响周围房间的使用和管道布置经济等为原则。

1. 空调机房位置的选择

(1)空调机房应尽量靠近空调房间，尽量设置在负荷中心，目的是为了缩短送、回风管道，节省空气输送的能耗，减少风道占据的空间。各层空调机房最好能在同一位置上垂直布置，这样可缩短冷、热水管的长度，减少管道交叉，节省投资和能耗。各层空调机房的位置应考虑风管的作用半径不要太大，一般为30～40m。

(2)空调机房应远离要求低噪声的房间。例如，对室内声学要求高的广播、电视、录音棚等建筑物，空调机房最好设置在地下室或采取一定的消声隔震措施；一般的办公楼、宾馆的空调机房可以分散在各楼层设备间。

(3)空调机房的划分应不穿越防火分区。大中型建筑应在每个防火分区内设置空调机房，最好能设置在防火分区的中心地位。

(4)如果在高层建筑中使用带新风的风机盘管等空气-水系统，应在每层或每几层设一个新风机房。当新风量较小，吊顶内可以放置空调机组时，也可把新风机组悬挂在走道端头或设备房的吊顶内。

2. 空调机房的内部布置

空调机房的面积和层高，应根据空调机组的尺寸、风机的大小、风管及其他附属设备的布置情况，以及保证各种设备、仪表的一定操作距离和管理、检修所需要的通道等因素来确定。经常操作的操作面宜有不小于1.0m的距离，需要检修的设备面要有不小于0.7m的距离。

空调机组机房应有单独的出入口，以防止人员、噪声等对空调房间的影响。空调机房的门和装拆设备的通道，应考虑能顺利地运入最大的空调构件；若不能由门搬入，则应预留安装孔洞和通道,并应考虑拆换的可能。如果空调机组设置有自动控制屏,控制屏与各种转动机件(切机、制冷压缩机、水泵等)之间应有适当的距离,以防振动的影响。大型空调机房通常设有单独的管理人员值班室,值班室应设在便于观察机房的位置。在这种情况下,自动控制屏宜设在专门的值班控制室内。机房内应考虑排水和地面防水设施。

3. 空调机房的结构

空调设备设置在楼板上或屋顶上时,结构的承重应按设备重量和基础尺寸计算,而且应包括设备中运行时保温材料的重量等,也可粗略进行估算。按一般常用的系统,空调机房的荷载约 $500kg/m^2$~$600kg/m^2$,而屋顶机组的荷载应根据机组的大小而定。

空调房间的门和装拆设备的通道应考虑能顺利地运入最大的空调构件,如果构件不能由门搬入,则需预留安装孔洞和通道,并应考虑拆换的可能。如果空调机房位于地下或大型建筑的内区,则应设置有足够断面的新风竖井或新风通道。

4. 空调机房的防火

附设在建筑内的通风空气调节机房,应采用耐火极限不低于 2.00h 的防火隔墙和 1.50h 的楼板与其他部位分隔。通风、空气调节机房开向建筑内的门应采用甲级防火门。

9.5 空调房间的气流组织

空调房间的气流组织(又称为空气分布),是指合理地布置送风口和回风口,使得工作区(也称为空调区)内形成比较均匀而稳定的温湿度、气流速度和洁净度,以满足生产工艺和人体舒适的要求。不同用途的空调工程,对气流的分布形式有不同的要求。如恒温恒湿空调要求在工作区内保持均匀、稳定的温、湿度;有高度净化要求的空调工程,则要求工作区内保持要求的洁净度和室内正压;对空气流速有严格要求的空调工程如舞台、乒乓球赛场等需要保证工作区内的气流流速符合要求。因此合理组织气流,使其形成的气流分布满足被调房间的设计要求是必要的。

空调房间的气流组织是否合理,不仅直接影响房间的空调效果,而且也影响到空调系统的耗能量。空调房间的气流分布分为两大类:顶(上)部(又称混合式通风)送风系统、下部送风系统(包括置换通风系统、工位送风和地板送风)。决定空调房间气流组织的主要因素有:送风口的位置和形式、回风口位置、房间的几何形状和送风射流参数等,其中送风口的位置、形式和送风射流参数对气流组织的影响最为重要。

9.5.1 顶(上)部送风系统

顶(上)部送风系统,又称混合式送风系统。它是将经过热湿处理好的空气以一定速度从房间上部(顶棚或侧墙高处)送出,当送风射流进入人员工作区之前,气流速度和温差减至室内人员舒适性所能接受的范围内,如速度不高于 0.25m/s,温差不大于 1℃。空调房间的送风方式主要有以下几种。

1. 侧向送风

侧向送风是空调房间中最常用的一种气流组织方式,它具有结构简单、布置方便和节省投资等优点,一般以贴附射流形式出现,工作区通常是回流区。

图 9-16 是几种侧向送风的布置实例。一般层高的小面积空调房间宜采用单侧送风,

如图9－16a所示；当房间长度较长，用单侧送风射程或区域温差不能满足时，可采用双侧送风，如图9－16b所示；当空调房间中部顶棚下安装风管对生产工艺影响不大时，可采用双侧外送的方式，如图9－16c所示。

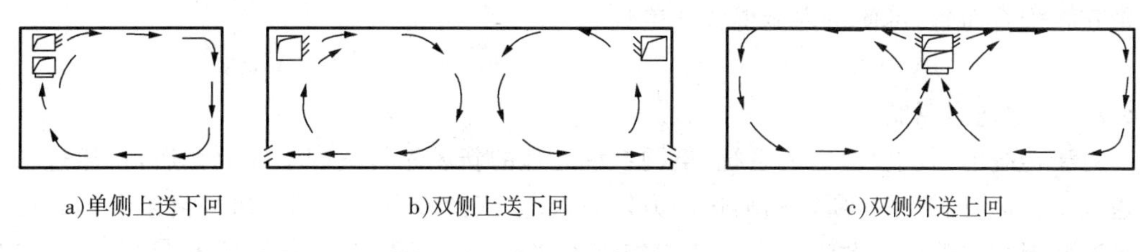

图9－16　几种侧送方式

2. 散流器送风

散流器是设置在顶棚上的一种送风口，它具有诱导室内空气使之与送风射流迅速混合的特性，分为平送和下送两种。

散流器平送方式，作用范围大，扩散快，工作区处于回流状态，温度和流速场均匀，用于一般空调工程，图9－17a是常用的平送散流器送风口示意图；散流器下送方式，气流是下送直流，这种气流方式需要顶棚密集布置散流器，主要适用于房间净高较高(3.5～4.0m)的净化房间。图9－17b是常用的一种流线型散流器的示意图。

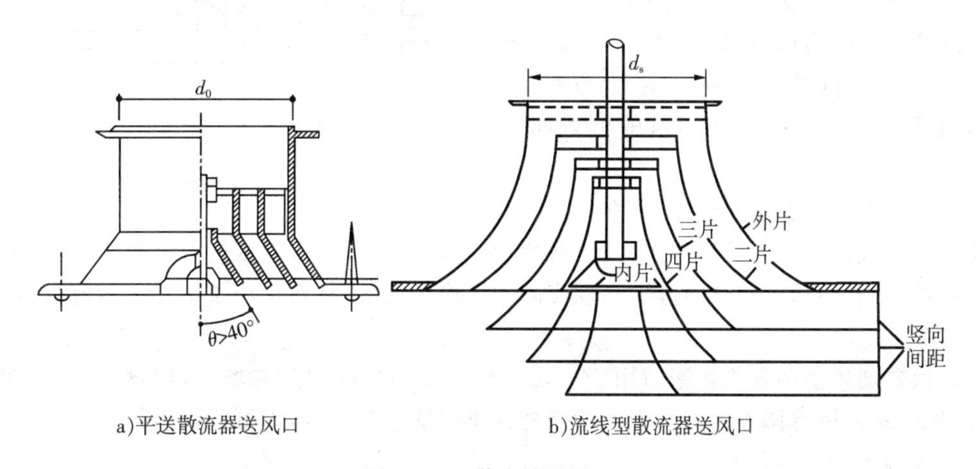

图9－17　散流器送风口

3. 喷口送风

喷口送风是依靠喷口吹出的高速射流实现送风的方式。常用于大型体育馆、礼堂、通用大厅以及高大厂房中，如图9－18所示。由于这种送风方式具有射程远、系统简单、投资较省的优点，可以满足工作区的一般空调舒适要求。因此，在高大空间的舒适性空调系统中，常采用喷口送风方式。

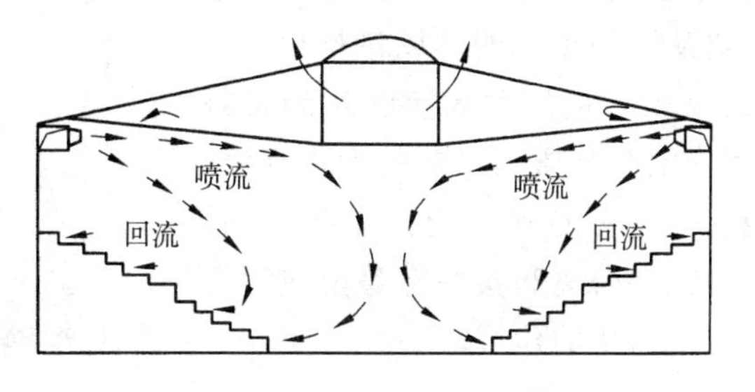

图9－18　喷口送风方式

4. 条缝型送风

条缝送风属于扁平射流，与喷口送

风相比,射程较短,温差和速度衰减较快。它适用于工作区允许风速在0.25～1.5m/s范围,温度波动范围为±1℃～2℃的场所。在办公室、会议室采用这种形式的风口,如沿窗户上部布置,可以起屏风的作用,有利于稳定和调节房间内的温湿度参数。如果将条缝型风口与采光带互相配合布置,可使室内显得整洁美观。

9.5.2　下部送风系统

对于传统的顶(上)部送风系统,空调系统处理的新风先与室内空气混合后,再通过送风口送入空调区,因此系统所需的输送动力较高,且空气龄较高。下部送风气流组织形式可以对这种状况加以改善。此形式的气流组织将经过热湿处理的空气首先送入人员工作区(呼吸区),且出风口流速较低,输送压头较小。该气流组织具有较高的通风效率及较低的运行能耗等优点,但其缺点是风口布置时需要占用一定的建筑空间,且要和建筑装饰紧密配合。

1. 置换通风

置换通风中气流从位于侧墙下部的置换风口水平低速送入室内,在浮升力的作用下上升至工作区,热力分层高度将整个空间分为上下两区,沿高度方向形成明显的温度梯度和污染物浓度梯度。目前置换式通风较多用于层高大于2.7m、室内冷负荷不宜大于120W/m^{2}的空调系统,如办公室、会议室、计算机机房和剧院等。置换通风的流态如图9-19所示。

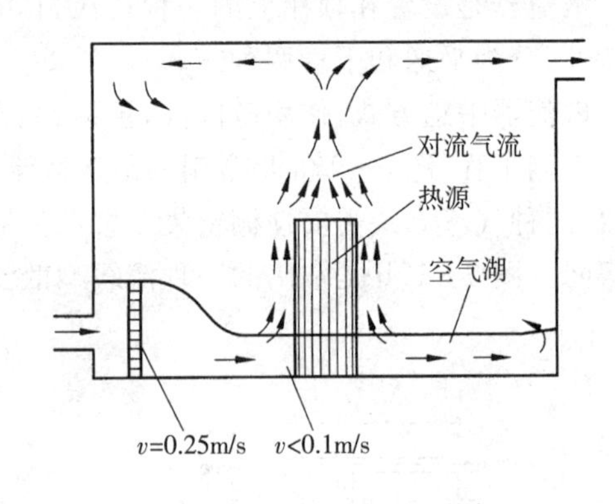

图9-19　置换通风的流态

由于置换通风热力分层的存在,工作区产生污浊空气被热羽流及时带入上区,避免形成横向扩散;进入上区的气流也不会再回流到工作区,因此置换通风的热力分层高度应高于工作区高度,从而保证了工作区较好的空气洁净度。

置换式通风空调方式普遍适用于一切以舒适性为目的的公共场所,如剧院、体育馆等。另外,置换式通风空调方式应用于一般被视作难题的中庭空调,也可获得独特的效果。

2. 地板送风

地板送风是将处理后的空气经过地板下的静压箱,由置换风口送入室内,与室内空气混合。其特点是刚处理的洁净空气由下向上经过人员活动区,消除余热余湿,再从房间顶部的排风口排出。地板送风在人员活动区能够达到良好的室内空气品质和舒适的室内环境。近些年,地板送风广泛用于机房、控制中心、办公室和实验室等散热设备多、人员密集的建筑。

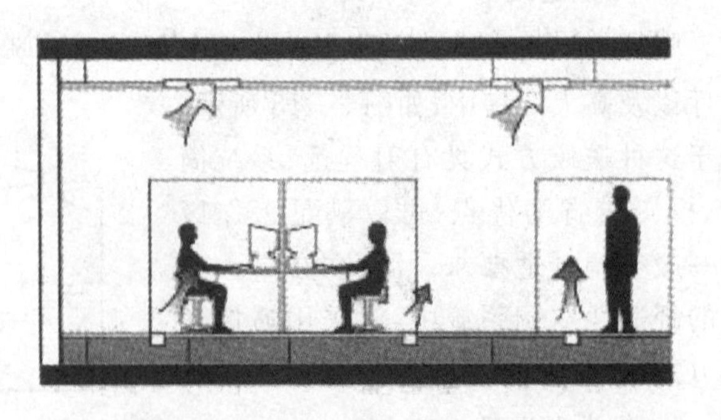

图9-20　地板下送风系统示意图

3. 工位送风

工位送风是一种集区域通风、设

备通风和人员自调节为一体的个性化的送风方式。在核心区域(人的呼吸区)安装送风口,通过软管与地板下的送风装置相连,送风口的位置可以根据室内设施灵活变动。个人可以根据舒适需要调节送风气流的流量、流速、流向及送风温度。而在周边区域(会议厅、休息室、走道等)安装一般的地板送风装置,用于控制室内大环境的热湿负荷。由于现代办公建筑多采用统间式设计,个人对周围空气的冷热需求差异较大,更适宜安装工位送风(如图9-21所示)。

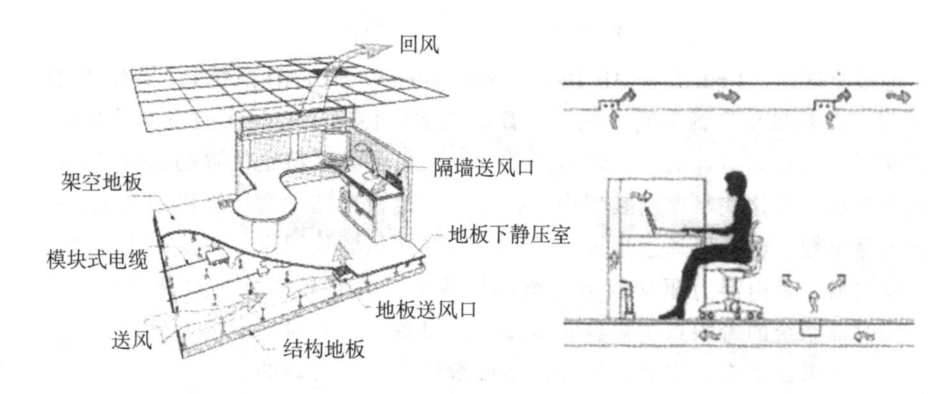

图9-21　典型办公空间的工位送风系统

9.5.3　回风系统

回风口处的气流速度衰减很快,对气流流型影响很小,对区域温差影响亦小。回风口的构造比较简单,类型也不多。常用的回风口形式有单层百叶风口、固定格栅风口、网板风口、篦孔或孔板风口等,也有与相同效果的过滤器组合在一起的网式回风口。

从室内空气卫生、气流分布及节能等方面考虑:一般回风口不可设在送风射流区内和人员长期停留的地点;采用侧送时,为防止送风气流短路,宜设在送风口的同侧下方;兼作热风供暖、房间净高较高时,宜设在房间的下部;采用置换通风、地板等方式送风时,应设在人员活动区的上方。

9.5.4　空调风道系统及其设计

空调工程中输送空气的风管包括:集中式全空气系统的送(回)风风管、空气-水系统的新风风管。空调风管系统设计原则:

(1)风管子系统划分要考虑到室内空气控制参数、空调使用时间等因素,以及防火分区要求,尽量不跨越防火分区。

(2)风管路系统要简洁,管路长度尽可能短,分支管和管件要尽可能少,避免使用复杂的管件,便于安装、调节和维修。

(3)风管内风速应综合考虑建筑空间、风机能耗、噪声以及初投资和运行费用等因素。一般空调房间对空调系统限定的噪音允许值控制在35~50dB(a)之间。满足这一范围内噪音允许值的主管风速通常为4~7m/s,支管风速为2~3m/s。通风机与消声装置之间的风管,其风速可采用8~10m/s。为满足空调房间噪声要求,在空调机组进出口设置软连接,甚至需要设置消声静压箱,以均衡风压,减少噪音。

(4)风管的断面形状要因建筑空间制宜,充分利用建筑空间布置风管,与建筑结构和室内装饰相配合。空调风管所占吊顶内净空高度,一般与空调面积、空调系统形式等有关,通常商场、体育馆场等采用了全空气系统的大空间空调系统,风管净空高度可达600~800mm;客房、办公室等的空调系统(风机盘管加新风)新风风管高度通常控制在200mm以内。

9.6 空调冷源与制冷机房

9.6.1 空调冷源与制冷原理

空气调节工程使用的冷源有天然冷源和人工冷源两种。

天然冷源一般是指深井水、山涧水、温度较低的河水等。这些温度较低的水可直接用泵抽取供空调系统的喷水室、表冷器等空气处理设备使用。此外,还有天然冰、深湖水及地道风(包括地下隧道、人防地道以及天然隧洞)等都是一种天然冷源。由于天然冷源受时间、地区、气候条件、环境保护等条件的限制,在实际工程中,空调工程主要采用人工冷源。

人工冷源的设备称为制冷设备。根据制冷设备的工作原理可划分为蒸汽压缩式制冷机、吸收式制冷机和蒸汽喷射式制冷机三类。

1. 蒸汽压缩式制冷

蒸汽压缩式制冷压缩机按结构来划分则可以分为活塞式、旋转式、涡旋式、螺杆式、离心式,其内部由压缩机、冷凝器、膨胀阀和蒸发器等四个部件组成,通过管道将其连接组成一个封闭的循环系统。图9-22是一个单级压缩制冷的工作示意图。制冷压缩机的工作原理,是利用液体(制冷剂)变气体时要吸收热量这一物理特性,通过制冷剂的热力循环,以消耗机械能作为补偿条件达到制冷目的。制冷剂在蒸发器蒸发吸热将冷量释放,通过载冷剂(通常是水)源源不断地输送到空调处理机房或空调房间的空调末端设备,对空调房间进行热湿处理,实现被调房间温湿度的恒定。

2. 吸收式制冷

吸收式制冷(机组)和蒸气压缩式制冷原理有相同之处,都是利用液态制冷剂在低温、低压条件下,蒸发、汽化吸收载冷剂的热负荷,产生制冷效应。所不同的是,吸收式制冷机是利用二元溶液在不同压力和温度下能够吸收和释放制冷剂的原理来进行循环的。吸收式制冷机以沸点不同而相互溶解的两种物质的溶液为工质,其中高沸点组分为吸收剂,低沸点组分为制冷剂,制冷剂在低压时沸腾产生蒸汽,使自身得到冷却。吸收剂遇冷吸收大量制冷剂所产生的蒸汽,受热时将蒸汽放出,热量由冷却水带走,形成制冷循环。

吸收式制冷机主要由发生器、冷凝器、膨胀阀、蒸发器、吸收器等设备组成,并用管道连接组成一个封闭的循环系统,工作循环如图9-23所示。

图中点划线外的部分是制冷剂循环,从发生器出来的高温高压的气态制冷剂在冷凝器中放热后凝结为高温高压的液态制冷剂,经节流阀降温降压后进入蒸发器。在蒸发器中,低温低压的液态制冷剂吸收被冷却介质的热量汽化制冷,汽化后的制冷剂返回吸收器、进入点划线内的吸收剂循环。图中点划线内的部分称为吸收剂循环。在吸收器中,从蒸发器来的低温低压的气态制冷剂被发生器来的浓度较高的液态吸收剂溶液吸收,形成制冷剂-吸收剂混合溶液，通过溶液泵加压后送入发生器。在发生器中，制冷剂-吸收剂混合溶液用外界提供的工作蒸汽加热，升温升压，其中沸点低的制冷剂吸热汽化成高温高压的气态制冷剂，与沸点高的吸收剂溶液分离，进入冷凝器做制冷剂循环。发生器中剩下的浓度较高的液态吸收剂溶液则经调压阀减压后返回吸收器，再次吸收从蒸发器来的低温低压的气态制冷剂。

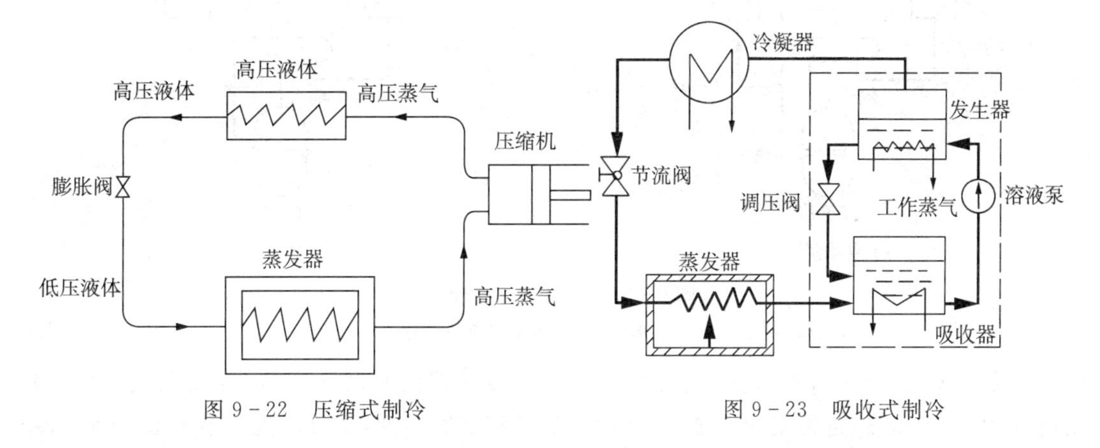

图9-22　压缩式制冷　　图9-23　吸收式制冷

蒸汽热水吸收式制冷机，利用蒸汽或热水作为热源，其最大优点是可利用低温热源，在有废热或低位热源的场所应用更经济；直燃吸收式制冷机，利用燃烧重油、煤气或天然气等作为热源，既可制冷也可供热，在需要同时供冷、供热的场所可一机两用，节省机房面积。

3. 蒸汽喷射式制冷

直接以热能为动力的制冷机。用一台喷射器来代替一台压缩机，依靠蒸汽喷射器的作用完成制冷循环的制冷机。它由蒸汽喷射器、蒸发器和冷凝器(即凝汽器)等设备组成，依靠蒸汽喷射器的抽吸作用在蒸发器中保持一定的真空，使水在其中蒸发而制冷。

蒸汽喷射式制冷机特点是以热能为补偿能量形式、结构简单、加工方便、没有运动部件、使用寿命长，故具有一定的使用价值，例如用于制取空调所需的冷水。但这种制冷机所需的工作蒸汽的压力高，喷射器的流动损失大，因而效率较低。

9.6.2　新型空调冷热源——热泵

热泵是一种将低温热源的热能转移到高温热源的装置。通常用于热泵装置的低温热源是我们周围的介质——空气、河水、海水、城市污水、地表水、地下水、中水、消防水池，或者是从工业生产设备中排出的工质，这些工质常与周围介质具有相接近的温度。

1. 热泵的工作原理

热泵装置的工作原理与压缩式制冷机是一致的。在小型空调器中，为了充分发挥它的效能，在夏季空调降温或在冬季取暖，都是使用同一套设备来完成的。在冬季取暖时，将空调中的蒸发器与冷凝器通过一个换向阀来调换工作，如图9-24所示。

由图9-24中可看出，在夏季空调降温时，按制冷工况运行，由压缩机排出的高压蒸汽，经换向阀(又称四通阀)进入冷凝器，制冷剂蒸汽被冷凝成液体，经节流装置进入蒸发器，并在蒸发器中吸热，将室内空气冷却，蒸发后的制冷剂蒸汽，经换向阀后被压缩机吸入，这样周而复始，实现制冷循环；在冬季取暖时，先将换向阀转向热泵工作位置，于是由压缩机排出的

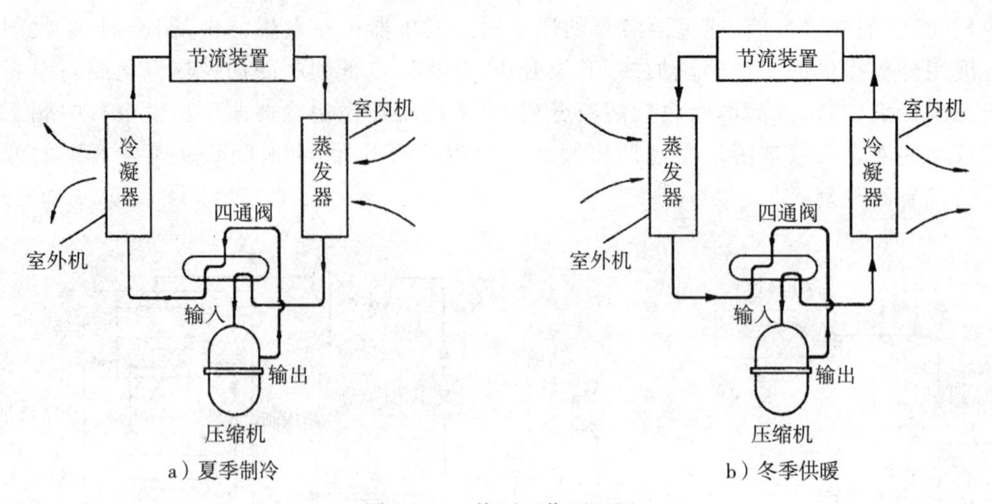

图 9-24 热泵工作原理图

1—蒸发器(冷凝器)；2—换向阀；3—压缩机；4—节流装置；5—冷凝器(蒸发器)

高压制冷剂蒸汽，经换向阀后流入室内蒸发器(作冷凝器用)，制冷剂蒸汽冷凝时放出的潜热，将室内空气加热，达到室内取暖目的，冷凝后的液态制冷剂，从反向流过节流装置进入冷凝器(作蒸发器用)，吸收外界热量而蒸发，蒸发后的蒸汽经过换向阀后被压缩机吸入，完成制热循环。这样，将外界空气(或循环水)中的热量“泵”入温度较高的室内，故称为“热泵”。

2. 几种常用热泵系统简介

(1)空气源热泵

以空气作为“源体”，空气能热泵，通过冷媒作用，进行能量转移(如图 9-25 所示)。目前的产品主要是家用热泵空调器、商用单元式热泵空调机组和热泵冷热水机组。空气源热泵的容量和制热性能系数受室外空气的状态参数(如温度和相对湿度)影响大，容易造成热泵供热量与建筑物耗热量之间的供需矛盾。冬季室外温度很低时，室外换热器表面容易结霜，导致热泵制热性能系数和可靠性降低，甚至无法正常供热。

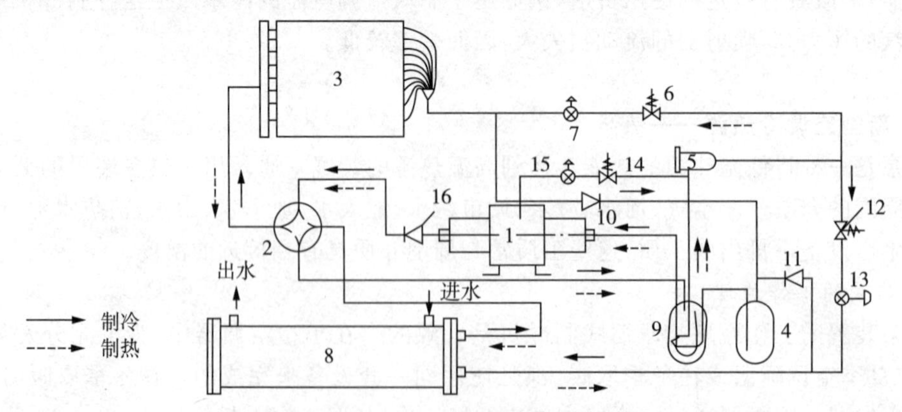

图 9-25 空气源热泵冷热水机组制冷剂流程图

1—螺杆式压缩机；2—四通换向 3—空气侧换热器；4—贮液器；5—干燥过滤器；
6—电磁阀；7—制热膨胀阀；8—水侧换热器；9—液体分离器；10、11—止回阀；12—电磁阀；
13—制冷膨胀阀；14—电磁阀；15—喷液膨胀阀；16—止回阀

(2)竖直地埋管地源热泵

地埋管地源热泵是以大地为热源对建筑进行空调的技术,冬季通过热泵将大地中的低位热能提高对建筑供暖,同时蓄存冷量,以备夏用;夏季通过热泵将建筑物内的热量转移到地下对建筑进行降温,同时蓄存热量,以备冬用。由于其节能、环保、热稳定等特点,在很多空调工程中广泛使用。

如图 9－26 所示:在制冷状态下,制冷环路循环与常规制冷系统一样,蒸发器冷量通过载冷剂(水或乙二醇)输送至末端用户;机组冷凝器的冷凝热由水或其他载体传输至室外地下热交换器环路系统中,将该部分热量携带到地下,把热量释放到大地中。循环往复,实现建筑物的制冷;在制热状态下,通过四通阀将冷媒流动方向换向。地源热泵机组蒸发器中的冷媒吸收室外地下热交换器环路系统中与大地交换热量而蒸发,在冷凝器中,冷媒所携带的热量传递给室内循环系统,这样冷媒在放出热量后而凝结成液体,并流到蒸发器中,而室内循环系统中的循环液体在吸收了冷媒的热量后,将该部分热量携带到建筑物内。这样,各环路不断地循环,地下的热量就不断地被转移到建筑物内,从而实现建筑物的供暖。

土壤源热泵具有全年地温波动小,冬季土壤温度比空气温度高,热泵的制热性能系数较高,但在使用中应注意地埋管区域常年排热量和吸热量"岩土体热平衡"等突出问题,包括通过采取复合式地源热泵系统设计来实现地埋管区域常年排热量和吸热量的基本平衡。

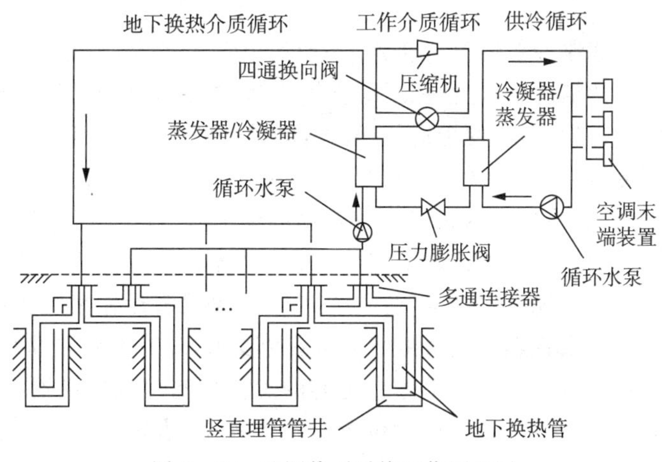

图 9－26　地源热泵系统工作原理图

(3)水源热泵

水源热泵是以地表水(河水、湖水、海水),地下水(深井水、泉水、地热水等),生活废水和工业用水(工业冷却水、生产工艺排放的废温水、污水等)作为冷热"源体",在冬季利用热泵吸收其热量向建筑物供暖,在夏季热泵将吸收到的热量向其排放,实现对建筑物供冷。水源热泵使用时应注意水温(适宜的水温在 10℃～22℃,5℃～38℃)、水质(洁净度、防腐蚀)、水量等关键参数。由于我国地下水超采现象严重,已引起一些地质灾害问题,包括地下水开采中的污染问题,故对于地下水水源热泵的使用须慎重。

9.6.3　制冷机房

1. 制冷机的选择

制冷机的选择,应根据建筑物的规模、用途、建设地点的能源条件、结构、价格以及国家节能减排和环保政策的相关规定,通过综合论证确定。

在有合适热源特别有余热或废热时或电力缺乏的区域,宜选用吸收式制冷机。在技术经济合理的情况下,宜利用浅层地能、太阳能、风能等可再生能源;当不具备前述两条时,但建筑所在城市电网夏季供电充足,宜采用电动压缩式制冷。

对大型集中空调系统,宜选用结构紧凑、占地面积小、压缩机、电动机、冷凝器、蒸发器和自控元件等都组装在同一框架上的冷水机组。对小型全空气调节系统,宜选用直接蒸发式的压缩冷凝机组。

制冷机组一般不宜少于2台。中小型规模的空调系统宜选用2台,较大型规模的空调系统宜选用3台,特大型则可选用4台。机组之间要考虑其互为备用和轮换使用的可能性。同一机房(或站房)内可选用不同类型、不同容量的机组采取搭配的组合式方案,以节约能耗。

制冷机房的设计应严格遵守安全规定、节约能源、保护环境、改善操作条件,提高自动化水平,采用国内外先进技术,使设计符合安全生产、技术先进和经济合理等要求。

2. 制冷机房位置的选择

在工程设计中,制冷机房位置由建筑设计人员和空调设计人员根据工程项目的具体要求商量确定。应考虑如下要求:

(1)单独设置制冷机房时,应尽量靠近冷负荷中心,力求缩短冷冻水和冷却水管路,使室外管网布置经济合理。

(2)对于选用压缩式制冷机的制冷机房,一般用电负荷较大,因此,应尽量靠近供、配电房间,在环境条件许可的情况下,往往和压缩空气站、变电站、配电站等组合成为综合的动力站,以便节省建筑物的占地面积,便于运行、管理,同时也可以减少管理人员。

(3)单独设置制冷机房时,应防止冷水机组、水泵和冷却塔等设备的噪声影响周围环境。

(4)对于高层建筑,制冷机房宜设置在建筑物的地下室,许多工程都将制冷机房设在地下一层、二层甚至三层。机房设置在地下室最大优点是不占用地面建筑,防止了设备噪声对周围环境的影响,其缺点是地下室潮湿、通风条件差、大型设备运输吊装比较困难,在设计时应考虑周到。燃油、燃气型直燃式机房由于消防安全要求,一般不允许设在地下二层或地下二层以下,同时还要设置必要的消防措施。也有的工程将制冷机房设置在高层建筑的设备层或屋顶。对于超高层建筑,制冷机房的位置应综合考虑,诸如设备及管道的工作压力、噪声及振动影响等。

3. 制冷机房对土建专业的要求

(1)大、中型制冷机房内的制冷主机应与辅助设备及水泵等分开设置,与空调机房亦分开设置。

(2)大、中型制冷机与控制室中间需设玻璃隔断分开,并做好隔声处理。制冷机房的面积应考虑设备数量、型号、安装和操作维修的方便,制冷机房的净高应根据选用的制冷机种类、型号而定。

(3)大、中型型设备机房面积及高度要求如下所示。

制冷机房(含换热间)面积一般为建筑面积的0.5%~1.0%,通常取0.8%。机房层高要求,一般为梁下净高度:对于离心式制冷机、大中型螺杆机4.5~5.0m,在有电动起吊设备时,还应考虑起吊设备的安装和工程高度;对于活塞式制冷机、小型螺杆机3.6~4.5m;对于吸收式制冷机4.5~5m,设备最高操作点距梁底应不小于1.2m。

另外如果制冷机房设置在地下室，还需要土建专业预留设备吊装孔，孔口大小一般为设备长、宽外形边长加上 0.8 米，即(A＋0.8)×(B＋0.8)。

(4)制冷机房的地面荷载应根据制冷机具体型号选定，估算荷载约为 40～60kN/m^2，且有振动。

(5)当采用直燃式溴化锂吸收式制冷机组时，制冷机房应设有燃油或燃气的独立供应系统包括燃料的贮存、输送、使用等。对建筑设计的要求可参照燃油或燃气锅炉房设计规范的规定执行。

(6)制冷机房、设备间和水泵房等室内要有冲刷地面的上、下水设施，地面要有便于排水的坡度，设备易漏水的地方，应设地漏或排水明沟。

(7)制冷机房所有房间的门、窗必须朝同一方向开，对氨制冷机房应设置两个互相尽量远离的出口，其中至少应有一个出口直接通向室外，机房应设有为主要设备安装、维修的大门及通道，必要时可设置设备安装孔。

(8)制冷机房和设备间应有良好的通风采光，设置在地下室的制冷机房应设机械通风、人工照明和相应的排水设施。当周围环境对噪声、振动等有特殊要求时，应考虑建筑隔声、消声和隔振等措施。

9.6.4　空调水系统及水泵

在空调系统中，一般是以水为媒介来传递和交换热量的，而对于空调水系统，按其功能分为冷冻水系统(输送冷量)、热水系统(输送热量)和冷却水系统(冷凝器冷却用水)。以夏季供冷为例：冷水机组的蒸发器、空气处理设备的冷却盘管以及提供水流动动力的水泵、连接管道和附件组成了空调系统的一个循环环路，称之为冷冻水循环环路；对于冷水机组冷凝器的冷却系统，是由冷却泵、冷却水管道及冷却塔组成了又一个循环环路，称之为冷却水循环。冷凝水系统指空调末端装置在夏季工况时用来排出冷凝水的管路系统。

1. 空调冷冻水系统的分类

(1)按空调水系统的水压特性划分，可分为开式系统和闭式系统。

开式循环系统是指管路之间设有贮水箱(或水池)且与大气相通，自流回水的管路并与大气相通的系统。当采用喷水室处理空气时，一般为开式系统；闭式循环系统是指管路不与大气接触，系统设有膨胀水箱或定压装置，并设有排气和泄水装置的系统。当空调系统采用风机盘管、诱导器和水冷式表冷器冷却时，冷水系统宜采用闭式系统。在闭式系统水泵的扬程只用来克服管网的循环阻力而不需要克服提升水的静水压力。闭式系统的水泵扬程与建筑高度几乎没有关系，因此它可比开式系统的水泵扬程小得多，从而减少了水泵电耗和机房面积。对于高层建筑只能采用这种系统。

(2)按空调水系统的冷、热水管道设置方式划分，可分为双管制系统、三管制系统和四管制系统。

两管制水系统是目前我国绝大多数用建筑中采用的空调水系统方式。其特点是：由冷冻站来的冷冻水和由热交换站来的热水在空调供水总管上合并后，通过阀门切换，把冷、热水用同一管道不同时地送至空气处理设备，同样，其回水通过总回水管后分别回至冷冻机房和热交换站。这一系统不能同时既供冷又供热，只能按不同时间分别运行，投资较节省，管道、附件及其保温材料的投资较少，占用建筑面积及空间也较少。由于末端设备中，盘管为冷、热两用,其控制较为方便,末端设备的投资及占用机房面积均可减少,但对有内外分区的建筑操作起来比较困难,不可能做到每个末端设备在任何时候都能自由地选择供冷或供热。

在四管制系统中所有末端设备中的冷、热盘管均独立工作,冷冻水和热水可同时独立送至各个末端设备。末端设备可随时自由选择供热或供冷的运行模式,相互没有干扰。其缺点是投资较大,运行管理相对复杂适合于内区较大或建筑空调使用标准较高且投资允许的建筑之中。三管制系统因有混热损失,在民用工程中极少采用。

(3)按各末端设备的水流程划分,分为同程式系统和异程式系统。

同程系统是指空调水流通过各末端设备时的路程都是相同(或基本相等)的。这带来的好处是各末端环路的水流阻力较为接近,有利于水力平衡,可以减少系统初调试的工作量。异程系统中,水流经每个末端的流程是不相同的,通常越远离冷、热源机房的末端,环路阻力越大,其优点是节省管道及其占用空间(一般来说它与同程系统相比可节省一条回水总管)。

采用异程系统时,末端设备都应设置自动控制水量的阀门,以解决各支环路间的平衡。

(4)按水量特性划分,可分为定水量系统和变水量系统。

定水量系统中的循环水量为定值,或夏季和冬季分别采用不同的定水量,负荷变化时,改变供、回水温度以改变制冷量和制热量;或根据负荷变化调节多台冷冻机和水泵的运行台数,形成阶梯式定水量系统。

变水量系统始终保持供水温度在一定范围内,当负荷变化时,改变供水量水泵能耗是随负荷的减少而降低,一般采用供、回水压差进行流量控制。

2. 空调冷冻水系统的分区

在高层建筑中,空调水系统分区及设备承压问题是超高层空调系统设计中须着重考虑的问题。当高层建筑中设备的承压能力不够时,空调水系统应采取竖向分区的措施。分区是以设备、管路和附件的承压能力作为主要依据,决定在垂直方向上分区的划分。表9-4列出了空调水系统中主要设备、管道及管件的承压能力。

表9-4 空调制冷设备、管道及管件承压能力

空调制冷设备		空调制冷设备额定工作压力 P_w(MPa)
冷水机组	普通型	1.0
	加强型	1.7
	特加强型	2.0
	特定加强型	2.1
空调处理器、风机盘管机组		1.6
板式换热器		1.6~3.0
水泵壳体		1.0~2.5
管道及管件		管材和管件的公称压力 P_n(MPa)
低压管道		2.5
中压管道		4.0~6.4
高压管道		10~100
低压阀门		1.6
中压阀门		2.5~6.4
高压阀门		10~100
无缝钢管		>1.6

当系统水压超过设备承压时，则另设独立的闭式系统。通常的做法有：冷热源设备均设在地下室，但高、低分为两个区（图9-27）；冷热源设备布置在塔楼中间技术设备层（图9-28）；高、低区合用冷热源，低区采用冷水机组直供，同时在设备层设板式换热器，作为高低区水压的分界设备（图9-29）；高低区冷热源分别设置在地下室和技术设备层（图9-30）。

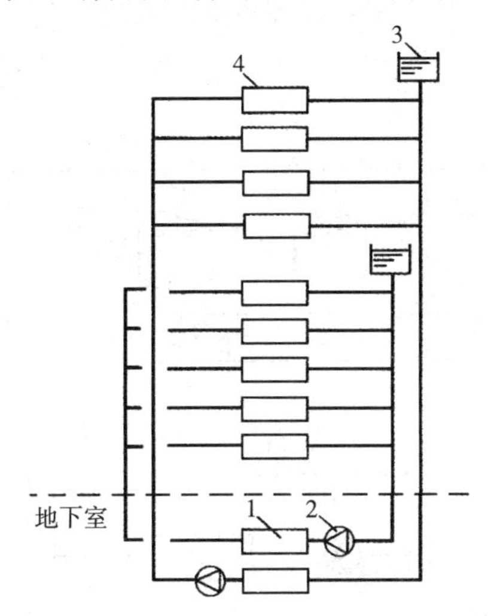

图9-27　冷热源设备设置在地下室的系统
1—冷水机组；2—循环水泵；
3—膨胀水箱；4—用户末端装置

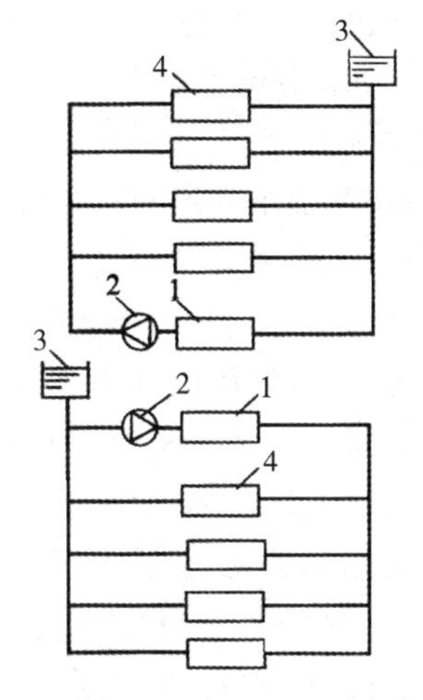

图9-28　冷热源设备设置在设备层的系统
1—冷水机组；2—循环水泵；
3—膨胀水箱；4—用户末端装置

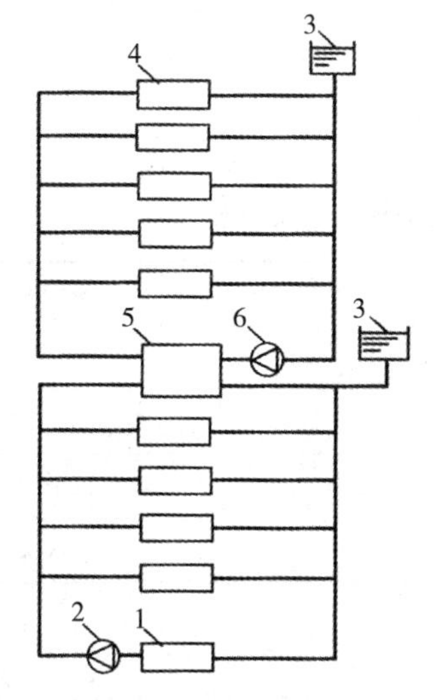

图9-29　高、低区合用冷热源冷热源设备图
1—冷水机组；2—低区循环水泵；
3—膨胀水箱；4—用户末端装置；
5—板式换热器；6—高区循环水泵

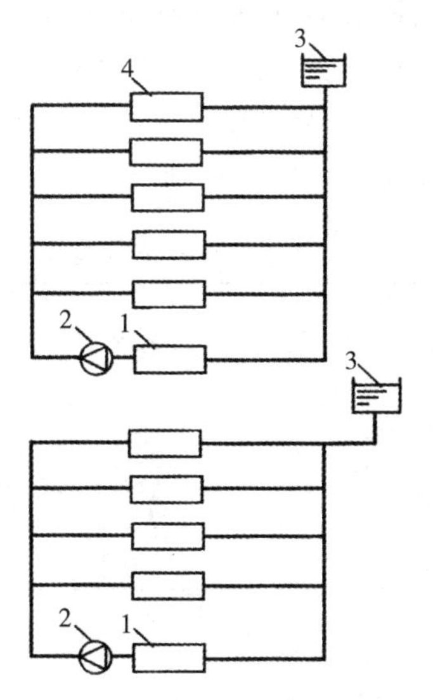

图9-30　高、低区合用冷热源
分别设置在地下室和技术设备层
1—冷水机组；2—循环水泵；
3—膨胀水箱；4—用户末端装置

3. 空调冷却水系统

空调冷却水系统用于供应空调制冷机组冷凝器、压缩机的冷却用水。在正常工作时，用后仅水温升高，水质不受污染，因此要求水循环重复利用，图9-31为冷却水系统图示。

在布置冷却水系统时，应注意冷却塔的设置。冷却塔应放在室外通风良好处，在高层民用建筑中，最常见的是放在裙房或主楼屋顶。布置时首先应保证其排风口上方无遮拦，在进风口应保证进风气流不受影响。另外，进风口不应邻近有大量高热高湿的排风口(如应避开厨房排烟气等)。布置在裙楼屋顶时，应注意塔的噪声对周围建筑和塔楼的影响；布置在主楼屋顶时，要满足冷水机组承压要求，并应校核结构承压强度。冷却塔的布置还会对结构荷载和建筑立面产生影响。一般地，横式冷却塔的重量约 10kN/m²，立式冷却塔的重量为 20kN/m²～30kN/m²。

4. 循环水泵

(1)空调系统中常用的水泵形式

水泵形式的选择与水管系统的特点、安装条件、运行调节要求和经济性等有关。就空调系统而言，使用比转数 A 在 30～150 的离心水泵最为合适，因为它在流量和压头的变化特性上容易满足空调系统的使用需要。在常用的离心水泵中，根据对流量和压头的不同要求，可以分别选用单级泵或多级泵。除此，离心水泵还有单吸和双吸之分，在相同流量和压头的运行条件下，从吸水性能、消除轴向不平衡力和运行效率方面而比较，双吸泵均优于单吸泵。在流量较大时更明显；然而，双吸泵结构复杂，且一次投资较大。空调工程中常用的高效节能型离心水泵，见表 9-5 所列。

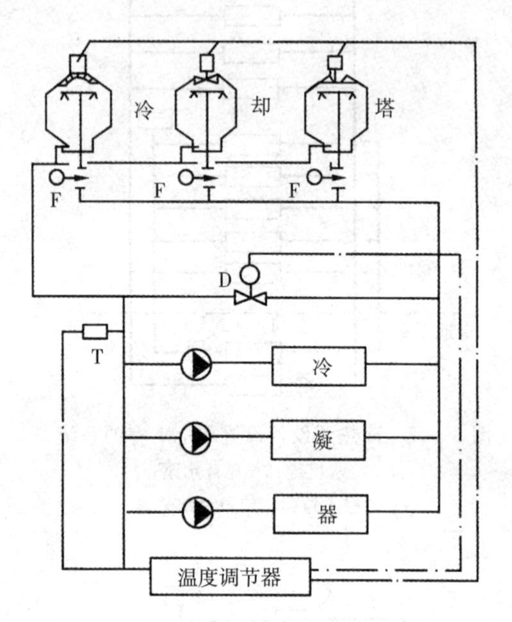

图 9-31　冷却水系统

T—测温元件；D—二通调节阀；F—电动蝶阀

表 9-5　空调工程中常用的高效节能型离心水泵系列

结构型式	系统	流量范围	扬程范围
		(m³/h)	(m)
单级、单吸、悬臂式	IS	6.3～400	5～125
单吸、双吸、中开式	S	140～2020	10～95
单吸、多级、分段式	TSWA	15～191	16.8～292

(2)水泵的性能曲线

水泵性能曲线是液体在泵内运动规律的外部表现形式，它反映着一定转速下水泵的流量 L、压头 P、功率 N 及效率 η 间的关系。每一种型号的水泵，制造厂都通过性能试验给出如图 9-32 所示的三条基本性能曲线：$L—P$ 曲线、$L—N$ 曲线和 $L—\eta$ 曲线。

各种型号水泵的 $L—P$ 曲线随水泵压头(扬程 P)和比转数 n 而不同，一般有三种类型：①平坦型；②陡降型；③驼峰型(如图 9-33 所示)。具有平坦型 $L—P$ 曲线的水泵，当流量变化很大时压头变化较小；具有陡降型 $L—P$ 曲线的水泵，当流量稍有变化时压头就有较大变化。具有以上两种性能的水泵可以分别应用于不同调节要求的水系统中，至于具有驼峰型

$L—P$ 曲线的水泵，当流量从零逐渐增加时压头相应上升；当流量达到某一数值时压头会出现最大值；当流量再增加时压头反而逐渐减小，因此 $L—P$ 曲线形成驼峰状。当水泵的工作参数介于驼峰曲线范围时，系统的流量就可能出现忽大忽小的不稳定情况，使用时应注意避免。

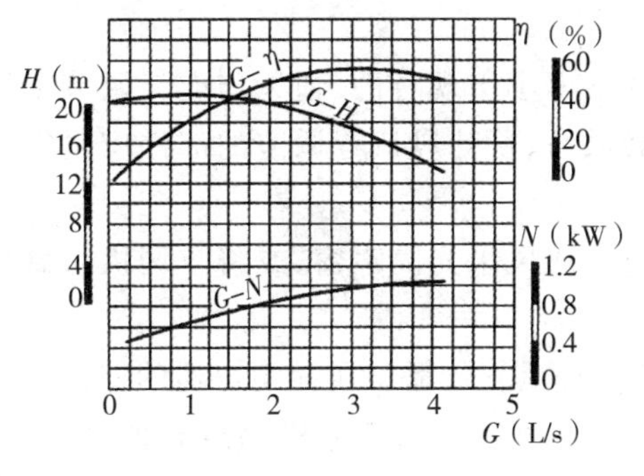

图 9－32　单级离心水泵的性能曲线

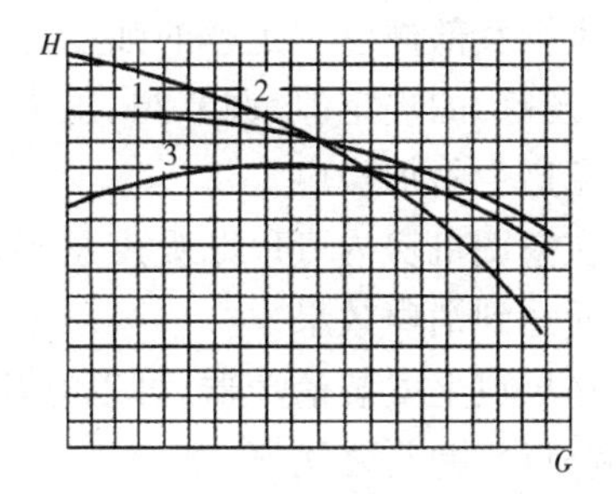

图 9－33　三种不同类型的 $L—P$ 曲线

(3)水泵选择

根据空调系统管网布置，选择最不利环路进行水力计算，得出系统所需要的流量 L 和压头 P 值，就可以按水泵特性曲线选择水泵型号，并从生产厂家样本中查其效率、功率和配套电机型号等。

9.7　空调系统的消声减振

空调系统的噪声主要是由通风机、制冷机、机械通风冷却塔等产生，并通过风道或其他结构物传入空调房间。空调噪声的传播方式包括空气传声与固体传声，空气声传播包括风管的噪声传播与末端噪声直辐射等，固体声传播主要包括制冷机组、冷却塔、管道等设备振动的传播。对于要求控制噪声和防止振动的空调工程，应采取适当的消声和减振措施。

通风和空调系统的消声和隔振设计应根据房间的功能要求，噪声和振动的频率特性及传播方式通过计算来确定。通风和空调系统产生的噪声传播至使用房间和周围环境的噪声级，应符合国家现行《工业企业噪声卫生标准》《城市区域环境噪声标准》以及《住宅隔声标准》中对建筑室内允许噪声级的规定。

9.7.1　消声

消声措施有两个方面：一是减少噪声的产生；二是在系统中设置消声器。在所有降低噪声的措施中，最有效的是削弱噪声源。因此在设计机房时就必须考虑合理安排机房位置，机房墙体采取吸声、隔声措施，选择风机时尽量选择低噪声风机，并控制风道的气流流速。

1. 为减少噪声可采取的措施

(1)在选择设备时，应尽量选用高效率、低噪声的设备(如风机、冷冻机和水泵等)，且设备机房的布置不宜靠近对噪声要求严格控制的空调房间。

(2)通风机和电动机的连接应采用直接传动方式，且转速不宜过高，空气箱内的送风机或回风机宜采用三角胶带传动的双进风低噪声通风机。当通风机配用变频调速的电动机时,在特殊情况下,可采用降低运行转速的方法来满足空调房间对噪声的严格要求,如同期录音的电视演播室和录音室,可允许短时间内适当降低风量。

(3)有消声要求的通风和空调系统,其风管内的空气流速和送风口、回风口的空气流速应适当降低。一个系统的总风量和阻力不宜过大,最好是采用分层分区系统,既便于降低噪声,又对防火和节能有利。

(4)风管及部件应有足够的强度,其材料厚度不得小于现行的《通风与空气调节工程施工及验收规范》的规定值,调节阀、防火阀、散流器风口、百叶风口等调节的部件应坚固而不颤动,以免产生附加噪声。

(5)在空调机房内可以贴吸声材料,或采用消声通风采光隔声窗,或将空调机房做成隔声室,从而达到消声效果。

(6)在风道上安装消声器,可以有效防止噪声通过风管传播。通常消声器的安装位置应靠近空调机房,并与之隔开,如只能设在机房内时,消声后的风管应作隔声处理,以防出现"声桥"。对消声要求严格的房间,每个送、回风管上宜增设消声器,送风口上加消声静压箱等。

2. 消声器的分类

消声器的构造型式很多,按消声的原理可分为如下几类:

(1)阻性消声器

阻性消声器是用多孔松散的吸声材料制成的,如图9-34a所示。当声波传播时,将激发材料孔隙中的分子振动,由于摩擦力的作用,使声能转化为热能而消失,起到消减噪声的作用。这种消声器对于高频和中频噪声有一定的消声效果,但对低频噪声的消声性能较差。

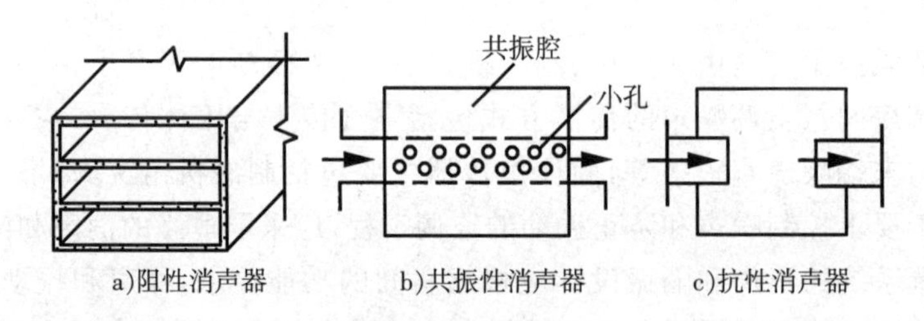

图9-34 消声器的构造型式

(2)共振性消声器

如图9-34所示,小孔处的空气柱和共振腔内的空气构成一个弹性振动系统。当外界噪声的振动频率与该弹性振动系统的振动频率相同时,引起小孔处的空气柱强烈共振,空气柱与孔壁发生剧烈摩擦,声能就因克服摩擦阻力而消耗。这种消声器有消除低频的性能,但频率范围很窄。

(3)抗性消声器

气流通过截面积突然改变的风管时,将使沿风管传播的声波向声源方向反射回去而起到消声作用。这种消声器(图9-34c)对消除低频噪声有一定效果。

(4)宽频带复合式消声器

宽频带复合式消声器是上述几种消声器的综合体,以便集中它们各自的性能特点和弥补单独使用时的不足,如阻、抗复合式消声器和阻、共振式消声器等。这些消声器对于高、中、低频噪声均有较良好的消声性能。

各种消声器的性能和构造尺寸可查阅《全国通用采暖通风标准设计图集》。

9.7.2　减振

空调系统中的通风机、水泵、制冷压缩机等设备产生的振动，会传至支承结构（如楼板或基础）或管道，引起后者振动。这些振动有时会影响人的身体健康或者会影响产品的质量，甚至还会危及支承结构的安全。

为减弱风机等设备运行时产生的振动，可将风机固定在钢筋混凝土板上，下面再安装隔振器；有时也可将风机固定在型钢支架上，下面再安装隔振器。图9－35为风机隔振降噪示意图。

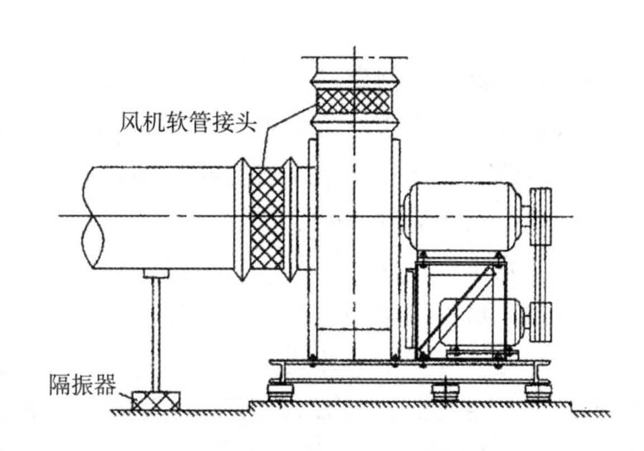

图9－35　风机隔振台座示意图

管道振动是由于运行设备的振动及输送介质（气体、液体）的振动冲击所造成的。为减少管道振动时对周围的影响，除了在管道与运行设备的连接处采用软接头外，同时每隔一定距离设置管道隔振吊架或隔振支承，在管道穿墙、楼板（或屋面）时，采用软接头连接。隔振吊架和隔振支承作法可以参看相关施工图集。

思考题

1. 何谓空气调节？其通常由哪几部分组成？
2. 表示空气状态的参数有哪些？室内外气象参数选择的基本原则是什么？
3. 空气调节系统按处理设备的设置情况来可分为哪几种？
4. 空调冷负荷由哪些部分组成？影响冷负荷主要因素有哪些？
5. 空气处理的基本手段有哪些？
6. 什么是空调房间的气流组织？影响气流组织主要因素有哪些？
7. 空调机房、制冷机房等在建筑布置和结构设计中应当注意哪些主要问题？
8. 常用的空调制冷方式有哪些？压缩式制冷机由哪几部分组成？其工作原理是什么？
9. 空调水系统按其功能可分为哪几种？空调冷冻水为何分区？
10. 空调系统的噪声源有哪些？如何对空调系统的设备和管路进行消声、隔振？

第10章 建筑防排烟设计

10.1 概 述

10.1.1 建筑烟气的危害性

建筑烟气是指发生火灾时物质在燃烧和热分解作用下生成的产物与剩余空气的混合物。根据对建筑物火灾实例调查分析表明，烟气是造成建筑火灾人员伤亡的主要因素，烟气的危害主要来自于它的毒性和遮光性。

当建筑发生火灾时，着火区域的房间或疏散通道会迅速充满大量的烟气，由于烟气的遮光作用致使人员在环境中可见距离缩短。实际测试表明，在火灾烟气中，对于一般发光型指示灯或窗户透入光的能见距离仅0.2～0.4m，对于反光型指示灯仅0.07～0.16m。如此短的能见距离，不熟悉建筑物内部环境的人根本就无法逃生。烟气中CO、HCN、NH_3等都是有毒的气体，火灾时人员在浓烟中停留1～2min就可能昏倒，4～5min就有死亡的危险。因此，火灾发生时应当及时对烟气进行控制，并在建筑物内创造无烟(或含烟极低)的水平和垂直的疏散通道或安全区，以保证建筑物内人员安全疏散或临时避难和消防人员及时到达火灾区扑救。

10.1.2 建筑烟气流动规律和控制原则

建筑物发生火灾后，烟气在建筑物内不断流动传播，不仅导致火灾蔓延，也引起人员恐慌，影响疏散与消防人员扑救。引起烟气流动的主要因素有扩散、烟囱效应、浮力、热膨胀、风力、通风空调系统等。

1. 烟气分布特点

烟气在向上部升腾堆积的过程中，不断卷吸周围的空气，总的质量流逐渐增加，体积也不断增加，平均温度和浓度则逐渐降低。当在大空间建筑物内产生的火灾烟气在空中降到一定温度(不超过环境温度的15度)时，会失去它的浮力，停留在半空中，因此烟气具有层化分布特点。

2. 烟气蔓延特点

火灾时产生大量烟气，在同温度下其密度比空气略重，烟气受热后，体积发生膨胀。当烟气温度达到280℃时，比标准状况下空气的体积约大一倍，即密度减小。所以，高温烟气在室内产生很大的浮力，以较快的速度流动而迅速扩散。实验表明，烟气水平流动方向流动速度约为0.3～0.8m/s，垂直向上扩散约为3～4m/s，意味着只需半分钟左右，烟气就可以从建筑底层扩散到超高层建筑物的楼顶。在具有中庭的大空间建筑内一旦发生火灾，由于中庭内没有分隔物，烟气在十几到几十秒内就可以从建筑底层扩散到建筑物的顶部，并进一步形成烟气层。在建筑高度不高的建筑里，烟气层的下降速度很快，在中型功率火强度条件下约几分钟就到了对人构成危害的高度。

3. 烟气控制的目标与手段

烟气控制的主要目的是创造无烟或烟气含量极低的疏散通道或安全区。其实质是控制烟气合理流动,也就是不使烟气流向疏散通道、安全区和非着火区,而向室外流动。通常用防烟和排烟两种方法对烟气进行控制。

(1)防烟系统

采用机械加压送风或自然通风的方式,防止烟气进入楼梯间、前室、避难层(间)等空间的系统,分为机械加压送风系统或自然通风系统。

机械加压送风利用风机对房间(或空间)进行机械送风,以保证该房间(或空间)的压力高于周围房间,或在开启的门洞处造成一定风速,以避免烟气渗入或侵入。送风可直接利用室外空气,不必进行任何处理。

(2)排烟系统

利用自然或机械作为动力将烟气排至室外,称之为排烟。排烟的目的是将火灾产生的烟气及时予以排除,防止烟气向防烟分区以外扩散,以利于人员疏散和进行扑救。

排烟按照流动的动力分为自然排烟和机械排烟。利用火灾时室内热气流的浮力或室外风力的作用排烟称为自然排烟;利用机械(风机)作用力的排烟称为机械排烟。

此外,对于有些面积较小的房间,若其墙体、楼板耐火性能较好,且采用防火门,密闭性好,则该房间可以采取密闭防烟的措施,即关闭房门使火灾房间与周围隔绝,让火灾由于缺氧而熄灭。

实际工程中,一般将上述几种防排烟方式进行合理的组合,才能达到满意的防排烟效果。通常的做法是房间和走道排烟,防烟楼梯间及其前室、消防电梯间前室或合用前室加压防烟(若满足自然排烟条件,可优先选择自然排烟),封闭避难层加压防烟,从而使各疏散通道之间形成梯次正压,保证疏散通道不受烟气侵害,使人员安全疏散,同时也为消防人员灭火提供安全保证。

10.2　建筑防火分区、防烟分区

10.2.1　建筑防火分区

防火分区是指在建筑内部采用防火墙、楼板及其他防火分隔设施分隔而成,能在一定时间内防止火灾向同一建筑的其余部分蔓延的局部空间。在建筑物内采用划分防火分区这一措施,可以在建筑物一旦发生火灾时,有效地把火势控制在一定的范围内,减少火灾损失,同时可以为人员安全疏散、消防扑救提供有利条件。

按照防止火灾向防火分区以外扩大蔓延的功能可分为两类:其一是竖向防火分区,用以防止多层或高层建筑物层与层之间竖向发生火灾蔓延;其二是水平防火分区,用以防止火灾在水平方向扩大蔓延。竖向防火分区是指用耐火性能较好的楼板及窗间墙(含窗下墙),在建筑物的垂直方向对每个楼层进行的防火分隔。水平防火分区是指用防火墙或防火门、防火卷帘等防火分隔物将各楼层在水平方向分隔出的防火区域。它可以阻止火灾在楼层的水平方向蔓延。

(1)民用建筑的水平防火分区

根据民用建筑的火灾危险性及建筑的特点,结合我国的实际情况,参考国外对高层民用建筑防火分区的划分,在我国编制的《建筑设计防火规范》GB50016—2014 消防规范中,规定了不同耐火等级建筑的允许建筑高度或层数和防火分区最大允许建筑面积,见表 10-1 所列。

(2)民用建筑竖向防火分区

在建筑物的垂直方向,用耐火性能比较好的楼板及墙壁(含上下连通的竖向井道的井壁及外墙壁)等防火分隔物划分出防火空间。

特别需要注意竖向设备井的防火设计,如电缆井、管道井、排烟井、排气道、垃圾道等竖向管道井,应分别独立设置,其井壁应为耐火极限不低于 1.00h 的不燃烧体,井壁上的检查门应采用丙级防火门。

表 10-1 不同耐火等级建筑的允许建筑高度或层数和防火分区最大允许建筑面积

<table>
<tr><th>名称</th><th>耐火等级</th><th>允许建筑高度或层数</th><th>防火分区的最大允许建筑面积(m²)</th><th>备注</th></tr>
<tr><td>高层民用建筑</td><td>一、二级</td><td>符合《建筑设计防火规范》表 5.1.1 的规定。</td><td>1500</td><td rowspan="2">对于体育馆、剧场的观众厅,防火分区的最大允许建筑面积可适当增加。</td></tr>
<tr><td rowspan="3">单、多层民用建筑</td><td>一、二级</td><td>1. 单层公共建筑的建筑高度不限;
2. 住宅建筑的建筑高度不大于 27m;
3. 其他民用建筑的建筑高度不大于 24m。</td><td>2500</td></tr>
<tr><td>三级</td><td>5 层</td><td>1200</td><td>—</td></tr>
<tr><td>四级</td><td>2 层</td><td>600</td><td>—</td></tr>
<tr><td>地下或半地下建筑(室)</td><td>一级</td><td>—</td><td>500</td><td>设备用房的防火分区最大允许建筑面积不应大于 1000m²。</td></tr>
</table>

注:(1)表中规定的防火分区最大允许建筑面积,当建筑内设置自动灭火系统时,可按本表的规定增加 1.0 倍;局部设置时,防火分区的增加面积可按该局部面积的 1.0 倍计算。

(2)裙房与高层建筑主体之间设置防火墙时,裙房的防火分区可按单、多层建筑的要求确定。

建筑内的电缆井、管道井应在每层楼板处采用不低于楼板耐火极限的不燃材料或防火封堵材料封堵。建筑内的电缆井、管道井与房间、走道等相连通的孔隙应采用防火封堵材料封堵。

(3)附属设备间的防火分区

附设在建筑内的消防控制室、灭火设备室、消防水泵房和通风空气调节机房、变配电室等,应采用耐火极限不低于 2.00h 的防火隔墙和不低于 1.50h 的楼板与其他部位分隔。设置在丁、戊类厂房内的通风机房应采用耐火极限不低于 1.00h 的防火隔墙和不低于 0.50h 的楼板与其他部位分隔。通风空气调节机房和变配电室开向建筑内的门应采用甲级防火门，消防控制室和其他设备房开向建筑内的门应采用乙级防火门。

10.2.2　防烟分区

防烟分区是指在建筑内部采用挡烟设施分隔而成，能在一定时间内防止火灾烟气向同一防火分区的其余部分蔓延的局部空间。设置排烟系统的场所或部位应划分防烟分区。防烟分区不应跨越防火分区，并应符合下列要求：

(1)防烟分区面积不宜大于 2000m^2；

(2)采用隔墙等形成封闭的分隔空间时，该空间应作为一个防烟分区；

(3)防烟分区的长边不应大于 60m，当室内高度超过 6m，且具有自然对流条件时，长边不应大于 75m；

(4)防烟分区应采用挡烟垂壁、结构梁及隔墙等划分；防烟分区内的储烟仓高度不应小于空间净高的 10%，且不应小于 500mm，同时应保证疏散所需的清晰高度(通常考虑梁或垂壁至室内地面的高度不应小于 1.8m)。

(5)设置排烟设施的建筑内，敞开楼梯和自动扶梯穿越楼板的开口部应设置挡烟垂壁等设施。

10.3　建筑自然排烟

10.3.1　建筑自然排烟原理

建筑自然排烟是利用房间或走道对外开启的窗或专为排烟而设置的排烟口进行排烟。其作用原理是在火灾产生的烟气流的浮力和外部风力作用下，通过建筑物的对外开口，把烟气排至室外的排烟方式，实质是热烟气和冷空气的对流运动。

这种排烟方式的优点是：(1)不需要专门的排烟设备；(2)火灾时不受电源中断的影响；(3)构造简单、经济；(4)平时可兼作换气用。

10.3.2　建筑自然排烟方式

利用建筑的阳台、凹廊或在外墙上设置便于开启的外窗或排烟窗进行无组织的自然排烟，如图 10-1a～图 10-1d 所示。

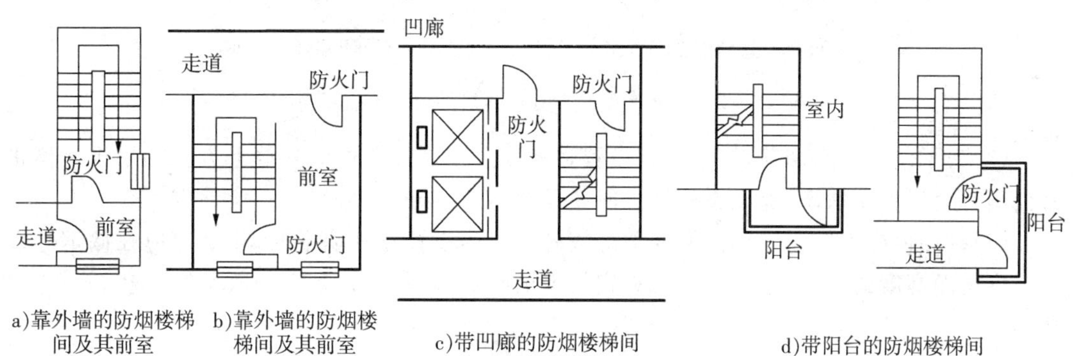

a)靠外墙的防烟楼梯间及其前室　b)靠外墙的防烟楼梯间及其前室　c)带凹廊的防烟楼梯间　d)带阳台的防烟楼梯间

图 10-1　自然排烟方式示意图

这种排烟方式因受室外风向、风速和建筑本身的密封性或热压作用的影响，排烟效果不太稳定。但其构造简单、经济，不需要专门的排烟设备，火灾时不受电源中断的影响，且平时可兼作换气用。根据我国目前的经济、技术条件及管理水平，此方式值得推广，并宜优先采用。

10.3.3 自然排烟对建筑设计的要求

(1)除建筑高度超过50m的一类公共建筑和建筑高度超过100m的居住建筑外，靠外墙的防烟楼梯间及其前室和合用前室，宜采用自然排烟方式。不同部位采用自然排烟的开窗面积应符合表10-2的规定。

表10-2 自然排烟部位及可开窗面积

自然排烟部位	开窗有效面积	开窗形式
靠外墙的防烟楼梯间前室、消防电梯间前室	≥2m²	两个不同朝向的可开启外窗
靠外墙的合用前室	≥3m²	两个不同朝向的可开启外窗
靠外墙的防烟楼梯间	每5层≥2m²	外窗
≤60m的内走道	≥走道面积的2%	外窗
需排烟的房间	≥房间面积的2%	外窗或高侧窗
剧场舞台、净高小于12m的中庭	≥地面面积的5%	外窗
其他场所	建筑面积的2%～5%	外窗

(2)采用自然排烟的前室或合用前室，如果在两个或两个以上不同朝向上有可开启的外窗，火灾发生时，通过有选择地打开建筑物背风面的外窗，则可利用风压产生的抽力获得较好的自然排烟效果，图10-2是两个这样布置前室自然排烟外窗的建筑平面示意图。

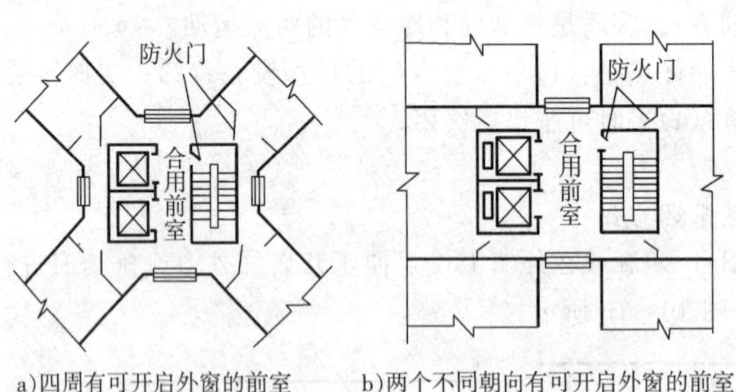

图10-2 在多个朝向上有可开启外窗的前室示意图

(3)为了便于排除烟气，排烟窗宜设置在屋顶上或靠近顶板的外墙上方。如果排烟窗正常使用时处于关闭状态，那么自然排烟时要能够应急打开。

(4)排烟窗应设置在排烟区域的顶部或外墙。当设置在外墙上时，排烟窗应在储烟仓以内或室内净高度的1/2以上，并应沿火灾烟气的气流方向开启，且宜分散均匀布置。

10.4　建筑机械排烟

10.4.1　机械排烟系统的设置场合

建筑机械排烟就是使用排烟风机进行强制排烟，把着火房间中产生的烟气通过排烟口排到室外，以确保疏散时间和疏散通道安全的排烟方式。机械排烟分为局部排烟和集中排烟两种。

局部排烟方式是：在每个需要排烟的部位设置独立的排烟风机直接进行排烟；集中排烟方式是：将建筑划分为若干个区，在每个区内设置排烟风机，通过排烟口和排烟竖井或风道利用设置在建筑物屋顶的排烟风机，排至室外。机械排烟的主要优点是：不受排烟风道内温度的影响，性能稳定；受风压的影响小；排烟风道断面小、可节省建筑空间。主要缺点是：设备要耐高温，需要有备用电源，管理和维修复杂。

民用建筑应设置机械排烟设施的场所或部位见表 10－3 所列。

表 10－3　民用建筑机械排烟部位及设置条件

设置部位	设置条件
内走道	无直接自然通风且长度超过 20m 的内走道；或虽然有直接自然通风，但长度超过 60m 的内走道
地上房间	公共建筑内建筑面积大于 300m² 且可燃物较多的房间，开启外窗有效面积不满足规范要求的房间
地上房间	公共建筑内建筑面积大于 100m² 且经常有人停留的地上房间，可开启外窗有效面积不满足规范要求的规定
歌舞娱乐放映游艺场所	设置在一、二、三层且房间建筑面积大于 100m² 和设置在四层及以上楼层、地下或半地下的歌舞娱乐放映游艺场所的无窗房间或可开启外窗有效面积不满足表 10－2 规范中规定
室内中庭	不具备自然排烟条件或净空超过 12m 的中庭
地下或半地下(室) 地上建筑内的无窗房间	当总建筑面积大于 200m² 或一个房间建筑面积大于 50m²，且经常有人停留或可燃物较多时

厂房或仓库应设置排烟设施的场所或部位见表 10－4 所列。

表 10－4　厂房或仓库设置排烟设施的场所或部位

丙类厂房	建筑面积大于 300m² 且经常有人停留或可燃物较多的地上房间，人员或可燃物较多的丙类生产场所
丁类生产车间	建筑面积大于 5000m²
丙类仓库	占地面积大于 1000m²
疏散走道	高度大于 32m 的高层厂房(仓库)内长度大于 20m 的疏散走道，其他厂房(仓库)内长度大于 40m 的疏散走道

10.4.2 机械排烟系统的布置

机械排烟系统由挡烟(活动式或固定式挡烟壁,或挡烟隔墙、挡烟梁)、排烟口、防火排烟阀门、排烟道、排烟风机和排烟出口、报警及控制系统组成。

机械排烟系统的布置应考虑排烟效果、可靠性、经济性等原则。如果一个排烟系统担负的防烟分区或房间数量越多,则具有排烟口多、管路长、布置困难、漏风量大、最远点排烟效果差及系统可靠性低等特点,但是风机设备少、节省机房面积、总投资相对较低;反之则相反。下面介绍建筑常见部位的机械排烟系统布置方案。

1. 内走道的机械排烟系统

建筑物的内走道通常上、下各层在同一位置,考虑便于排烟系统设置、保证防火安全及排烟效果等因素,常采用竖向布置方案,如图10-3所示。当走道较长时,可划分成几个排烟系统。

2. 多个房间(或防烟分区)的机械排烟系统

宜采用水平布置,即把多个房间(或防烟分区)的排烟口用水平风管联接起来,如果有几层多个房间(或防烟分区)需要排烟,则每层按水平布置,然后用竖向风管连成一个系统,如图10-4所示。当每层需要排烟的房间(或防火分区)很多时,若水平风道布置有困难时,也可划分成几个系统。

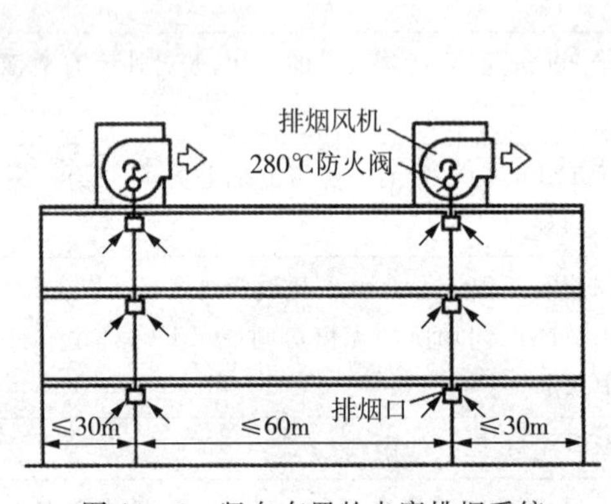

图10-3 竖向布置的走廊排烟系统

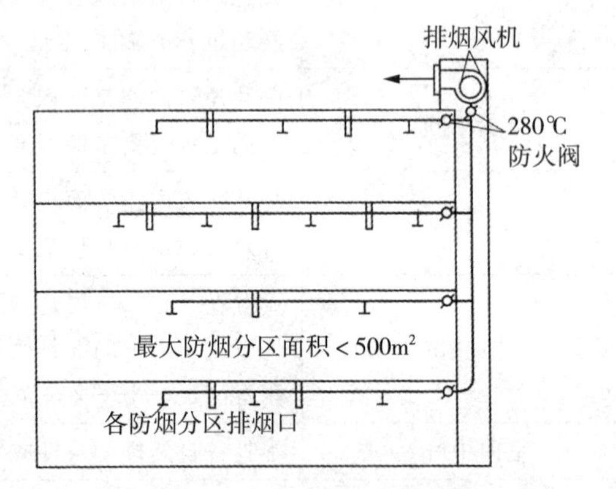

图10-4 水平布置的房间排烟系统

3. 中庭的机械排烟

中庭是指与两层或两层以上的楼层相通且顶部是封闭的筒体空间。中庭的机械排烟口应设在中庭的顶棚上或靠近中庭顶棚的集烟区。排烟口的最低标高应位于中庭最高部分门洞的上边,如图10-5所示。

10.4.3 机械排烟系统对建筑设计的要求

(1)排烟口应设在顶棚或靠近顶棚的墙壁上,且与附近安全出口沿走道方向相邻边缘之间的最小水平距离不小于1.5m。设在顶棚上的排烟口与可燃物构件或可燃物品的距离不小于1m。

(2)走道长度在30m和60m之间,但在开启外窗只能设在走道一端时,不能满足排烟口位置到走道内任一点的水平距离不超过 30m 的要求，应在走道设机械排烟。

(3)排烟口应设有手动和自动控制装置，手动开关设置在距地面 0.8～1.5m 的地方。

(4)在地下建筑和地上密闭场所中设置机械排烟系统时，应同时设置补风系统。排烟风机和用于补风的送风风机宜设在专用机房内，机房围护结构的耐火极限不小于 2.5h，机房的门应采用乙级防火门。补风系统的室外进风口宜布置在室外排烟口的下方，且高差不宜小于 3.0m，当水平布置时，水平距离不宜小于 10m。

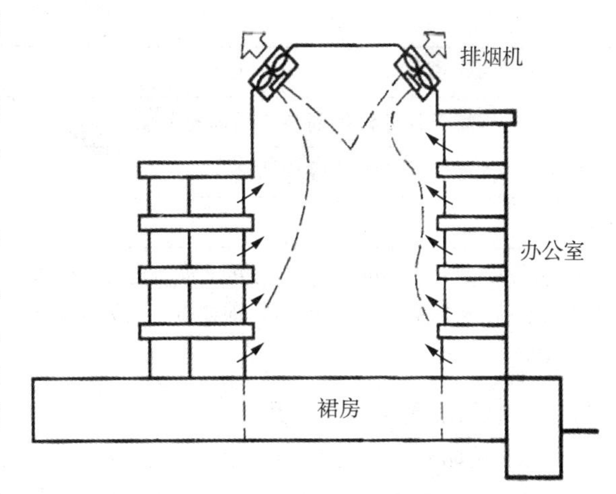

图 10-5　中庭的机械排烟示意图

(5)烟气排出口的设置，应根据建筑物所处的条件(风向、风速、周围建筑物以及道路等情况)考虑确定，既不能将排出的烟气直接吹在其他火灾危险性较大的建筑物上，也不能妨碍人员避难和灭火活动的进行，更不能让排出的烟气再被通风或空调设备等吸入。此外，必须避开所有燃烧危险的部位。

(6)排烟风机应设置在该排烟系统最高排烟口的上部，并应设在用耐火极限不小于 2.5h 的隔墙隔开的机房内，机房的门应采用耐火极限不低于 0.6h 的防火门。为了方便维修，排烟风机外壳至墙壁或设备的距离不应小于 60cm。排烟风机应设在混凝土或钢架基础上，但可不设置减振装置。风机吸入口管道上不应设有调节装置。

10.5　建筑机械防烟

10.5.1　机械防烟系统的设置场合

机械防烟是利用风机造成的气流和压力差来控制烟气流动方向的防烟技术。机械防烟送风系统主要针对建筑的疏散通路进行机械送风，如建筑防烟楼梯间及其前室、消防电梯间前室或合用前室和避难层(间)等非火灾部位，使上述部位室内空气压力值处于相对正压，以防止烟气进入，保持该区域为无烟区，以便人们进行安全疏散。根据我国《建筑防烟排烟系统技术规范》要求，建筑的下列部位应设置独立的机械加压防烟设施，见表 10-5 所列。

表 10-5　垂直疏散通道防烟部位的设置

组合关系	防烟部位
不具备自然排烟条件的楼梯间及前室	楼梯间送风
采用自然排烟的前室或合用前室与不具备自然排烟条件的楼梯间	楼梯间送风
采用自然排烟的楼梯间与不具备自然排烟条件的前室或合用前室	前室或合用前室送风

(续表)

组合关系	防烟部位
不具备自然排烟条件的楼梯间与合用前室	楼梯间、合用前室送风
不具备自然排烟条件的消防电梯间前室	前室送风
避难层	封闭避难层加压送风

注:建筑高度超过50m的一类公共建筑和建筑高度超过100m的居住建筑,其靠外墙的防烟楼梯间及其前室、消防电梯间前室和合用前室,即使有开启外窗也不得利用自然排烟方式。

10.5.2 机械防烟系统的布置

机械加压防烟送风系统通常由加压送风机、风道、送风口、报警及控制系统等组成。

当建筑物发生火灾时,作为室内人员的疏散通道,一般路线是经过走廊、楼梯间前室、楼梯到达安全地点。把上述各部分用防火墙或防烟墙隔开,采取防火排烟措施,就可使室内人员在疏散过程中得到良好的安全保护。为保证疏散通道不受烟气侵害使人员安全疏散,发生火灾时,从安全性的角度出发,建筑内可分为四个安全区:第一类安全区——防烟楼梯间、避难层;第二类安全区——防烟楼梯间前室、消防电梯间前室或合用前室;第三类安全区——走道;第四类安全区——房间。依据上述原则,加压送风时应使防烟楼梯间压力>前室压力>走道压力>房间压力,同时还要保证各部分之间的压差不要过大,造成开门困难影响疏散。

根据我国《建筑防烟排烟系统技术规范》要求,机械加压送风量应满足走廊至前室至楼梯间的压力呈递增分布,规定前室、合用前室、消防电梯前室、封闭避难层(间)与走道之间的压差应为25Pa~30Pa;防烟楼梯间的楼梯间、封闭楼梯间与走道之间的压差应为40Pa~50Pa,当系统余压值超过最大允许压力差时应采取泄压措施。

表10-6中列出了高层建筑中机械加压送风防烟系统的几种组合方式与送风部位及压力控制。

表10-6 机械加压送风防烟系统的组合方式、送风部位与图示

序号	组合关系	加压送风防烟部位	图示
1	不具备自然排烟条件的楼梯间及其前室	楼梯间	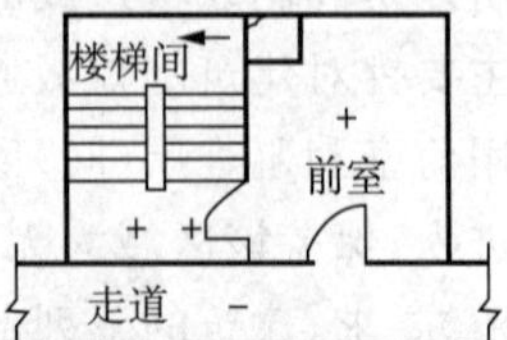 楼梯间 + 前室 + + 走道 -
2	不具备自然排烟条件的楼梯间与有消防电梯的合用前室	楼梯间、合用前室	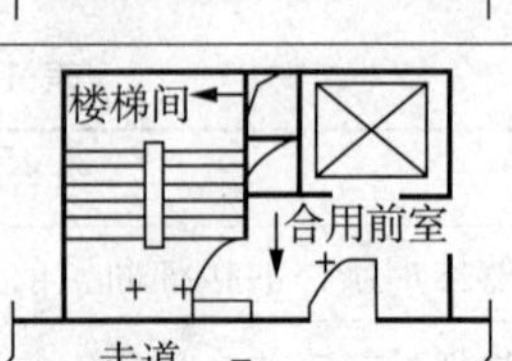 楼梯间 合用前室 + + + 走道 -

（续表）

序号	组合关系	加压送风防烟部位	图示
3	不具备自然排烟条件的消防电梯前室	消防电梯前室	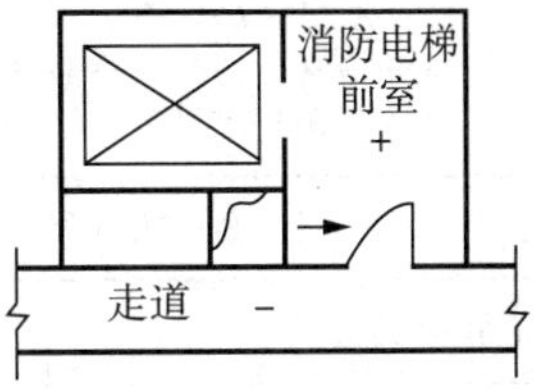
4	采用自然排烟楼梯间与不具备自然排烟条件的前室或合用前室	楼梯间前室或合用前室	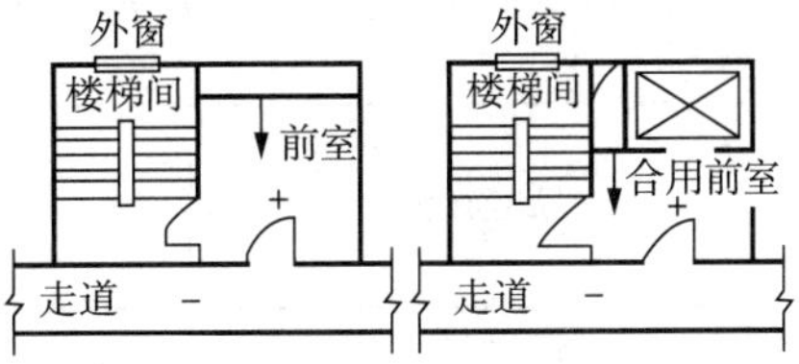
5	采用自然排烟的前室与不具备自然排烟条件的楼梯间	楼梯间	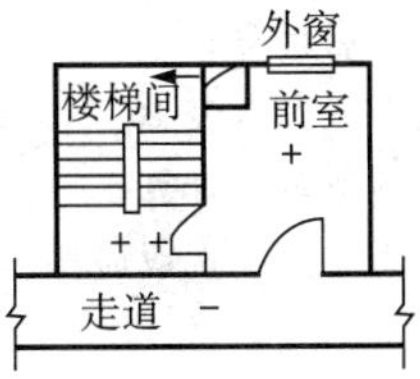

对于建筑高度小于等于 50m 的建筑，当楼梯间设置加压送风井（管）道确有困难时，楼梯间可采用直灌式加压送风系统。

10.5.3　机械加压送风防烟及送风量

机械加压送风量的确定方法有查表法和计算法两种。由于建筑有各种不同条件，如开门数量、风速不同，满足机械加压送风条件亦不同，宜首先进行计算，但计算结果的加压送风量不能小于表 10-7～表 10-8 的要求。

表 10-7 消防电梯前室的加压送风量

系统负担高度 h（m）	加压送风量（m^3/h）
24≤h＜50	13,800～15,700
50≤h＜100	16,000～20,000

表 10-8　楼梯间自然通风，前室、合用前室的加压送风量

系统负担高度 h（m）	加压送风量（m^3/h）
24＜h≤50	16,300～18,100
50＜h≤100	18,400～22,000

表10-9 前室不送风,封闭楼梯间、防烟楼梯间的加压送风量

系统负担高度 h(m)	加压送风量(m^3/h)
$24<h\leqslant50$	25,400～28,700
$50<h\leqslant100$	40,000～46,400

表10-10 防烟楼梯间的楼梯间及合用前室的分别加压送风量

系统负担高度 h(m)	送风部位	加压送风量(m^3/h)
$24<h\leqslant50$	楼梯间	17,800～20,200
	合用前室	10,200～12,000
$50<h\leqslant100$	楼梯间	28,200～32,600
	合用前室	12,300～15,800

注:(1)表10-7至表10-10的风量按开启2.0m×1.6m的双扇门确定。当采用单扇门时,其风量可乘以0.75系数计算,当设有多个疏散门时,其风量应乘以开启疏散门的数量,最多按3扇疏散门开启计算;

(2)表10-7至表10-10中未考虑防火分区跨越楼层时的情况;当防火分区跨越楼层时应按照相关规范重新计算;

(3)表中风量的选取应按建筑高度或层数、风道材料、防火门漏风量等因素综合确定。

10.5.4 加压送风系统对建筑设计的要求

(1)机械加压送风的防烟楼梯间、前室和合用前室,由于在机械加压送风期间,防烟楼梯间和合用前室要求维持的正压不同,宜分别设置独立的加压送风系统。如两者必须共用一个机械加压送风系统时,应当在通向合用前室的支风管上设置压差自动调节装置。

(2)建筑高度大于100m的高层建筑,其机械加压送风系统应竖向分段独立设置,且每段高度不应超过100m。

(3)前室、合用前室应每层设一个常闭式加压送风口,并应设手动开启装置。

(4)除直灌式送风方式外,楼梯间宜每隔2～3层设一个常开式百叶送风口。

(5)剪刀楼梯的两个楼梯间宜分别设置送风井道和机械加压送风机。当受条件限制时,住宅建筑的两个楼梯间可合用送风井道和送风机,但送风口应分别设置。

(6)机械加压送风口的风速不宜大于7m/s,且不宜设置在被门挡住的部位。

(7)机械加压送风防烟系统的室外进风口不应与排烟风机的出风口设在同一层面。当必须设在同一层面时,送风机的进风口应设置在排烟机出风口的下方,其两者边缘最小垂直距离不应小于3.0m;水平布置时,两者边缘最小水平距离不应小于10.0m。

(8)加压送风井(管)道应采用不燃烧材料制作,且宜优先采用光滑井(管)道,不宜采用土建井道。当采用金属管道时,管道设计风速不应大于20m/s;当采用非金属材料管道时,管道设计风速不应大于15m/s;当采用土建井道时,管道设计风速不应大于10m/s。送风管道应独立设置在管道井内,当必须与排烟管道布置在同一管道井内时,排烟管道的耐火极限不应小于2.0h。未设置在管道井内的加压送风管,其耐火极限不应小于1.5h。管道井应采

用耐火极限不小于1.0h的隔墙与相邻部位分隔，当墙上必须设置检修门时应采用乙级防火门。

(9)机械加压送风机应设置在专用机房内。该房间应采用耐火极限不低于2.0h的隔墙和不低于1.5h的楼板及甲级防火门与其他部位隔开。设常开加压送风口的系统，其送风机的出风管或进风管上应加装单向风阀；当风机不设于该系统的最高处时，应设与风机联动的电动风阀。

10.6 通风、空调系统防火设计要求

平时作为通风空调系统的风管路，如果没有采取一定的防火措施，在火灾时，就可能成为烟气传播的通道。当在通风空调系统运行时，空气流动的方向也是烟气可能流动的方向；当通风空调系统不工作时，由于烟囱效应、浮力、热膨胀和风压的作用，各房间的压力不同，烟气可通过房间的风口、风道传播，也将使火势蔓延。因此，供暖、通风和空气调节系统应采取防火措施，具体防火措施如下。

(1)民用建筑内空气中含有容易起火或爆炸危险物质的房间，应设置自然通风或独立的机械通风设施，且其空气不应循环使用。

(2)甲、乙类厂房内的空气不应循环使用。丙类厂房内含有燃烧或爆炸危险粉尘、纤维的空气，在循环使用前应经净化处理，并应使空气中的含尘浓度低于其爆炸下限的25%。

(3)为甲、乙类厂房服务的送风设备与排风设备应分别布置在不同通风机房内，且排风设备不应和其他房间的送、排风设备布置在同一通风机房内。

(4)民用建筑内空气中含有容易起火或爆炸危险物质的房间，应设置自然通风或独立的机械通风设施，且其空气不应循环使用。

(5)当空气中含有比空气轻的可燃气体时，水平排风管全长应顺气流方向向上坡度敷设。

(6)可燃气体管道和甲、乙、丙类液体管道不应穿过通风机房和通风管道，且不应紧贴通风管道的外壁敷设。

(7)通风空调系统，横向应按每个防火分区设置，竖向不宜超过五层，当排风管道设有防止回流设备且各层设有自动喷水灭火系统时，其进风和排风管道可不受此限制。

(8)通风、空气调节系统的风管在下列部位应设置公称动作温度为70℃的防火阀：

① 穿越防火分区处；

② 穿越通风、空气调节机房的房间隔墙和楼板处；

③ 穿越重要或火灾危险性大的场所的房间隔墙和楼板处；

④ 穿越防火分隔处的变形缝两侧；

⑤ 竖向风管与每层水平风管交接处的水平管段上。

(9)公共建筑的浴室、卫生间和厨房的竖向排风管，应采取防止回流措施或在支管上设置公称动作温度为70℃的防火阀。

(10)公共建筑内厨房的排油烟管道宜按防火分区设置，且在与竖向排风管连接的支管处应设置公称动作温度为150℃的防火阀。

(11)通风、空调系统的管道等,应采用不燃材料制作,但接触腐蚀性介质的风管和柔性接头,可采用难燃烧材料制作。

(12)管道和设备的保温材料、消声材料和胶粘剂应为不燃烧材料。

(13)风管内设有电加热器时,风机应与电加热器连锁。

(14)排烟道、排风道、管道井应分别独立设置;井壁应为耐火极限不低于1h的不燃烧体;井壁上的检查门应采用丙级防火门。

10.7 防排烟系统的设备部件

10.7.1 防排烟风机

用于防排烟的风机主要有离心风机和轴流风机,还有自带电源的专用排烟风机。机械加压风机可采用轴流风机或中、低压离心风机;排烟风机可采用离心式风机或专用排烟轴流风机。排烟风机应保证在280℃时连续工作30min。送风机常用型号有T4-72、T4-68等;消防排烟专用轴流风机HTF、GYF系列等。风机的选择应根据工程实际、风机用途、系统独用、合用、风机特性等条件综合分析确定。

几种常用风机介绍:

1. T4-72型、T4-68型风机

该类型风机属于离心式通风机,主要用于输送空气和其他不自燃、对人体无害的气体,气体温度不得超过80℃。该类型风机可用于建筑物机械正压送风系统中。

2. SWF型混流式风机

SWF系列混流风机具有同机号风量较离心风机大,风压较轴流风机高,可以轴向安装等特点。该类型风机还具有噪声低、耗电少、高效区宽、安装使用较离心风机方便、运行可靠等优点。该类型风机目前被广泛用于建筑机械正压送风系统、民用建筑和厂房的送、排风系统中。

3. HTFD系列节能低噪声风机箱

该系列产品的基本机型按离心式风机结构形式,分为A型、B型、HG型三种。A型为通风型,电动机安装在机柜壳体内;B型为消防型,电动机安装在机柜壳体外,又分为单速和双速两种;HG型为外转子风机的风机箱。HTFD-B型消防型风机箱在烟气280℃高温下,能连续运行40分钟以上,通常可作为消防排烟风机;HTFD-A、HG型可作为建筑机械正压送风机,也可以用于一般的建筑通风系统。

4. HTF系列消防高温排烟风机

该系列产品能在400℃高温下连续运行100分钟以上,100℃温度条件下连续运行20h/次不损坏,主要用于民用建筑、地下汽车库、隧道等场所的排烟系统。该风机安装方式可分为卧式和屋顶式。HTF-Ⅰ(单速)、HTF-Ⅱ(双速)表示常压型消防高温排烟专用风机,叶型采用轴流式;HTF-Ⅲ、HTF-Ⅳ表示中压消防高温排烟专用风机;HTF-X为消音型消防高温排烟专用风机;HTF-W系列屋顶式消防高温排烟专用风机;HTF-D为低压型消防高温排烟专用风机。用户可根据实际需要选用不同的种类。

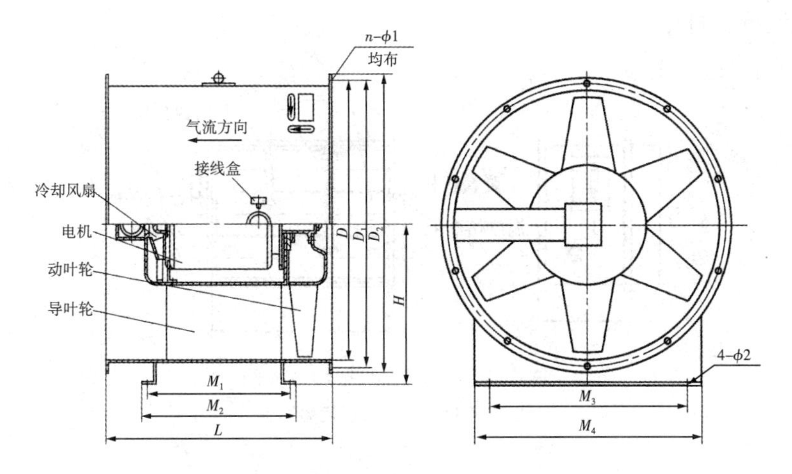

图 10-6　HTF 系列消防高温排烟风机外形图

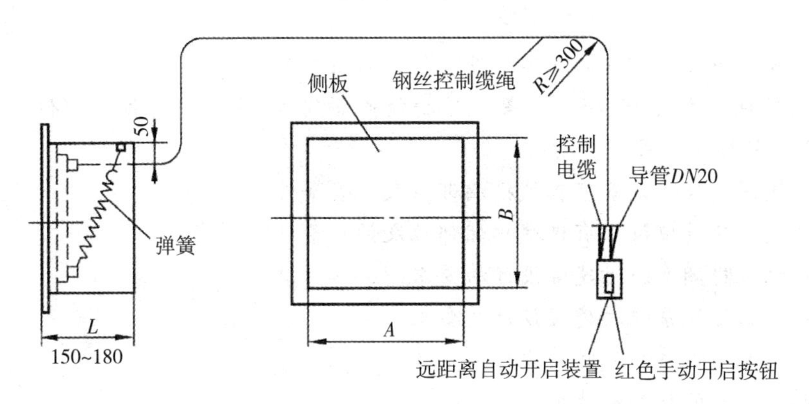

图 10-7　HTF 系列消防高温排烟风机外形图

10.7.2　防排烟风口

1. 防火排烟风口

作用:消防排烟管道吸入口,防烟加压送风口。主要类型有:板式排烟口、多叶排烟口、远动多叶排烟口、防火多叶排烟口,280℃熔断关闭。

2. 排烟阀

作用:用于各排烟分区、排烟支管上设置,排烟口为普通风口。种类有:普通排烟阀、远动排烟阀。

3. 排烟防火阀

作用:用于排烟机入口,常闭,280℃熔断关闭。种类有:普通排烟防火阀、远动排烟防火阀、电动排烟防火阀、电动防火阀。

4. 余压阀

余压阀是一种泄压装置。正压系统中需要保证在走廊至前室至楼梯间的压力呈一定的递增分布,当系统余压值超过最大允许压力差时应及时泄压,以确保系统安全运行。如:防烟楼梯间仅对楼梯间加压送风时,在楼梯间与前室和前室与走道之间的隔墙上设置余压阀,空气通过余压阀从楼梯间送入前室,当前室超过 25Pa 时,空气在从余压阀漏到走道,使楼梯间和前室能维持各自压力。

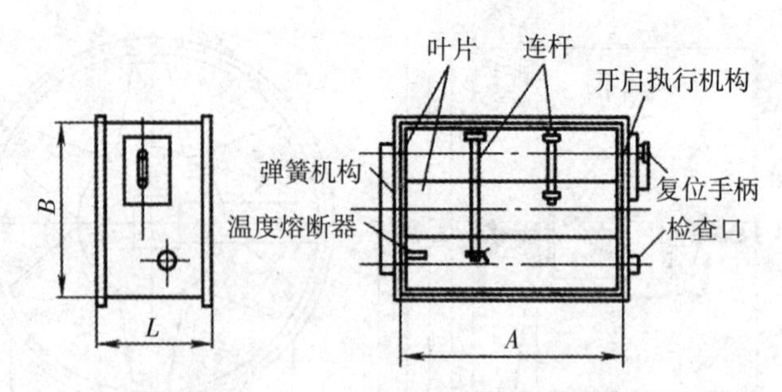

图10-8 排烟阀、排烟防火阀

注:在排烟阀上不设温度熔断器

思考题

1. 简述建筑中火灾烟气的危害性及其控制的基本原则。

2. 自然排烟方式具有投资少、管理维护简便等优点,建筑中需排烟部位满足什么条件时可以采用此种排烟方式?

3. 列举民用建筑中设置有机械排烟部位及设置条件。

4. 列举民用建筑中设置有机械防烟部位及设置条件。

5. 简述机械排烟系统对建筑设计的要求。

6. 简述加压送风系统对建筑设计的要求。

7. 简述通风空调系统的防火设计要求。

8. 防排烟风机的种类和选用。

9. 列举一例你附近需要采用机械防排烟的建筑,并绘制出该建筑防排烟系统的示意图。

第三篇　建筑电气

第 11 章　供配电系统

11.1　电力系统的概念

所谓电力系统，就是包括不同类型的发电机，配电装置，输、配电线路，升压及降压变电所和用户，它们组成一个整体，对电能进行不间断的生产和分配。

电力网的作用是将发电厂生产的电能输送、交换和分配。电力网由变电所和不同电压等级的电力线路组成，它是联系发电厂和用户的中间环节。

组成电力系统的目的：

(1)不受地方负荷的限制，可以增大单位机组的容量；

(2)可以充分利用地方资源，减少运输工作量，降低电能成本；

(3)利用电厂工作的特点，合理地分配负荷，使系统在最经济的条件下运行；

(4)在减少备用机组的情况下，能增加对用户供电的可靠性。

随着大型水、火电厂的建设和送电距离的增加，送电电压逐步提高，提高送电电压可以增大送电容量和距离，节约有色金属，降低线路造价，减少电压损耗，提高电压质量，降低送电线路功率及能量损耗。目前，很多国家正在研究发展 1000～1500kV 超高压交流送电技术。2009 年由我国自主研发、设计和建设的具有自主知识产权的晋东南—南阳—荆门 1000 千伏特高压交流试验示范工程正式投运，标志着我国在远距离、大容量、低损耗的特高压核心技术和设备国产化上不断取得重大突破，这对保障国家能源安全和电力可靠供应具有重要意义。

11.2　电力系统的主要环节

电力系统由发电厂、变电所、电力线路和用户组成。

1. 发电厂(站)

指将其他形式的能量转换成电能的场所。一般根据所使用的能源的不同，将电厂分为火力发电厂不可再生能源发电站和核电站、水力发电、风力发电、生物质发电、太阳能发电、海洋能发电、地热能发电等等可再生能源发电站。

2. 变电所

指进行电压变换和汇集、分配电能的场所。

(1)按用途分：升(降)压变电所、联络变电所、工矿企业变电所、农村变电所、整流变电所等。

(2)按地位分:枢纽变电所、穿越(中间)变电所、终端变电所。

(3)按供电范围分:区域(一次)变电所、地区(二次)变电所。

3. 电力网

将输送、变换、分配电能的各种变电所和各电压等级的电力线路构成的网络称为电力网。根据电压等级的不同,电力网可分为:

(1)低压电网:1kV 及以下;

(2)高压电网:3kV~330kV(3~110kV 中压);

(3)超高压电网:330kV~1000kV;

(4)特高压电网:1000kV 以上(如晋东南—荆门线路)。

我国现在一般以 1kV 为界线来划分电压的高低。

此外,尚有细分为低压、中压、高压、超高压和特高压者:1kV 及以下为低压;1kV 至 10kV 或 35kV 为中压;35kV 或以上至 110kV 或 220kV 为高压;220kV 或 330kV 及以上为超高压;800kV 及以上为特高压。不过这种电压高低的划分,尚无统一标准,因此划分的界线并不十分明确。

4. 用户

我国国民经济发展所涉及的各个行业都是电力网的用户,其中工业和民用建筑供电系统是电能的主要用户。

11.3 供电电压及电能质量

建筑及建筑群变电所是终端降压变电所,一般是电压等级 110kV 及以下的地方电网的组成部分(图 11-1 虚线框所示部分)。

决定建筑供电质量的主要指标为电能质量和系统的可靠性。

11.3.1 供电电压选择原则

用电单位的供电电压应根据用电容量、用电设备特性、供电距离、供电线路的回路数、当地公共电网现状及其发展规划等因素,经技术经济比较确定。我国电压等级及各级电压输送能力见表 11-1 所列。

表 11-1 各级电压线路输送能力

额定电压(kV)	架空线		电缆	
	送电容量(kW)	输送距离(km)	送电容量(kW)	输送距离(km)
0.22	<50	0.15	<100	0.2
0.38	100	0.25	175	0.35
0.66	170	0.4	300	0.6
3	100~1000	3~1		
6	2000	10~3	3000	<8
10	3000	15~5	5000	<10

（续表）

额定电压(kV)	架空线		电缆	
	送电容量(kW)	输送距离(km)	送电容量(kW)	输送距离(km)
35	2000～8000	50～20		
66	3500～20000	100～25		
110	10000～30000	150～50		

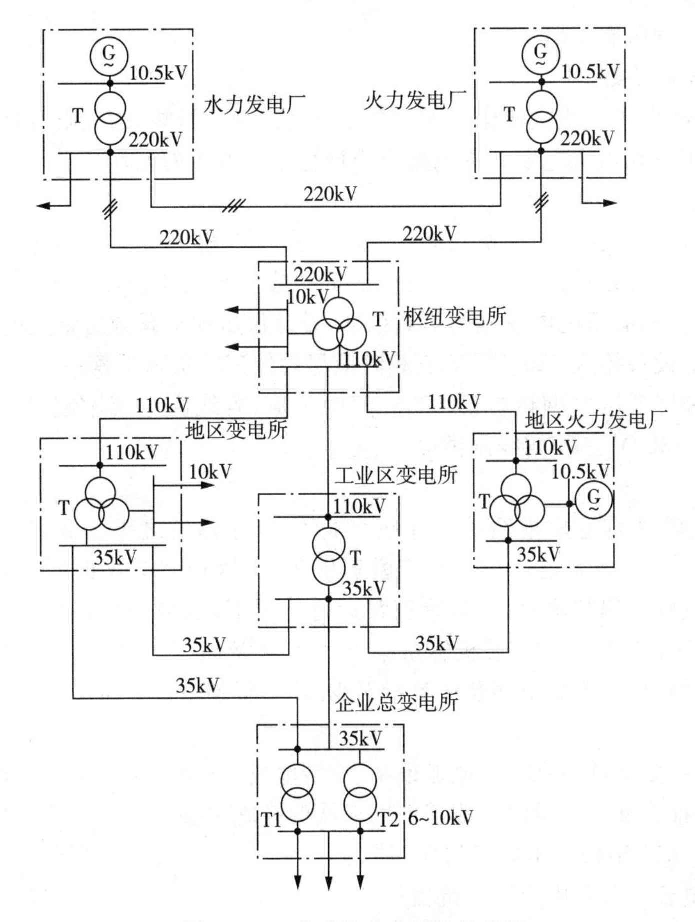

图 11-1　典型的电力系统示意图

11.3.2　电能质量要求

电力系统的电能质量是指电压、频率和波形的质量。电能质量主要指标包括电压偏差、电压波动和闪变、频率偏差、谐波(电压谐波畸变率和谐波电流含有率)和电压不对称度。此外还考虑了电动机启动时的电压下降。

1. 电压偏差

电压偏差是供配电系统在正常运行方式下(即系统中所有元件都按预定工况运行)，系统各点的实际电压 U 对系统标称电压 U_n 的偏差 δU，常用相对于系统标称电压的百分数表

示。常用的改善电压偏差的主要措施有以下几种方式:

(1)合理选择变压器的变压比和电压分接头。

(2)合理减少配电系统阻抗。例如尽量缩短线路长度,采用电缆代替架空线,加大电缆或导线的截面等。

(3)合理补偿无功功率。

(4)尽量使三相负荷平均。

(5)改变配电系统运行方式。如切、合联络线或将变压器分、并列运行,借助改变配电系统的阻抗,调整电压偏差。

(6)采用有载调压变压器等。

2. 电压波动和闪变

电压波动是指电压的快速变化。闪变是指照度波动的影响,是人眼对灯闪的生理感觉。10kV及以下三相供电电压允许偏差应为标称系统电压的±70%。

3. 不对称度

不对称度是衡量三相负荷平衡状态的指标。由于三相负荷分配不均等,使三相负荷电流不对称,由此产生三相负荷分量。三相电压负序分量与电压正序分量的比值称为电压不对称度。为降低三相低压配电系统的不对称度,设计低压配电系统时常用的措施如下:

(1)单相用电设备接入220/380V三相时应尽量使三相负荷平衡;

(2)由地区公区低压电网供电的220V照明负荷,若线路电流不超过40A可用单相供电,否则应以220/380V三相四线制供电。

4. 频率

电力系统的频率偏差是指系统频率的实际值与标称值之差。我国标准电流频率为50Hz,频率的变化对电力系统运行的稳定性影响很大,因而对频率的要求要比对电压的要求严格得多,供电频率偏差限值:①系统正常运行情况下,电网装机容量大于等于3000MW时,频率偏差小于等于±0.2Hz;装机容量小于3000MW时,频率偏差小于等于±0.5Hz;②系统非正常运行情况下,不论电网装机容量多少,均不得超过±1.0Hz。

5. 谐波

系统中的气体放电灯、整流器、电弧设备、旋转电机(电动机和发电机)、电容器及感应加热器等用电设备都能够产生谐波。改善电网谐波的措施主要有:

(1)选用D,yn11结线组别的三相变压器;

(2)在补偿电容器回路中串联电抗器;

(3)装设有源滤波器装置;

(4)按可能的谐波次数装设无源分流滤波器等。

6. 可靠性

可靠性即根据用电负荷的性质和由于事故停电在政治、经济上造成损失或影响的程度对用电设备提出的不中断供电的要求。用电负荷等级一般分为一级负荷(含特别重要负荷)、二级负荷和三级负荷。

11.4 用电负荷等级

用电负荷是建筑物内动力用电与照明用电的统称。它是进行供配电系统设计的主要依据参数。根据电力负荷的性质和损失的程度，将电力负荷分成三级，按照供电部门的“电价核定”，又可将用电负荷分成三类。

11.4.1　一级负荷

符合下列情况之一，应为一级负荷：

(1)中断供电将会造成人员伤亡。

(2)中断供电将在政治上、经济上造成重大损失或重大影响。

(3)中断供电将会影响有重大政治、经济意义的用电单位的正常工作或造成公共场所秩序严重混乱。例如：特别重要的交通枢纽、国宾馆、国家级及承担重大国事活动的会堂、国家级大型体育中心以及经常用于重要国际活动的大量人员集中的公共场所。

在一级负荷中中断供电将会发生爆炸、火灾或严重中毒等情况的负荷，以及特别重要场所的不允许中断供电的负荷，应为特别重要负荷。

一级负荷应由两个电源供电，当一个电源发生故障时，另外一个电源不应同时受到损坏。

一级负荷中特别重要的负荷，除由两个电源供电外，尚应增设应急电源，并严禁将其他负荷接入应急供电系统。

11.4.2　二级负荷

符合下列情况之一，应为二级负荷：

(1)中断供电将在政治上、经济上造成重大影响或损失。

(2)中断供电将会影响重要用电单位的正常工作。例如：交通枢纽、通信枢纽等用电单位的重要电力负荷，以及中断供电将会造成大型影剧院、大型商场等较多人员集中的重要的公共场所秩序混乱。

二级负荷的供电系统，应由两回线路供应。在负荷较小或地区供电条件困难时，二级负荷可由一回6kV及以上专用的架空线路或电缆供电。

11.4.3　三级负荷

不属于一级和二级负荷者应为三级负荷。三级负荷对供电无特殊要求。

11.4.4　负荷分类

按照核收电费的“电价规定”，一般将建筑用电负荷分成如下三类：

(1)照明和划入照明电价的非工业负荷是指公用、非工业用户的生活、生产照明用电。

(2)非工业负荷，如：服务行业的炊事电器用电，高层建筑内电梯用电，民用建筑中采暖锅炉房的鼓风机、引风机、上煤机和水泵等用电。

(3)普通工业负荷，指总容量不足320kVA的工业负荷，如纺织工业设备用电、食品加工设备用电等。

设计时按照不同的负荷类别，将设备用电分组配电，以便单独安装电表，依照负荷的不同电价标准核收电费。

表11-2 民用建筑常用重要电力负荷级别

序号	建筑物名称	用电负荷名称	负荷级别
1	国家级会堂、画宾馆、国家级国际会议中心	主会场、接见厅、宴会厅照明，电声、录像、计算机系统用电	一级 *
		客梯、总值班室、会议室、主要办公室、档案室用电	一级
2	国家及省部级政府办公建筑	客梯、主要办公室、会议室、总值班室、档案室及主要通道照明用电	一级
3	国家及省部级计算中心	计算机系统用电	一级 *
4	国家及省部级防灾中心、电力调度中心、交通指挥中心	防灾、电力调度及交通指挥计算机系统用电	一级 *
5	地、市级办公建筑	主要办公室、会议室、总值班室、档案室及主要通道照明用电	二级
6	地、市级及以上气象台	气象业务用计算机系统用电	一级 *
		气象雷达、电报及传真收发设备、卫星云图接收机及语言广播设备、气象绘图及预报照明用电	一级
7	电信枢纽、卫星地面站	保证通信不中断的主要设备用电	一级 *
8	电视台、广播电台	国家及省、市、自治区电视台、广播电台的计算机系统用电，直接播出的电视演播厅、中心机房、录像室、微波设备及发射机房用电	一级 *
		语音播音室、控制室的电力和照明用电	一级
		洗印室、电视电影室、审听室、楼梯照明用电	二级
9	剧场	特、甲等剧场的调光用计算机系统用电	一级 *
		特、甲等剧场的舞台照明、贵宾室、演员化妆室、舞台机械设备、电声设备、电视转播用电	一级
		甲等剧场的观众厅照明、空调机房及锅炉房电力和照明用电	二级
10	电影院	甲等电影院的照明与放映用电	二级
11	博物馆、展览馆	大型博物馆及展览馆安防系统用电；珍贵展品展室照明用电	一级 *
		展览用电	二级
12	图书馆	藏书量超过100万册及重要图书馆的安防系统、图书检索用计算机系统用电	一级 *
		其他用电	二级

（续表）

序号	建筑物名称	用电负荷名称	负荷级别
13	体育建筑	特级体育场（馆）及游泳馆的比赛场（厅）、主席台、贵宾室、接待室、新闻发布厅、广场及主要通道照明、计时记分装置、计算机房、电话机房、广播机房、电台和电视转播及新闻摄影用电	一级 *
		甲级体育场（馆）及游泳馆的比赛场（厅）、主席台、贵宾室、接待室、新闻发布厅、广场及主要通道照明、计时记分装置、计算机房、电话机房、广播机房、电台和电视转播及新闻摄影用电	一级
		特级及甲级体育场（馆）及游泳馆中非比赛用电、乙级及以下体育建筑出赛用电	二级
14	商场、超市	大型商场及超市的经营管理用计算机系统用电	一级 *
		大型商场及超市营业厅的备用照明用电	一级
		大型商场及超市的自动扶梯、空调用电	二级
		中型商场及超市营业厅的备用照明用电	二级
15	银行、金融中心、证交中心	重要的计算机系统和安防系统用电	一级 *
		大型银行营业厅及门厅照明、安全照明用电	一级
		小型银行营业厅及门厅照明用电	二级
16	民用航空港	航空管制、导航、通信、气象、助航灯光系统设施和台站用电，边防、海关的安全检查设备用电，航班预报设备用电，三级以上油库用电	一级 *
		候机楼，外航驻机场办事处、机场宾馆及旅客过夜用房、站坪照明、站坪机务用电	一级
		其他用电	二级
17	铁路旅客站	大型站和国境站的旅客站房、站台、天桥、地道用电	一级
18	水运客运站	通信、导航设施用电	一级
		港口重要作业区、一级客运站用电	二级
19	汽车客运站	一、二级客运站用电	二级
20	汽车库（修车库）、停车场	Ⅰ类汽车库、机械停车设备及采用升降梯作车辆疏散出口的升降梯用电	一级
		Ⅱ、Ⅲ类汽车库和Ⅰ类修车库、机械停车设备及采用升降梯作为车辆疏散出口的升降梯用电	二级

(续表)

序号	建筑物名称	用电负荷名称	负荷级别
21	旅游饭店	四星级及以上旅游饭店的经营及设备管理用计算机系统用电	一级 *
		四星级及以上旅游饭店的宴会厅、餐厅、厨房、康乐设施、门厅及高级客房、主要通道等场所的照明用电,厨房、排污泵、生活水泵、主要客梯用电,计算机、电话、电声和录像设备、新闻摄影用电	一级
		三星级旅游饭店的宴会厅、餐厅、厨房、康乐设施、门厅及高级客房、主要通道等场所的照明用电,厨房、排污粟、生活水泵、主要客梯用电,计算机、电话、电声和录像设备、新闻摄影用电,除上栏所述之外的四星级及以上旅游饭店的其他用电	二级
22	科研院所、高等院校	四级生物安全实验室等对供电连续性要求极高的国家重点实验室用电	一级 *
		除上栏所述之外的其他重要实验室用电	一级
		主要通道照明用电	二级
23	二级以上医院	重要手术室、重症监护室等涉及患者生命安全的设备(如呼吸机等)及照明用电	一级 *
		急诊部、监护病房、手术部、分娩室、婴儿室、血液病房的净化室、血液透析室、病理切片分析、核磁共振、介入治疗用CT及X光机扫描室、血库、高压氧仓、加速器机房、治疗室及配血室的电力照明用电,培养箱、冰箱、恒温箱用电,走道照明用电,百级洁净度手术室空调系统用电、重症呼吸道感染区的通风系统用电	一级
		除上栏所述之外的其他手术室空调系统用电,电子显微镜、一般诊断用CT及X光机用电,客梯用电,高级病房、肢体伤残康复病房照明用电	二级
24	一类高层建筑	走道照明、值班照明、警卫照明、障碍照明用电,主要业务和计算机系统用电,安防系统用电,电子信息设备机房用电,客梯用电,排污泵、生活水泵用电	一级
25	二类高层建筑	主要通道及楼梯间照明用电,客梯用电,排污泵、生活水泵用电	二级

注:(1)负荷分级表中“一级 * ”为一级负荷中特别重要负荷;

(2)本表未包含消防负荷分级。

11.5　负荷计算

实际用电负荷即功率或电流是随时间而变化的，一般以最大负荷、尖峰负荷和平均负荷表达。

最大负荷是指消耗电能最多的半小时的平均负荷，这是因为一般经过半小时设备发热能达到稳定温升，可依次作为按发热条件选择电气设备的依据，也称之为计算负荷，用 P_c（有功功率）、Q_c（无功功率）、S_c（视在功率）表示。

尖峰负荷是指最大连续 1～2s 的平均负荷，作为最大的短历时负荷。电气设备在此短瞬间，虽然发热不严重，但由于电流过大而造成的电压降过大，故可依此来计算电路中的电压损失和电压波动，选择熔断器、自动开关，整定继电保护装置和检验电动机自启动条件等。常用 P_c、Q_c、S_c 表示。

平均负荷是指用电设备在某段时间内所消耗的电能除以该段时间所得的平均功率值，即

$$P_n = W_t / t \tag{11-1}$$

式中：P_n——平均功率，kW；

W_t——用电设备在时间 t 内所消耗的电能，kWh；

t——实际用电小时(h)，对于年平均负荷，常取 $t=8760$h。

平均负荷用于计算某段时间内的用电量和确定补偿电容的大小，常用 P_p、Q_p、S_p 表示。

负荷计算的方法很多，在电气设计的方案设计阶段可采用单位容量法，而初步设计和施工图设计阶段多采用需要系数法。

11.5.1　单位容量法

首先根据建筑物的类型、等级、附属设备情况及房间的用途确定一个单位面积的电力负荷，再根据当地的生活消费水平作相应的调整。

表 11-3　规划单位建筑面积负荷指标

建筑用电类别	单位建筑面积负荷指标(W/m²)
居住建筑用电	20～60 (1.4～4kW/户)
公共建筑用电	30～120
工业用地用电	20～80

表 11-4　各类建筑物的用电指标

建筑类别	用电指标(W/m²)	建筑类别	用电指标(W/m²)
公寓	30～50	医院	40～70
旅馆	40～70	高等学校	20～40

(续表)

建筑类别	用电指标(W/m^2)	建筑类别	用电指标(W/m^2)
办公	30～70	中小学	12～20
商业	一般:40～80	展览馆	50～80
	大中型:60～120		
体育	40～70	演播室	250～500
剧场	50～80	汽车库	8～15

查取表 11-2 中的相应值,与建筑总面积相乘,就是建筑物的电力负荷,进而估算出供配电系统的大小、投资,进行进一步的设计。

11.5.2 需要系数法

电气设备需要系数 K_d 是指用电设备组所需的最大负荷 P_c 与总设备安装容量 P_e 的比值,即

$$K_d = P_c / P_e \tag{11-2}$$

用电设备中性质相同的有相近的需要系数。因此,在计算时,先将设备分类,除去备用和不同时工作的,其余设备的功率相加后乘以相应的需要系数,得到计算负荷。再将各组计算负荷相加,得到总的电力负荷。其基本计算公式如下:

单组用电设备

$$P_c = K_d P_e \tag{11-3}$$

$$Q_c = P_c \tan\phi \tag{11-4}$$

$$S_c = \sqrt{P_c + Q_c} \tag{11-5}$$

$$I_c = S_c / (\sqrt{3} Ue) \tag{11-6}$$

多组用电设备

$$P_c = K_{\varepsilon p} \sum P_c \tag{11-7}$$

$$Q_c = K_{\varepsilon q} \sum Q_c \tag{11-8}$$

$$S_c = \sqrt{P_c{}^2 + Q_c{}^2} \tag{11-9}$$

$$I_c = S_c / (\sqrt{3} Ue) \tag{11-10}$$

式中:P_e—— 用电设备组的设备功率;

K_d—— 需要系数;

$\tan\phi$—— 用电设备的功率角的正切;

$K_{\sum p}, K_{\sum q}$—— 有功、无功的同期系数,分别取 0.8～0.9 及 0.93～0.97。

建筑电气设备需要系数见表 11-5 所列。

表 11-5　需要系数及自然功率因数表

负荷名称	规模(台数)	需要系数(K_d)	功率因数($\cos\phi$)	备注
照明	面积<500m^2	1～0.9	0.9～1	含插座容量,荧光灯就地补偿或采用电子镇流器
	500～3000m^2	0.9～0.7	0.9	
	3000～15000m^2	0.75～0.55		
	>15000m^2	0.6～0.4		
	商场照明	0.9～0.7		
冷冻机房锅炉房	1～3 台	0.9～0.7	0.8～0.85	
	>3 台	0.7～0.6		
热力站、水泵房、通风机	1～5 台	0.75～0.8	0.8～0.85	
	>5 台	0.8～0.6		
电梯		0.18～0.22	0.5～0.6(交流梯) 0.8(直流梯)	
洗衣机房 厨房	≤100kW	0.4～0.5	0.8～0.9	
	>100kW	0.3～0.4		
窗式空调	4～10 台	0.8～0.6	0.8	
	10～50 台	0.6～0.4		
	50 台以上	0.4～0.3		
舞台照明	<200kW	1～0.6	0.9～1	
	>200kW	0.6～0.4		

11.6　供配电系统

供配电系统主要包括供电方式的选择、变电所位置的确定以及自备电源的设置等内容。

11.6.1　配电系统的接线方式

建筑配电系统的接线方式有三种,分别是放射式、树干式和混合式,如图 11-2 所示。

1. 放射式

放射式配电系统从低压母线到用电设备或二级配电箱的线缆是直通的,各负荷独立受电,配电设备集中,供电可靠性高,故障范围一般仅限于本回路,检修时,只切断本回路即可。但系统灵活性较差,有色金属消耗量较多,因而建设费用较高,一般适用于容量大、负荷集中的场所或重要的用电设备(如消防用电设备等),另外建筑的高压配电系统也大多采用放射式接线方式。

2. 树干式

树干式配电系统是向用电区域引出干线,供电设备或二级配电箱可以直接接在干线上,这种方式的系统灵活性好,但干线发生故障时影响范围大,一般适用于用电设备分布较均匀、容量不大、又无特殊要求的场所,如高层住宅的照明配电。

3. 混合式

混合式配电系统是放射式和树干式相结合的配电方式,由于建筑内的用电设备种类和数量较多,一般建筑低压配电系统大多采用放射式和树干式相结合的混合式接线方式。

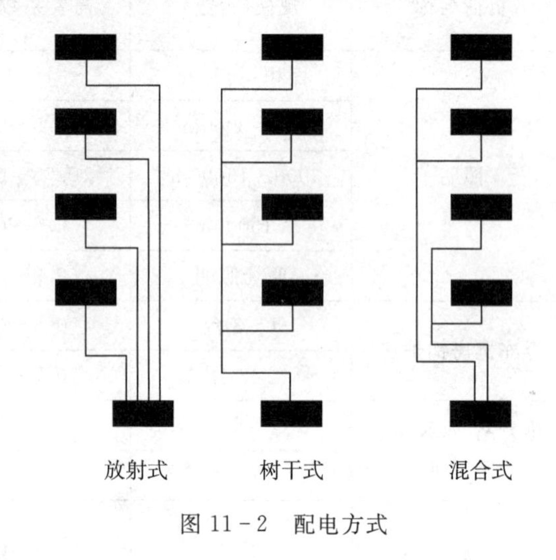

图 11-2 配电方式

11.6.2 变配电所

用于安装和布置高低压配电设备和变压器的专用房间和场地称为变电所。建筑变电所的电压等级一般为交流电压 10kV 及以下。主要由高压配电、变压器和低压配电三部分组成,变电所接受电网输入的 10kV 的电源,经变压器降至 380/220V,然后,根据需要将其分配给各低压配电设备。

1. 变配电所的位置

变配电所的位置应深入或接近负荷中心,考虑进出线方便,尽量接近电源侧,满足设备吊装、运输方便,不应设在有剧烈振动或有爆炸危险介质的场所,不宜设在多尘、水雾或有腐蚀性气体的场所,不应设在厕所、浴室、厨房或其他经常积水场所的正下方,且不宜与上述场所贴邻。当配变电所为独立建筑物时,不应设置在地势低洼和可能积水的场所。

地震基本烈度为 7 度及以上地区,配变电所的设计和电气设备的安装应采取必要的抗震措施。

2. 变配电所的类型

变配电所的类型有三种,即建筑物内变电所、建筑物外附式变电所、独立式变电所,如图 11-3 所示。

(1)建筑物内变电所

位于建筑物内部,可深入负荷中心,减少配电导线、电缆,但防火要求高。高层建筑的变配电所一般位于它的地下室,不宜设在地下室的最底层。

(2)建筑物外附式变电所

附设在建筑物外,不占用建筑的面积,但建筑处理较复杂。

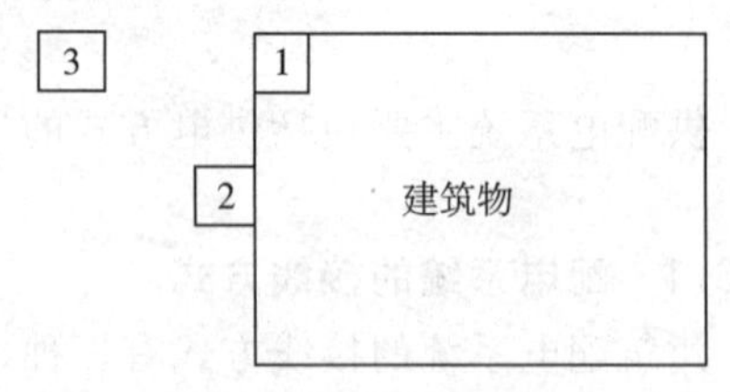

图 11-3 变电所类型

1—建筑物内变电所;2—建筑物处附式变电所;3—独立式变电所

(3)独立式变电所

独立于建筑物之外,一般向分散的建筑供电及用于有爆炸和火灾危险的场所。独立变电所最好布置成单层,当采用双层布置时,变压器室应设在底层,设于二层的配电装置应有吊运设备的吊装孔或平台。

3. 变配电室的布置

传统的变配电所的建筑由于采用的是油浸式变压器,它的组成一般包括高压配电室、变压器室、低压配电室和控制室几部分，有时根据需要设置电容器室，统称变配电室。而目前大量采用的是干式变压器，它可以将高压配电设备(柜)、变压器和低压配电设备(柜)共置一室。

变电室内各部分设备之间均应合理布置，并考虑发展的可能性；应尽量利用自然采光和通风，适当安排各设备的相对位置使接线最短、顺直，地面必须抬高，宜高出室外地面150～300mm为宜；有人值班的变配电室应设有单独的控制室，并设有其他辅助生活设施。

4. 变配电室对建筑的要求

长度大于7m的配电装置室应设两个出口，并宜布置在配电室的两端。变配电室的门应向外开，并装有弹簧，宽度应比设备尺寸加0.5m。

变配电室宜设不能开启的自然采光窗，窗户下沿距室外地面高度不宜小于1.8m，临街的一面不宜开窗。

房间的内墙表面均应抹灰刷白，地面宜用高标号水泥抹面压光或用水磨石地面。同时应处理好防水、排水、保温和隔热措施，注意不同的耐火等级，考虑房间的通风、换气等。

11.6.3 自备应急电源设备

符合下列条件之一时应设自备电源：

(1)需要设置自备电源作为一级负荷中特别重要负荷的应急电源时；

(2)设置自备电源较从电力系统取得第二电源经济合理，或第二电源不能满足一级负荷要求的条件时；

(3)所在地区偏僻，远离电力系统，经与供电部门共同规划设置自备电源作为主电源经济合理时。

应急电源与工作电源之间必须有可靠的措施，防止并行运行。

常用的应急电源有独立于正常电源的发电机组、独立于正常电源的专用供电线路、蓄电池。

应急电源接入方式由用电负荷对停电时间的要求确定，快速自启动柴油发电机可用于允许中断供电15秒以上时间的供电；带有自动投入的专门馈电线路，适用于允许中断1.5秒时间以上的供电，而蓄电池静止型和柴油机自备应急电源，可用于允许中断供电为毫秒级时间的供电。现对应急电源设备对建筑的要求简要分述于下：

1. 柴油发电机房

一般由发电机房、控制及配电室、燃油准备及处理房、备品备件存放间等组成。机房各房间耐火等级及火灾危险性类别见表11-6所列。

表11-6 机房各工作间耐火等级及火灾危险性类别

机房名称	耐火等级	火灾危险性类别
发电机间	一级	丙
控制与配电间	二级	戊
贮油间	一级	丙

机房平面布置应根据设备型号、数量和工艺要求等因素确定。对机房要求通风和采光

良好,对单台容量在200kW及以上,且发电机间单独设置时,应设天窗。在我国南方炎热地区也适宜设普通天窗。当该地区有热带风暴发生时,天窗应设挡风防雨板,或不设天窗而设专用双层百叶窗。在我国北方及风沙较大地区窗口应设防风沙侵入的设施。此外机房噪声控制应符合国家标准要求,否则应做隔声、消声处置如机组基础应采取减震措施,防止与房屋产生共振等。在机房内管沟和电缆沟内应有一定坡度(0.3%)利于排放沟内的油和水。沟边应作挡油措施。柴油机基础周边可设置排油污沟槽以防油侵。

机房中发电机间应有两个出入口,门的大小应能使搬运机组出入,否则应预留吊装设备孔口,门应向外开,并有防火、隔声功能。

贮油间与机房如相连布置,其隔墙上应设防火门,门朝发电机间开。

发电机、贮油房间地面应防止油、水渗入地面,一般作水泥压光地面。

2. 电池室

蓄电池是不间断电源装置的一种类型,容量应根据市电停电后由其维持的供电时间的长短要求选定。蓄电池室要根据蓄电池类型采取相应的技术措施,如:酸性蓄电池室顶棚做成平顶对防腐有利,对顶棚、墙、门、窗、通风管道、台架及金属结构等应涂耐酸油漆,地面应有排水措施并用耐酸材料浇注。

蓄电池室朝阳窗的玻璃应能防阳光直射,一般可用磨砂玻璃或在普通玻璃上涂漆。门应朝外开。当所在地区为高寒区及可能有风沙侵入时则应采用双层玻璃窗。

3. 专用不间断电源装置室

这种电源装置室中整流器柜、递变器柜、静态开关柜宜布在底部有电缆沟或电缆夹层板上,其底部四周应有防小动物进入柜内的设施。

11.7 电气设备选择

11.7.1 设备容量 P_s 的确定

1. 动力设备容量

只考虑工作设备不包括备用设备,其值与用电设备组的工作制有关,应按工作制分组分别确定。长期工作制用电设备的容量,就是其铭牌额定容量;短期和反复短期设备的容量,是将其在某一工作状态下的铭牌额定容量换算到标准工作状态下的功率。多组动力设备的计算负荷,考虑到接于同一干线的各组用电设备的最大负荷并不是同时出现的情况,在确定干线总负荷时,引入一个同时系数 K_{Σ} 计算。

2. 照明设备容量

对于热辐射光源可取其铭牌额定功率。对于LED灯、荧光灯和高压水银灯等气体放电光源,还应计入镇流器的功率损耗,即比灯管的额定功率有所增加。

11.7.2 导线和电缆的选择

1. 导线截面选择条件

照明线路导线截面的选择条件为:导线允许温升,机械强度要求,线路允许电压损失。

通常按上述三个条件选择导线截面并取其中最大的数值。在设计中,可按照允许温升进行导线截面的选择，按允许电压损失进行校核，并应满足机械强度的要求。

2. 线路的工作电流

线路的工作电流是影响导线温升的重要因素，所以有关导线截面选择的计算首先是确定线路的工作电流。

3. 据允许温升选择导线截面

电流在导线中流通时，由于产生焦耳热而使导线的温度升高，导致绝缘加速老化或损坏。

为使导线的绝缘具有一定的使用寿命，各种电线电缆根据其绝缘材料的情况规定最高允许工作温度。导线在持续工作电流的作用下，其温升（或工作温度）不能超过最高允许值。而导线的温升与电流大小、导线材料性质、截面、散热条件等因素有关，当其他因素一定时，温升与导线的截面有关，截面小温升大。为使导线在工作时的温度不超过允许值，对其截面的大小必须有一定的要求。

供配电工程中一般使用已标准化的计算和试验结果，即导线的载流量数据。导线的载流量是在使用条件下导线温度不超过允许值时导线允许的长期持续电流，按照导线材料、最高允许工作温度（与绝缘材料无关）、散热条件、导线截面等不同情况列出的，可查有关手册获得。由导线载流量数据，可根据导线允许温升选择导线截面。导线载流量数据，是在一定的环境温度和敷设条件下给出的。当环境温度和敷设条件不同时，载流量数据需要乘以校正系数。

4. 导线、电缆的敷设

(1)布线系统

建筑内常用的布线系统有：金属导管、可挠金属电线保护套管、刚性塑料导管（槽）及金属线槽电缆桥架、电力电缆、母线槽、预支分支电缆、矿物绝缘电缆和竖井等布线系统。

(2)室内导线的敷设

明敷：即导线直接（或者在管子、线槽等保护体内）敷设于墙壁、顶棚的表面及支架等处，明敷的线路施工、改造、维修很方便。

暗敷：即导线在管子、线槽等保护体内，敷设于墙壁、顶棚、地坪及楼板的内部，或者在混凝土板孔内敷线，比较美观和安全。金属管、塑料管以及金属线槽、塑料线槽等内的布线，必须采用绝缘导线和电缆。

(3)室外导线的敷设

电缆直埋敷设：当沿同一路径敷设的电缆根数小于等于 8 时，可采用电缆直埋敷设如图 11-4 所示。这种敷设施工简单，投资少，散热条件好，直埋深度不应小于 0.7m，上下各铺 100mm 厚的软土或细沙，然后覆盖保护层。由于电缆通电工作后温度会发生变化，土壤会局部突起下沉，所以埋设的电缆长度要考虑余量。

电缆在电缆沟或隧道内敷设：同一路径的电缆根数多于 8 根、少于或等于 18 根时宜采用电缆沟敷设如图 11-5 所示；多于 18 根时可采用电缆隧道敷设。电缆隧道和电缆沟应采取防水措施，其底部应做坡度不小于 0.5% 的排水沟，在电缆隧道内，要考虑通风，内应有照明。

电缆在排管内敷设：当电缆根数小于等于 12，而道路交叉多、路径拥挤，不宜采用直埋或电缆沟敷设的时候，可采用电缆在排管内敷设。排管可采用石棉水泥管或混凝土管，内径不能小于电缆外径的1.5倍。

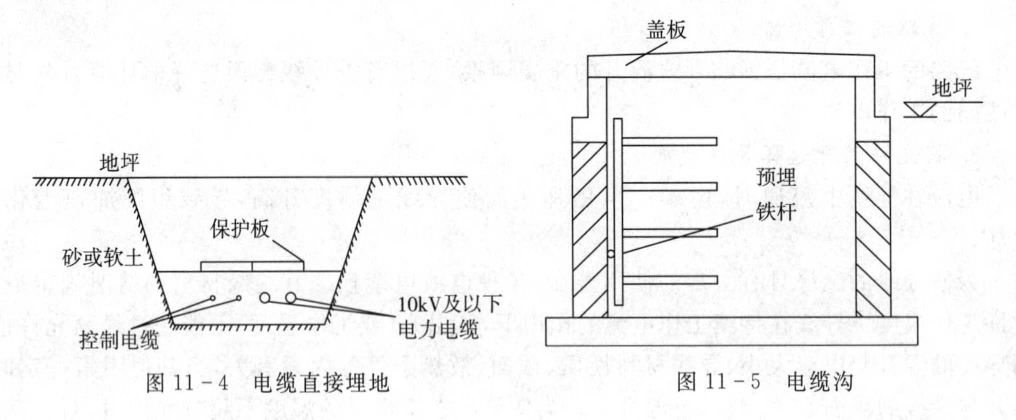

图11-4 电缆直接埋地

图11-5 电缆沟

11.7.3 开关和熔断器的选择

1. 熔断器

它俗称保险丝,广泛应用于供电系统中的电气短路保护,在电路短路或过负荷时能利用它的熔断来断开电路,但在正常工作时不能用它来切断和接通电路。熔断器按结构分插入式、旋塞式和管式三种。

2. 隔离开关

隔离开关灭弧能力微弱,一般只能用来隔离电压,不能用来接通或切断负荷电流。隔离开关的主要用途是当电气设备需停电检修时,用它来隔离电源电压,并造成一个明显的断开点,以保证检修人员工作的安全。

3. 高压断路器

高压断路器具有可靠的灭弧装置,其灭弧能力很强,电路正常工作时,用来接通或切断负荷电流,在电路发生故障时,用来切断巨大的短路电流。

4. 负荷开关

负荷开关只具有简单的灭弧装置,其灭弧能力有限,在电路正常工作时,用来接通或切断负荷电流;但在电路短路时,不能用来切断巨大的短路电流。负荷开关断开后,有可见的断开点。

5. 自动空气开关

这是一种低压开关,其作用与高压断路器类似,自动空气开关可有操作机构和完善的保护特性。

思考题

1. 电力负荷的定义?分为哪几级?按“电价规定”分为哪几类?
2. 简述常用的负荷计算方法。
3. 配电系统的接线方式有哪几种,其优缺点有哪些?
4. 变配电室的选址、形式和布置应注意什么?
5. 常用的应急电源有哪几种,均在什么情况下应用?

第 12 章　建筑电气安全

12.1　雷电的形成及其危害

雷电是由雷云对地面建筑物及大地的自然放电引起的，它会对建筑物或设备产生严重破坏。因此对雷电的形成过程及放电条件应有所了解，从而采取适当的措施，保护建筑物不受雷击。

雷电造成的破坏作用，一般可分为直接雷、间接雷两大类。直接雷是指雷云对地面直接放电。间接雷是雷云的二次作用(静电感应效应和电磁效应)造成的危害。无论是直接雷还是间接雷，都可能演变成雷电的第三种作用形式——高电位侵入，即很高的电压(可达数十万伏)沿着供电线路和金属管道，高速侵入变电所、用电户等建筑内部。

本节对雷电的危害进行列举。

12.1.1　静电感应

当线路或设备附近发生雷云放电时，虽然雷电流没有直接击中线路，但在导线上会感应出大量和雷云极性相反的束缚电荷。当雷云对大地上其他目标放电，雷云中所带电荷迅速消失，导线上的感应电荷就会失去雷云电荷的束缚而成为自由电，并以光速向导线两端急速涌去，从而出现过电压，这种过电压称为静电感应过电压。

一般由雷电引起局部地区感应过电压，在架空线路上可达 300kV～400kV，在低压架空线上可达 100kV，在通信线路上可达 40kV～60kV。由静电感应产生的过电压对接地不良的电气系统有破坏作用，使建筑物内部金属构架与金属器件之间容易发生火花，引起火灾。

12.1.2　磁感应

由于雷电流有极大的峰值和陡度，在它周围有强大的交变电磁场，处在此场中的导体会感应出极高的电动势，在有气隙的导体之间放电，产生火花，引起火灾。

由雷电引起的静电感应和电磁感应统称为感应雷(又叫二次雷)。解决的办法是将建筑金属屋顶、建筑物内的大型金属物品等做良好的接地处理，使感应电荷能迅速流向地下，防止在缺口处形成高电压和放电火花。

12.1.3　直击雷过电压

带电的雷云与大地上某一点之间发生迅猛的放电现象，如称作直击雷，当雷云通过线路或电气设备放电时，放电瞬间线路或电气设备将流过数十万安的巨大雷电流，此电流以光速向线路两端涌去，大量电荷将使线路发生很高的过电压，势必将绝缘薄弱处击穿而将雷电流导入大地，这种过电压为直击雷过电压。直击雷电流(在短时间内以脉冲的形式通过)的峰值有几十千安，甚至上百千安。一次雷电放电时间(从雷电流上升达到峰值开始到下降达到 1/2 峰值为止的时间间隔)通常有几十微秒。

当雷电流通过被雷击的物体时会发热,引起火灾。同时在空气中会引起雷电冲击波和次声波,对人和牲畜带来危害。此外,雷电流还能使物体变形、折断。

防止直击雷的措施主要采取避雷针、避雷带、避雷线、避雷网作为接闪器,把雷电流通过接地引下线和接地装置,将雷电流迅速而安全地送到大地,保证建筑物、人身和电气设备的安全。

12.1.4 雷电波的侵入

雷电波的侵入主要是指直击雷或感应雷从输电线路、通信光缆、无线天线等金属引入建筑物内,对人和设备发生闪击和雷击事故。此外,由于直击雷在建筑物或建筑物附近入地,通过接地网入地时,接地网上会有数百千伏的高电位,这些高电位可以通过系统中的零线、保护接地线或通信系统传入室内,沿着导线的传播方向扩大范围。

防止雷电波侵入的主要措施是对输电线路等能够引起雷电波侵入的设备,在进入建筑物前装设避雷器等保护装置,它可以将雷电高电压限制在一定的范围内,保证用电设备不被高电波冲击击穿。

12.2 安全电压

12.2.1 安全电压等级

当工频(f=50Hz)电流流过人体时,安全电流为0.008A～0.01A。人体的电阻,主要集中在厚度0.005mm～0.02mm的角质层,但该层宜损坏和脱落,去掉角质后的皮肤电阻约800欧～1200欧,则可求出安全电压$U=I\cdot R=0.01A\times1200\Omega=12(V)$。故我国确定安全电压为12V。当空气干燥,工作条件好时可使用24V和36V。12V、24V和36V为我国规定的安全电压三个等级。

12.2.2 安全电压的条件

(1)因人而异。一般来说,手有老茧、身心健康、情绪乐观的人电阻大,越安全;皮肤细嫩、情绪悲观、疲劳过度的人电阻小,较危险。

(2)与触电时间长短有关。触电时间越长,情绪紧张,发热出汗,人体电阻减小,危险大。若可迅速脱离电源,则危险小。

(3)与皮肤接触的面积和压力大小有关。接触面积和压力越大,越危险;反之,较安全。

(4)与工作环境有关。在低矮潮湿,仰卧操作,不易脱离现场情况下触电危险大,安全电压取12V。其他条件较好的场所,可取24V或36V。

12.2.3 用电安全的基本原则

直接接触防护,防止电流经由身体的任何部位通过;限制可能流经人体的电流,使之小于电击电流。

间接接触防护,防止故障电流经由身体的任何部位通过;限制可能流经人体的故障电流,使之小于电击电流;在故障情况下触及外露可导电部分时,可能引起流经人体的电流等于或大于电击电流时，能在规定的时间内自动断开电流。

正常工作时的热效应防护，应使所在场所不会发生地热或电弧引起可燃物燃烧。

12.3　建筑防雷

12.3.1　建筑物防雷系统的组成

防雷装置一般由接闪器、引下线和接地装置三部分组成，如图 12-1 所示。

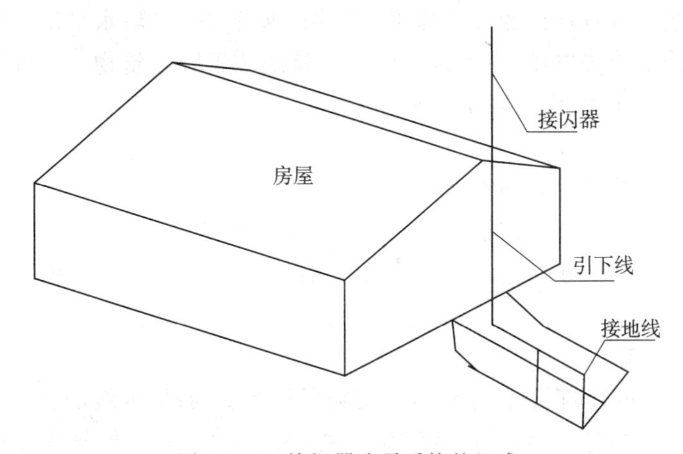

图 12-1　接闪器防雷系统的组成

1. 接闪器

接闪器是接受雷电流的金属导体，就是通常的避雷针、避雷带和避雷网，如图 12-2 所示。

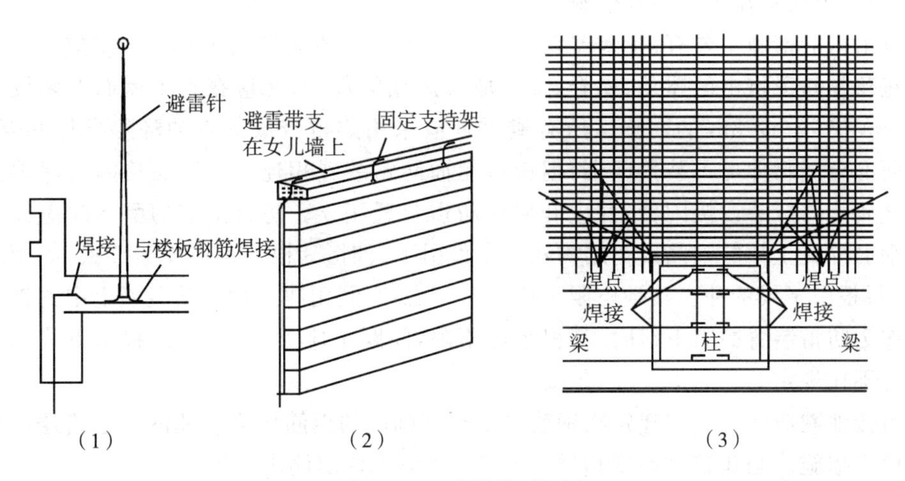

图 12-2　避雷针、带、网

避雷针采用圆钢或焊接钢管制成。它适用于保护细高的建筑物或构筑物，如烟囱和水塔等。避雷带和避雷网一般采用镀锌的圆钢或扁钢，适用于宽大的建筑，通常在建筑顶部及其边缘处明装，主要是为了保护建筑物的表层不被击坏，古典建筑为了美观有时采用暗装。其他，如屋顶上的旗杆、栏杆、装饰物等，其规格不小于标准接闪器规定的尺寸，也可作为接闪器使用。

2. 引下线

引下线是把雷电流由接闪器引到接地装置的金属导体，一般敷设在外墙面或暗敷于水泥柱子内，也可利用建、构筑物钢筋混凝土中的钢筋作为防雷引下线。引下线可采用圆钢或扁钢，外表面需镀锌，焊接处应涂防腐漆，建筑艺术水准较高的建筑物可采用暗敷，但截面要适当加大。

3. 接地装置

接地装置是埋设在地下的接地导体和垂直打入地内的接地体的总称，其作用是把雷电流疏散到大地中去。垂直埋设的接地体采用圆钢、钢管、角钢等；水平埋设的接地体采用扁钢、圆钢等，为了降低跨步电压，防直接雷的人工接地装置距建筑物入口处及人行道不应小于3m，不得不小于3m时，应采取相应的措施。

12.3.2 建筑物的防雷分级及防雷保护

根据现行国家标准《建筑物防雷设计规范》GB50057的规定，民用建筑物应划分为第二类和第三类防雷建筑物。在雷电活动频繁或强雷区，可适当提高建筑物的防雷保护。

1. 二类防雷建筑

(1)二类防雷建筑

高度超过100m的建筑物；国家级重点文物保护建筑物；国家级的会堂、办公建筑物、档案馆、大型博展建筑物；特大型、大型铁路旅客站；国际性的航空港、通信枢纽；国宾馆、大型旅游建筑物；国际港口客运站；国家级计算中心、国家级通信枢纽等对国民经济有重要意义且装有大量电子设备的建筑物；年预计雷击次数大于0.06的部、省级办公建筑物及其他重要或人员密集的公共建筑物；年预计雷击次数大于0.3的住宅、办公楼等一般民用建筑物。

(2)第二类防雷建筑物防雷措施

防直击雷的措施主要有：接闪器宜采用避雷带(网)、避雷针或由其混合组成。避雷带应装设在建筑物易受雷击的屋角、屋脊、女儿墙及屋檐等部位，并应在整个屋面上装设不大于10m×10m或12m×8m的网格。所有避雷针应采用避雷带或等效的环形导体相互连接。引出屋面的金属物体可不装接闪器，但应和屋面防雷装置相连。在屋面接闪器保护范围之外的非金属物体应装设接闪器，并应和屋面防雷装置相连。防直击雷的引下线应优先利用建筑物钢筋混凝土中的钢筋或钢结构柱。专设引下线时，其根数不应少于2根，间距不应大于18m，每根引下线的冲击接地电阻不应大于10Ω；当利用建筑物钢筋混凝土中的钢筋或钢结构柱作为防雷装置的引下线时，其根数可不限，间距不应大于18m，每根引下线的冲击接地电阻可不作规定。

防雷接地网应优先利用建筑物钢筋混凝土基础内的钢筋作为接地网。建筑还应采用防雷电波侵入措施。当建筑物高度超过45m时，还应采取防侧击措施。

2. 三类防雷建筑

(1)第三类防雷建筑物

省级重点文物保护建筑物及省级档案馆；省级大型计算中心和装有重要电子设备的建筑物；19层及以上的住宅建筑和高度超过50m的其他民用建筑物；年预计雷击次数大于等于0.012且小于等于0.06的部、省级办公建筑物及其他重要或人员密集的公共建筑物；年预计雷击次数大于等于0.06且小于等于0.3的住宅、办公楼等一般民用建筑物;建筑群中最高的建筑物或位于建筑群边缘高度超过20m的建筑物;通过调查确认当地遭受过雷击灾害的类似建筑物;历史上雷害事故严重地区或雷害事故较多地区的较重要建筑物;在平均雷暴日大于15d/a的地区,高度大于或等于15m的烟囱;水塔等孤立的高耸构筑物;在平均雷暴日小于或等于15d/a的地区,高度大于或等于20m的烟囱、水塔等孤立的高耸构筑物。

(2)第三类防雷建筑物防雷措施

防直击雷的措施主要有:接闪器宜采用避雷带(网)、避雷针或由其混合组成,所有避雷针应采用避雷带或等效的环形导体相互连接。避雷带应装设在屋角、屋脊、女儿墙及屋檐等建筑物易受雷击部位,并应在整个屋面上装设不大于20m×20m或24m×16m的网格。对于平屋面的建筑物,当其宽度不大于20m时,可仅沿周边敷设一圈避雷带。引出屋面的金属物体可不装接闪器,但应和屋面防雷装置相连。在屋面接闪器保护范围以外的非金属物体应装设接闪器,并应和屋面防雷装置相连。防直击雷装置的引下线应优先利用钢筋混凝土中的钢筋,为防雷装置专设引下线时,其引下线数量不应少于两根,间距不应大于25m,一般每根引下线的冲击接地电阻不宜大于30Ω,当利用建筑物钢筋混凝土中的钢筋作为防雷装置引下线时,其引下线数量可不受限制,间距不应大于25m,建筑物外廓易受雷击的几个角上的柱筋宜被利用。每根引下线的冲击接地电阻值可不作规定。构筑物的防直击雷装置引下线可为一根,当其高度超过40m时,应在相对称的位置上装设两根。

防雷接地网应优先利用建筑物钢筋混凝土基础内的钢筋作为接地网。建筑还应采用防雷电波侵入措施。当建筑物高度超过60m时,还应采取防侧击措施。

12.4 建筑接地

12.4.1 接地的种类

所谓接地,简单说来是各种用电设备与大地的电气连接。要求接地的有各式各样的设备,如电力设备、通信设备、电子设备、防雷装置等。目的是为了使设备正常安全运行,以及确保建筑物和人员的安全。

1. 工作接地

工作接地是为了电力系统和用电设备正常工作而进行的接地,如变压器、发电机、中性点接地以及防雷接地等都属该类接地。

2. 保护接地

保护接地是为了人身安全、防止间接触电而对设备的外露可导电部分进行的接地,如设备外壳的直接接地,电流、电压互感器二次线圈的接地以及配电屏、控制柜框架的接地等。

我国220/380V低压配电系统采用的是中性点直接接地运行方式,引出中性线N、保护线PE和保护中性线PEN。中性线N的作用是用来接单相设备,传导三相系统不平衡电流和单相电流并减少中性点偏移;保护线PE的作用是将设备外壳、外露可导电部分连接到电源的接地点去,当设备发生单相接地故障时形成单相短路,使设备或系统的保护装置动作,切除故障设备,保护人身安全;PEN线具有中性线N和保护线PE的双重功能。

保护接地的形式有两种:一种是设备的外露可导电部分经各自的PE线直接接地;另一

种是设备的外露可导电部分经公共的PE线或PEN线接地。根据供电系统的中性点及电气设备的接地方式,保护接地可分为三种不同类型:IT类、TN类以及TT类。

(1)IT系统

IT系统是在中性点不接地的三相三线系统中采用的保护接地方式,电气设备的不带电金属部分直接经接地体接地,如图12-3所示。

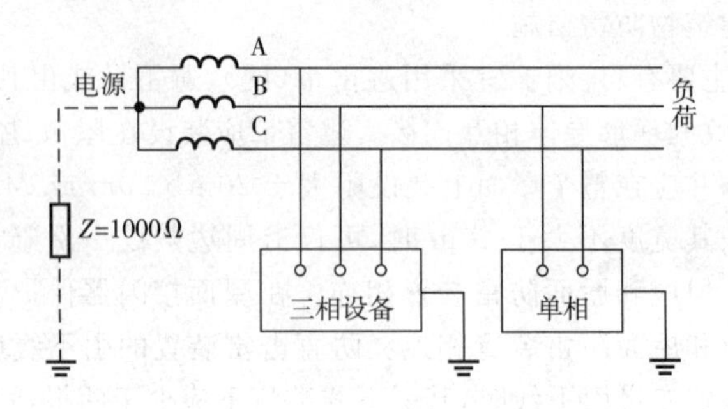

图12-3　低压配电的IT系统

(2)TN系统

TN系统是中性点直接接地的三相四线制系统中采用的保护接地方式。根据电气设备的不同接地方法,TN系统又分为以下三种形式。

① TN-C系统:配电线路中性线N与保护线PE接在一起,电气设备不带电金属部分与之相接,如图12-4a所示。在这种系统中,当某相线因绝缘损坏而与电气设备外壳相碰时,形成较大的单相对地短路电流,引起熔断器熔断切除故障线路,从而起到保护作用。该接线保护方式适用于三相负荷比较平衡且单相负荷不大的场所,在工厂低压设备接地保护中使用相当普遍。

② TN-S系统:配电线路中性线N与保护线PE分开,电气设备的金属外壳接在保护线PE上,如图12-4b所示。在正常情况下,PE线上没有电流流过,不会对接在PE线上的其他设备产生电磁干扰。这种接线适用于环境条件较差、安全可靠要求较高以及设备对电磁干扰要求较严的场所。

③ TN-C-S系统:该系统是TN-C与TN-S系统的综合。电气设备大部分采用TN-C系统接线,在设备有特殊要求的场合,局部采用专设保护线接成TN-S形式,如图12-4c所示。

(3)TT系统

TT系统是中性点直接接地的三相四线制系统中的保护接地方式。如图12-5所示,配电系统的中性线N引出,但电气设备的不带电金属部分经各自的接地装置直接接地,与系统接地线不发生关系。当发生单相接地、机壳带电故障时,通过接地装置形成单相短路电流,使故障设备电路中的过电流保护装置动作,迅速切除故障设备,减少人体触电的危险。

3. 重复接地

在电源中性点直接接地系统中,为确保公共PE线或PEN线安全可靠,除在中性点进行工作接地外,还应在PE线或PEN线的下列地方进行重复接地:

(1)在架空线路终端及沿线每1km处。

(2)电缆和架空线引入车间或大型建筑物处。

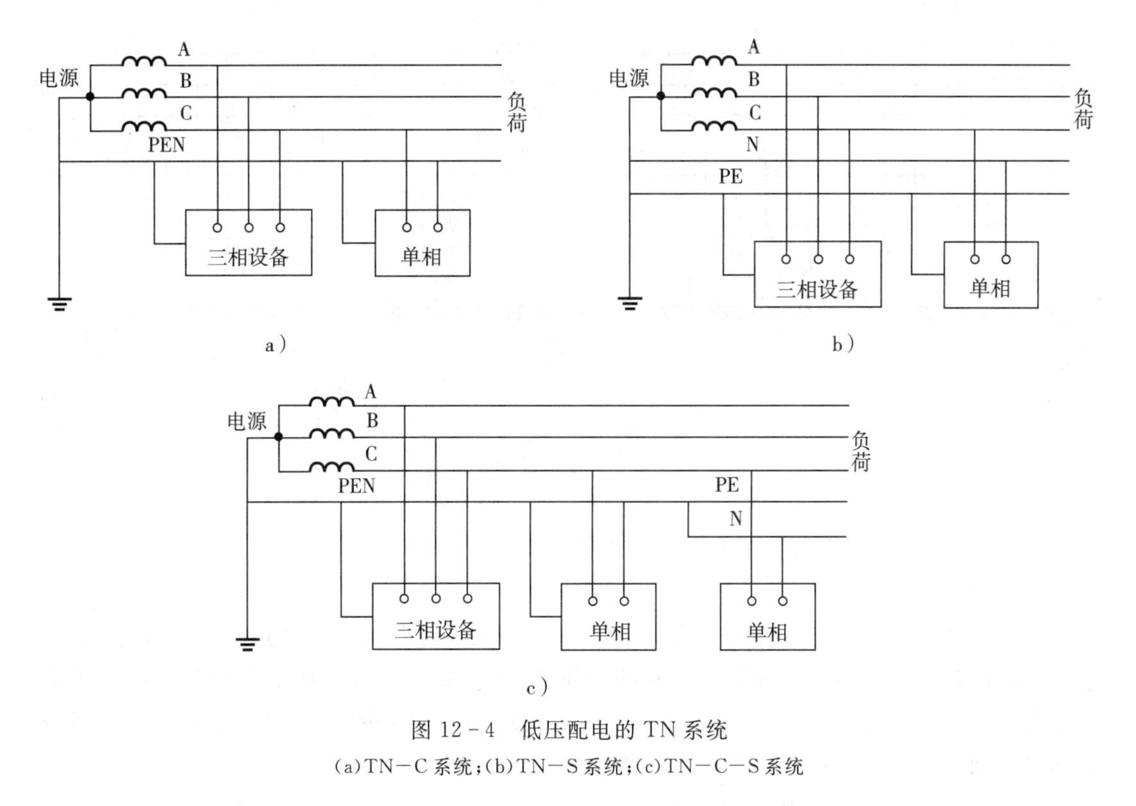

图12-4　低压配电的TN系统

(a)TN—C系统;(b)TN—S系统;(c)TN—C—S系统

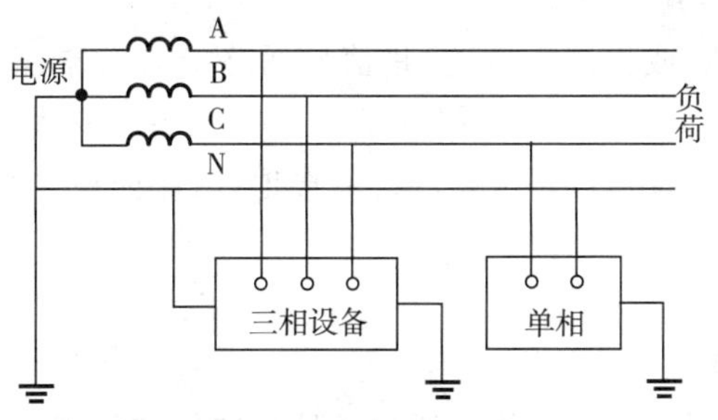

图12-5　低压配电的TT系统

如不重复接地,则当PE线或PEN线断线且有设备发生单相接地故障时,接在断线后面的所有设备外露可导电部分都将呈现接近于相电压的对地电压,即$U_E \approx U_\varphi$,如图12-6a所示,这是很危险的。如进行了重复接地,如图12-6b所示,则当发生同样故障时,断线后面的设备外露可导电部分对地电压为$U_E' = I_E R_E' \ll U_\varphi$,危险程度大大降低。

4. 屏蔽接地

为了防止外来电磁波的干扰和侵入,造成电子设备的误动作或通信质量的下降;另一方面是为了防止电子设备产生的高频能向外部泄放,需将线路的滤波器、精合变压器的静电屏蔽层、电缆的屏蔽层、屏蔽室的屏蔽网等进行接地,称为屏蔽接地。高层建筑为减少竖井内垂直管道受雷电流感应产生的感应电势,将竖井混凝土壁内的钢筋予以接地,也属于屏蔽接地。

5. 防静电接地

由于流动介质等原因而产生的积蓄电荷,要防止静电放电产生事故或影响电子设备的

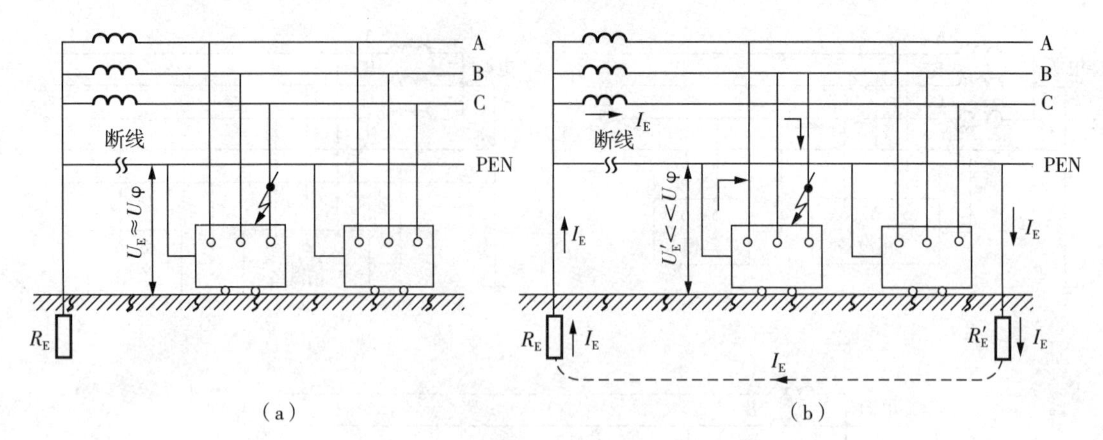

图 12-6 重复接地功能示意

(a)没有重复接地的系统;(b)采用重复接地的系统

工作,就需要有使静电荷迅速向大地泄放的接地,称为防静电接地。

6. 等电位接地

医院的某些特殊的检查和治疗室、手术室和病房中,病人所能接触到的金属部分(如床架、床灯、医疗电器等),不应发生有危险的电位差,因此要把这些金属部分相互连接起来成为等电位体并予以接地,称为等电位接地。高层建筑中为了减少雷电流造成的电位差,将每层的钢筋网及大型金属物体连接成一体并接地,也是等电位接地。

7. 电子设备的信号接地及功率接地

电子设备的信号接地(或称逻辑接地)是信号回路中放大器、混频器、扫描电路、逻辑电路等的统一基准电位接地,目的是不致引起信号量的误差。功率接地是所有继电器、电动机、电源装置、大电流装置、指示灯等电路的统一接地,以保证在这些电路中的干扰信号泄漏到地中,不至于干扰灵敏的信号电路。

12.4.2 接地电阻及其要求

当电气设备发生接地故障时,电流就通过接地体向地中作半球形扩散,该电流称为接地电流,用 I_d表示。由于大地中存在电阻,因而接地电流向地中扩散的过程中,也就存在着不同的电位差。在距接地体越远的地方球面越大,流散电阻越小,电位越小。试验证明,在远离接地体 20m 以外的地方才是真正的"地",即零电位。电气设备的接地部分到 20m 以外零电位之间的电位差,称为接地部分的对地电压(voltage to earth),用 U_E表示。接地体的对地电压 U_E与接地电流 I_E之比称为接地电阻 R_E,即

$$R_E = \frac{U_E}{I_E}$$

接地电阻(earthing resistance)是接地体的流散电阻与接地线和接地体电阻的总和。由于接地线和接地体的电阻相对很小,可略去不计,因而接地电阻可认为就是接地体的流散电阻。接地电阻是衡量接地装置质量的重要技术指标,不管是保护接地还是工作接地,接地电阻值的大小国家都有规定。

保护电阻允许值主要由对地安全电压值确定。我国规定安全电流为 30mA·s,即人体

通过30mA电流，时间不超过1s，对人体是安全的，当通过人体电流达到50mA·s时，就有致命危险。我国规定的安全电压为交流有效值50V。在接地电流一定的情况下，要保证对地电压在安全值范围内，应将接地电阻限制在一定的允许值范围内。

关于TT系统和IT系统中电气设备外露可导电部分的保护接地电阻，按规定应满足在接地电流通过时产生的对地电压不应高于安全特低电压50V，因此保护接地电阻为小于等于50V/动作电流，如果漏电断路器的动作电流取为30mA，则小于等于50V/0.03A＝1667Ω。这一接地电阻值很大，容易满足要求。一般取小于等于100Ω，以确保安全。

对于TN系统，其中所有外露可导电部分均接在公共PE线或PEN线上，因此无所谓保护接地电阻问题。

12.4.3 漏电保护

漏电保护主要是弥补保护接地中的不足，有效地进行防触电保护，是目前较好的防触电措施。其主要原理是：通过保护装置主回路各相电流的矢量和称为剩余电流，正常工作时剩余电流值为零，当人体接触带电体或所保护的线路及设备绝缘损坏时，呈现剩余电流，剩余电流达到漏电保护器的动作电流时，就在规定的时间内自动切断电源。

对于家用电器回路，采用30mA及以下的数值作为剩余电流保护装置的动作电流。对于居住建筑，当干线电流不大于150A时，总的漏电开关可选用额定漏电动作电流100mA，动作时间为0.2～0.5s；干线电流大于150A时，总的漏电开关可选用额定漏电动作电流300mA，动作时间为0.1～0.2s，用户漏电开关可选用额定漏电动作电流30mA。

思考题

1. 建筑防雷等级如何划分？
2. 简述防雷装置的组成。
3. 什么是接地？常见的接地有哪些？
4. 接地方式有哪些？

第13章 电气照明

在建筑物的各个空间创造各种标准光环境的技术,称为建筑照明。其中,利用阳光(包括直接光和反射光)实现的建筑照明,称为自然照明;利用人为设置的、可以将其他形式的能量转换为光能的光源实现的建筑照明,称为人工照明。在人工照明中,利用电能转化为光能的电光源实现的建筑照明,称为电气照明。当前世界上采用的人工照明,几乎完全是电气照明。故本章所介绍的内容,仅涉及电气照明。

13.1 照明的基本知识

13.1.1 照明的种类和方式

根据照明所起的主要作用,分为视觉照明和气氛照明两大类。

1. 视觉照明

视觉照明是为保证生活、工作和生产活动的正常进行,在人眼中必须形成对周围事物的足够视觉,满足人们视觉需要。按照人们活动条件和范围,视觉照明可分为正常照明、事故照明、障碍照明、警卫值班照明。

(1)正常照明

正常照明是指在建筑内外,在正常工作下需要照明的全部建筑区间所采用的照明,它一般可单独使用,也可与应急照明、值班照明同时使用,但控制线路必须分开。正常照明有三种方式:

① 一般照明是为照亮整个场地而设置的均匀照明,对光照方向无特殊要求,通常是均匀布灯。

② 局部照明特定视觉工作用的、为照亮某个局部而设置的照明,通常是某个区域需高照度并对照射方向有要求,或为避免眩光、减弱频闪效应,都可采用局部照明。

③ 混合照明由一般照明和局部照明组成的照明称为混合照明。

(2)事故照明

事故照明是当正常照明因事故而中断时,供暂时维持工作或保证人员安全疏散所采用的照明。按功能不同可分为三种。

① 备用照明:用于确保正常活动继续进行或暂时继续进行的照明。

② 安全照明:用于确保处于潜在危险之中的人员安全的照明。

③ 疏散照明:用于确保疏散通道被有效地辨认和使用的照明称为疏散照明。

应急照明必须采用能瞬时点燃的可靠光源,一般采用LED灯,当应急照明作为正常照明的一部分经常点燃,且发生故障不需要切换电源时,也可用气体放电灯。

在由于工作中断或误操作容易引起爆炸、火灾和人身事故或将造成严重政治后果和经济损失的场所,应设置应急照明。应急照明灯宜布置在可能引起事故的工作场所以及主要通道和出入口。

暂时继续工作用的备用照明，照度不低于一般照明的10％；安全照明的照度不低于一般照明的5％；保证人员疏散用的照明，主要通道上的照度不应低于1lx。应急照明设计可查阅有关的建筑设计规范。

(3)障碍照明

障碍照明为保障航空飞行安全，在高大建筑物和构筑物上安装的障碍标志灯。一般建筑物高度超过周围45m就应设置障碍照明，当制高点平面面积较大或组成建筑群时，应按民航和交通部门的有关规定执行。

(4)警卫值班照明

警卫照明在夜间为改善对人员、财产、建筑物、材料和设备的保卫，用于警戒而安装的照明。可根据警戒任务的需要，在厂区或仓库区等警卫范围内装设。

在非工作时间内供值班人员用的照明称为值班照明。在非三班制生产的重要车间、仓库，或非营业时间的大型商店、银行等处，通常宜设置值班照明。值班照明可利用正常照明中能单独控制的一部分或利用应急照明的一部分或全部。

2. 气氛照明

气氛照明是指在特定的环境和场所，用于创造和渲染某种与人们当时所从事活动相适应的气氛，以满足人们心理和生理上的要求。这类照明又可分为建筑彩灯、专用彩灯和装饰照明等。

建筑彩灯有节日彩灯和泛光照明之分。节日彩灯一般是以防水彩灯等距成串布置在建筑物正面轮廓线上来显示建筑物的艺术造型，以增添节日之夜的欢乐气氛。建筑物上安装霓虹灯取代成串的建筑彩灯，装饰效果也不错，同时可以节省电能。泛光照明是一种在邻近的房屋或装置上安装高强度灯，从不同角度照射主建筑，使整个建筑立面被均匀照亮，形成某种色彩，达到对建筑物的装饰效果，装饰效果与周围环境的明暗程度有关，还需要具备隐蔽安装泛光灯的条件。

专用彩灯照明是满足各种专门需要的气氛照明，如声控喷泉照明、音乐舞池照明等。配合环境的特点和节日的内容，不断变换灯光色彩的图案的组合，能加强人们艺术欣赏的效果。

装饰花灯照明，在礼堂、剧院等不同功能的大厅中，配合吊顶的色彩、图案，布置适当的装饰花灯，能起到增强这些建筑物功能的效果。

LED照明由于其色彩可控性和节能性，在气氛照明中得到广泛应用。

13.1.2 照明的基本物理量

1. 光通量

光通量是指光源在单位时间内，向空间发射出的、使人产生光感觉的能量，是一视觉感受的计量，常用F表示，单位为流明(lm)。

2. 照度

照度是指单位面积上的光通，即光通量的表面密度，表示被照表面上光强弱。用E表示，单位为勒克斯(lx)。例如，采光良好的室内照度为100～500lx。

3. 发光强度

发光体在空间发出的光通量是不均匀的。为了表示发光体在不同方向上的光通量的特性,必须了解光通量的空间分布密度,即光源在某一方向的单位立体角内的光通,称为该光通量在这一方向上的发光强度,如图13-1所示。对于各个方向具有均匀辐射光通量的光源,在各个方向上的光强相等,其值为:

$$I=F/\omega \tag{13-1}$$

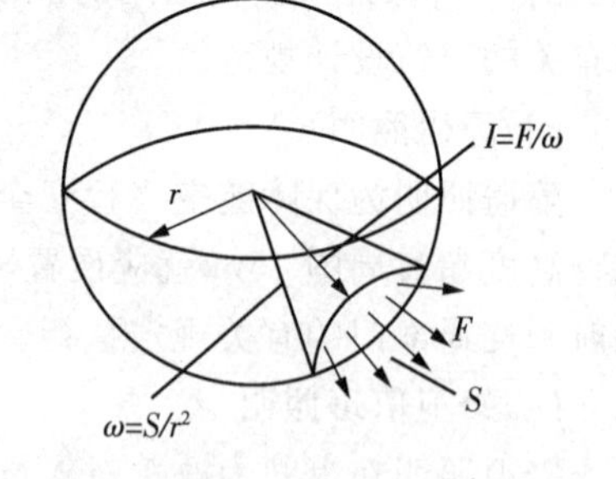

图13-1 发光强度示意

式中:F——光源在ω立体角内所射出的总光通量,lm;

ω——光源发光范围的立体角,或称球面角;

r——球的半径,cm;

S——与ω立体角相对应的球表面积,cm^2。

单位为坎德拉(cd),1cd=1lm/1sr,sr为球面度。

4. 光出射度

发光体上单位面积发出的光通称为该发光体的光出射度,用M表示,为了区别于照度,光出射度的单位为rlx,lrlx=$1lm/m^2$,照度与光出射度虽然具有相同的量纲,但两者的意义是不同的,前者是指受照面所接收到的光通,而后者则是指发光体(光源)面上发出的光通。这里指的光源也包括次级光源,即除了本身发光的发光面外,也包括接受外来的光而反射或透射的发光面。

5. 亮度

在同一照度下,并排放着黑色和白色两个物体,我们看起来白色物体要亮得多。这说明人眼明暗的视觉不取决于物体的照度,而取决于物体在眼睛视网膜上成像的照度——亮度。被视物体实际上是一个发光体,视网膜上的照度是由被视物体在沿视线方向上的发光强度所造成的。被视物体在视线方向单位投影面上的发光强度称为该被视物表面的亮度,用符号L表示,单位是坎德拉每平方米(cd/m^2)。

13.1.3 光与视觉

1. 视觉

视觉是接受外界信息的重要途径,而光线是引起视觉感知环境的最重要的条件。

视觉是指光射入眼睛后产生的视知觉,它并不是瞬息即逝的过程,而是多步译码和分析的最终产物。

2. 视觉过程

视觉过程是指物体发出(或透射、折射、反射)的光线射入眼中,在感光视网膜上形成大小和照度与物体的尺寸和相应部位的亮度成比例的图像;感光细胞根据所吸收光能的多少和波长发生相应的化学反应,形成相应的脉冲电流,经神经送入大脑相应部位的视觉皮质中进行加工处理,再现图像的形状和色彩,最后形成对所观察物体的视觉。

3. 暗视觉与明视觉

视网膜是人眼感受光的部分,视网膜上分布两种感光细胞,边缘部位杆状细胞占多数,中央部位锥状细胞占多数。杆状细胞的感光性很强,而锥状细胞的感光性则很弱。因此,在微弱的照度下,只有杆状细胞工作,而锥状细胞不工作,这种视觉状态为暗视觉。随着视场亮度的增加,当亮度达到某一程度时,锥状细胞工作起主要作用,这种视觉状态为明视觉。

杆状细胞虽然对光的感受性很高，但它却不能分辨颜色，只有锥状细胞在感受光刺激时，才有颜色感，因此在照度较高的条件下，才有良好的颜色感，在低照度的条件下，各种颜色都给人以蓝、灰的色感。

4. 明适应与暗适应

适应是人的视觉器官对光刺激变化相顺应的感受性，适应有明适应和暗适应，明适应发生在从暗处到亮处的时候，明适应的时间较短，大约需几百秒；而暗适应发生在由光亮处进入黑暗处，它所需要的过渡时间较长。当视场内有明暗急剧变化时，眼睛不能很快适应，会造成视觉的下降，为满足眼睛的适应性，需要做些过渡照明。

视觉适应问题在日常生活中和工程设计中是非常重要的，像地下工程的引洞、大厅的过渡走廊、隧道的出入口等处。在隧道照明设计中对隧道口亮度的考虑，当汽车在阳光下行走，突然进入隧道后，司机眼睛一时失明，容易发生危险，为此在隧道口需设置过渡(或缓和)照明，以使眼睛对亮度的变化逐渐适应。白天在隧道入口处增设过渡照明，夜晚在出口处也要适当地增设过渡照明。

5. 眩光

当视场中有极高的亮度或强烈的对比时，造成视觉下降和人眼的不舒适甚至疼痛感，这种现象称为眩光。按其评价的方法，前者称为失能眩光，后者称为不舒适眩光。长期在有眩光的环境下进行视觉工作，易引起视疲劳。

13.2　电光源及灯具

13.2.1　电光源

电光源是将电能转换为光能的设备，以其所产生的光通量向周围空间辐射，经四壁、顶棚、地板及室内物体表面的多次反射、折射后，在工作面上形成足够的照度，以满足人们的视觉要求及其他各种需要。

1. 光源的分类

照明光源品种很多，按发光形式分为热辐射光源、气体放电光源和电致发光光源3类。

(1)热辐射光源

电流流经导电物体，使之在高温下辐射光能的光源。包括白炽灯和卤钨灯两种。

(2)气体放电光源

电流流经气体或金属蒸气，使之产生气体放电而发光的光源。气体放电有弧光放电和辉光放电两种，放电电压有低气压、高气压和超高气压3种。弧光放电光源包括：荧光灯、低压钠灯等低气压气体放电灯，高压汞灯、高压钠灯、金属卤化物灯等高强度气体放电灯，超高压汞灯等超高压气体放电灯，以及碳弧灯、氙灯、某些光谱光源等放电气压跨度较大的气体放电灯。辉光放电光源包括利用负辉区辉光放电的辉光指示光源和利用正柱区辉光放电的霓虹灯，二者均为低气压放电灯，此外还包括某些光谱光源。

(3)电致发光光源

在电场作用下，使固体物质发光的光源称为电致发光光源。它将电能直接转变为光能。包括场致发光光源和发光二极管两种。如无极感应灯、微波硫灯、发光二极管LED等、

OLED灯等。目前,LED光源已成为主流,随着技术的进步,OLED光源也逐步得到应用。

2. 电光源的主要特性

(1)光源的光通量

光源的光通量表征着光源的发光能力,是光源的重要性能指标,它随光源点燃时间会发生变化,点燃时间愈长,光通量因衰减而变得愈小。大部分光源在点燃初期光通量衰减较多,随着点燃时间的增长,衰减也逐渐减少。

(2)发光效率

光源的光通量输出与它取用的电功率之比称为光源的发光效率,简称光效,单位为lm/W。在照明设计中应优先选用光效高的光源。

(3)寿命

据某种规定标准点到不能再使用的状态的累计时间称为全寿命,电光源的全寿命有相当大的离散性,即同批电光源虽然同时点燃,却不会同时损坏,它们将有先有后陆续损坏,且可能有较大的差别,因此常用平均寿命的概念来定义电光源的寿命,即在规定条件下,同批寿命试验灯所测得寿命的算术平均值。

(4)启动特性

启动稳定时间:电光源启动稳定时间指的是光源接通电源到光源正常发光所需的时间。热辐射光源的启动时间一般不足一秒,气体放电光源的启动时间从几秒到几分钟不等,取决于光源的种类。

再启动时间:某些高强气体放电光源熄灭后,必须要等到冷却后才能再次点燃,从灯熄灭到再次点燃所需的时间称为再启动时间。

电光源的启动与再启动时间影响着光源的应用范围。频繁开关光源的场所一般不用启动与再启动时间长的光源,且启动次数对光源的寿命影响很大。

(5)光色

人眼观察光源所发出光的颜色,称为光源的色表。光源照射到物体上所显现颜色的性能,称为光源的显色性。色表和显色性构成了光源的光色。

习惯上以日光的光谱成分和能量分布为基准来分辨颜色。同一颜色的物体在具有不同光谱能量分布的光源照射下呈现颜色与日光照射下呈现颜色相符合的程度称为某光源的显色指数(R_{d}),显色指数高,则颜色失真就少,日光显色指数定为100。表13-1给出了几种光源的显色指数。

表13-1 几种光源的显色指数

光源	显色指数	光源	显色指数
白色荧光灯	63	高压水银灯	23
日光色荧光灯	78	氙灯	94
暖白色荧光灯	59	金属卤化物灯	88~92
高显色荧光灯	92	钠灯	21

长期工作或停留的房间和场所,照明光源的显色指数(R_{a})不宜小于80。在灯具安装高度大于6m的工业建筑场所,$R_{可}$低于80,但必须能辨别安全色。

3. 常用电光源

(1)白炽灯

这种光源随处可用、价格低廉、显色性好、便于调光且功率多样化，是最重要的热辐射光源。

其构造由灯头、灯丝和玻璃壳等部分组成，如图 13-2 所示。

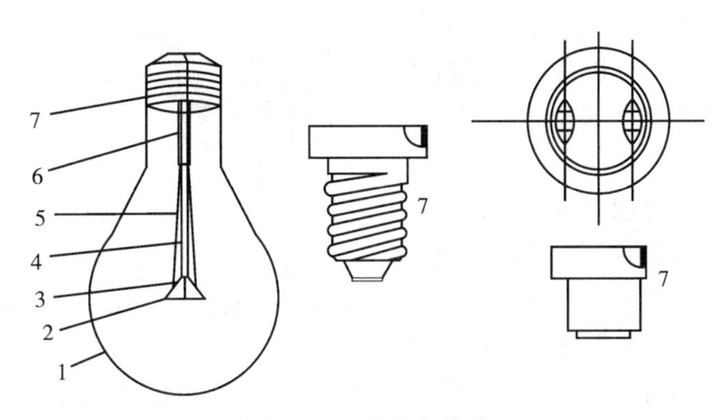

图 13-2　白炽灯构造

1—玻璃壳；2—灯丝；3—钼丝支架；4—排气管；5—内导丝；6—外导丝；7—灯头

①灯头，用于固定灯泡和引入电流。有螺口和卡口两种灯头。

②灯丝，用高熔点、高温下蒸发率低的钨丝做成螺旋状或双螺旋状。当由灯头经引线引入电流后，发热使灯丝温度升高到白炽(2400～3000K)程度而发光。

③玻璃壳，用普通玻璃做成。为降低其表面亮度，可采用磨砂玻璃，或罩上白色涂料，或镀一层反光铝膜等。

白炽灯具有以下特点：灯丝具有电阻特性，冷电阻小，启动电流可达额定电流的 12～16 倍。启动冲击电流持续时间可达 0.05～0.23s(灯泡功率越大，持续时间越长)。因此，一个开关控制的白炽灯数量不宜过多。白炽灯泡能瞬间起燃，迅速加热，灯丝有热惰性，随交流电频率、光通量波动不大，电压陡降也不会骤然熄灭，因而可应用于重要场所。

由于白炽灯的光效不高，节能性差，同时阻性负载过大易引起建筑局部高温引发火灾，故在建筑内已逐步被淘汰。

(2)卤钨灯

卤钨灯由灯头(陶瓷)、灯丝(螺旋状钨丝)和灯管(由耐高温玻璃、高硅酸玻璃内充氮、氩和氪、氙和少量卤素)组成，其基本构造如图 13-3 所示。

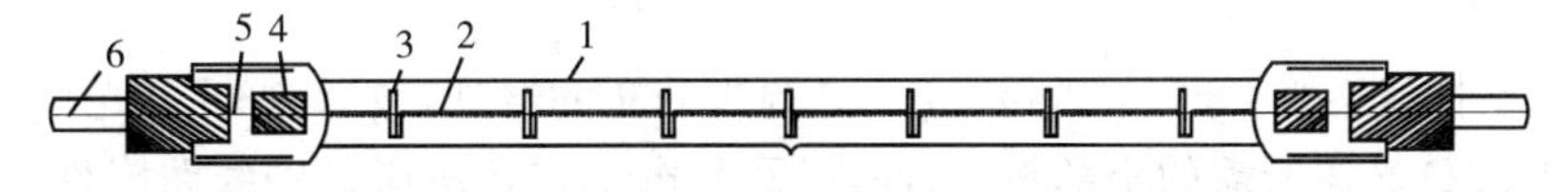

13-3　管状卤钨灯构造简图

1—石英玻璃管；2—螺旋灯丝；3—石英支架；4—钼箔；5—导丝；6—电极

常用的卤钨灯光效在 20lm/W 左右，最高可超过 30lm/W 卤钨灯的色温可达 2700～3400K。卤钨灯的工作原理与普通白炽灯一样，但结构上有较大的区别，它在卤钨灯泡(管)内充入气体的同时加入了微量的卤族元素，在灯的使用过程中，会发生卤钨循环，这样可以延长灯的寿命，同时可以进一步提高灯丝温度，获得较高的光效，并减少了使用过程中的光通衰减。目前国内用的卤钨灯主要有两类:一类是灯内充入微量的碘化物,称为碘钨灯;另一类是灯内充入微量的溴化物,称为溴钨灯。一般溴钨灯的光效略高于碘钨灯。

卤钨灯在安装使用中应注意:玻璃壳温度高,故不能和易燃物靠近,也不允许采用任何人工冷却措施(如风吹、水淋等);灯管应及时擦洗,以保持透明度;电极与灯座应可靠接触,以防高温氧化;耐震性差,不适于震动场所,也不便用于移动式照明。

(3)荧光灯

荧光灯是室内照明应用最广的光源。其基本构造由灯管和附件(镇流器和启辉器)两部分组成,如图13-4所示。

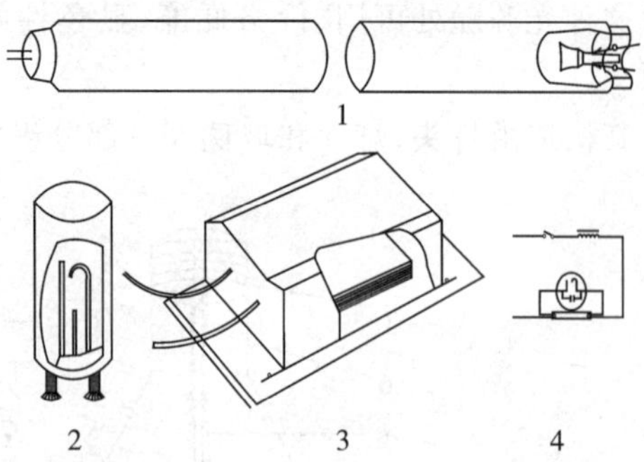

图13-4 荧光灯的基本构造和接线图

1—灯管;2—启辉器;3—镇流器;4—接线圈

它主要由放电产生的紫外辐射激发荧光粉而发光的,与白炽灯相比,具有光效高、寿命长、光色和显色性都比较好等特点,因此,在大部分场合取代了白炽灯。

荧光灯主要由内壁涂有荧光粉的灯管、灯头与电极组成。它的灯管由玻璃制成,灯管抽成真空,再封入汞粒和稀有气体。

荧光灯具有发光效率高、光色好、可发出不同颜色的光线和寿命长的优点。其寿命与每次点燃的连接时间长短成正比,每次3小时以上寿命大于3000小时,若每次6小时以上,寿命增加25%,寿命随开关次数的增加而缩短。

荧光灯有功功率低,具有频闪效应。电压偏差不宜超过±5%V。最适宜的环境温度为18℃~25℃。环境湿度不宜过大,达到75%~80%时起燃困难。应防止灯管破损造成汞污染。

(4)霓虹灯

霓虹灯又称氖气灯,它并不是照明用光源,但常用于建筑装饰,在娱乐场所、商业装饰及广告中应用尤其普遍,是一种用途极其广泛的装饰用光源。

霓虹灯是一种辉光放电光源,主要由灯管、电极和引入线组成。霓虹灯的灯管是一段长为6~20mm的密封玻璃管,灯管内抽成真空后充入氩、氖等惰性气体中的一种或多种,还可充入少量的氯。玻璃管的两端装有电极,当通过变压器将10~15kV高压加到霓虹灯两端时,管内气体被电离激发,使管内气体导通,发出彩色的辉光。

(5)LED灯

LED灯是指能透光、分配和改变LED光源光分布的器具,包括除LED光源外所有用于固定和保护LED光源所需的全部零、部件,以及与电源连接所必需的线路附件。随着LED技术的进一步成熟和国家对节能标准的提高,LED照明灯将成为照明的主流光源,同时充分体现节能化、健康化、艺术化和人性化的照明发展趋势。

4. 电光源的选择

室内电光源应根据使用场所的不同,合理地选择光源的光效、显色性、寿命、启动点燃时间和再点燃时间等光电特性指标,还有如环境条件对光源光电参数的影响、建筑功能特点及对照明可靠性的要求、设备档次、常年运行费用,以及电源电压等因素,依次确定光源的类型、功率、电压的数量，并应优先采用高光效光源和高效灯具。

室内一般照明宜采用同一类型的光源，当有装饰性或功能性要求时，也可采用不同类型的光源。当使用一般光源不能满足显色性要求时，可采用混光措施。各种光源在发光效率、光色、显色性和点亮特性方面各有特点，分别可适用于不同场合，见表13－2所列。

表13－2　主要电光源的特性和用途

<table>
<tr><th>灯名</th><th>种类</th><th>光效</th><th>显色性</th><th>亮度</th><th>特征</th><th>主要用途</th></tr>
<tr><td rowspan="4">白炽灯</td><td>普遍型</td><td>低</td><td>优</td><td>高</td><td>一般用途，易于使用，适用于表现光泽和阴影暖光色，适用于气氛照明</td><td>住宅，商店的一般照明</td></tr>
<tr><td>透明型</td><td>低</td><td>优</td><td>非常高</td><td>闪耀效果，光泽和阴影的表现效好，暖光色，气氛照明用</td><td>花吊灯、有光泽陈列品的照明</td></tr>
<tr><td>球型</td><td>低</td><td>优</td><td>非常高</td><td>明亮的效果，看上去具有辉煌气氛的照明</td><td>住宅、商店的吸收效果</td></tr>
<tr><td>反射型</td><td>低</td><td>优</td><td>非常高</td><td>控制配光良好，光集中。光泽，阴影和材质感的表现力非常大</td><td>显示灯、商店、气氛照明</td></tr>
<tr><td rowspan="2">卤钨灯</td><td>一般照明</td><td>稍良</td><td>优</td><td>非常高</td><td>体积小，瓦数大，易于控制配光</td><td>投光灯体育馆照明</td></tr>
<tr><td>微型灯钨灯</td><td>稍良</td><td>优</td><td>非常高</td><td>体积小，用150～500W，易于控制配光</td><td>适用于下射灯和点灯的商店照明</td></tr>
<tr><td>荧光灯</td><td></td><td>高</td><td>一般或高</td><td>稍低</td><td>光效高，显色性好，亮度低，眩光小。有扩散光，难于造成阴影。可做成光色和显色性。尺寸大，瓦数不能太大</td><td>最适于一般房间、办公室、商店的照明</td></tr>
<tr><td>LED灯</td><td></td><td>高</td><td>优</td><td>非常高</td><td>常用正白光，可制造不同的色温显色性好，寿命长、功耗低、符合绿色环保要求</td><td>适用于各种场所</td></tr>
</table>

13.2.2　灯具

照明灯具是将光源发出的光在空间进行重新分配的器具，它包括除光源外所有用于固定和保护光源所需的全部零部件，以及与电源连接的线路附件。灯具主要有下列作用：保护电源免受损伤，并为其供电；控制光的照射方向，将光通量重新分配，达到合理的应用，或得到舒适的光环境；装饰美化建筑环境；防止眩光。

1．灯具特性

标志灯具性能的主要特性有三个：灯具效率、保护角（遮光角）、配光曲线（灯具的光分布特性）。

（1）灯具效率

灯具效率是指从灯具内发出的总光通与灯具内所有的光源发出的光通之比。灯具的效率与其形状和所用材料有关，未射出的光通被灯具吸收，造成光的损失，这不仅影响光能的有效利用,还会使灯具温度上升。

(2)保护角——遮光角

灯具的保护角是指光源的下端与灯具的下缘连线同水平线之间的夹角,如图 13-5 所示。保护角是对任意位置的平视观察者眼睛入射角的最小值,它具有限制直射眩光的作用。灯具保护角一般在 10°～30°之间。格栅灯具决定于格子的宽度和高度的比例,一般在 25°～45°之间。

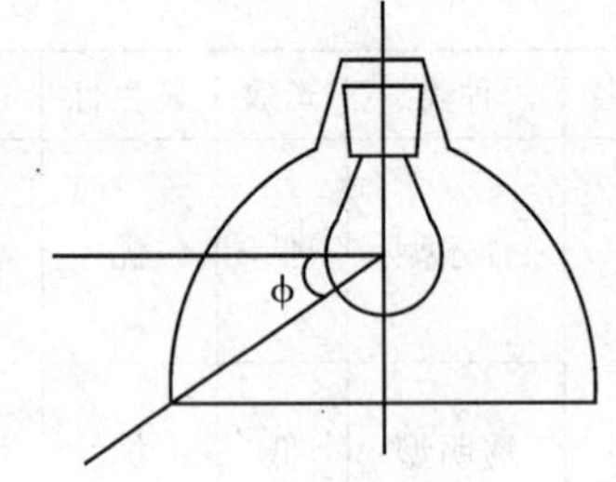

13-5 灯具的保护角

(3)配光曲线——光强空间分布特性

光强空间分布特性可用配光曲线来表示,一般有三种表示曲线的方法,其中的极坐标表示法是应用最多的一种照明器光强空间分布的表示方法,在通过光源中心的测光平面上,测出灯具在不同角度的光强值,从某一给定的方向起,以角度为函数,将各个角度的光强用矢量标注出来,连接矢量顶端的连线就是灯具配光的极坐标曲线,适用于旋转对称型的灯具;对于有些光束集中于狭小的立体角内的灯具,难以用极坐标方式表示清楚,可用直角坐标方式表示,横轴表示光束的投射角,纵轴表示光强,如聚光灯。对于不对称配光的灯具,要用许多平面上的配光曲线才能表达清楚,使用不便,因此,用等光强曲线来表示。设想将光源放在一个球体的中心,发光体射向空间的每根光线均与球体表面相交,可以用球体表面上每个交点的坐标来表示它的光强,将球体面上每点光强相同的点用线连接起来,成为封闭的等光强配光曲线。

2. 灯具的分类

(1)按照明器结构特点分类

① 开启型。指光源和外界环境直接接触,灯具是敞开或无灯罩。其照明效率非常高。

② 保护型。它有闭合的透光罩,但罩内外可以自由流通空气,尘埃易进入透光罩内,照明效率主要取决于透光罩的透射比,如走廊吸顶灯。

③密闭型。它的透光罩将其内外空气隔绝,如浴室的防水防尘灯。

④防爆安全型。这种照明器具严格密闭,在任何情况下都不会因灯具而导致爆炸。用于易燃易爆场所。

(2)按灯光的配光曲线分类

① 直接型灯具。它的敞口型灯罩由反光性能良好的不透光材料做成。照明器上射的光通量趋于零,效率高但房间顶棚暗。

② 半直接型灯具。这种照明器的灯罩常用半透明的材料制成,下方为敞口型,上方留有较大的通风、透光空隙,较多的光线直接照射到工作面,向上的分量将减少影子的硬度并改善室内各表面的亮度比,如碗型玻璃罩灯。

③ 漫射型灯具。灯罩为闭合型,由漫射透光材料制成,照明器向四周均匀发射光线,光通利用率较低,如球型乳白灯罩。

④ 半间接型灯具。灯罩的上半部分用透明材料或敞开,下部分用漫透射材料制成,由于上射光通量增加,室内光线均匀,但光效较低且易积灰。

⑤ 间接型灯具。灯罩的上半部分用透明材料或敞开,下半部分由非透光材料制成。主要作为建筑装饰照明,由于照明器下射的光通量趋于零,几乎所有光线全部由顶棚反射至工

作面。光线极为柔和宜人，但照明器效率低。

(3)按安装方式分类

① 吸顶型。照明器吸附在顶棚，适用于顶棚比较光洁且房间不高的室内。

② 嵌入顶棚型。照明器的大部分或全部陷在顶棚里，只露出发光面。

③ 悬挂型。照明器具挂吊在顶棚上，根据挂吊用材料的不同可分为线吊型、链吊型和管吊型。

④ 附墙型。照明器安装在墙壁上，又称壁灯，只能作为辅助照明。

(4)按照配光曲线的形状分类

又可分为广照灯、配照灯、深照灯、特深照灯四种。

3. 灯具的选择

(1)首先应根据建筑物各房间的不同照度标准、对光色和显色性的要求、环境条件(温度、湿度)、建筑特点、对照明可靠性的要求；根据基建投资情况结合考虑长年运行费用(包括电费、更换光源费、维护管理费和折旧费等)；根据电源、电压等因素，确定光源的类型、功率、电压和数量。如可靠性要求高的场所，需选用便于启动的自炽灯；在特别潮湿的房间内，应将导线引人端密封，为提高照明技术的稳定性，采用内有反射镀层的灯泡比使用有外壳的灯具有利；高大房间宜选用寿命长、效率高的光源；办公室宜选用光效高、显色性好、表面亮度低的荧光灯作为光源等。

(2)技术性主要是指满足配光和限制眩光的要求。高大的车间宜选探照型，宽大的车间宜选广照型、配照型灯具，以使绝大部分光线直接照到工作面上。一般公共建筑可选半直射型，较高级的可选漫射型灯具，通过顶和墙壁的反射使室内光线均匀、柔和，选用半反射型或反射型灯具可以使室内无阴影。

(3)使用性是指结合环境条件、建筑结构等情况，加以全面考虑。低温场所不宜选用电感镇流器的预热式荧光灯，以免启动困难；机床设备附近的局部照明不宜选用气体放电灯，以免产生频闪，发生危险；振动剧烈的场所不宜采用卤钨灯等等。

(4)经济性应综合从最初投资费和年运行费用全面考虑。光源的光效对照明设施的灯具数量、电气设备费用、材料费用及安装费用等均有直接影响；运行费用包括年电力费、年耗用灯泡数、照明装置的维护费、折旧费等，其中，电费和维护费占较大比重，一般来讲，运行费超过初投资费。满足照度要求而耗电最少即最经济，故应选光效高、寿命长的灯具为宜。

(5)功能性是指根据不同的建筑功能，恰当确定灯具的光、色、型、体和布置，合理运用光照的方向性、光色的多样性、照度的层次性和光点的连续性等技术手段，可起到渲染建筑，烘托环境和满足不同需要和要求。如：大阅览室中采用均匀布置的荧光灯，创造明亮、均匀而无闪烁的光照条件，以形成安静的读书环境；宴会厅采用以组合花灯或大吊灯为中心，配上高亮度的无影白炽灯具，产生温暖而明朗的光照条件，形成一种欢快热烈的气氛。

4. 灯具的布置

照明产生的视觉效果不仅和光源和灯具的类型有关，而且和灯具的布置方式有关。灯具的布置内容包括：确定灯具的安装高度(竖向布置)和平面布置。

(1)灯具的竖向布置

灯具的竖向布置如图13-6所示，图中h_c称垂度，h称计算高度，h_p称工作面高度，h_s称悬挂高度，单位均为m。

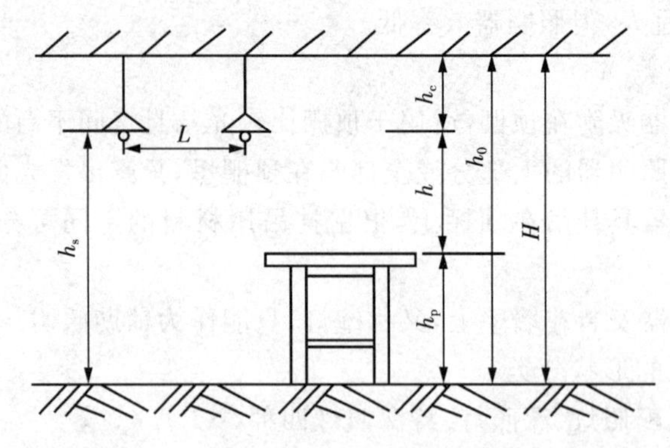

13-6 灯具竖直布置图

灯具的悬挂高度(电光源距地的距离),应考虑到以下因素选值:

① 保证电气安全,对工厂的一般车间应不低于2.4m,对电气车间可降至2m,对民用建筑一般无此项限制。

② 限制直接眩光,与光源的种类、瓦数及灯具形式相对应,最低悬挂高度以表13-3确定。对于不考虑限制眩光的普通住房,悬挂高度可降至2m。

③ 便于维护管理。用梯子维护时不应超过6~7m。由升降机维护时,高度由升降机高度确定。

④ 与建筑尺寸配合,如吸顶灯的高度即建筑的层高。

⑤ 应防止晃动,垂度(建筑顶棚距电光源的高度)一般取0.3~1.5m,多取0.7m。

⑥ 应提高照度的经济性。符合表13-4中规定的合理距高比L/h的值。

⑦ 一般灯具的悬挂高度为2.4~4m;配照型灯具的悬挂高度为3.0~6.0m;搪瓷深照型灯具的悬挂高度为5.0~10m;镜面深照型灯具的悬挂高度为8.0~20m;其他灯具的适宜悬挂高度见表13-5所列。

表13-3 最低悬吊高度

光源种类	灯具形式	保护角	灯泡功率(W)	最低悬挂高度(m)
白炽灯	搪瓷反射罩呈镜面反射罩	10°~30°	≤100	2.5
			150~200	3.0
			300~500	3.5
高压水银荧光灯	搪瓷、镜面深照型	10°~30°	≤250	5.0
			≥400	6.0
碘钨灯	搪瓷或铝抛光反射罩	≥30°	500	6.0
			1000~2000	7.0
白炽灯	乳白玻璃漫射罩	—	≤100	2.0
			150~200	2.5
			300~500	3.0
荧光灯	—	—	≤40	2.0
LED灯	—	—	≤20	2.0

表 13-4　合理距高比 L/h 值

灯具类型	L/h		单行布置时房间最大宽度
	多行布置	单行布置	
配照型、广照型	1.8～2.5	1.8～2	1.2h
深照型、镜面深照型、乳白玻璃罩	1.6～1.8	1.5～1.8	
防爆登、圆球灯、吸顶灯、防水防尘灯	2.3～3.2	1.9～2.5	1.3h
荧光灯	1.4～1.5		

表 13-5　灯具适宜悬挂高度

灯具类型	悬吊高度(m)	灯具类型	悬吊高度(m)
防水防尘灯	2.5～5	软线吊灯	≥2
防潮灯	2.5～5 个别可低于 5	荧光灯	≥2
配照灯	2.5～5	碘钨灯	7～15，特殊可低于 7
隔爆灯	2.5～5	镜面磨砂灯泡	≥2.5(200W 以上)
球灯、吸顶灯	2.5～5	裸磨砂灯泡	≥4(200W 以上)
乳白玻璃吊灯	2.5～5	路灯	≥5.5

(2)灯具的平面布置

应周密考虑到光的投射方向、工作面的照度、反射眩光和直射眩光、照明均匀性、视野内各平面的亮度分布、阴影、照明装置的安装功率和初次投资、用电的安全性、维护管理的方便性等因素。

一般照明系统的灯具采用均匀布置，做到考虑功能、照顾美观、防止阴影、方便施工；并应与室内设备布置情况相配合，即尽量靠近工作面，但不应安装在高大型设备上方；应保证用电安全，即裸露导电部分应保持规定的距离；应考虑经济性。若无单行布置的可能性，则应按表 13-5 中规定确定灯的间距。对于荧光灯，纵向和横向合理距高比的数值不一样，可查照明设计手册。

当实际布灯距高比等于或略小于相应的合理距高比时，即认为灯具的平面布置合理。

灯距离墙的距离，一般取(1/3～1/2)L(灯距)，当靠墙有工作面时取(1/4～1/3)L。

13.3　照度计算

照明计算是使空间获得符合视觉要求的亮度分配，使工作面上达到适宜的亮度标准。照明计算的实质是进行亮度的计算。因亮度计算较为困难，故直接计算与亮度成正比的照度值，以间接反映亮度值，使计算简化。

照度计算的方法有很多，但从计算工作的内容和程序上可分为：①已知照明系统标准,求所需光源的功率和总功率。②已知照明系统的功率和总功率,求在某点产生的照度。

目前国内在一般照明工程中常用的照明计算方法,大体分为以下两大类:

13.3.1 点照度的计算

该法可求出工作面上任意一点的照度,或其上的亮度分布,这种方法是以照明的平方反比定律为基础,多用以进行照明的验算。

13.3.2 平均照度计算

平均照度的计算适合于进行一般均匀照明的水平照度的计算,分单位功率法和利用系数法。

1. 单位功率法

又称单位容量法,可进一步分为估算法和单位功率法。

(1)估算法

建筑总用电量的估算为:

$$P=\omega\times S\times 10^{3} \tag{13-2}$$

式中:P——建筑物(该功能相同的所有房间)的总用电量;

ω——单位建筑面积安装功率(W/m^2),其值查表13-6确定;

S——建筑物(或功能相同的所有房间)的总面积(m^2)。

则每盏灯的瓦数(灯数为n盏)为:

$$p=P/n \tag{13-3}$$

表13-6 综合建筑物单位面积安装功率估算指标(W/m^2)

序号	建筑物名称	单位功率	序号	建筑物名称	单位功率
1	学校	9	7	实验室	9
2	办公室	9~11	8	各种仓库(平均)	5
3	住宅	6	9	汽车库	8
4	托儿所	6	10	锅炉房	5
5	商店	10	11	水泵房	5
6	食堂	6	12	煤气站	7

(2)单位功率法

根据灯具类型和计算高度、房间面积和照度编制出单位容量表,可根据确定的灯具类型和计算高度得到单位面积的安装功率ω的值,进而可采用与估算法相同的公式和步骤,就可求出建筑总用电量和每盏灯的瓦数。单位面积安装功率一般按照灯具类型分别编制,见表13-7所列。其他情况可查有关设计手册。

表 13-7　乳白玻璃灯罩单位面积安装功率(W/m^2)

灯具类型	计算高度(m)	房间面积(m^2)	白炽灯照度(lx)							
			10	15	20	25	30	40	50	75
乳白玻璃灯罩的球形灯和吸顶灯	2～3	10～15	6.3	8.4	11.2	13.0	15.4	20.5	24.8	35.3
		15～25	5.3	7.4	9.8	11.2	13.3	17.7	21.0	30.0
		25～50	4.4	6.0	8.3	9.6	11.2	14.9	17.3	24.8
		50～150	3.6	5.0	6.7	7.7	9.1	12.1	13.5	19.5
		150～300	3.0	4.1	5.6	6.5	7.7	10.2	11.3	16.5
		300 以上	2.6	3.5	4.9	5.7	7.0	9.3	10.1	15.0
	3～4	10～15	7.2	9.9	12.8	14.6	18.2	24.2	31.5	45.0
		15～20	6.1	8.5	10.5	12.2	15.4	20.6	27.0	37.5
		20～30	5.2	7.2	9.5	11.0	13.3	17.8	21.8	32.2
		30～50	4.4	6.1	8.1	9.4	11.2	15.0	18.0	26.3
		50～120	3.6	5.0	6.7	7.7	9.1	12.1	14.3	21.0
		120～300	2.9	4.0	5.6	6.5	7.6	10.1	11.3	17.3
		300 以上	2.4	3.2	4.6	5.3	6.3	8.4	9.4	14.3

2. 利用系数法

指投射到被照面的光通量 F 与房内全部灯具辐射的总光通量 nF_0 之比值(n 为房内灯具数,F_0 为每盏灯具的辐射光通量)$\eta = F/nF_0$。F 值中包括直射光通量和反射光通量两部分。反射光通量在多次反射过程中总要被控制器和建筑内表面吸收一部分,故被照面实际利用的光通量必然少于全部光源辐射的总光通量,即利用系数 $\eta<1$,见表 13-8 所列。

表 13-8　乳白色玻璃罩灯的发光强度和利用系数

α (o)	发光强度值	利用系数 η						
		ρ_t(%)	50			70		
		ρ_q(%)	30	50	30	50		
0	100	ρ_d(%)	10	10	30	10	10	30
10 20	98 90	i	η(%)					
30	85	0.6	17	21	22	18	23	23
40	80	0.7	19	24	25	21	26	27
50	76	0.8	22	27	28	24	29	31

(续表)

α (o)	发光强度值	利用系数 η						
		ρ_t(%)	50			70		
		ρ_q(%)	30	50	30	50		
60	72	0.9	24	29	30	26	31	32
70	65	1.0	25	30	31	27	32	35
80	53	1.1	27	31	33	29	34	37
90	45	1.25	28	33	35	31	36	39
100	40	1.5	31	36	38	34	39	42
110	40	1.75	33	38	40	36	42	45
120	45	2.0	35	40	42	36	44	49
130	48	2.25	38	41	44	42	46	51
140	50	2.5	39	43	46	43	48	53
150	55	3.0	41	45	48	46	50	56
160	60	3.5	44	46	50	49	52	58
170	63	4.0	46	49	52	51	55	62
180	0	5.0	47	50	54	53	56	64

影响利用系数的因素有灯具的效率(η值与灯具的效率成正比),灯具的配光曲线(向下部分配的直射光通量的比例越大则η值越大),建筑内装饰的颜色(墙面和顶棚等颜色越淡,η值越大)房间的建筑尺寸和结构特点可用室形系数i表示,即$i=ab/h(a+b)=s/h(a+b)$。式中a、b、s分别为房间的长、宽(m)、面积(m^2),h为灯具的计算高度(m)。当其他条件相同时,i值越大,则η值越大。

利用系数法的计算:

在公式$\eta=F/nF_0$中,F是受照面上实际接受的光通量,该光通量应保证受照面积S达到规定的照度E的值,故$F=E\times S$。考虑到使用过程中灯具和建筑内表面污染,受照面实际接受的光通量有所下降的情况,以及考虑到被照面上照度分布不均匀的情况,上式应加以修正,得出$F=E\times S\times K\times Z$。$K$为减光补偿系数值,$Z$为最小照度系数($Z=E_0/E<1$),$E_0$是受照面上的平均照度,$E$是受照面上的最低照度,即按照照度标准查出的数值。当距高比L/h值接近合理值时,可取$Z=1.2$,分别按表13-9、表13-10、表13-11选取。

则有$\eta=F/nF_0=ESKZ/nF_0$,$F_0=ESKZ/n\eta$。由该式可求出每个光源所需的辐射光通量F_0值,由F_0值查相应的光源样本即可确定每盏灯的功率,进而确定房间内的总功率,完成照度计算。

表 13－9　减光补偿系数

序号	照明地点		较佳值			在电力消耗上的允许值		
			灯具的清扫次数	减光补偿系数		灯具的清扫次数	减光补偿系数	
				白炽灯	荧光灯		白炽灯	荧光灯
1	稍有粉尘、烟、灰生产房间		每月二次	1.3	1.4	每月一次	1.4	1.5
2	粉尘、烟、灰较多的生产房间		每月四次	1.3	1.4	每月二次	1.5	1.6
3	有大量粉尘、烟、灰生产房间		每月三次	1.4	1.5	每月四次	1.5	1.5
4	办公室休息室及其他类似场所		—	—	—	每月二次	1.3	1.4
5	室外	普通照明灯具	—	—	—	每月二次	1.3	
		投光灯	—	—	—	每月二次	1.5	

表 13－10　部分灯具的最小照度系数

灯具类型		深照型	防水防尘型	圆球型
Z	采用最经济的布置方式（L/h 为较佳值）	1.2	1.2	1.18
	使用使照度最均匀的布置方式	1.11	1.18	1.15
使照度最均匀所采用的 L/h 值		1.5	1.65	2.1

表 13－11　较佳 L/h 值布置时的最小照度系数

灯具类型	L/h			
	0.8	1.2	1.6	2.0
观察工厂灯	1.27	1.22	1.33	1.55
防水防尘灯	1.26	1.15	1.25	1.50
深照型灯	1.15	1.09	1.18	1.44
乳白玻璃罩灯	1.00	1.00	1.18	1.18

【例 13－1】 某房间的面积为 $6\times10.5\text{m}^2$，净高 3.8m，顶棚、墙壁和地面的反射系数分别为 $\rho_t=0.7$，$\rho_q=0.5$，$\rho_d=0.3$。现采用乳白玻璃圆球罩灯作一般照明，照明器的悬挂高度为 3m，工作面高度为 0.8m。试确定照明器的数量、灯泡功率和位置，如图 13－7 所示。

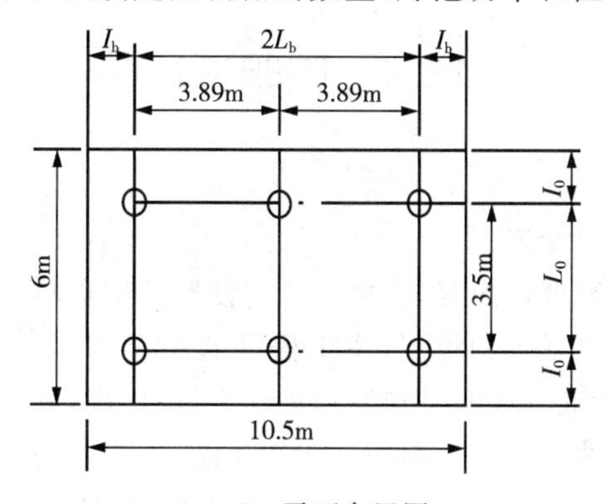

13－7　平面布置图

【解】 (1)根据房间的类型查民用建筑照明的照度标准得 $E=50\text{lx}$。

(2)灯具的平面布置。

灯具的设计高度:$h=h_s-h_p=3.0\text{m}-0.8\text{m}=2.20\text{m}$。查表13-4得单行布置时房间最大宽度 $h=2.20\text{m}<6.0\text{m}$,故不可能单行布置。对于多行布置得合理间距比:$L/h=1.6$,则合理间距为 $L=1.6\times2.20\text{m}=3.52\text{m}$,取3.5m。宽向 $6.0/3.5=1.71$,故布置两行,宽度$=L_a+2l_a=L_a+2\times0.35L_a=1.7L_a$,间距 $L_a=3.5\text{m}$,$l_a=1.25\text{m}$。长向 $10.5/3.5=3$,故布置成三列。长度$=2L_b+2l_b=2L_b+2\times0.35L_b=2.7L_b$,间距 $L_b=3.89\text{m}$,$l_b=1.36\text{m}$。共六盏灯。

(3)房间的室形系数:$i=ab/h(a+b)=6\times10.5/2.2\times(6+10.5)=1.74$。

(4)确定利用系数:根据室形系数,顶棚、地面及墙的反射系数,所选照明器型号,查表13-8并用插值法计算得利用系数 $\eta=0.45$。

(5)总光通量:查取最低照度系数 Z 为1.18,补偿系数 K 为1.3。利用公式计算所需的总光通量:$nF_0=ESKZ/\eta=6\times10.5\times1.18\times50\times1.3/0.45\text{lm}=10738\text{lm}$。

(6)每盏灯具所需得光通量:$F_0=10738/6=1789.67\text{lm}$。查表,选用PZ220-150型得白炽灯泡,150W其光通量 $F_0=2090\text{lm}$。

(8)校核:灯具的当量距高比 $L/h=\sqrt{3.89\times3.5}/2.2=1.68$,在1.5~1.8,平面布置合理。$E'=F_0'n\eta/abKZ=2090\times6\times0.45/6\times10.5\times1.3\times1.18=58.39\text{lx}$,则 $58.39-50/50=16.78\%<20\%$,满足要求。

【例13-2】 某办公室面积为 $3.3\times4.2\text{m}^2$,净高3m,办公桌高0.8m,现采用YG2-1型荧光灯照明,照明器离地高度2.5m。试用单位功率法确定所需得照明器数量。

【解】 办公室采用一般性均匀照明。查有关手册得办公室得平均照度为75lx。

(1)房间面积:$S=3.3\times4.2\text{m}^2=13.86\text{m}^2$。

(2)计算高度:$h=2.5-0.8=1.7\text{m}$。

(3)单位功率(单位面积安装功率):首先将平均照度换算成最低照度。

查得YG2-1型荧光灯的最低照度值 Z 为1.28,则:$E=E_0/Z=75/1.28=58.6\text{lx}$,查建筑电气设计手册,得单位功率为:$P_s=6.09\text{W/m}^2$。

(4)总安装功率:$P=pS=6.09\times13.86\text{W}=84.4\text{W}$。

(5)照明器数量:YG2-1型荧光灯内装40W荧光灯管一支,故 $N=84.4/40\approx2$,即办公室内应装YG2-1型荧光灯两盏。

13.4 照明设计

13.4.1 电气照明设计的原始资料

首先根据设计任务了解设计内容,收集必要的设计基础资料,收集的原始资料如下:

(1)电源资料:当地供电系统的情况,本工程供电方式,供电的电压等级,对功率因数的要求,电费的收费分类和标准。电源进户线的进线方位、标高,进户装置的形式。

(2)图纸资料:建筑物的平、立、剖面图。建筑功能,建筑结构状况,设备布置和室内设施布置装饰材料情况,各层的标高、各房间的用途、顶棚、窗及楼梯间等的情况,以便考虑照明供电的方案、线路的走向、敷设方式和照明器具的安装方法等。

(3)其他资料:了解建筑设计标准,各房间使用功能对电气工程的要求,工作场所对光源的要求等。了解其他专业的要求,电气照明设计与建筑协调一致,按建筑的格局进行布置,不影响结构的安全。建筑设备的管道很多,应注意相互协调,约定各类管道的敷设部位,尽可能地避免发生矛盾。了解工程建设地点的气象、地质资料,以供防雷和接地装置设计之用。

原始资料的收集视工程的具体情况及工程的规模大小来确定,最好能在着手设计前全部收集齐备,必要时也可以在设计过程中继续收集。

13.4.2　照明设计

以利用系数法说明照明设计的步骤和方法。

(1)根据建筑的功能要求、房间的照度标准,选择合理的照明方式,并根据房间对配光、光色、显色性及环境条件来选择光源和灯型。

(2)根据各个房间对视觉工作的要求和室内环境的清洁情况,确定各房间的照度和减光补偿系数(或维护系数)。

(3)根据房间的照明标准进行灯具布置,并确定等数 n 及实际的距高比 L/h。

(4)根据灯具的计算高度 h、房间面积 S 及平面尺寸 $a\times b$,计算确定室形系数 i 的值,或查表得到 i 的值。

(5)根据灯具型号,墙壁、顶棚和地面的反射系数,以及 i 值,求光通量利用系数 η 值。由灯具类型和 L/h,查表确定最小照度系数。根据公式计算每盏灯具所必需的光通量 F_0,由此确定灯具的功率。

(6)验算受照面上的最低照度 E 是否满足照度标准。

13.4.3　各种建筑对电气照明的要求

各类建筑的功能是根据使用要求而有所区别,因此,各类建筑要求电气照明达到的功效也有所不同。由于建筑装修影响电气照明的效果,因此做好建筑设计,应具有建筑与建筑电照设计相协调方面知识。表 13-12 列出了 10 种建筑电气照明设计要求。

表 13-12　10 种建筑电气照明设计要求

建筑类别	要求内容
住宅	应使光环境实用、舒适;卧室、餐厅宜选低色温光源,卧室应有局部照明;楼梯间应选双控或定时开关
旅馆	照明应满足视觉和非视觉功效,后者为制造气氛、增强建筑表现力等;客房、餐厅、休息室、酒吧间、咖啡厅和舞厅宜选用低色温光源应有调光装置
办公楼	对办公室、阅览室、计算机显示屏等工作区域,照明设计要控制光幕反射和反射眩光,如顶棚灯具宜设在工作区的两侧等
商店	货架、柜台和橱窗的照明应防止直接眩光和反射眩光,营业柜台和陈列区应有局部照明,便于改变光线方向和照度分布
影剧院	观众厅宜设调光装置,观众座位宜设座位排号灯

(续表)

建筑类别	要求内容
学校	教室灯具设置应与学生主视线平行,且在课桌间通道上方;宜采用蝙蝠翼式和非对称配光灯具;视听室不宜选用气体放电光源
图书馆	存放及阅读珍贵资料的房间,不宜选用具有短波辐射光源;一般阅览室、研究室、装裱修整间等应加设局部照明
医疗建筑	手术室为与手术无影灯光源相协调的一般照明光源,其水平照度不宜小于500lx,垂直照度不应小于水平照度的1/2;候诊室、传染病院的诊所、厕所、呼吸器科、血库、穿刺、妇科清洗和手术室等应设紫外线杀菌灯
体育建筑	游泳竞赛和训练馆照明灯具宜沿泳池长边两侧布置;花样游泳池应增设水下照明装置,其照明灯具光通量为1000~1100lm;水面光通量不应小于1000lm;摔跤、拳击比赛和训练场地,各类棋类比赛场地宜有局部照明
铁路港口旅客站	候车、船室、站台、行李存放场所,应采用高光强气体放电的显色性好的灯具,不宜采用白炽灯和荧光灯;检票处、售票台、海关检验处,结账交接班台,票据存放库宜增设有局部照明;较大站台宜选用高杆照明

思考题

1. 建筑电气照明的种类和方式有哪些?
2. 建筑电气照明设计中常用到哪些光学物理量?
3. 常用的电光源有哪些?各有什么特点和适用场合?
4. 灯具布置应考虑哪些因素?
5. 简述常用的照明负荷计算方法。

第14章 建筑电气节能

我国正处于城镇化建设的快速发展时期，建筑能耗约占全社会总能耗的27%左右（根据2010年建设部和国家建材局的统计）。到2020年，全国将新增建筑面积约200亿平米，建筑能耗占全社会总能耗的比例将更高。

作为二次能源的电能，如何降低损耗、高效利用，如何将节能技术合理应用到工程项目中，已成为建筑电气技术的焦点。

14.1 电气节能应遵循的原则

电气节能既不能以牺牲建筑功能、损害使用需求为代价，也不能盲目增加投资、为"节能"而节能，应遵循以下原则。

14.1.1 满足建筑物的功能

这主要包括：满足建筑物不同场所、部位对照明照度、色温、显色指数的不同要求；满足舒适性空调所需要的温度及新风量；满足特殊工艺的要求，如体育场馆、医疗建筑、酒店、餐饮娱乐场所一些必需的电气设施用电，展厅、多功能厅等的工艺照明及动力用电等。

14.1.2 考虑实际经济效益

节能应考虑国情以及实际经济效益，不能因为追求节能而过高地消耗投资，增加运行费用，而是应该通过比较分析，合理选用节能设备及材料，增加节能方面的投资，能在几年或较短时间内用节能减少下来的费用进行回收。

14.1.3 节省无谓消费的能量

节能的着眼点，应是无谓消耗的能量。首先找出哪些方面的能量消耗是与发挥建筑物功能无关的，再考虑采用什么措施节能。如变压器功率的损耗、电能传输线路上的有功损耗，都是无用的能量消耗；又如量大面广的照明容量，宜采用先进的调光技术、控制技术使其能耗降低。

总之，电气节能应把握"满足功能、经济合理、技术先进"的原则可从多方面采用节能措施，将节能技术应用到实际工程中。

14.2 变压器的选择

变压器节能的实质就是：降低其有功功率损耗、提高其运行效率。

变压器的有功功率损耗如下式表示：

$$\Delta P_b = P_o + P_k \beta^2$$

式中:ΔP_b——变压器有功损耗,kW;

P_o——变压器空载损耗,kW;

P_k——变压器有载损耗,kW;

β^2——变压器负载率。P_o为变压器空载损耗又称铁损,它是由铁芯的涡流损耗及漏磁损耗组成,其值与硅钢片的性能及铁芯的制造工艺有关,而与负荷大小无关,是基本不变的部分。

因此变压器应选用SL7、SLZ7、S9、SC9等以上标准的节能型变压器,他们均是选用高导磁的优质冷轧晶粒取向硅钢片和先进工艺制造的新系列节能变压器。由于"取向"处理,使硅钢片的磁场方向接近一致,以减少铁芯的涡流损耗;全斜接缝结构,使接缝弥合性好,可减少漏磁损耗。新系列节能型变压器,因具有损耗低、质量轻、效率高、抗冲击节能显著等优点,而在近年得到了广泛的应用。

P_k是传输功率的损耗,即变压器的线损,它取决于变压器绕组的电阻及流过绕组电流的大小。因此,应选用阻值较小的铜芯绕组变压器。

变压器的负载率β应选择在75%～85%为宜,这样既经济合理,又物尽其用。合理分配用电负荷、台数、选择变压器容量和台数,使其工作在高效区内,可有效减小变压器总损耗。

当负荷率低于30%时,应按实际负荷换小容量变压器;当负荷率超过80%的情况下并通过计算不利于经济运行时,可放大一级容量选择变压器。

14.3 优化供配电系统及线路

根据负荷容量及分布、供电距离、用电设备特点等因素,合理配置供配电系统和选择供电电压,可达到节能目的,供配电系统应尽量简单可靠。按经济电流密度合理选择导线截面,一般按年综合运行费用最小原则确定单位面积经济电流密度。

由于一般工程的干线、支线等线路总长度可达数万米,线路上的总有功损耗相当可观,所以,减少线路上的损耗必须引起足够重视。由于线路总损耗电导率和长度成正比,与其截面成反比。因此,应注意以下几方面。

(1)选电导率较小的材质做导线。铜芯最佳,但又要贯彻节约用铜的原则。

(2)减小导线长度。主要措施有:

① 变配电所应尽量靠近负荷中心,以缩短线路供电距离,减少线路损失。

② 在高层建筑中,低压配电室应靠近强电竖井。

③ 线路尽可能走直线,以减少导线长度;其次,低压线路应不走或少走回头线,以减少来回线路上的电能损失。

(3)增大线缆截面S:

① 对于比较长的线路,在满足载流量、动热稳定、保护配合、电压损失等条件下,可根据情况再加大一级线缆截面。

② 合理调剂季节性负荷、充分利用供电线路。如将空调风机、风机盘管与一般照明、电开水等计费相同的负荷,集中在一起,采用同一干线供电,可在春、秋两季空调不用时,以同样大的干线截面传输较小的负荷电流,从而减小线路损耗。

14.4　提高系统的功率因数

14.4.1　提高功率因数的意义

设定输电线路导线每相电阻为$R(\Omega)$，则三相输电线路的功率损耗为

$$\Delta P=3I^2R\times10^{-3}=\frac{P^2R}{U^2\cos^2\varphi}\times10^3$$

式中：ΔP——三相输电线路的功率损耗，kW；

P——电力线路输送的有功功率，kW；

U——线电压，V；

I——线电流，A；

$\cos\varphi$——电力线路输送负荷的功率因数。

由上式可以看出，在系统有功功率P一定的情况下，$\cos\varphi$越高（即减少系统无功功率Q），功率损耗ΔP将越小，所以，提高系统功率因数、减少无功功率在线路上传输，可减少线路损耗，达到节能的目的。

在线路的电压U和有功功率P不变的情况下，改善前的功率因数为$\cos\varphi_1$，改善后的功率因数为$\cos\varphi_2$，则三相回路实际减少的功率损耗可按下式计算：

$$\Delta P=\left(\frac{P}{U}\right)^2R\left(\frac{1}{\cos^2\varphi_1}-\frac{1}{\cos^2\varphi_2}\right)\times10^3$$

另外，提高变压器二次侧的功率因数，由于可使总的负荷电流减少，故可减少变压器的铜损，并能减少线路及变压器的电压损失。另一方面，提高系统功率因数，使负荷电流减少，相当于增大了变配电设备的供电能力。

14.4.2　提高功率因数的措施

(1)减少供用电设备无功消耗，提高自然功率因数的主要措施有：①正确设计和选用交流装置，对直流设备的供电和励磁，应采用硅整流或晶闸管整流装置，取代变流机组、汞弧整流器等直流电源设备。②限制电动机和电焊机的空载运转。设计中对空载率大于50%的电动机和电焊机，可安装空载断电装置；对大、中型连续运行的胶带运输系统，可采用空载自停控制装置；对大型非连续运转的异步笼型风机、泵类电动机，宜采用电动调节风量、流量的自动控制方式，以节省电能。③条件允许时，采用功率因数较高的等容量同步电动机代替异步电动机。④荧光灯选用高次谐波系数低于15%的电子镇流器；气体放电灯的电感镇流器，单灯安装电容器就地补偿等，都可使自然功率因数提高到0.85～0.95。

(2)用静电电容器进行无功补偿。按全国供用电规则规定，高压供电的用户和高压供电装有带负荷调整电压装置的电力用户，在当地供电局规定的电网高峰负荷时功率因数应不低于0.9。

当自然功率因数达不到上述要求时，应采用电容器人工补偿的方法，以满足规定的功率因数要求。实践表明，每千乏补偿电容每年可节电150～200kW·h，是一项值得推广的节

电技术。特别是对于下列运行条件的电动机要首先运用:①远离电源的水源泵站电动机。②距离供电点200m以上的连续运行的电动机。③轻载或空载运行时间较长的电动机。④YZR、YZ系列电动机。⑤高负载率变压器供电的电动机。

(3)无功补偿设计原则为:①高、低压电容器补偿相结合,即变压器和高压用电设备的无功功率由高压电容器来补偿,其余无功功率则需按经济合理的原则对高、低压电容器容量进行分配。②固定与自动补偿相结合,即最小运行方式下的无功功率采用固定补偿,经常变动的负荷采用自动补偿。③分散与集中补偿相结合,对无功容量较大、负荷较平稳、距供电点较远的用电设备,采用单独就地补偿;对用电设备集中的地方采用成组补偿,其他的无功功率则在变电所内集中补偿。

就地安装无功补偿装置,可有效减小线路上的无功负荷传输,其节能效果比集中安装、异地补偿要好。

14.5 建筑照明节能

因建筑照明量大而面广,故照明节能的潜力很大。在满足照度、色温、显色指数等相关技术参数要求的前提下,照明节能设计应从下列几方面着手。

14.5.1 选用高效光源

按工作场所的条件,选用不同种类的高效光源,可降低电能消耗,节约能源。其具体要求如下:

一般室内场所照明,优先采用荧光灯、小功率高压钠灯和LED灯等高效光源,可采用T5细管、U型管节能荧光灯,以满足《建筑照明设计标准》(GB50034)对照明功率密度(LPD)的限值要求。不宜采用白炽灯,只有在开合频繁或特殊需要时,方可使用白炽灯,但宜选用双螺旋(双绞丝)白炽灯。

高大空间和室外场所的一般照明、道路照明,应采用金属卤化物灯,高压钠灯等高光强气体放电灯。

气体放电灯应采用耗能低的镇流器,且荧光灯和气体放电灯,必须安装电容器,补偿无功损耗。

14.5.2 选用高效灯具

除装饰需要外,应优先选用直射光通比例高,控光性能合理;反射或透射系数高、配光特性稳定的高效灯具。

采用非对称光分布灯具。由于它具有减弱工作区反射眩光的特点,在一定照度下,能够大大改善视觉条件,因此可获得较高的效能。

选用变质速度较慢的材料制成的灯具,如玻璃灯罩、搪瓷反射罩等,以减少光能衰减率。

室内灯具效率不应低于70%(装有遮光栅格时,不应低于55%);室外灯具效率不应低于40%(但室外投光灯不应低于55%)。

14.5.3 选用合理的照明方案

采用光通利用系数较高的布灯方案,优先采用分区一般照明方式。

在有集中空调且照明容量大的场所，采用照明灯具与空调回风口结合的形式。

在需要有高照度或有改善光色要求的场所，采用两种以上光源组成的混光照明。

室内表面采用高反射率的浅色饰面材料，以更加有效地利用光能。

14.5.4　照明控制和管理

(1)充分利用自然光，根据自然光的照度变化，分组分区域控制灯具的开停。适当增加照明开关点，即每个开关控制灯的数量不要过多，以便管理和有利节能。

(2)对大面积场所的照明，采取分区控制方式，这样可增加照明分支回路控制的灵活性，使不需照明的地方不开灯，有利节电。

(3)有条件时，应尽量采用调光器、定时开关、节电开关等控制电气照明。公共场所照明，可采用集中控制的照明方式，并安装带延时的光电自动控制装置。

(4)室外照明系统，为防止白天亮灯，最好采用光电控制器代替照明开关，以利节电。

14.6　节电型低压电器的应用

设计时应积极选用具有节电效果的新系列低压电器，以取代功耗大的老产品，例如：

(1)用RT20、RT16(NT)系列熔断器取代RT0系列熔断器。

(2)用JR20、T系列热继电器取代JR0、JR16系列热继电器。

(3)用AD1、AD系列新型信号灯取代原XD2、XD3、XD5和XD6老系列信号灯。

(4)选用带有节电装置的交流接触器。大中容量交流接触器加装节电装置后，接器的电磁操作线圈的电流由原来的交流改变为直流吸持，既可省去铁心和短路环中绝大部分损耗功率，还可降低线圈的温升和噪声，从而取得较高的节电效益。

(5)消谐装置的应用等。

另外，保持用电设备运行在合理的电压值，也是节电重要因素。

14.7　能耗监测平台

在自动化技术和信息技术基础上建立的能源管理系统，以客观数据为依据，是工厂、学校、公用建筑等能源消耗大户实施节能降耗最有效的办法。

14.7.1　能源管理系统的组成及架构

建筑能耗监测系统由现场计量装置，通信网关、传输网络、数据中心(数据中转站)和能耗管理软件组成。为公共建筑的实时数据采集、开关状态监测及远程管理与控制提供了基础平台，它可以和检测、控制设备构成复杂的监控系统。该系统主要采用分层分布式计算机网络结构，一般分为三层：站控管理层、网络通信层和现场设备层。

14.7.2　能源管理系统功能

1. 数据采集系统功能

将建筑的能源数据通过有线或无线方式采集进入中心系统，供数据监视、报警、数据分

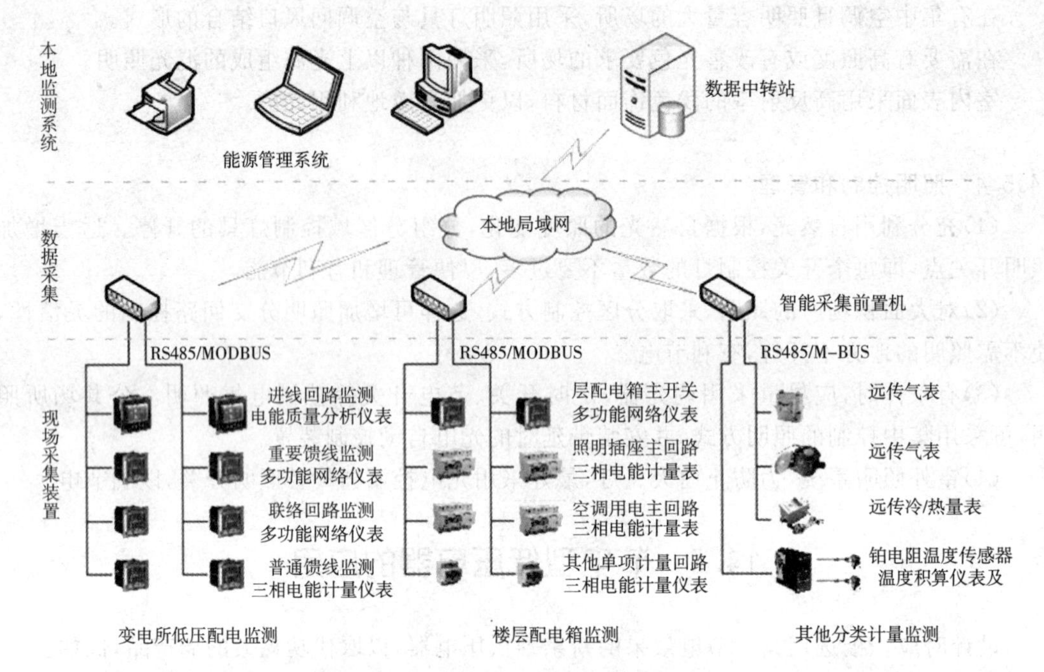

图 14-1 能耗管理系统结构示意图

析、数据计算、数据统计等用,能源一般分水、电、气煤、油等几类。其中,电能又可分为动力、照明、空调和特殊用电等分项。

2. 监控系统功能

通过能源管理中心显示界面,监控流量、压力、温度、电能等数据。实现能源监视、系统故障报警和分析。

3. 能源管理功能

将采集的数据进行归纳、分析和整理,结合计划的数据,进行能源管理工作,包括能源实绩分析管理、能源质量管理、能源成本费用管理、能源平衡管理、能源预测分析等,形成能源管理报表。

能源管理系统根据管理要求,一般设置电力、动力、流量(气体、蒸汽、液体流量计)、压力、温度等专业调度台,完成主要数据监视、技术分析、日报、月报、年报统计和报表输出等功能,并以此为依据,为生产指导制订运行方案等。

思考题

1. 建筑物电气节能的主要措施有哪些?
2. 如何为建筑物选配合理的变压器?
3. 请为一栋建筑物设计供配电线路。
4. 简述提高功率因数的意义。
5. 建筑照明节能的措施有哪些?
6. 能耗监测系统的结构是什么?

第 15 章 建筑电气消防

随着社会的发展，电气设备越来越多，用电负荷日益加重，发生火灾的可能性也逐渐增大，据公安部统计，全国重大火灾中，因电气原因规定造成的火灾占同期火灾总数的三分之一，电气火灾发生率居各类火灾之首。本章着重介绍建筑电气消防中的消防电源及其配电、火灾自动报警系统、火灾事故照明、漏电报警系统。

15.1 消防电源及其配电

为建筑电气消防用电设备供电的电源称为消防电源，一般由用途不同的独立电源按一定的方式联结成电力网络为消防负荷供电。对于消防用电设备，应采用单独的供电回路，并当发生火灾切断生产、生活用电时，应仍能保证消防用电，其配电设备应有明显标志。其配电线路应穿管保护。当暗敷时应敷设在非燃烧体结构内，其保护层厚度不应小于 3cm，明敷时必须穿金属管，并采取防火保护措施。采用绝缘和护套为非延燃性材料的电缆时，可不采取穿金属管保护，但应敷设在电缆井沟内。

建筑物、储罐、堆场的消防用电设备，其电源应符合下列要求：

(1)建筑高度超过 50m 的乙、丙类厂房和丙类库房，其消防用电设备应按一级负荷供电。

(2)下列建筑物、储罐和堆场的消防用电，应按二级负荷供电。

① 室外消防用水量超过 30L/s 的工厂、仓库；

② 室外消防用水量超过 35L/s 的易燃材料堆场、甲类和乙类液体储罐或储罐区、可燃气体储罐或储罐区；

③ 超过 1500 个座位的影剧院、超过 3000 个座位的体育馆、每层面积超过 3000m^2 的百货楼、展览楼和室外消防用水量超过 25L/s 的其他公共建筑。

(3)按一级负荷供电的建筑物，当供电不能满足要求时，应设自备发电设备。

(4)除一、二款外的民用建筑物、储罐(区)和露天堆场等的消防用电设备，可采用三级负荷供电。

15.2 火灾自动报警系统

火灾自动报警装置是为了早期发现火灾并及时通报且采取有效措施，控制和扑灭火灾而设置在建筑物中的一种自动消防措施。它发展至今，大致可分为三个阶段：多线制开关量火灾报警系统(第一代，目前已经淘汰)、总线制可寻址开关量式火灾报警系统(第二代)和模拟量传输式智能火灾报警系统(第三代)。

模拟量式火灾探测器适用于与火灾的某些参数成正比的测量值，探测器在这里起着火灾参数传感器的作用，对火灾的判断则由控制器完成。由于控制器能对探测器探测的火灾参数(例如烟的质量浓度、温度的上升速度等)进行分析，自动排除环境的干扰，同时，还可以利用在控制器中预先存储火灾参数变化曲线与现场检测的结果进行比较，以确定是否发生火灾。这样，火灾参数的当前值并不是判断火灾发生的唯一条件，即系统没有一个固定的“阈值”，而是具有“可变阈”。因而，这种系统属于智能系统。

15.2.1 火灾自动报警系统的组成

火灾自动报警系统是由火灾探测器、火灾报警装置、火灾警报装置以及具有其他辅助功能的装置组成，如图15-1所示。

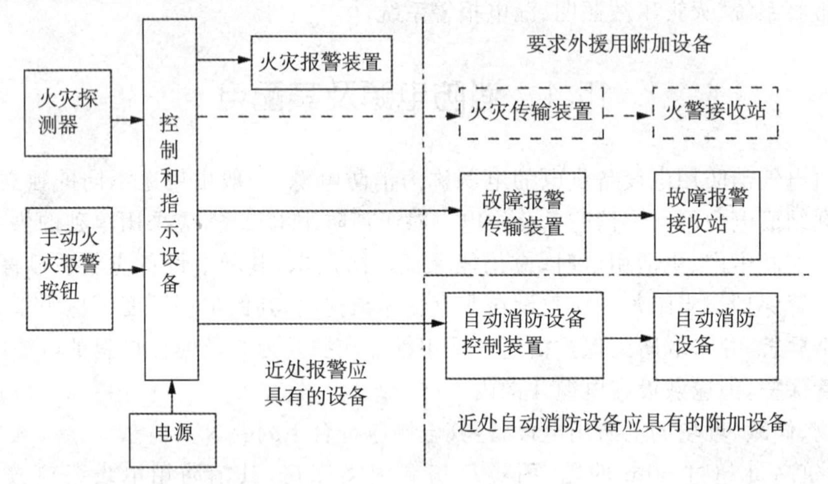

图15-1 火灾自动报警系统组成图

其中外援用附加设备包括消防末端设备联动控制系统、灭火控制系统、消防用电设备的双电源配电系统、事故照明与疏散照明系统、紧急广播与通信系统等用于及时疏散人员、启动灭火系统、操作防火卷帘、防火门、防排烟系统、向消防队报警等。图中实线表示系统中必须具备的设备和元件，虚线表示当要求完善程度高时可以设置的设备和元件。

15.2.2 火灾自动报警系统的分类

根据工程建设的规模、保护对象的性质、火灾报警区域的划分和消防管理机制的组织形式，火灾自动报警系统可以分为区域报警系统、集中报警系统和控制中心报警系统三类。

1. 区域报警系统

区域报警系统包括探测器、手动报警按钮、区域火灾报警控制器、火灾报警装置和电源等部分，其基本构成如图15-2所示。

这种自动报警系统比较简单，且使用很广泛，例如：行政事业单位、工矿企业的要害部门和娱乐场所均可使用。区域报警系统设计时应符合下列几点要求：

(1)在一个区域系统中，宜选用一台通用报警控制器，最多不应超过三台；

(2)区域报警器应设置在有人值班的房间里；

(3)该系统比较小，只能设置一些功能比较简单的联动控制设备；

(4)当用系统警戒多个楼层时，应在每个楼层的楼梯口和消防电梯前明显部位设置识别报警楼层的灯光显示装置；

(5)当区域报警控制器安装在墙上时，其底边距离地面或楼板高度为1.3～1.5m，靠近

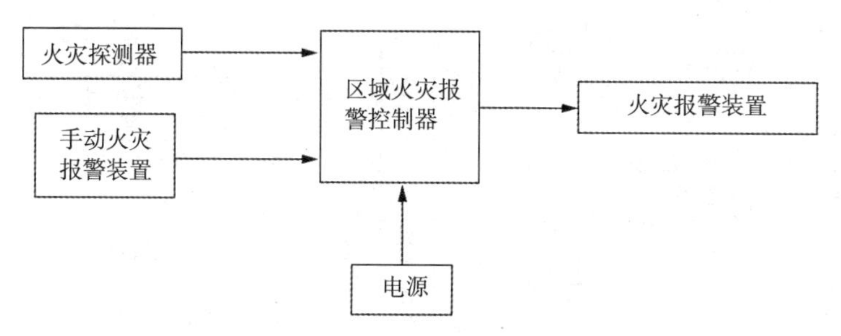

图15-2 区域报警系统基本构成原理

门轴侧面距离不小于0.5m,正面操作距离不小于1.2m。

2. 集中报警系统

集中报警系统由一台集中报警控制器、两台以上的区域报警控制器、火灾警报装置和电源组成,其基本构成如图15-3所示。

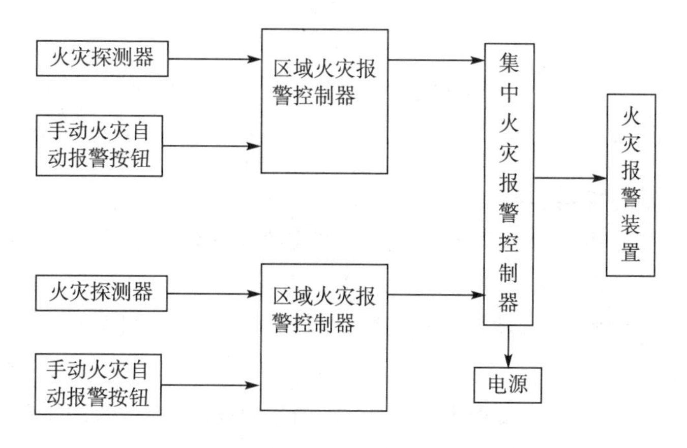

图15-3 集中报警系统基本构成原理

高层宾馆、饭店、大型建筑群一般使用的都是集中报警系统。集中报警控制器设在消防控制室里,区域报警器设在各层的服务台处。对于总线制火灾报警控制系统,区域报警控制器就是重复显示屏。集中报警系统在设计时应注意以下几点要求:

(1)应设置必要的消防联动控制输出节电,可控制有关消防设备并接收其反馈信号;

(2)在控制器上应能准确显示火灾报警的具体部位,并能实现简单的联动控制;

(3)集中报警控制器的信号传输线应通过端子连接,应具有明显的标记和编号;

(4)集中报警控制器所连接的区域报警控制器(层显)应符合区域报警控制系统的技术要求。

3. 控制中心报警系统

控制中心报警系统除了集中报警控制器、区域报警控制器、火灾探测器外,在消防控制室内增加了消防联动控制设备。被联动控制的设备包括火灾报警装置、火警电话、火灾应急照明、火灾应急广播、防排烟、通风空调、消防电梯和固定灭火控制装置等,其基本构成如图15-4所示。也就是说,集中报警系统加上联动的消防控制设备就构成控制中心报警系统。控制中心报警系统主要用于大型宾馆、饭店、商场、办公室、大型建筑群和大型综合楼等。

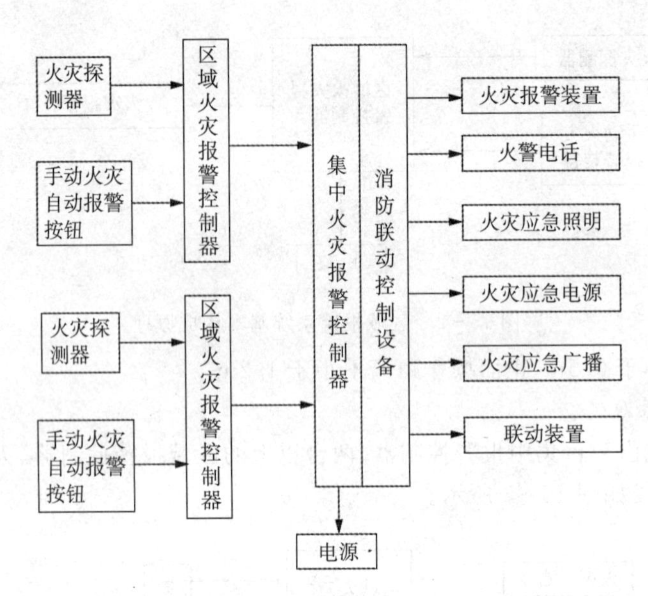

图 15-4 控制中心报警系统基本构成原理

15.2.3 火灾探测器的种类和布置

火灾探测器是一种能够自动发出火情信号的器件，主要有感烟式、感温式、感光式三种，还有可燃气体探测器等。

感烟探测器有离子感烟探测器和光电感烟探测器两种，具有较好的报警功能，适用于火灾的前期和早期报警。以下场所不适宜采用：正常情况下多烟或多尘的场所；存放火药或汽油等发火迅速的场所；安装场所高度大于 12m、烟不易到达的场所；维护管理十分困难的场所。

感光探测器也称火焰探测器，有红外火焰型和紫外火焰型之分，可以在一定程度上克服感烟探测器的上述缺点，但报警时已经造成一定的物质损失。而且当附近有过强的红外或紫外光源时，可导致探测器工作不稳定。故只适宜在固定场合下使用。

感温探测器不受非火灾性烟尘雾气等干扰，当火灾形成一定温度时工作比较稳定，适于火灾早期、中期报警。凡是不可能使用感烟探测器、非爆炸性的，并允许产生一定损失的场所，都可应用这种探测器。

可燃气体火灾探测器有铂丝型、铂钯型和半导体型之分，主要用于易燃易爆场合的可能泄漏的可燃气体检测。

火灾探测器尚有复合式火灾探测器(感烟-感温型、感光-感烟型、感光-感烟型等)、漏电流、静电、微压差、超声波感应型探测器、缆式探测器、地址码式探测器和智能化探测器等多种类型。

火灾探测器布置与探测器的种类、建筑防火等级及布置特点等多种因素有关。一般规定，探测区域内的每个房间至少应布置一个探测器。感烟、感温火灾探测器的保护面积和保护半径，与房间的面积、高度及屋顶坡度有关，最大安装间距与探测器的保护面积有关。在一个探测区域内所需设置的探测器数量，可按照下式计算确定：

$$N \geqslant S/KA \tag{15-1}$$

式中：N——一个探测区域内所需设置的探测器数量，只；

S——一个探测区域的面积，m^2；

A——一个探测器的保护面积，m^2；

K——修正系数，重点保护建筑取0.7～0.9，普通保护建筑取1.0；

探测器宜水平安装，如必须倾斜安装时，倾斜角不应大于45°。

15.2.4　火灾报警控制器

火灾报警控制器也称火灾自动报警控制器，是建筑消防系统的核心部分。由微机技术实现的火灾报警控制器已将报警与控制融为一体，除了具有控制、记忆、识别和报警功能外，还具有自动检测、联动控制、打印输出、图形显示、通信广播等功能。

15.2.5　火灾探测新技术及智能化信息处理

1. 火灾探测新技术

由于受到空间高度、空气流速、粉尘、温度、湿度等因素的影响，或因为被保护场所的特殊要求，上述传统的火灾探测技术会遇到各种困难，从而失去效用。例如：越来越多的大空间场所、需要早期发现或超早期发现火险的重要场所。传统的火灾探测技术都把火灾过程中的某个特征物理量作为检测对象。近年来，研究人员正逐渐将注意力转移到火灾现象本身和深层次的机理研究方面，并已经取得一定的成果，比如模拟量火灾探测器、智能复合型火灾探测器、图像型火灾探测器以及高灵敏度吸气式感烟火灾探测器等新型探测技术和产品的出现都表明了这种趋势。

(1)图像型火灾探测器技术由于使用CCD摄像机摄取的视频影像进行火灾探测及相应的火灾空间定位，可以免受空间高度和气流的影响；配有防护罩，可以有效地消除粉尘的不利影响；利用多重判据，克服了常规火灾探测报警系统因判据单一而遇到的困难，使火灾探测的灵敏度和可靠性都得到很大的提高，基本消除了复杂、恶劣环境因素对火灾探测系统的影响。作为一种控制面积大、适用于大空间(包括开放空间)的可靠的火灾监控技术，该技术对于提高大型厂房、仓库、礼堂、商场、银行、车站、机场等大空间场所的火灾检测技术水平有重要作用。

(2)在一些要求极高的重要场所(计算机房、通信设施、集成电路生产车间、核电站等)，要求对火灾进行超早期报警，产生了对高灵敏度火灾探测器的要求。近年来，针对这种实际需要，国际上开发了高灵敏度吸气式感烟火灾探测报警系统。它一改被动等烟方式为吸气工作方式，主动抽取空气样本进行烟粒子探测；同时，采用特殊设计的检测室，高强度的光源和高灵敏度的光接收器件，使灵敏度增加了几百倍，能在烟尚不被人眼所见的情况下，正确探测其存在并发出报警信号，为超早期探测预报火灾提供了有效手段，对保护洁净空间的超早期火灾安全起到积极作用。

2. 智能化信息处理

目前，智能型火灾自动报警系统按智能分配可分为三种类型：探测智能、监探智能和综合智能。

(1)探测智能

这种系统探测器根据探测环境的变化而改变自身的探测零点，对自身进行补偿，并对自身能否可靠地完成探测做出判断,而控制部分仍是开关量的接收型。这种智能系统解决了由探测器零点漂移引起的误报和系统自检问题。

(2)监控智能

目前,大多数智能系统均为这种系统,它是将模拟量探测器(或称类比式探测器)输出的模拟信号通过A/D变换后的数字信号送到控制器,由控制器对这些信号进行处理,判断是否发生火灾或存在故障。

(3)综合智能

这种系统是上面两种系统的合成,其智能程度更高。由于火灾信息在探测器内进行了预处理,所以传递火灾信息的时间可以缩短,控制器也可以减少信号处理时间,提高了系统的运行速度,但同时设备费用也会提高。

上述三种智能系统的智能处理是在探测器或控制器内进行信号处理,由于传感器的输出信息随火灾的发展而变化,而火灾的早期特征是不稳定的,因此,识别真假火灾的火灾信息处理要比其他典型的信息处理要困难得多、复杂得多,因此,完备的火灾信息处理工作应在控制器内完成。

15.3 火灾事故照明

15.3.1 火灾事故照明概述

火灾事故照明是指在火灾事故情况下,为防止触电和通过电气设备、线路扩大火势,需要在火灾时及时主动切断正常照明电源和其他非消防电源或因火势等其他原因导致线路、电气元件损坏造成的正常照明电源和其他非消防电源不能运行等原因,通过提前设置的应急照明保证仍需工作的一些房间及人员疏散走道的照明。

国内使用的火灾事故照明灯有自带电源独立控制型和集中电源集中控制型(EPS)两种。自带电源独立控制型,正常电源接自普通照明供电回路中,平时对应急灯蓄电池充电,当正常电源切断时,备用电源(蓄电池)自动供电。集中电源集中控制型,应急灯具内无独立电源,正常照明电源故障时,由集中供电系统供电。

与自带电源独立控制型应急灯具相比,集中电源集中控制型应急灯(EPS)具有便于集中管理、用户自查、消防监督检查、延长灯具寿命、提高应急疏散效能等优点。但是集中电源集中控制型应急灯具由于每个应急灯具内没有备用电源(蓄电池),若供电线路发生故障,则会直接影响到应急照明系统的正常运行,所以对其供电线路敷设有特殊的防火要求。而自带电源独立控制型应急灯具因为在每个应急灯具内都带有备用电源(蓄电池),所以对供电线路没有特殊的要求,应急灯发生故障时一般也只影响该灯具本身,对整个系统影响不大。

15.3.2 火灾事故照明设置要求

(1)公共建筑和乙、丙类高层厂房的下列部位,应设火灾事故照明:

① 封闭楼梯间、防烟楼梯间及其前室,消防电梯前室;

② 消防控制室、自动发电机房、消防水泵房;

③ 观众厅、展览厅、多功能厅、建筑面积超过200m^2的营业厅、餐厅、演播室,人员密集

且建筑面积超过 $100m^2$ 的地下或半地下公共活动场所；

④ 按规定应设封闭楼梯间或防烟楼梯间建筑的疏散走道。

(2)疏散走道用的事故照明，其最低照度不应低于 1.0lx。消防控制室、消防水泵房、自备发电机房的照明支线，应接在消防配电线路上。

(3)医院的病房楼、影剧院、体育馆、多功能礼堂等，其疏散走道和疏散门，均宜设置灯光疏散指示标志。

歌舞娱乐放映游艺场所和地下商店内的疏散走道和主要疏散路线的地面或靠近地面的墙上应设置发光疏散指示标志。

(4)事故照明灯宜设在墙面或顶棚上。

疏散指示标志宜放在太平门的顶部或疏散走道及其转角处距地面高度 1m 以下的墙面上，走道上的指示标志间距不宜大于 20m。

事故照明灯和疏散指示标志，应设玻璃或其他非燃烧材料制作的保护罩。

15.4　漏电火灾报警系统

15.4.1　漏电火灾报警系统概述

近年来，随着电气火灾起数的不断上升，漏电火灾报警系统已经逐渐成为建筑消防电气中必须考虑的一个重要组成部分。漏电火灾报警系统又称剩余电流报警系统，通过探测线路中的漏电流的大小来判断火灾发生的可能性。漏电流是通过零序电流互感器探测的。

考虑电气线路的不平衡电流、线路和电气设备正常的泄漏电流，实际的电气线路都存在正常的剩余电流，只有检测到剩余电流达到报警值时才报警。

15.4.2　漏电火灾报警系统组成

漏电火灾报警系统是一种基于计算机技术的数字化监控网络系统，负责监控终端电气故障，实现远传远控和报警显示的功能。包括数字监控终端(或独立)和报警软件两部分。系统传输采用独立终端时应与火灾报警系统相连。

一旦线路出现漏电电流达到设定值时，数字监控终端能立刻启动保护程序，发出指令切断(不切断)供电线路，防患于未然，并发出声光报警。同时与之相连接的计算机监控中心联动报警。

15.4.3　漏电火灾报警系统的功能

1. 探测漏电电流、过电流等信号，发出声光信号报警，准确报出故障线路地址，监视故障点的变化。

2. 储存各种故障和操作试验信号，信号存储时间应不少于 12 个月。

3. 可对探测器及监控单元进行参数设置。

4. 监控主机自备打印机，方便打印历史数据。

15.4.4　漏电火灾报警系统需注意的问题

(1)电气火灾监控系统对建筑物整体供配电系统进行全范围监视和控制，主机安装在消防控制室。

(2)电气火灾监控系统主机自带备用电源装置。系统专用不间断电源UPS由设备提供商成套提供。在各区域根据配电系统的性质和用途设置安装监控探测器,负责监视和控制相应区域配电系统的剩余电流、线缆温度和大型用电设备电动机外壳的温度。监控探测器与主机之间采用RS485接口连接。监控探测器使用AC220V或DC24V电源,取自现场。

(3)变电所变压器的温度信号取自变压器自带的温控器。

(4)所有专用机房(如消防泵房和制冷机房等)的配电柜设剩余电流和温度保护、主要出线回路设温度保护。

(5)原则上所有监控探测器均安装在本配电柜(箱)内。

思考题

1. 建筑物的消防用电设备,其电源应符合什么要求?
2. 火灾自动报警系统分为哪几类?
3. 哪些建筑应设火灾事故照明?
4. 漏电火灾报警系统应具有哪些功能?

第16章　建筑智能化

随着现代高科技和信息技术的发展,人们从以往居住的物理空间和豪华的装修向着享受现代精神内涵与浪漫舒适的生活情趣方向发展,并将追求建筑智能化带来的多元信息和安全、舒适与便利的生活环境作为理想目标。城市建筑的智能化管理是城市走向现代化的一项重要标志,也是伴随城市建筑的发展状况孕育而生的一个新课题。

16.1　智能建筑简介

16.1.1　智能建筑的定义

1984年1月,美国联合技术建筑系统公司(United Technology Building System Corp.)在美国康涅狄克州的哈特福德市建设了一幢City Place大厦。它承包了该大楼的空调设备、照明设备、防灾和防盗系统、垂直运输(电梯)设备的建设,由计算机控制、实现自动化综合管理。此外,这栋大厦拥有程控交换机和计算机局域网络,能为用户提供语音、文字处理、电子邮件、情报资料检索等服务,从而第一次出现了"智能建筑(Intelligent Building)"这一名称。

美国智能建筑学会(American Intelligent Building Institute)把智能建筑定义为:通过对建筑物的四个要素,即建筑结构、系统装备、服务、管理及其相互关系的最优考虑,为用户提供一个高效、舒适、便捷、安全的建筑空间。

欧洲智能建筑集团(The European Intelligent Building Group)把智能建筑定义为:使其用户发挥最高效率,同时又以最低的保养成本,最有效地管理其本身资源的建筑。智能建筑应提供"反应快、效率高和有支持力的环境,使机构能达到其业务目标"。

我国《智能建筑设计标准》(GB50314)把智能建筑定义为:以建筑为平台,兼备建筑设备、办公自动化及通信网络系统,集结构、系统、服务、管理及它们之间的最优化组合,向人们提供一个安全、高效、舒适、便利的建筑环境。

16.1.2　智能建筑的功能

智能建筑传统上又称为"3A"大厦,它表示具有办公自动化(Office Automation ,OA)、通信自动化(Communication Automation ,CA)和楼宇自动化(Building Automation ,BA)功能的大厦。其中消防自动化(Fire Automation ,FA)和保安自动化(Safety Automation ,SA)包含于楼宇自动化。

根据智能建筑的3A特性,其基本功能具体包含如下:

(1)通过楼宇自动化系统(BAS)创造和提供一个人们感到适宜的温度、湿度、照度和空气清新的工作和生活的客观环境,通过BAS系统,人们可把智能建筑全楼所有的建筑设备和设施有效地管理起来。因此,BAS系统可以实现建筑设备的节能、高效、可靠、安全的运行,从而保证智能化大楼的正常运转。其具体包含安全保安监视控制功能、消防灭火报警监控功能、公用设施监视控制功能。在我国智能建筑标准中,也将其称为建筑设备监控系统。

(2)通过办公自动化系统(OAS)和通信自动化系统(CAS)为用户提供各种通信手段,高效优质处理语音、数据、文字和图像等各种信息,利用信息资源,支持管理决策,提高办公效率和工作质量,以求得更好的经济、社会效益。

16.1.3　智能建筑的特点

各种类型的智能建筑,其使用性质各不相同,但它于一般(非智能建筑)的建筑则有着显著的差别,智能建筑有很高的技术含量,满足人们日益增长的客观需要。各种类型的智能建筑具有以下相同或类似的特点。

(1)工程投资高。智能建筑采用当前最先进的计算机、控制、通信技术,来获得高效、舒适、便捷、安全的环境,大大地增加了建筑的工程总投资。

(2)具有重要性质和特殊地位。智能建筑在所在城市或客观环境中,一般具有重要性质,例如:广播电台、电视台、报社、军队、武警和公安等指挥调度中心,通信枢纽楼和急救中心等;有些具有特殊地位,例如党政机关的办公大楼,各种银行及其结算中心等。

(3)应用系统配套齐全,服务功能完善。智能建筑通过楼宇自动化系统(BAS)、办公自动化系统(OAS)和通信自动化系统(CAS),采用系统集成的技术手段,实现远程通信、办公自动化以及楼宇自动化的有效运行,提供反应快速、效率高和支持力较强的环境,使用户能达到迅速实现其业务的目的。

(4)技术先进、总体结构复杂、管理水平要求高。智能建筑是现代"4C"技术的有机融合,系统技术先进、结构复杂,涉及各个专业领域,因此,建筑管理不同于传统的简单设备维护,需要通过具有较高素质的管理人才对整个智能化系统有全面的了解,建立完善的智能化管理制度,使智能建筑发挥出它强大的服务功能。

16.1.4　建设智能建筑的目标

建设智能建筑的目标主要体现在提供安全、舒适、快捷的优质服务;建立先进的管理机制;节省能耗与降低人工成本三个方面。

1. 提供安全、舒适、快捷的优质服务

(1)安全性　可由如下有关的子系统来实现:①防盗报警系统;②出入口控制系统;③闭路电视监视系统;④安保巡更系统;⑤火灾报警与消防联动系统;⑥紧急广播系统;⑦紧急呼叫系统;⑧停车场管理系统等。

(2)舒适性　可由如下相关的子系统来实现:①空调与供热系统;②供电与照明控制系统;③卫星及共用天线电视系统;④背景音乐系统;⑤多媒体音像系统等。

(3)便捷性　可由如下子系统来实现:①结构化综合布线系统;②信息传输系统;③通信网络系统;④办公自动化系统;⑤物业管理系统等。

2. 建立先进的科学的综合管理机制

在智能建筑的工程实施以后,还需要建立先进的综合管理机制,而且系统与管理之间还存在着相辅相成的依赖关系,否则建成的智能化楼宇也是不成功的。即不能只重视智能楼宇的硬件设施,还要加强有关软件的开发和应用研究,培训管理和使用人员,并且应当重视智能建筑作为一种高度集成系统的系统技术的研究。

3. 节省能耗与降低人工成本

通过建设智能化大厦，就有可能实现能源的科学与合理的消费，从而达到最大限度地节省能源的目的。同时，通过管理的科学化、智能化，使得智能化大厦的各类机电设备的运行管理、保养维修更趋自动化，从而节省能源与降低人工成本。

以下将对智能建筑内主要系统进行介绍。

16.2　有线电视系统

我国有线电视系统分为共用天线电视系统（CATV）和有线电视邻频系统。共用天线电视系统是以接收开路信号为主的小型系统，功能较少，其传输距离一般在1km以内，适用于一栋或几栋楼宇；有线电视邻频系统由于采用了自动电平控制技术，干线放大器的输出电平是稳定的，传输距离可达15km以上，适用于大、中、小各种系统。有线电视邻频系统应用广泛，但是在资金缺乏地区，共用天线电视系统（CATV）仍然占有优势。习惯上，人们仍然称有线电视系统为共用天线电视系统。

16.2.1　有线电视系统的分类及组成

按照电视天线用户数量分为四类，见表16－1所列。

表16－1　有线电视系统分类

类别	用户数量	类别	用户数量
A类	≥1000	C类	301～2000
B类	2001～10000	D类	≤300
B1类	5001～10000		
B2类	2001～5000		

有线电视系统的组成，与接收地区的场强、楼房密集程度和分布、配接电视机的多少、接收和传送电视频道的数目等因素有关。其基本组成有干线及前端部分、传输分配系统三部分，其基本构成如图16－1所示。

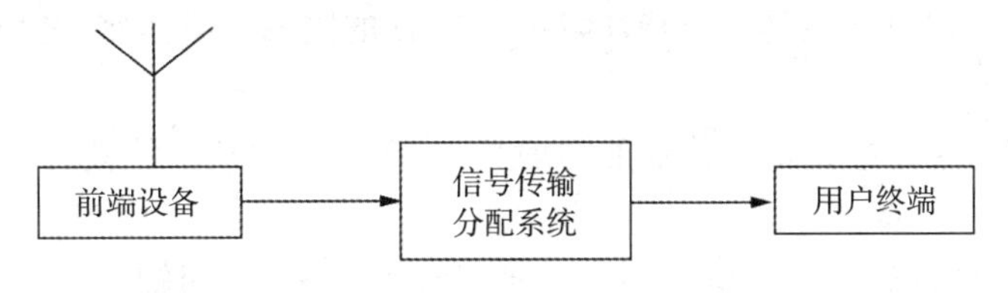

图16－1　有线电视基本组成框图

1. 前端部分

(1)前端的作用

前端部分主要包括电视接收天线、频道放大器、频率变换器、自播节目设备、卫星电视接收设备、导频信号发生器、调制器、混合器以及连接线电缆等。CATV系统的前端主要作用有如下几个方面：

① 将天线接收的各频道电视信号分别调整至一定电平值,在经混合后送入干线;

② 必要时将电视信号变换成另一频道的信号,然后按这一频道信号进行处理;

③ 向干线放大器提供用于自动增益控制和自动频率控制的导频信号;

④ 自播节目通过调制器成为某一频道的电视信号而进入混合器;

⑤ 卫星电视接收设备输出的视频信号通过调制器成为某一频道的电视信号进入混合器;

⑥ 为CATV系统的前端设备和系统中的线路放大器提供直流稳压电源。

(2)CATV前端部分的设置

CATV前端部分的设置,主要考虑如下几个因素:

① 系统规模的大小,用户数量及用户性质(是住宅还是宾馆);

② 接收电视频道的多少(有无卫星接收,是否与有线电视联网);

③ 接收点信号场强的高低,采用直接传输或是邻频传输。

如果是一般住宅建筑,且可与当地有线电视联网的话,则应取消前端设备部分,仅用分配网络将有线电视信号送至各用户即可。

2. 干线部分

一般在较大型的CATV系统或有线电视网络中才有较长的干线部分。如一个小区的多幢建筑物共用一套前端,自前端至各建筑物的传输部分为干线。干线距离较长,为了保证末端信号有足够高的电平,需加入干线放大器以补偿传输电缆的信号衰减。小型CATV系统可不包括干线部分,而直接由前端和分支分配网络构成。传输干线可用同轴电缆或光缆,光缆在长距离传输电视信号时的性能远优于同轴电缆,往往用于长距离传输干线或有线电视网络的主干线建设,但在传输光缆的两端需增加电/光和光/电转换设备。

3. 传输分配系统

CATV的传输分配系统又称为用户系统,它由分配、分支网络构成,主要包括放大器(宽频带放大器、频段放大器、线路延长放大器等)、分配器、分支器、系统输出端及电缆线路等。

(1)分配器　它的作用是把一路电缆的信号分配到多路电缆中去传输,常用的分配器有二分配器、三分配器、四分配器和六分配器。

(2)分支器　它用来从传输线路上分出电视信号,供给终端用户。常用的有二分支器、四分支器、六分支器和串接一分支器。

(3)用户终端　用户终端是一个特性阻抗为75Ω的同轴电缆插座,是用户将电视机接入CATV系统的接口。

(4)同轴电缆　它是电视信号传输的物理媒介,有很好的频率特性,抗干扰能力较强,特性阻力为75Ω。

根据单位长度的同轴电缆传输电视信号衰减程度的不同,同轴电缆可分为SYWV-75-12(单位长度衰减最小),SYWV-75-9和SYWV-75-7(衰减中等)和SYWV-75-5(衰减较大)等几种型号供选用其中,干线和分支线常采用SYWV-75-12和SYWV-75-9(7),用户线(至分支器到用户终端插座的联线)多为SYWV-75-5型同轴电缆。

16.2.2 节目制作系统

节目制作系统有三类,见表16-2所列。

表16-2 电视节目制作系统分类

类别	内容范围	系统组成
Ⅰ类	参与省(部)级以上台(站)节目交流	宜由高级业务级彩色电视设备组成
Ⅱ类	参与地市级大专院校台(站)节目交流	宜由业务级彩色电视设备组成
Ⅲ类	自制自用或参与地方或本行业节目交流	宜由普及级彩色电视设备组成

有线电视系统的设备及工艺用房,因用户多少和应用要求不同而有差别。对技术用房的建筑设计要求如下:

1. 建筑位置应尽量靠近播放网络的负荷中心。所有技术用房在满足系统工艺流程的条件下宜集中布置,要远离具有噪声、污染、腐蚀、振动和较强电磁场干扰的场所。

2. 演播室、播音室等各类节目制作系统用房的建筑物理、空调、通风要求达到的要求见表16-3所列。

表16-3 系统技术用房计算荷载等建筑设计要求一览表

项目	用房						
	演播室	控制室	编辑室	复制转换室	维修间器材室	资料成品室	其他
计算负荷(N/m^2)	2500	4500	3000	3000	3000	按书库计算	2000
声学 *NR* 值	20/15	20	20	30	30	—	
温度(℃)	18～28	18～28	18～28	18～28	15～30	15～25	
相对湿度(%)	50～70	50～70	50～70	50～70	45～75	45～50	
换气次数	3～5	2	2	2	1	1	
换气风速(m/s)	≤1.0	1～2	1～2	1～2	1～2	—	
风道口噪声(dB)	≤25	≤35	≤35	≤35	≤35	—	
门窗	隔声防尘	隔声防尘	隔声防尘	隔声防尘	隔声防尘	防尘	
顶棚、墙壁、装修	扩散声场	无光漆	无光漆	无光漆	无光漆	防尘	
地面	簇绒地毯静电导出	防静电地板菱苦土地面	木地板或菱苦土地面	木地板或菱苦土地面	木地板或菱苦土地面	菱苦土或水磨石地面	
一般照明照度	50/100	75	75	100	50	150/30	

16.3 电话通信系统

电话是人类活动中最重要的通信工具之一,随着现代科学技术的发展,电话通信已经从早期单纯的电话语音交换转变为语音、数据、图像及综合数字服务等新的通信内容。以用户交换机为核心的通信系统,已随着数字通信技术的开发及计算机通信技术、网络技术的引入,出现了新一代的数字式程控电话交换设备,可以将电话机、传真机、计算机、文字处理机及各种数据终端设备有机地连成为综合业务数据网。

16.3.1 有线电话系统的基本组成和分类

电话通信的任务是传递话音。一般话音的频率范围是80Hz到8000Hz。试验证明,在话音频带内,高频有利于提高清晰度,从500Hz到2000Hz之间的频段对清晰度影响最大。但500Hz以下的频率的声音对话音音量的大小影响较大。为兼顾清晰度和音量要求,并尽量提高话音的真实感,我国各种程式的电话机都采用300Hz到3400Hz的工作频带。目前世界上已经出现了最高频率达到7000Hz的宽带电话,通话声音感到更真实、自然。

有线电话系统是实现两地之间电话通信的最重要的方式。城市有线电话系统由市话发送系统、中继电路和市话接收系统三部分组成,其连接图如图16-2所示。

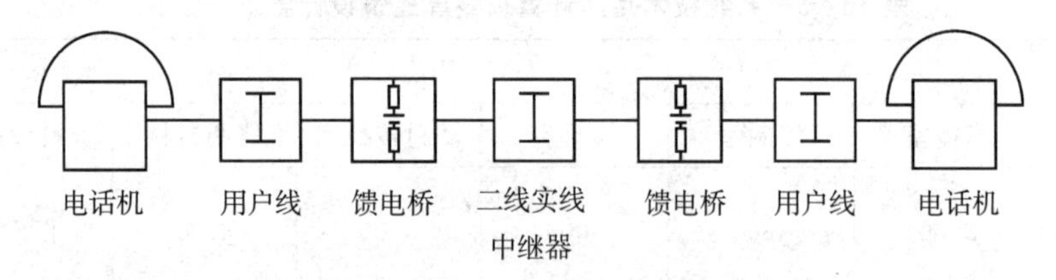

图16-2 城市有线电话系统连接图

市话发送系统包括电话机的送话器、电话机发送电路,用户线和馈电桥。送话器将说话人的话音转换成相应的电信号,完成声与电的转换,并通过发送线路和二线线路的用户线,将此相应的电信号送到馈电桥,然后输入中继电路。

市话接收系统包括电话机的受话器、电话机接收电路、用户线和馈电桥。由中继电路送到馈电桥的电信号,经二线线路的用户线和电话机接收电路、输入电话机受话器,受话器将电信号还原成相应话音,完成电与声的转换。

馈电桥是电话交换机内的一个组成部分,由直流电源(电池)、馈电线圈(或其他器件)、隔直流电容器组成。用以将用户线中与话音相应的电信号,尽量不失真地传输入中继电路。馈电桥的形式规定了电话机的形式、馈电连接和使用方式。电话机应当与交换机配套,这是用户选择电话机的基本出发点。

连接电话机与交换机之间的二线线路称用户线。电话机的用户线一般为φ0.5mm或φ0.4mm的纸包和塑包铅皮电缆。用户线是一种具有分布参数的传输网络。完整的表达用户线特性比较困难,一般用集中参数的四端网络代表某一确定长度、直径、线距和材料的用户线,称用户仿真线。

中继电路是市话发送系统和市话接收系统话音信号通路,该通路根据实际通话的需求,在电信局内实现人工或自动转换。由于通话的情况比较复杂,在不同情况下(如室市内通话或长途通话,国内长途或国际长途等)中继电路不仅在长度上,而且在传输手段和方式上均有较大差别。

在一般大型建筑和较大单位的有线电话系统中,包括电话机、用户线和交换机三大基本部分组成。

电话交换机是根据用户通话的要求，交换通断相应电话机通路的设备。内部用户通话可由交换机直接接通。内部话机与外部通话，需经交换机换接至中继电路，通过电话局接通对方交换机的中继电路，再经对方交换机接通所要通话的电话机。

16.3.2 电话交换站

电话交换站也称总机室，用于为一个单位或几个业务关系密切的单位内部的通话服务，是布置安装电话交换机及其附属、配套设备的房间。

电话站包括以下一些房间：交换机室、测量室、转接台室、电缆进线室、电池室、贮酸室、配电室、空调室（或通风机室）、线务候工室、办公室和值班休息室等。

对于小容量的电话室，因设备较少，有些设备可以合并布置在一个房间内，或者取消一些辅助性房间，对于日常维护和节省建筑面积都是有利的。

电话站址的选择分两种情况来考虑：一是在单一建筑物内安装总机和全部分机；二是在多幢单独的建筑物构成的建筑群，这时总机宜具体选址，应注意如下原则：

1. 程控交换机房（总机室）一般宜在建筑的底层或二层并邻近建筑物外的道路，应避免将其设在地下层中，但特殊的工程（如人防、地铁、地下商业中心等）除外。

2. 总机室最好放在分机用户负荷的中心位置。

3. 应避免将总机室设于变配电间、空调机房、水泵、通风机房等有较强噪声或电磁干扰影响的房间附近。

4. 电话站址宜首选朝南向阳的房间，站内不宜有其他与电话工程无关的管线穿过。站内的主要房间或通道，不被其他公用通道、走廊或房间隔开。

16.3.3 常见的电话系统电缆配线

1. 外墙进户方式

这种方式是在建筑物第二层预埋进户管至配线设备间或分线箱内。进户管应呈内高外低倾斜状，并做防水弯头，以防雨水进入管中，进户点应靠近配线设施并尽量选在建筑物后面或侧面。这种方式适合于架空或挂墙的电缆进线。

2. 配线设备间及配线设备

在有用户交换机的建筑物内一般设配线架（箱）于电话站的配线室内；在不设用户交换机的较大型建筑物内，于首层或地下一层的电话电缆引入点设电缆交接间，内置交接箱。配线架（箱）和交接箱是连接内外线的汇集点。

3. 上升管路

现代高层建筑一般都设有专门的弱电竖井，从配线架或交接箱出来的配电电缆一般采用电缆桥架或线槽敷设至弱电竖井，并在竖井内穿钢管或以桥架沿墙明敷设至各楼层的电话分线箱。对于未设弱电竖井的小型多层建筑物，配线电缆引至各层通常采用暗管敷设方式。

4. 分线箱

分线箱是每层（也可几层合用）连接配线电缆和用户线的设备，在每层弱电竖井内装设的电话分线箱为明装挂墙方式，其他情况下的电话分线箱应采用嵌墙暗装式。电话通信的室内配线方式可分为四种：

(1)明配线包括用户线穿管明敷和主干电缆在专用弱电竖井内沿墙明敷。

(2)暗配线主干电缆及用户线穿保护管在混凝土地坪内、吊顶内暗敷。

(3)混合配线用户线为明配，主干电缆或分支电缆为暗配线，或主干电缆在专用弱电竖井内明敷。

(4)弱电桥架或线槽配线将室内配线敷设在吊平顶内或墙壁内。不论采用什么配线方式，室内配线宜采用全塑铜芯线或电缆，不应穿越易燃、易爆、高温、高湿、高电压及有较强震动的区域，实在不可避免时，应采取保护措施。

市话电缆的进户线可采用架空式或地埋式引入建筑物，目前采用后者较多。当电话进线电缆对数较多时，应在建筑物室外设电缆入井(或手孔)，以方便穿线施工。

16.4 安全技术防范系统

安全技术防范系统用于办公楼、宾馆、商业建筑、文化建筑(文体、会展、娱乐)、住宅(小区)等通用型建筑物及建筑群安全防范的目的，将具有防入侵、防盗窃、防抢劫、防破坏、防爆炸的专用设备、软件有效地集成为一个整体，构造一个具有探测、延迟、反应等综合功能于一体的信息技术网络。

安全技术防范系统由安全管理系统和若干个相关子系统组成。相关子系统包括数字化视频系统、入侵报警系统、出入口控制系统、电子巡查系统、停车库(场)管理系统及住宅(小区)安全防范系统等。

16.4.1 数字化视频系统概述

数字监控系统是从视频编码，视频传输到控制存储都是数字信号的视频监控系统，是相对于模拟监控系统而言的。视频监控系统的进化经历了四代：

第一代：全模拟系统　模拟摄像机+磁带机(已被淘汰)；

第二代：半数字化系统　模拟摄像机+嵌入式硬盘录像机(DVR)；

第三代：准数字化系统　模拟摄像机+视频服务器(DVS)；

第四代：全数字化系统　全数字化系统采用网络摄像机，可以与其他子系统无缝连接，实现真正的数字化。

数字化视频监控系统通过网络方式来获取视频、图像存储、查询便捷，并显示于电视墙或大屏幕；借助图像压缩算法的不断优化，提高视频图像质量和网络吞吐性能；布线简单灵活，适合于大规模、远距离组网的视频管理；满足不同级别用户、不同功能建筑的综合使用，提供管理权限复杂、使用要求便捷的管理模式；提供智能视频分析功能，有利于智能化管理及判断。

16.4.2 数字化视频系统架构

数字化视频监控系统为二级结构。通过网络，监控现场的媒体信息传送至主控中心；根据主控中心或监控用户的请求，通过网络将媒体信息发送给主控中心或监控用户。其中，主控中心将高清摄像机接入到统一的监控系统中，以达到统一监控、统一管理的目标，主控中心能够看到所有的媒体信息。

监控系统设计分为监控现场和主控中心。在监控系统中，主控中心负责查看、管理辖区范围内的媒体信息，满足各级管理部门权限管理的需要。系统的典型组网示意图如图 16－3 所示。

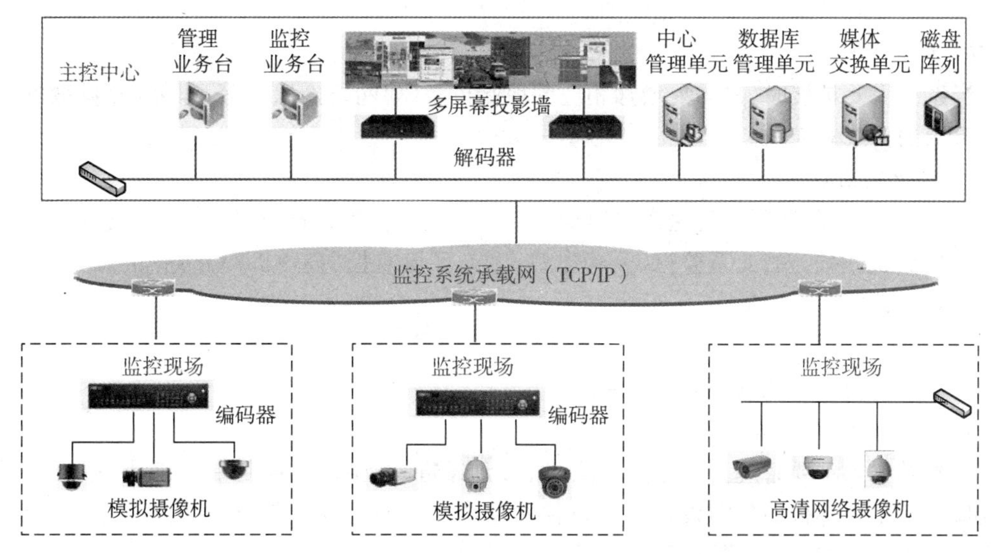

图 16－3　系统的典型组网示意图

系统充分考虑监控信息的实时性和媒体效果，在现场监控点和主控中心之间通过监控系统承载网（主要为 TCP/IP 网络）进行系统信息交互，实现媒体流和信令流数据的传输。

在监控现场，主要由高清网络摄像机采集现场视频信号，通过监控系统承载网，将监控信息传输至主控中心。主控中心具备监控业务功能，同时具有系统管理功能，实现系统的集中、统一管理。对于重要的媒体信息，存储在主控中心磁盘阵列上，便于后期的调查取证。

16.4.3　数字监控系统比模拟监控系统优势

1. 前瞻性

模拟监控系统的结构决定其无法避免诸多的局限性，如只能在线实时观看，难以实现远程监控等。模拟监控被网络监控替代必然是大势所趋。

2. 先进性

网络摄像机为嵌入式实时监控设备，整个网络监控系统架构简单，布线施工容易，一条网线可以同时传达多路网络摄像机的视频信号。

3. 性价比

网络摄像机虽然价格比模拟的要贵，但从整个系统来考虑就能突显其优势，特别是对于视频路数超过 100 路的大型网络视频监控系统，所需设备简单。系统可通过后端的管理软件进行集中管理，省去了模拟监控系统中的大量设备，如昂贵的矩阵、画面分割器、切换器、视频转网络的主机等。仅线材这一项同比即可节约高达百分之六七十以上的成本。所以，大型的监控系统往往做成网络监控系统比模拟监控系统造价更低廉。

4. 安全性

对系统进行更方便的管理，网络监控系统可通过设置不同的权限级别，授权给不同等级的使用者。仅有最高级权限的用户才可以对整个系统进行设置和更改,只有有足够的权限才能观看相应的视频,大大提高了系统的安全性。

5. 使用和维护简单

系统的安装方便,维护简单。简单的系统架构使系统发生故障的概率大大降低,且可以通过远程操作对系统软件升级和维护。

6. 扩展性好

当系统需要扩展时,只需要增加相应的前端设备(如网络摄像机等)即可,无须对系统进行大范围的更改和变动。

7. 应用范围广

区域性监控,利用网络传送实时图像,如办公室、大楼等;跨区远端监控,如连锁事业、大型工厂机房、远端老人、儿童监控、公共建筑、无人环境监控、金融机构分行监控、交通监管、错误警报辨识等。

16.4.4 安全技术防范系统其他子系统

1. 出入口控制系统

在建筑群内主要管理区的主要出入口、重要通道、主要设备控制中心机房、存放贵重物品的库房等重要部位的门需设置出入口控制系统。它们可以对通道通行情况进行控制,是加强办公楼公共安全管理的一种有效手段。

出入口控制系统由前端识读装置与执行机构、传输部件、处理与控制设备、显示记录设备四个主要部分组成,如图16-4所示。系统独立组网运行,并可具有与入侵报警系统、火灾自动报警系统、视频安防监控系统、电子巡查系统等集成或联动的功能。并且系统可根据需要在重要出入口处设置X射线安检设备、金属探测门、爆炸物检测仪等防爆安检系统。

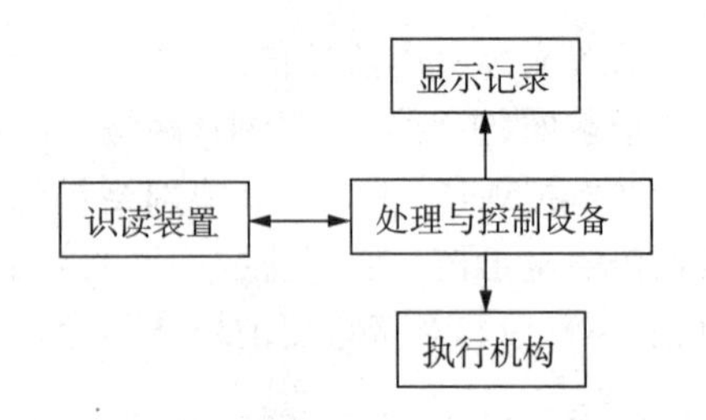

图16-4 出入控制系统框图

使用出入口控制系统可以方便地对重要的通道实施有效管理。相关人员使用分级密码和磁卡出入受控通道,控制系统可以监控人员使用密码和磁卡进出通道的情况。各处受控通道都以网络接入控制中心,通过控制中心可以设置和修改密码、磁卡的通行允许状态和级别,系统可以随时记录密码或磁卡在建筑内的通行情况。

2. 入侵报警系统

入侵报警系统是用红外或微波技术的信号探测器和控制器和报警输出装置构成。在现场根据需要设置各具有不同监测原理入侵探测器,以提高探测报警的灵敏度和准确性。探测器都与报警控制器连接,报警控制器在接收到报警信号会输出到模拟盘或显示器上,同时驱动联动装置。

入侵探测器的设置与选择应符合下列规定:

(1)入侵探测器盲区边缘与防护目标间的距离不应小于5m;

(2)入侵探测器的设置宜远离影响其工作的电磁辐射、热辐射、光辐射、噪声、气象方面等不利环境,当不能满足要求时,应采取防护措施;

(3)被动红外探测器的防护区内，不应有影响探测的障碍物；

(4)入侵探测器的灵敏度应满足设防要求，并应可进行调节；

(5)复合入侵探测器，应被视为一种探测原理的探测装置；

(6)采用室外双束或四束主动红外探测器时，探测器最远警戒距离不应大于其最大射束距离的2/3；

(7)门磁、窗磁开关应安装在普通门、窗的内上侧，无框门、卷帘门可安装在门的下侧；

(8)紧急报警按钮的设置应隐蔽、安全并便于操作，并应具有防误触发、触发报警自锁、人工复位等功能。

入侵报警系统的传输方式的选择应根据系统规模、系统功能、现场环境和管理方式综合确定；宜采用专用有线传输方式；当不宜采用有线传输方式或需要以多种手段进行报警时，可采用无线传输方式。

3. 电子巡查系统

大型建筑内部除了有先进的安保设备外，保安人员的巡查也是不可缺少的。巡查系统在预定程序路径上设置巡视开关或读卡机，当巡查保卫人员按路线经过时触发开关或在读卡机上读卡，信息被送到中心记录。这样，可以督促安保人员能按时按路线巡逻，同时保障安保人员的安全。

电子巡查系统根据建筑物的使用性质、功能特点及安全技术防范管理要求设置。对巡查实时性要求高的建筑物，采用在线式电子巡查系统。其他建筑物可采用离线式电子巡查系统。

4. 停车场管理系统

随着车辆的增加，停车管理越来越复杂，停车场管理系统为车辆停放管理提供了方便、快捷、安全的管理模式。

停车场系统由自动计费收费系统、出口入口管理系统、文件服务器、车辆引导及检测装置等组成。系统分为自动收费和人工现金收费，自动收费又分为中央收费模式和出口收费模式两种。散户采用进入时开始由系统自动计费，开出时付费的方式，对于长期客户可使用磁卡进出车库通道口。另外车库安装了车辆和车位引导装置，可以自动引导车辆行驶和停放。

16.5　公共广播系统

公共广播系统是指企事业单位或建筑物内部自成体系的独立广播系统。因为这种系统服务的区域分散，扬声器与放大设备之间的距离远，需要用很长的电线将音频信号送过去，所以，公共广播系统也称为有线广播系统。现在一般均紧急广播与公共广播系统集成在一起，组成通用性极强的公共广播系统，这样即可节省投资，又可使系统始终处于完好的运行状态。

16.5.1　功率放大器和线路扬声器配接

功率放大器与线路扬声器的正确配接能发挥功率放大器的效能和体现扬声器音质音量。

1. 与定阻抗输出形式的配接：只有在功放输出电路与负载相匹配时，即负载阻抗与输出阻抗一致，功放和扬声器之间获得最有效的耦合时，功放才能输出额定的功率，这时传输效率最高,失真也很小。

2. 与定电压输出形式的配接:目前建筑物的公共广播系统一般都采用定电压(简称定压)式输出的功放。由于定压式功放内采用了较深的负反馈电路,因此使其输出阻抗很低,所以负载阻抗在一定范围内变化时(在最大输出功率范围内),其输出电压能保持恒定。这样在使用时就显得非常灵活方便,与功放相连的扬声器有一定数量的增减对其他扬声器的发声几乎没有影响。

3. 用线间变压器输出形式的配接:使用定阻式输送变压器和定阻式输送变压器作为线间变压器,分别用于定阻式功放和定压式功放。目前使用的扬声器一般是标明阻抗和功率,定压输出与其配接时,需要将标称阻抗换算成额定工作电压值。

16.5.2 公共广播系统分类

1. 基本公共广播系统

在此系统中,时间控制器控制定时自动播出,信号发生器在开始播放节目或开始业务广播前发出预告信号,监听器可监听各分区的播出情况,扬声器分区选择器为手动控制分区播出,其节目源多为FM广播、语音或CD音乐等,多作为背景音乐广播和业务广播之用,通常采用高电平传输方式。

2. 多功能公共广播系统

多功能公共广播系统是由基本公共广播系统扩展了火灾报警紧急广播功能而构成的。该系统在播放背景音乐和作业广播时,通过选择器、矩阵器、继电器组来间接选择扬声器分区。一旦有消防报警信号到来,则通过紧急开关、矩阵器、继电器和终端板选择火灾楼层区(以及与该区联动的区)广播,与此同时,消防信号启动播出预先录制好的紧急广播词,向选择好的分区播出。而终端板将功放输出切换到不经音量调节器,直接接到扬声器的接线上,使此时音量为最大。此外,还可直接向紧急呼唤话筒紧急广播,紧急呼唤器将自动抑制原来正在进行的背景音乐或其他业务广播,强行切换到火灾报警紧急广播状态。

16.5.3 火灾事故时的紧急广播

1. 共用方式

现代建筑应具有完善的火灾报警和消防联动控制系统,在火灾发生时,应及时地通知并指挥、引导有关人流疏散,这就需要用消防广播来实现。一般来说,每套火灾报警系统均应设火灾事故紧急广播,宜有自己独立的一套扩音机、扬声器和输送网络,其扩音设备和控制也设在消防控制室(中心)内。

2. 单设方式

如果建筑中未设公共广播系统,则需要有独立的火灾事故紧急广播,它的组成与基本公共广播系统类似,且应满足以下要求:

(1)大厅、前室、餐厅及走廊等公共区域设置的扬声器额定功率不应小于3W,实配功率不应小于2W。其平面分布应能保证从本层任意位置到最近一个扬声器的步行距离不超过15m,而走道最末端扬声器距墙的距离不大于8m,而在走道的交叉处、拐弯处均应设置扬声器。

(2)在客房内的扬声器额定功率不应低于1W,而设在车库、洗衣房、通信机房、娱乐场所及其他有背景噪声干扰场所内的扬声器，在其播放范围内最远处的声音应高于背景噪声15dB，并以此确定扬声器的功率。

(3)火灾事故紧急广播扩音机的输出功率，应为全部扬声器总容量的1.3倍或更大一些。扩音机宜采用定压输出式，馈线电压一般不大于100V，在各楼层宜设置馈线隔离变压器。

(4)火灾事故广播线路，不应与其他线路同管或共线槽敷设，配线应选用耐热导线。

16.6　综合布线系统

16.6.1　综合布线的概念

综合布线是一个模块化、灵活性极高的建筑物内或建筑群之间的信息传输通道，是智能建筑的“信息高速公路”。它既能使语音、数据、图像设备和交换设备与其他信息管理系统彼此相连，也能使这些设备与外部通信网相连接。它包括建筑物外部网络或电信线路的连线点与应用系统设备之间的所有电缆及相关的连接部件组成，包括：传输介质、相关连接硬件(如配线架、连接器、插座、插头、适配器)以及电气保护设备等。

16.6.2　综合布线系统的特点

综合布线系统是以模块化的组合方式，把语音、数据、图像系统和部分控制信号系统用统一的传输媒介进行综合，方便地在建筑物组成一套标准、灵活、开放的传输系统。

(1)开放性：采用开放式体系结构，符合国际上的现行标准，接插件为积木式的标准件。

(2)灵活性：运用模块化设计技术，采用标准的传输线缆和连接器件，所有信息通道都是通用的。所有设备的增加及更改均不需要改变布线，只需要在配线架上进行相应的跳线管理即可。

(3)可扩充性：具有扩充本身规模的能力，在相当长的时期满足所有信息传输的要求。

(4)可靠性：采用高品质的材料和组合压接的方式，以保证其电气性能。采用点到点端接，相同传输介质，避免了各种传输信号的相互干扰，能充分保证各应用系统正常准确的运行。

(5)经济性：综合布线系统是将原来相互独立的、互不兼容的若干种布线系统集中成为一套完整的布线系统，使布线周期大大缩短，从而节约了大量宝贵的时间。

16.6.3　综合布线系统的组成

综合布线采用模块化的结构。按每个模块的作用，可把综合布线划分成6个部分，即：(1)设备间；(2)工作区；(3)管理区；(4)水平子系统；(5)干线子系统；(6)建筑群干线子系统。其中每一个部分都相互独立，可以单独设计、单独施工。下面简要介绍这6个部分的功能。

1. 工作区

工作区是放置应用系统终端设备的地方。由终端设备连接到信息插座的连线(或接插软线)组成，如图16-5所示。它用接插软线在终端设备和信息插座之间搭接。它相当于电话系统中的连接电话机的用户线及电话机终端部分。

在进行终端设备和信息插座连接时,可能需要某种电气转换装置。如:适配器可用不同尺寸和类型的插头与信息插座相匹配,提供引线的重新排列,允许多对电缆分成较小的几股,使终端设备与信息插座相连接。但是,按国际布线标准 ISO/IEC11801:1995(E)规定,这种装置并不是工作区的一部分。

2. 水平子系统

水平子系统是将干线子系统经楼层配线间的管理区连接并延伸到工作区的信息插座,如图 16-6 所示。水平子系统与干线子系统的区别在于:水平子系统总是处于同一楼层上,线缆的一端接在配线间的配线架上,另一端接在信息插座上。在建筑物内,干线子系统总是处于垂直的弱电间,并采用大对数的双绞电缆或光缆,而水平子系统多为 4 对双绞电缆。这些双绞电缆能支持大多数终端设备。在需要较高宽带应用时,水平子系统也可以采用"光纤到桌面"的方案。

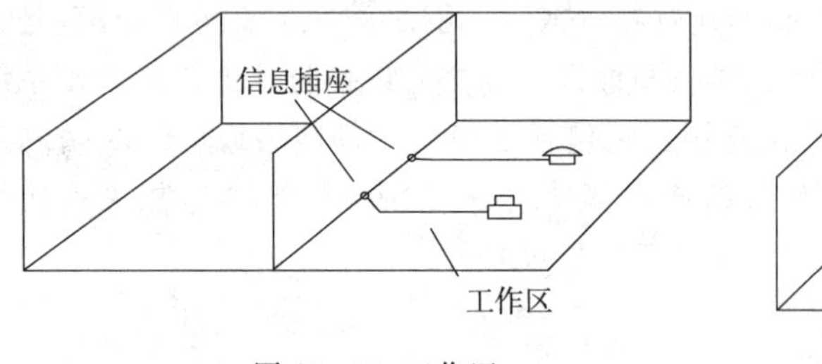

图 16-5 工作区

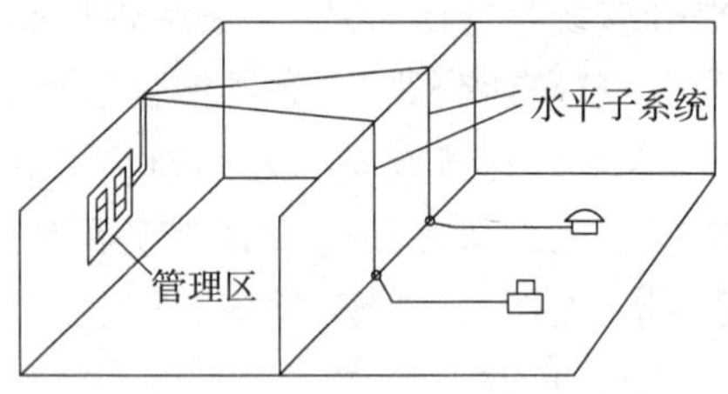

图 16-6 水平子系统

当水平工作面积较大时,可在区域内设置二级交接间。这时干线线缆、水平线缆连接方式可采用:(1)干线线缆端接在楼层配线间的配线架上,另一端通过二级交接间配线架连接后,再端接到信息插座上;(2)干线线缆直接接到二级交接间的配线架上,水平线缆一端接在二级交接间的配线架上,另一端接在信息插座上。

3. 干线子系统

干线子系统即设备间和楼层配线间之间的连接线缆,采用大对数双绞电缆或光缆,两端分别接在设备间和楼层配线间的配线架上,如图 16-7 所示。它相当于电话系统中的干线电缆。

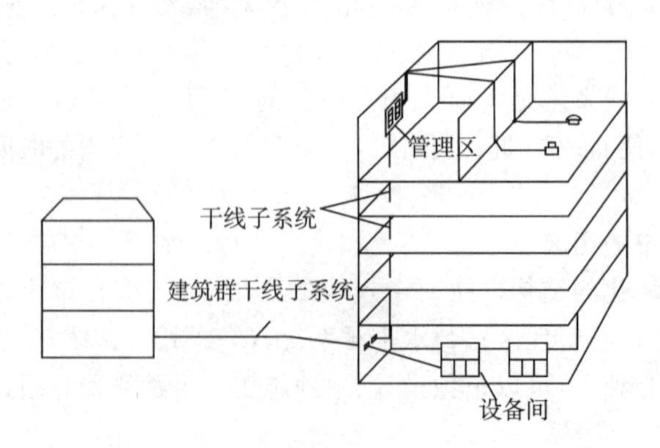

图 16-7 综合布线结构图

4. 设备间

设备间是建筑内放置综合布线线缆和相关连接硬件及其应用系统设备的场所,如图

16-7所示。为便于设备搬运，节省投资，设备间一般设在每一座大楼的第二层或第三层设备间内，可把公共系统用的各种设备(例如电信部门的中继线和公共系统设备)互联起来。设备间还包含建筑物的入口区设备或电气保护装置及其连接到符合要求的建筑物接地点。它相当于电话系统中站内的配线设备及电缆、导线连接部分。

5. 管理区

管理区在配线间或设备间的配线区域，它采用交联和互联等方式，管理干线子系统和水平子系统的线缆，如图16-6所示。管理区为连通各个子系统提供连接手段，它相当于电话系统中每层配线箱或电话分线盒部分。

6. 建筑群干线子系统

建筑群由两个及两个以上建筑物组成。这些建筑物彼此之间要进行信息交流。综合布线的建筑群干线子系统由连接各建筑物之间的线缆组成，如图16-7所示。

建筑群综合布线所需的硬件，包括电缆、光缆和防止电缆的浪涌电压进入建筑物的电气保护设备。它相当于电话系统中的电缆保护箱及各建筑物之间的干线电缆。

16.6.4 系统设计施工时要考虑的问题

1. 设计时要考虑的问题

综合布线系统的设计必须与计算机网络系统相适应，要充分考虑到抗干扰要求，并针对具体工程采取必要的防护措施，好的工程施工设计应表现在安全可靠、技术先进、可扩展性强、经济合理等综合技术和经济高指标上。

在进行综合布线系统设计时，首先应全面准确地分析和掌握工程的实际需求，并在充分考虑适应未来发展的基础上，提供经济合理、技术可行以及满足用户需求的实施方案。很多多功能建筑，由于用户与使用要求都不能确定，其综合布线系统设计需要更大的灵活性。通常可采用首先完成主干网的布线，完成或预留好垂直通道与水平通道的相关布线，必要时可在二次装修时再进行工作区子系统布线的做法，以节省初期投资。

目前，我国大多数智能建筑的综合布线系统设计需要注意以下问题：

(1)做好需求分析，进而确定相应的设计标准。应立足近期，又必须适应未来发展的需要。

(2)计算机主干网络均采用光缆作传输介质。

(3)必要时可以用作BA、CATV、CCTV等系统信号的传输通道，但不宜普及推广。

(4)我国语音通信的城市网络已光缆化，故大型建筑的语音干线亦采用光缆入户。

(5)语音通信可设置专用程控交换机，但可以利用虚拟技术，以远端模块取代交换机。

(6)水平缆线应全部采用五类以上线缆，目前可选用超五类和六类线缆。

(7)UTP双绞线布线系统适合办公环境的网络应用，屏蔽双绞线适用于电磁干扰严重、机密度要求高的场合，如银行、机场、军事工程等。

2. 施工时要考虑的问题

(1)严格施工管理，不允许未受过培训和不具备上岗资格的人员从事该技术工种的施工。加强施工过程的监理。

(2)严格按照规程施工，特别是在穿线、捆扎、布线、接头处理等方面。

(3)认真完成工程的测试、验收，并及时全面做好施工、测试与验收等过程的文件与技术档案的管理工作。

16.7 建筑设备监控系统

16.7.1 建筑设备监控系统概述

建筑设备监控系统(BAS)是将建筑物(或建筑群)内的电力、照明、空调、运输、防灾、保安、广播等设备以集中监视、控制和管理为目的而构成的一个综合系统。它使建筑物成为安全、健康、舒适、温馨的生活环境和高效的工作环境,并能保证系统运行的经济性和管理的智能化。建筑设备监控系统包括新风、空调系统控制、冷冻水系统控制、供热系统控制、给排水系统控制、灯光系统控制、电力系统监视等子系统,它们形成了一个完整控制体系,是智能化大厦一个重要也是基本的子系统。

1. 建筑设备监控系统设备的发展历史

建筑设备监控系统到目前为止已经历了四个阶段:

第一代:CCMS中央监控系统(20世纪70年代产品)

BAS从仪表系统发展成计算机系统,采用计算机键盘和CRT构成中央站,打印机代替了记录仪表,散设于建筑物各处的信息采集站DGP(连接着传感器和执行器等设备)通过总线与中央站连接在一起组成中央监控型自动化系统。DGP分站的功能只是上传现场设备信息,下达中央站的控制命令。一台中央计算机操纵着整个系统的工作。中央站采集各分站信息,做出决策,完成全部设备的控制,中央站根据采集的信息和能量计测数据完成节能控制和调节。

第二代:DCS集散控制系统(20世纪80年代产品)

随着微处理机技术的发展和成本降低,DGP分站安装了CPU,发展成直接数字控制器DDC。配有微处理机芯片的DDC分站,可以独立完成所有控制工作,具有完善的控制、显示功能,进行节能管理,可以连接打印机、安装人机接口等。BAS由4级组成,分别是现场、分站、中央站、管理系统。集散系统的主要特点是只有中央站和分站两类接点,中央站完成监视,分站完成控制,分站完全自治,与中央站无关,保证了系统的可靠性。

第三代:开放式集散系统(20世纪90年代产品)

随着现场总线技术的发展,DDC分站连接传感器、执行器的输入输出模块,应用LON现场总线,从分内部走向设备现场,形成分布式输入输出现场网络层,从而使系统的配置更加灵活。BAS控制网络就形成了3层结构,分别是管理层(中央站)、自动化层(DDC分站)和现场网络层(LON)。

第四代:网络集成系统(21世纪产品)

随着企业网(Intranet)建立,建筑设备自动化系统必然采用Web技术,并力求在企业网中占据重要位置,BAS中央站嵌入Web服务器,融合Web功能,以网页形式为工作模式,使BAS与Intranet成为一体系统。

网络集成系统(EDI)是采用Web技术的建筑设备自动化系统,它有一组包含保安系统、机电设备系统建筑能耗管理系统和防火系统的管理软件。

EBI系统从不同层次的需要出发提供各种完善的开放技术,实现各个层次的集成,从现场层、自动化层到管理层。EBI系统完成了管理系统和控制系统的一体化。

2. 建筑设备监控系统的原理

建筑设备监控系统采用的是基于现代控制理论的集散型计算机控制系统，也称分布式控制系统(Distributed control systems，简称DCS)。它的特征是“集中管理分散控制”，即用分布在现场被控设备处的微型计算机控制装置(DDC)完成被控设备的实时检测和控制任务，克服了计算机集中控制带来的危险性高度集中的不足和常规仪表控制功能单一的局限性。安装于中央控制室的中央管理计算机具有CRT显示、打印输出、丰富的软件管理和很强的数字通信功能，能完成集中操作、显示、报警、打印与优化控制等任务，避免了常规仪表控制分散后人机联系困难、无法统一管理的缺点，保证设备在最佳状态下运行。

3. 建筑设备监控系统的功能

建筑设备监控系统的基本功能可以归纳如下：

(1)自动监视并控制各种机电设备的起、停，显示或打印当前运转状态。

(2)自动检测、显示、打印各种机电设备的运行参数及其变化趋势或历史数据。

(3)根据外界条件、环境因素、负载变化情况自动调节各种设备，使之始终运行于最佳状态。

(4)监测并及时处理各种意外、突发事件。

(5)实现对大楼内各种机电设备的统一管理、协调控制。

(6)能源管理：水、电、气等的计量收费、实现能源管理自动化。

(7)设备管理：包括设备档案、设备运行报表和设备维修管理等。

16.7.2 建筑设备监控系统组成

(1)系统一般是由现场传感器、执行器、控制器及监控工作站组成。其中传感器和执行器被安装于现场网络层负责收集数据和完成控制器发出的命令。控制器成为集散式数字控制器(DDC)，它们分布于建筑内部各区域，通过总线方式连接成一个控制器网络。控制器通过与它连接的传感器和执行器来负责本区域的设备的监控工作，控制器本身有中央处理器(CPU)可以按事先编制的程序运行，以完成控制任务。监控工作站可有一个也可以有多个，当有多个监控工作站它们自己形成一个网络。监控工作站与控制器网络相连接，通过图形控制软件和数据库管理软件作为界面实现人对整个系统的管理。

(2)系统一般采用分布式系统和多层次的网络结构。在进行系统组网时，根据系统的规模、功能要求及选用产品的特点，采用单层、两层或三层的网络结构，大型系统宜采用由管理、控制、现场设备三个网络层构成的三层网络结构，其网络结构应符合图16-8所示。中型系统宜采用两层或三层的网络结构，其中两层网络结构宜由管理层和现场设备层构成。小型系统宜采用以现场设备层为骨干构成的单层网络结构或两层网络结构。各网络层应符合下列规定：

① 管理网络层应完成系统集中监控和各种系统的集成；

② 控制网络层应完成建筑设备的自动控制；

③ 现场设备网络层应完成末端设备控制和现场仪表设备的信息采集和处理。

用于网络互联的通信接口设备，应根据各层不同情况，以ISO/OSI开放式系统互联模型为参照体系，合理选择中继器、网桥、路由器、网关等互联通信接口设备。

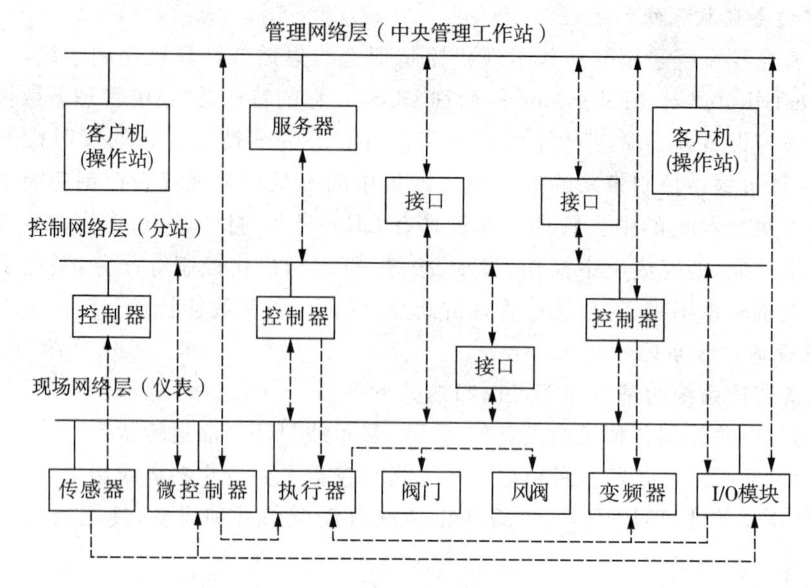

16-8 建筑设备监控系统网络系统结构

16.7.3 建筑设备监控系统的特点:

1. 创建舒适的人工环境

建筑设备监控系统可按人们的要求自动调节建筑内部温度、湿度、空气质量、灯光照度及相关设备的运行,创建一个舒适的人工环境,保证人们的健康。

2. 有效的节约能源

由于建筑设备监控系统可以根据建筑内外环境自动调节,使所有设备的运行在满足人们需求条件下以节能方式运行。据统计,这样可比不用自控系统的建筑节能30%左右。

3. 提高管理效率,方便人们管理

建筑设备监控系统按程序自动操纵建筑内的机电设备,一般不需要人直接在现场操作设备,如果需干涉系统运行可以通过修改程序或使用监控工作站控制设备的方式进行,对于设备的异常情况,自控系统可以自动报警。这样就使管理人员的工作效率大大提高。

16.8 智能建筑系统集成

16.8.1 智能建筑系统集成的概述

在智能建筑中,为满足功能、管理等要求,需要资源共享。要利用各种智能系统信息资源,采用系统集成的技术手段、方式方法把与建筑物综合运作所需要的信息汇集起来,以实现对建筑物的综合运作、管理和提供辅助决策,实现各个子系统独立运行无法实现的功能。

智能化系统集成的目的,就是为设置在建筑物内的各种智能子系统建立一个统一的操作使用平台,利用先进的计算机及网络技术,使得各种智能化系统的效能得到充分的利用,统一管理,操作使用简洁协调。

智能化系统集成的目标不仅是要对整个建筑物内有关设备资源及其运行状态进行记录

和管理,而且要对建筑物内的各种公用服务设施、通信系统、办公自动化、结构化综合布线系统以及公众信息服务等进行综合管理。

16.8.2　智能建筑系统集成的优越性

在许多没有很好地进行系统集成的大厦中,大厦各个子系统处于分开管理的局面,形成了一些相互脱节的独立系统,各个子系统之间的硬件设备大量重复冗余,操作和管理人员需要熟悉和掌握各个不同厂家的技术,因而造成了系统建设、技术培训及维修的高额投资和系统效率的低下。

系统集成的优越性主要有以下几个方面:

(1)集成系统可以在一个中央监控室内对大厦的保安、消防、各类机电设备、照明、电梯等进行监视与控制,一方面提高管理和服务的效率,节省人工成本;另一方面由于采用了同一操作系统的操作平台和统一的监控与管理界面,因而各职能部门的计算机终端都可以通过数据库得到大厦内所有的数据信息,实施全局的事件和事务处理,同时进一步降低运行和维护费用,使物业管理现代化。

(2)集成系统采用全面综合的优化设计,它所配置的各个子系统的硬件和软件都不会有重复性,因此集成系统的造价可比采用独立子系统节省20%左右的投资费用。

(3)集成系统采用统一的模块化硬件和软件结构,便于物业管理人员掌握操作技术和保养维护系统。

(4)集成系统将各个子系统的管理集中到多个中央监控主机上,并采用统一的并行处理,分布式操作系统,可以实现双机(或多机)并行运行,互为热备份,从而大大提高了智能建筑管理系统的容错性和可靠性。

(5)适当采用弱电工程总承包的方式,这有利于提高工程质量、保证工程进度、减少相互推诿、降低工程管理费用、提高效益/费用比,并且由于减少了工程承包界面,能够有效地解决各子系统之间的界面协调,保证系统的一次性开通。

16.8.3　系统集成的策略

我国的智能建筑界,对系统集成的目标看法经历了一个从启蒙到逐步成熟的过程。20世纪90年代,改革开放的深入加速了智能建筑的蓬勃发展,大量智能型超高层大厦相继建成,人们开始认识到不同子系统之间实际存在着必然的内在联系,意识到系统集成在智能建筑中的重要作用。

1. 高新技术与功能需求、经济性

在智能建筑中,任何技术的采用绝不是目的,而只是一种手段。因此需要考虑经济效益与现实可能,不片面追求技术的先进。

智能建筑追求的是高功能、高安全性、高经济性与高社会效益等综合指标,先进技术只是实现上述目标的重要手段。

2. 从信息时代发展角度动态地认识智能建筑及其系统集成

高新技术的发展,知识经济内涵的变化,将不断对现代化建筑提出更新的需求。在此条件下,智能建筑的系统集成目标、内容与方法等均将相应变化并提高。因此,智能建筑的系统集成应立足于近期的需求和综合经济技术指标,但同时留有充分的发挥余地。

3. 实施建筑工程的基本原则是必须采用成熟技术

智能建筑的系统集成涉及计算机控制、信息等领域的众多高新技术,实施难度大,首先应把住技术关。在系统集成中,即使选用的所有产品与技术都是经过正式检验并证明是成熟可靠的,也应该始终强调保证工程质量的重要性。

4. 全面遵循市场经济的基本原则

应针对每个具体工程的特点及其全面的经济分析,确定讲求实际而又能获得良好经济回报的集成方案。

16.8.4 智能建筑系统集成设计

1. 需求说明

这一阶段的主要任务是确定系统的需求并阐明需求的可行性。应该清楚说明的内容包括:建筑物的用途、建筑物的结构与面积、地理位置、周边环境对系统的影响和要求、相关管理部门对系统的特殊要求、工作流程及数据组成、数据量的大小及分布、已具有的资源、投资的规模等。

2. 需求分析、确定方案

需求分析是要深刻了解客户的需求并考虑用什么样的方案来满足这种需求。需求分析包括功能分析、结构分析、环境分析和特性分析。在进行上述分析时要划定系统的边界,列出系统的输入、输出以及产生这些输入、输出的条件和结果。另外,还要区分哪些属于常规性需求,哪些属于特殊需求。确定集成方案的主要工作是选择系统集成的框架和各子系统间的通信连接方式,针对系统集成需求说明所采取的技术手段和设施等。

3. 详细设计或深化设计

总体设计方案和主要设备的选择已经定型,因此已经具备对系统集成方案做深、做细的条件。详细设计是在投标方案的基础上修改和完善系统集成的总体方案,设计出工程的实施方案。

4. 系统实施

当各子系统的详细设计方案确定下来之后,各子系统分别进行实施,具体工作包括设备的招标选购、技术交底、现场施工、安装调试等。

5. 测试和试运行

智能建筑系统集成的测试目前只能进行功能测试而不能进行性能测试。有的弱电系统,其标准化的程度很高,如结构化布线系统,可以按照标准进行性能测试。

一般情况下,智能化系统的试运行时间较长,如空调系统的功能要分别经过冬天和夏天的检验才能得到证明。使用和维护人员也需要经过一个较长的时间才能了解和掌握系统。在试运行阶段,一个重要的工作是形成完整的运行资料,按时填写运行日志。完整的运行资料不仅是管理系统的需要,也是进行系统升级和改造时的重要依据。

思考题

1. 智能建筑的定义、功能和目标分别是什么?

2. 简述有线电视系统有哪几部分组成?

3. 常见的电话系统电缆配线方式有哪几种？

4. 监控电视系统有哪几部分组成，简要叙述每部分的功能。

5. 公共广播系统分为哪几类？

6. 综合布线由哪几部分组成，简述每一部分的基本功能。

7. 简述楼宇自动化的概念、原理及组成部分。

8. 简要叙述智能建筑系统集成设计需要涉及的内容。

参考文献

[1] 中华人民共和国国家标准．建筑给水排水设计规范 GB50015—2003(2009版)[S]. 北京:中国计划出版社,2010.
[2] 中华人民共和国国家标准．建筑设计防火规范 GB50016—2014[S]. 北京:中国计划出版社,2014.
[3] 中华人民共和国国家标准．消防给水及消火栓系统技术规范 GB50974—2014[S]. 北京:中国计划出版社,2014.
[4] 中华人民共和国国家标准．自动喷水灭火系统设计规范 GB50084—2001(2005版)[S]. 北京:中国计划出版社,2005.
[5] 中华人民共和国国家标准．城镇燃气设计规范 GB50028—2006[S]. 北京:中国建筑工业出版社,2009.
[6] 中国建筑设计研究院．建筑给水排水设计手册(第二版)[M]. 北京:中国建筑工业出版社,2008.
[7] 中国建筑标准设计研究院．全国民用建筑工程设计技术措施——给水排水[M]. 北京:中国计划出版社,2009.
[8] 王增长．建筑给水排水工程(第六版)[M]. 北京:中国建筑工业出版社,2011.
[9] 王春燕,张勤．高层建筑给水排水工程[M]. 重庆:重庆大学出版社,2009.
[10] 中国建筑标准设计研究院．国家建筑标准设计图集:给水排水标准图集[M]. 北京:中国计划出版社,2011.
[11] 中华人民共和国国家标准．民用建筑供暖通风与空气调节设计规范 GB50736—2012[S]. 北京:中国建筑工业出版社,2012.
[12] 刘源全,刘卫斌．建筑设备[M]. 北京:北京大学出版社,2012.
[13] 韦节廷．建筑设备工程[M]. 武汉:武汉理工大学出版社,2013.
[14] 章熙民．传热学(第五版)[M]. 北京:中国建筑工业出版社,2007.
[15] 贺平,孙刚等．供热工程(第四版)[M]. 北京:中国建筑工业出版社,2009.
[16] 吴味隆．锅炉及锅炉房设备(第四版)[M]. 北京:中国建筑工业出版社,2006.
[17] 陆亚俊．暖通空调(第二版)[M]. 北京:中国建筑工业出版社,2007.
[18] 全国民用建筑工程设计技术措施暖通空调・动力[M]. 北京:中国计划出版社,2009.
[19] 陆耀庆．实用供热空调设计手册(第二版)[M]. 北京:中国建筑工业出版社,2008.
[20] 中华人民共和国国家标准．公共建筑节能设计标准 GB50189—2015[S]. 北京:中国计划出版社,2015.
[21] 黄翔．空调工程(第二版)[M]. 北京:机械工业出版社,2014.
[22] 高明远．建筑设备工程(第三版)[M]. 北京:中国建筑出版社,2005.
[23] 王汉青．通风工程[M]. 北京:机械工业出版社,2005.
[24] 孙一坚,沈恒根．工业通风(第四版)[M]. 北京:中国建筑工业出版社,2010.

[25] 孙一坚．工业通风设计手册[M]. 北京:中国建筑工业出版社,1997.

[26] 朱颖心．建筑环境学(第三版)[J]. 北京:中国建筑工业出版社,2010.

[27] 王鹏．生态建筑中的自然通风[J]. 世界建筑,2000(4):62-65.

[28] 龚光彩．自然通风的应用与研究[M]. 建筑热能通风空调,2003(4):4-6.

[29] 吴忠标．大气污染控制工程[M]. 北京:科学技术出版社,2002.

[30] 中国国家标准．智能建筑设计规范 GB50314—2015[S]. 北京:中国计划出版社,2015.

[31] 中国国家标准．建筑照明设计标准 GB50034—2004[S]. 北京:中国建筑工业出版社,2004.

[32] 戴瑜兴,黄铁兵,梁志超．民用建筑电气设计手册[M]. 北京:中国建筑工业出版社,2007.

[33] 中国航空工业规划设计研究院．工业与民用配电设计手册[M]. 北京:中国电力出版社,2009.

[34] 戴瑜兴,黄铁兵,梁志超．民用建筑电气设计数据手册[M]. 北京:中国建筑工业出版社,2010.

[35] 万力．国家建筑标准设计图集:民用建筑电气设计计算及示例(12SDX101—2). 北京:中国计划出版社,2012.

[36] 苏文成．工厂供电[M]. 北京:机械工业出版社,2012.